通信与导航专业系列教材

有线通信系统

主　编　马志强

副主编　李云霞

参　编　李瑞欣　楚兴春　庄绪春

倪延辉　韩仲祥

電子工業出版社

Publishing House of Electronics Industry

北京·BEIJING

内容简介

有线通信系统是现代通信网络的重要组成部分，是国家通信基础网的核心。本教材重点介绍了基于有线传输系统的通信系统，包括有线通信系统的组成和作用、光纤传输原理及其传输特性、光纤通信系统的基本器件、光纤通信系统及其设计、现代交换技术、数字程控交换原理与技术、电话通信网规程与信令系统等内容。

本教材可作为高等院校通信工程专业的教材，也可供通信工程领域的从业人员参考。

图书在版编目（CIP）数据

有线通信系统 / 马志强主编. -- 北京 : 电子工业出版社, 2024. 11. -- ISBN 978-7-121-49240-2

Ⅰ. TN913

中国国家版本馆 CIP 数据核字第 2024L9K118 号

责任编辑：赵玉山
印　　刷：三河市华成印务有限公司
装　　订：三河市华成印务有限公司
出版发行：电子工业出版社
　　　　　北京市海淀区万寿路 173 信箱　　　　邮编：100036
开　　本：787×1092　1/16　印张：16. 25　　字数：427 千字
版　　次：2024 年 11 月第 1 版
印　　次：2024 年 11 月第 1 次印刷
定　　价：52. 00 元

凡所购买电子工业出版社图书有缺损问题，请向购买书店调换。若书店售缺，请与本社发行部联系，联系及邮购电话：(010)88254888，88258888。

质量投诉请发邮件至 zlts@ phei. com. cn，盗版侵权举报请发邮件至 dbqq@ phei. com. cn。

本书咨询联系方式：（010） 88254556，zhaoys@ phei. com. cn。

前　　言

通信系统的分类方法有很多，根据传输介质的不同，一般把通信系统划分为有线通信系统和无线通信系统。本教材介绍了有线通信系统的组成、分类和发展状况。对有线通信系统的核心组成部分——传输系统和交换系统的主要技术和工作原理进行了重点介绍，以帮助相关岗位技术人员加深对相关基本理论知识的理解，为后续使用有线通信装备打下坚实的基础。

本教材共 7 章，第 1 章主要介绍有线通信系统的组成和作用；第 2 章主要介绍光纤传输原理及其传输特性；第 3 章主要介绍光纤通信系统的基本器件；第 4 章主要介绍光纤通信系统及其设计；第 5 章主要介绍现代交换技术；第 6 章主要介绍数字程控交换原理与技术；第 7 章主要介绍电话通信网规程与信令系统。

本教材由马志强主编。马志强负责统稿，并编写第 5 章，倪延辉编写第 1 章，李云霞编写第 2、3 章，楚兴春、韩仲祥编写第 4 章，庄绪春编写第 6 章，李瑞欣编写第 7 章。

由于编者水平有限，书中难免有疏漏之处，敬请读者批评指正。

编　者

2024 年 6 月

目　　录

第1章 概 述

随着人们信息需求的与日俱增及各种新技术的不断出现，通信的两大组成部分——传输和交换，都在不断地发展和变革。本章将概括有线通信的基础知识，有线通信系统的组成和作用；光纤传输系统的基本概念、组成及各部分的作用，长途光缆通信系统的组成和作用；传输与交换机的发展历史；有线通信系统的发展趋势。

1.1 有线通信简介

从古到今，人类的社会活动总离不开消息的传递和交换，古代社会的消息树、烽火台和驿马传令，以及现代社会的文字、书信、电报、电话、广播、电视、遥控、遥测等，这些都是消息传递的方式或信息交流的手段。人们可以用语言、文字、数据或图像等不同的形式来表达信息，但是由于这些语言、文字、数据或图像本身不是信息而是消息，信息是消息中所包含的人们原来不知而待知的内容，因此，通信的根本目的在于传输含有信息的消息，否则，就失去了通信的意义。基于这种认识，“通信”也就是各种形式信息的有效传递。为了实现这个目的，需要有相应的技术设备和传输介质。根据传输介质的不同，一般把通信分为有线通信和无线通信。近年来，随着新型传输介质——光纤的出现和发展，通信也可分为电通信和光通信两大类。

通信系统可以被理解为从信息源节点（信源）到信息终节点（信宿）之间完成信息传输的全过程的机、线设备的总体，包括通信终端设备及连接设备之间的传输线所构成的有机体系。

1.1.1 通信系统分类

通信系统有多种分类形式，可从通信内容上、传输信号的性质上、信道上等进行划分。通信系统分类如图 1-1 所示。根据通信内容分类，通信系统可分为语音通信（电话）系统、数据通信系统、图像通信系统、多媒体通信系统；根据传输信号的性质分类，通信系统可分为模拟通信系统和数字通信系统；根据信道的不同分类，通信系统可分为有线通信系统和无线通信系统。

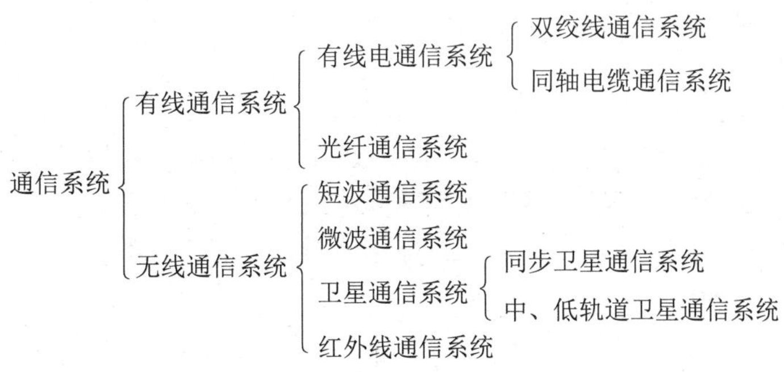

图 1-1 通信系统分类

所谓有线通信即指利用导线传送信号的通信方式。电报、电话、传真、数据通信和广播节目传送、电视节目传送等通信业务都广泛采用有线通信方式。随着光纤、光缆的大规模使用及各种路由器与交换机的出现，有线通信系统从以电报、电话为主业务的系统向多业务系统转化。

20 世纪 60 年代以后，随着集成电路和电子计算机技术等在通信方面的应用愈来愈广泛，有线电通信线路设备已普遍使用宽频带的同轴电缆；20 世纪 70 年代以后，随着新型传输介质——光纤的问世，有线电通信线路设备有了更大的变化，从点对点传输的 PDH 设备到组网功能强大的 SDH（Synchronous Digital Hierarchy，同步数字系列）设备；而有线电通信的交换设备，由人工交换机发展到应用电子计算机技术的程控交换机及适应宽带业务的 ATM（Asynchronous Transfer Mode，异步传输模式）交换机；有线电通信的终端设备正朝着宽频带、大容量和数字化的方向发展，有线电通信的用户设备，除传统的电话、电报机外，出现了可视电话、智能电话、电子电传机和中文电传机等。有线电通信网正朝着自动化、大容量的综合业务数字通信网的方向发展。

1.1.2 有线通信的发展简况

有线电通信的诞生比无线电通信约早半个世纪。1837 年，美国人莫尔斯发明电报机，这种电报机用架空明线传送电报，用电传输了文字信息，是有线电通信的开始。1866 年，横跨大西洋的海底电报电缆铺设成功，开始了跨洋通信。1876 年，定居美国的科学家贝尔发明了电话，这种电话用电传输了声音，市内电话和长途电话都采用有线电传输方式。1924 年，英国人贝尔德发明了电视机，这种电视机用电传输了图像。无线电通信出现以后，有线电通信和无线电通信在技术上都有发展。目前，世界各国在长途通信方面一般都采取有线电通信和无线电通信综合利用的方式，在市内电话方面，基本上采用有线电通信方式。电通信作为信息传输的有效通道，一直沿用了一个多世纪。通信是人类社会发展的基础，是推动人类文明进步的巨大动力。纵观通信历程，通信的发展可以分为以下三个阶段。

第一阶段是语言和文字通信阶段。在这个阶段，通信方式简单，内容单一。

第二阶段是电通信阶段。1837 年，莫尔斯发明了电报机，并设计了莫尔斯电报码。1876 年，贝尔发明了电话。这样，利用电磁波不仅可以传输文字，还可以传输语音，由此大大加快了通信的发展进程。1895 年，马可尼发明了无线电设备，从而开创了无线电通信发展的道路。

第三阶段是电子信息通信阶段，智能化网络通信系统发展迅速。

1.1.3 有线通信的未来

人们对信息的需求的与日俱增及 IP 业务在全球范围突飞猛进地发展，给传统电信业务带来了巨大的冲击，同时为电信网的发展提供了新的机遇。从当前信息技术的发展来看，建设高速大容量的宽带综合业务数字网已成为现代信息技术发展的必然趋势。为了适应这种需求，通信的两大组成部分——传输和交换，都在不断地发展和变革。

1. 传输系统的变化

光纤通信技术的问世与发展给世界通信带来了革命性的变革，特别是经历了 50 余年的研究开发，光纤、光缆、器件、系统的品种不断更新，性能逐渐完善，已使光纤通信成为信息高速公路的传输平台。当今光纤通信技术的发展趋势主要有如下几点。

1）光纤、光缆的发展趋势

光纤是构筑新一代网络的物理基础。传统的 G. 652 单模光纤已经不能适应超高速、远距离传输网络的发展要求，开发新型光纤、光缆已成为开发下一代网络基础设施的重要课题。

为了适应干线网和城域网的不同发展需要，G. 655 光纤（非零色散光纤）已经广泛应用于波分复用（Wavelength Division Multiplexing，WDM）技术光纤通信网络。G. 655 光纤在 1550nm 附近的工作波长区呈现较低的色散，但足以压制四波混频（Four Wave Mixing，FWM）和交叉相位调制（Cross Phase Modulation，XPM）等非线性效应的影响，可满足时分复用（Time Division Multplexing/Technical Data Management，TDM）技术和密集波分复用（Dense Wavelength Division Multiplexing，DWDM）技术的发展需要。

无水吸收峰光纤（全波光纤）也在不断地发展与应用。这种光纤消除了 1385nm 附近的水吸收峰，大大扩展了光纤的可用频谱，可适应城域网复杂多变的业务环境。

随着光纤通信容量不断增大、中继距离不断增长，保偏光纤成为重要的研究方向。由于采用相干光纤通信系统，可实现跨洋无中继通信，但要求保持光的偏振方向不变，以保证相干检测效率，因此常规单模光纤要向着保偏光纤方向发展。

随着通信的发展，用户对通信的要求也从窄带电话、传真、数据和图像业务逐渐转向可视电话、视频点播、图文检索和高速数据等宽带新业务，从而促生了光纤用户网。光纤用户网的主要传输介质是光纤，需要大量适用于用户接入的用户光缆。用户光缆的特点是含纤数量要高，每根光缆可含 2000~4000 芯，这种高密度化的带状光缆既可减小光缆的直径和质量，又可在工程施工中便于分支和提高持续速度。

2）光纤通信系统的高速化发展趋势

随着信息社会的到来，信息共享、有线电视、视频点播、电视会议、家庭办公、计算机网络、互联网等应运而生，迫使光纤通信向高速化、大容量发展。实现高速化、大容量的主要手段是采用时分复用、波分复用和频分复用。

从过去二十多年的电信发展看，网络容量的需求和传输速率的提高一直是一对主要矛盾。传统光纤通信的发展始终按照电的 TDM 方式进行，由于每当传输速率提高 4 倍时，传输每比特的成本下降 30%~40%，因此高比特率系统的经济效益大致按指数规律增长。目前实用化的商用光纤通信系统的传输速率可达 400Gbit/s。

采用 TDM 方式扩容的潜力已经接近电子技术的极限，然而光纤的带宽资源仅仅利用了不到 1%，还有 99%的资源尚待挖掘。采用 WDM 技术可充分利用光纤的宽低损耗区，在不改变现有光纤线路的基础上，可以很容易地成倍提高光纤通信系统的容量。目前密集波分复用（DWDM）加掺铒光纤放大器（Erbium Doped Fiber Amplifier，EDFA）的高速光纤通信系统发展成为主流。实用的 DWDM 系统工作在 40~96 个波长，每个波长可传输的速率达数百 Gbit/s 或上 TGbit/s。

相干光纤通信系统的发展是另外一个趋势。目前大多数光纤通信系统采用的是强度调制直接检测（IM/DD）方式，在相干光纤通信系统中采用相干检测方式，最大的好处是可提高光接收机的检测灵敏度，从而增加光纤通信系统的无中继传输距离。

3）光纤通信网络的发展趋势

随着网络化时代的到来，网络的不断演进和巨大的信息传输需求对光纤通信提出了更高的要求，同时促进了光纤通信网络的发展。就光纤通信网络技术而言，其发展方向有以下特点。

（1）信道容量不断增加。

目前，实用化的单信道速率已由155Mbit/s提高到32×10Gbit/s，160×10Gbit/s系统也已投入商用。在实验室，NEC实现了274×40Gbit/s系统；阿尔卡特实现了256×40Gbit/s系统；西门子实现了176×40Gbit/s系统。

（2）超远距离传输。

目前，实用化的距离传输已由40km增加到160km。光纤放大器的出现使得光纤通信系统实现了超远距离传输，传输距离可达数千公里。

（3）光传输与交换技术融合的全光通信网络。

实用化的点对点通信的WDM系统具有巨大的传输容量，但其灵活性和可靠性不够理想。近年来新技术和新型器件的发展使全光通信网络逐步成为现实。采用光分插复用器（Optical Add Drop Multiplexer，OADM）和光交叉连接（Optical Cross-Connect，OXC）设备实现光联网，发展自动交换光网络（Automatic Switch Optical Network，ASON）。预计在未来10年的超高速网络中，采用原来数字交叉连接（Digital Cross Connect，DXC）设备的网络将走向采用OXC设备的光传输网。OXC的关键技术是DWDM传输、光放大、光节点处理及多信道管理等。据报道，256×256全光交叉连接设备已研制出来。全光通信网络成为发展的必然趋势。

（4）光纤接入网。

接入网是信息高速公路的最后一公里。由铜线组成的接入网已成为宽带信号传输的瓶颈，为适应通信发展的需要，将光纤向家庭延伸。

实现宽带接入网有多种不同的解决方案。其中，光纤接入是最适合未来发展的解决方案之一，ATM无源光网络（ATM Passive Optical Network，APON）已被证明是当前既经济又较为成熟的一种方案。因地制宜地发展宽带光纤接入网，最终实现光纤到家庭，是接入网的发展方向。

2. 交换技术的发展趋势

在当前的信息时代，交换的信息除了电话的语音信号，还包括图像、数据等多种信息，这种信息交换称为数据交换或综合业务交换。由此，交换的原理和方式有了很大的发展，产生了诸如适合进行数据交换的分组交换方式和可以承载综合业务的ATM交换方式等。

1）电路交换

国际电信联盟电信标准化部门（ITU-T）将交换定义为“根据请求，从一套入口和出口中建立起一条为传输信息而从指定入口到指定出口的连接”。电路交换是一种电路之间的实时交换。

电路交换的主要特点：语音或数据的传输时延小且无抖动，语音或数据在通路中“透明”传输，不需要存储、分析和处理，传输效率比较高；但是，电路的接续时间较长，电路资源被通信双方独占，电路利用率低。

2）分组交换

分组交换（也称包交换）相对传统的电路交换方式来说，具有高效、灵活、迅速、可靠等优点。它将用户的一整份报文分割成若干定长的数据块，即分组。分组交换是一种综合电路交换和报文交换方式的优点而又尽量避免两者的缺点的第三种交换方式。它的基本原理是“存储-转发”，是以更短的、被规格化了的“分组”为单位进行交换、传输的。分组交换最基本的思想是实现通信资源的共享。但分组交换会造成较大的时延及抖动，不能满足实时通信的需要。

3）快速分组交换

快速分组交换——ATM 是一个概念，它包含多种不同的实现方式，且所有的方式都有一个共同的特征，就是具有最小网络功能的分组交换。

4）IP 交换

Internet 的基本思想是建立统一协调、能够共享服务的通信系统，其实现的方法是在低层网络技术与高层应用程序之间采用 TCP/IP 协议，从而抽象和屏蔽硬件细节，向用户提供通用网络服务。

5）光交换

自从 20 世纪 70 年代后期，光缆代替电缆进入通信网后，电通信网也随之成为新一代通信网络——光电混合网。光电混合网的组成如图 1-2 所示。光电混合网主要包括核心光网络和边缘电网络两大部分，其中核心光网络又包括光传输系统和光节点两部分，光传输系统实现大传输容量，而光节点在光域完成交换与路由，核心光网络对信息不进行处理，处理能力非常强大，具有很大的吞吐量。边缘电网络的电节点对信号进行电处理，并可利用光通道与光网络进行直接连接。

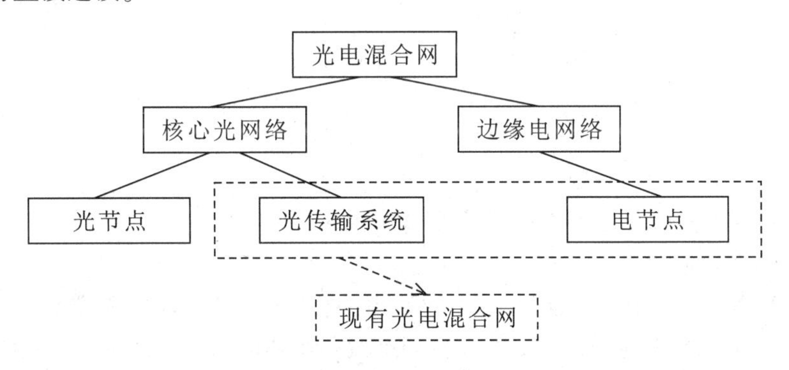

图 1-2　光电混合网的组成

然而，现有光电混合网仅由光传输系统和电节点组成。随着密集波分复用（DWDM）技术的出现，光传输系统充分利用光纤的巨大带宽资源来满足各种通信业务爆炸式增长的需要，而交换仍然采用电交换技术，不仅开销巨大，而且必须在中转节点经过光/电转换，无法充分利用 DWDM 带宽资源和强大的波长路由能力。为了克服光网络中的电子瓶颈，具有高度生存性的全光网络成为宽带通信网未来的发展目标。光交换技术作为全光网络系统中的一个重要支撑技术，它在全光通信系统中发挥着重要的作用，可以这样说，光交换技术的发展在某种程度上也决定了全光通信的发展。

1.2　有线通信系统的组成

通信的目的是实现信息的传递。最初的电话通信只能完成一部话机（终端）与另一部话机（终端）的固定通信，这种仅涉及两个终端的通信称为点对点通信，但在电话用户很多时，不可能在任意两个用户之间都装设一对线路。点对点通信如图 1-3 所示。

图 1-3 点对点通信

交换的基本思想是将多个终端与一个转接设备相连，当任意两个终端要传递信息时，该转接设备先把连接这两个用户的有关电路接通，通信完毕时再把相应的电路断开，我们称这个转接设备为交换机。有交换机的通信如图 1-4 所示。

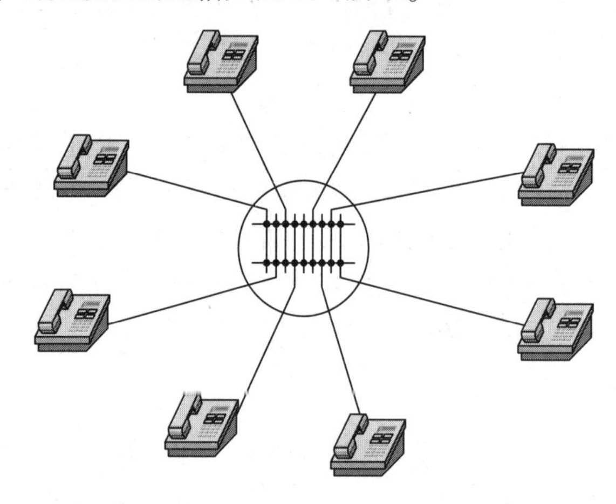

图 1-4 有交换机的通信

综上所述，当多用户通信时，为了减少对用户线路的投资，在通信网中就要引入交换机进行交换。交换机在通信网中起着非常重要的作用。

由此可见，实现通信必须要有三个要素，即终端设备、传输设备和交换设备。终端设备有电话、电报机等，它的作用是把语音、文字、图像等信息转变成电信号发送出去，或是把接收来的电信号变成原来的信息。交换设备用来按照用户的需要将两个用户的终端设备所连接的线路连接起来。有线电传输设备由通信线路、增音设备或中继设备和多路复用设备组成，主要用来传输信息。有线电通信传输介质分为双绞线、同轴电缆、光缆等。

有线传输介质的线路种类、构造、特征和主要用途如表 1-1 所示。

表 1-1 有线传输介质的线路种类、构造、特征和主要用途

线路种类	构造	特征	主要用途
双绞线	外层为绝缘材料 内芯为铜线	价格便宜，构造简单，传输频带宽，有漏话现象，容易混入杂音	电话用户线，低速 LAN
同轴电缆	屏蔽层 内部导线 绝缘层 保护层	价格稍高，传输频带宽，漏话、感应少，分支、接头容易	CATV 分配电缆，高速 LAN

续表

线路种类	构造	特征	主要用途
光缆	挤塑加强芯 缆芯油膏 松套管 光纤束 Kevlar绳 聚乙烯护套	损耗低，频带宽，质量小，直径小，无感应，无漏话	国际间主干线，国内城市间主干线，高速 LAN

电信号在传输过程中会发生衰减或畸变。随着传输距离的增加，衰减和畸变也趋于严重。为了使到达接收端的电信号易于分辨，需要在线路上每隔一定距离加装增音设备，把已经变得微弱的电信号放大；或加装中继设备，把已经发生畸变的电信号整形再生。

多路复用设备的作用是使若干路电话可以同时在一对导线上传输，以节省线路建设费用和扩大线路传输容量。目前的多路复用方式有两种：①频分多路复用方式，如载波电话；②时分多路复用方式，如脉冲编码调制（PCM）通信。除电话以外的各种电信号（如电报信号、数据信号、传真信号等）在载波电话电路中的传输称为二次复用。由于各种电信号的频带宽窄不同，有的频带较窄（如电报），因此在二次复用时，可以让干路占用一个电话电路，如载波电报；有的频带较宽，要占一个或许多电话电路，如传真。

我们来了解一下传统的长途有线电通信系统，该系统由用户、用户线、交换机、中继线、传输设备、中继机和传输线组成，如图 1-5 所示。

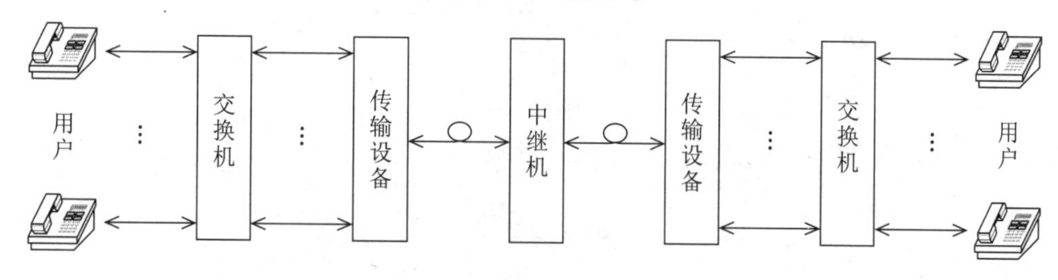

图 1-5　长途有线电通信系统的组成

用户：可以是传统意义上的普通电话，也可以是上网计算机及传真电话等。

用户线：也称接入线，是用户与交换机之间的连接线。以往用户线电话业务使用的电缆为纸介质绝缘电缆，纸介质在干燥时绝缘性能较好，但是一旦吸收了水分就会使电话业务出现短路或串音，为了防潮，要不断地向电缆内充入干燥气体；现普遍采用全塑电缆作为用户线，已不用充气。

交换机：传统意义上的交换机是由人工转接电话业务演变而来的，其发展是由人工、步进制交换发展为纵横制、程控制到目前的网络交换和综合交换。

中继线：将需要远传的业务连接传输设备或直接与对方的交换机连接的线叫作中继线。中继线可以是一路电话使用一对线路，传输信号为模拟信号，我们称其为模拟中继线；也可以是 30 个话路共用一条同轴电缆，传输信号为数字信号，我们称其为数字中继线，也可称其为 2M 中继线或 E1 接口。

传输设备：将中继线信号进行远传的设备。有线设备早期采用载波机，如 3 路、12 路、60 路、300 路、600 路载波机等；从第八个五年计划开始，我国逐步淘汰长途有线载波，大力发展光纤通信传输设备。本教材讲述的就是光纤传输设备的原理和相应的光纤通信设备。

中继机：对线路上传输的信号产生的影响进行处理并进行再次传输的设备。对于载波机，采用增音机；而光纤通信中继机目前普遍采用光-电-光中继原理，即光-电转换后对电信号进行整形放大再进行电-光转换。

传输线：3 路、12 路载波机一般采用铜包钢架空明线，60 路以上载波机采用同轴电缆；光纤传输设备采用光缆。

通过以上对有线电通信系统的介绍，可知光纤通信系统由光纤传输设备及其之间的连接部分构成，在有线电通信系统中属于传输部分。

1.3 光纤传输技术

目前，有线通信传输介质主要采用光纤，光纤通信是指以光波为载波，以光导纤维（光纤）为传输介质的通信方式。

光波是一种电磁波，电磁波按照波长或频率不同可分为如图 1-6 所示的种类。其中，紫外光、可见光、红外光都属于光波，光纤通信工作在近红外区，即波长范围为 0.8～1.8 μm，对应的频率为 167～375THz。

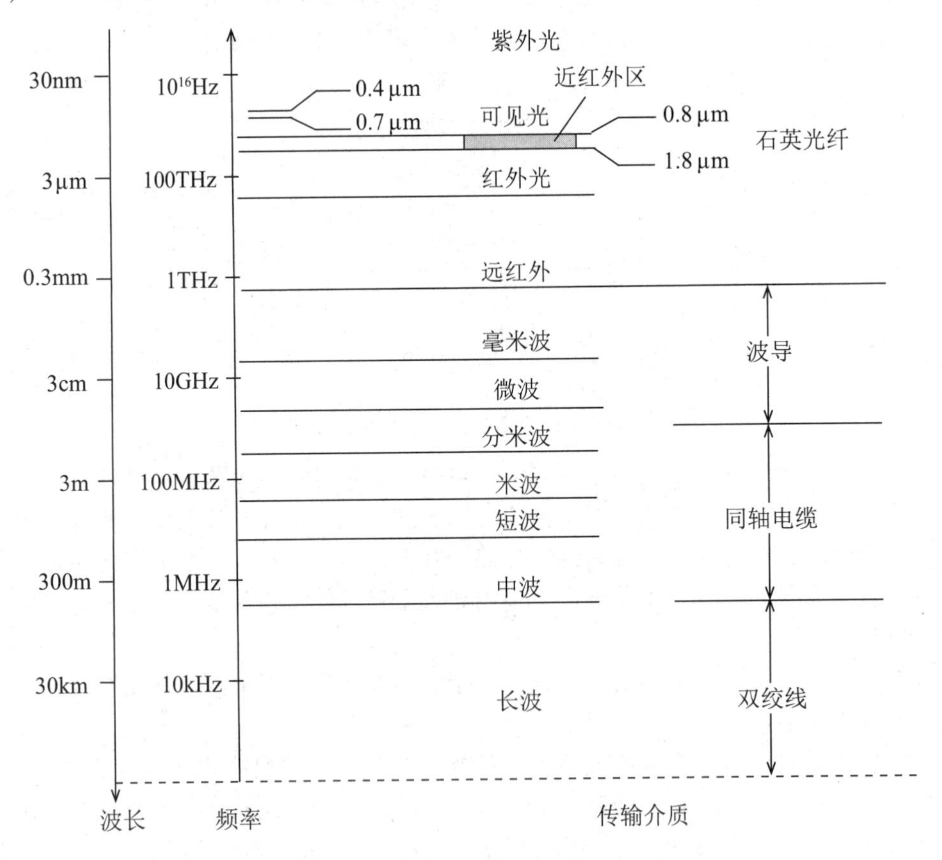

图 1-6 电磁波分类

1960 年 7 月，美国休斯公司实验室的西奥多·梅曼研制出了世界上第一台激光器——红宝石激光器，这个红宝石激光器发出一束很强、很直、很纯的红光。从此，人类历史上便出现了第一束被“驯服”的光——激光。有了激光器，继而要解决的首要问题便是用什么样的导体传送它发出的信号。因为激光本身并不是一种全天候的通信方式，因此当遇到能见度不好的天气时，它简直是“一筹莫展”。

经过 10 年的寻觅，1970 年，美国康宁公司由加勒博士领导的一个研究小组，根据华裔科学家高锟提出的理论，成功研制出第一根低损耗单模光纤，由此人类通信史上便开创了光通信的新世纪。

有了激光和光纤，有线电通信系统也有了根本性的变化，即传输系统由原来的电信号传输发展为光信号传输。信息传输的能力大大提高。它集电报、电话、有线电视、传真等于一体，形成了快速、便宜、交互的数字网。一根头发丝粗细的光纤可以同时容纳 700 人的语音通信而互不干扰，一根光纤的信息容量相当于 100 万路电话线，足以传输数十套电视节目，一根光缆通常有 3~5 根光纤。

从理论上讲，只需一根光缆便可承载全世界的所有通信。不过，目前的光通信实际上还是一种“电光通信”或者叫作“半光通信”，因为在通信过程中要有电信号的参与和电信号与光信号的相互转换，所以现有的光通信系统的最强通信能力也要比理论峰值低上千倍。

以打电话为例，讲话的甲方先通过电话将声能转换成电能，使之成为电信号，再通过发送光端机将电信号转换成光信号；而在听话的乙方则需要先通过接收光端机将光能转换成电能，再通过电话将电能转换成声能。在这种声/电转换、光/电互变的通信系统中，光子充其量只是一个“长跑冠军”，通信的两端仍是电信号的来回转换，在转换过程中难免要掺杂进一些杂音，使通信质量降低。如何把电信号从通信过程中“请出去”，已成为科学家们攻关的目标。

1.3.1　光纤传输系统

典型的光纤通信系统方框图如图 1-7 所示，图中仅表示了一个方向的传输结构，反方向的传输结构是相同的。从图 1-7 中可以看出，光纤通信系统由电端机、光发送机、光缆、光中继器与光接收机 5 部分组成。

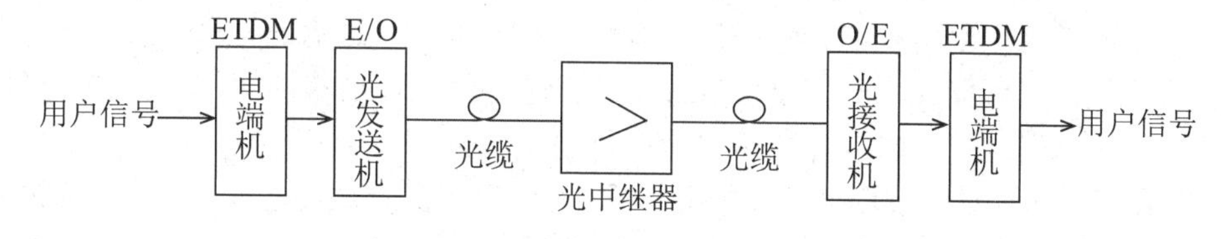

图 1-7　典型的光纤通信系统方框图

1. 电端机

电端机的作用是对来自信源的信号进行处理，如模/数（A/D）转换、多路复用等处理，它是一般的电通信设备。信源把用户信息转换为原始电信号，这种信号称为基带信号。电端机把基带信号转换为适合信道传输的信号，这个转换如果需要调制，那么其输出信号称为已调信号。对于数字电话传输，电话把语音转换为频率范围为 0.3~3.4 kHz 的模拟基带信号，电端机把这种模拟信号转换为数字信号，并把多路数字信号组合在一起。模/数转换目前普遍采用 PCM 方式，这种方式是通过对模拟信号进行抽样、量化和编码而实现的。先把一路语音转换成传输速率为 64kbit/s 的数字信号，然后用数字复接器把 24 路或 30 路 PCM 信号组合成

1.544 Mbit/s 或 2.048 Mbit/s 的一次群甚至高次群的数字系列，最后将其输入光发送机。对于模拟电视传输，则用摄像机把图像转换为 6 MHz 的模拟基带信号，直接将其输入光发送机。

2. 光发送机

光发送机的功能是把输入电信号转换为光信号，并用耦合技术把光信号最大限度地注入光纤线路。光发送机由光源、驱动器和调制器组成，光源是光发送机的核心。光发送机的性能基本上取决于光源的特性，对光源的要求是输出光功率足够大，调制频率足够高，谱线宽度和光束发散角尽可能小，输出功率和波长稳定，器件寿命长。目前广泛使用的光源有半导体发光二极管（Light Emitting Diode，LED）、半导体激光二极管（或称激光器）（Laser Diode，LD），以及谱线宽度很小的动态单纵横分布反馈（Distributed Feed Back，DFB）激光器。

光发送机把电信号转换为光信号的过程常简称为电/光（E/O）转换，是通过电信号对光的调制实现的，目前有直接调制和间接调制（或称外调制）两种调制方案。直接调制是通过电信号直接调制半导体 LD 或半导体 LED 的驱动电流，使输出光随电信号变化而实现的。这种方案技术简单，成本较低，容易实现，但调制速率受激光器的频率特性所限制。外调制是把激光的产生和调制分开，通过独立的调制器调制激光器的输出光而实现的。目前有多种调制器可供选择，最常用的是电光调制器。这种调制器是利用电信号改变电光晶体的折射率，使通过调制器的光参数随电信号变化而实现调制的。外调制的优点是调制速率高，缺点是技术复杂，成本较高，只在大容量的波分复用和相干光通信系统中使用。对光参数的调制，原理上可以是光强（功率）、幅度、频率或相位调制，但实际上目前大多数低速光纤通信系统都采用直接光强调制。因为幅度、频率或相位调制需要幅度和频率非常稳定、相位和偏振方向可以控制、谱线宽度很窄的单模激光源，并采用外调制方案，所以这些调制方式在高速光纤通信系统中使用。

3. 光缆

光缆作为线路，其功能是把来自光发送机的光信号以尽可能小的畸变（失真）和衰减传输到光接收机。光纤线路由光纤、光纤接头和光纤连接器组成。光纤是光纤线路的主体，光纤接头和光纤连接器是不可缺少的器件。实际工程中使用的是容纳许多根光纤的光缆。

光纤线路的性能主要由缆内光纤的传输特性决定。对光纤的基本要求是损耗和色散这两个传输特性参数都尽可能地小，而且有足够好的机械特性和环境特性，例如，在不可避免的应力作用下和环境温度改变时，保持传输特性稳定。

目前使用的石英光纤有多模光纤和单模光纤，由于单模光纤的传输特性比多模光纤好，价格比多模光纤便宜，因此得到更广泛的应用。单模光纤配合半导体 LD，适合大容量、远距离光纤传输系统，而小容量、近距离系统用多模光纤配合半导体 LED 更加合适。为适应不同通信系统的需要，开发人员已经设计了多种结构不同、特性优良的单模光纤，并将其成功地投入实际应用。

石英光纤在近红外波段，除杂质吸收峰外，其损耗随波长的增加而减小，在 0.85μm、1.31μm 和 1.55μm 有三个损耗很小的波长窗口。在这三个波长窗口的损耗分别小于 2dB/km、0.4dB/km 和 0.2dB/km。石英光纤在 1.31μm 波长的色散为零，带宽极大值高达几十 GHz · km。通过光纤设计，可以使零色散波长移到 1.55μm、实现损耗和色散都最小的色散位移单模光纤；或者设计在 1.31μm 和 1.55μm 之间色散变化不大的色散平坦单模光纤，等等。根据光纤传输特性，光纤通信系统的工作波长都选择在 0.85μm、1.31μm 或 1.55μm，特别是

1. 31μm 和 1. 55μm 应用更加广泛。

作为光源的激光器的发射波长和作为光检测器的光电二极管的波长响应，都要和光纤这三个波长窗口相一致。目前在实验室条件下，1. 55μm 的损耗已达到 0. 154dB/km，接近石英光纤损耗的理论极限，因此人们开始研究新的光纤材料。光纤是光纤通信的基础，光纤的技术进步有力地推动着光纤通信向前发展。

4. 光中继器

在远距离光纤通信系统中，增加通信距离的方法是采用光中继器。光中继器将经过远距离光纤衰减和畸变后的微弱光信号经放大、整形，再生成一定强度的光信号，继续送向前方以保证良好的通信质量。

5. 光接收机

光接收机的功能是把从光纤线路输出、产生畸变和衰减的微弱光信号转换为电信号，并把该电信号经放大和处理后恢复成发送前的电信号。光接收机由光检测器、光放大器和相关电路组成，光检测器是光接收机的核心。对光检测器的要求是响应度高、噪声低和响应速度快。目前广泛使用的光检测器有两种类型：在半导体 PN 结中加入本征层的 PIN（Positive Intrinsic Negative，PIN）光电二极管和雪崩光电二极管（Avalanche Photo Diode，APD）。

光接收机把光信号转换为电信号的过程常简称为光/电（O/E）转换，是通过光检测器的检测实现的，检测方式有直接检测和外差检测两种。直接检测是用检测器直接把光信号转换为电信号。这种检测方式设备简单、经济实用，是当前光纤通信系统普遍采用的方式。

外差检测要设置一个本地振荡器和一个光混频器，使本地振荡光和光纤输出的信号光先在光混频器中产生差拍而输出中频光信号，再由光检测器把中频光信号转换为电信号。外差检测方式的难点是需要频率非常稳定、相位和偏振方向可控制、谱线宽度很窄的单模激光源；优点是有很高的接收灵敏度。

目前，实用光纤通信系统普遍采用直接调制-直接检测方式。因为外调制-外差检测方式虽然技术复杂，但是传输速率和接收灵敏度很高，所以在超高速光纤通信系统中使用。

光接收机最重要的特性参数是灵敏度。灵敏度是衡量光接收机质量的综合指标，它反映光接收机调整到最佳状态时，接收微弱光信号的能力。因为灵敏度主要取决于组成光接收机的光电二极管和光放大器的噪声，并受传输速率、光发送机的参数和光纤线路的色散的影响，还与系统要求的误码率或信噪比有密切关系，所以灵敏度也是反映光纤通信系统质量的重要指标。

基本光纤传输系统作为独立的“光信道”单元，若配置适当的接口设备，则可以插入现有的数字通信系统或模拟通信系统，或者有线通信系统或无线通信系统的发射与接收之间的光发送机、光纤线路和光接收机，若配置适当的光器件，则可以组成传输能力更强、功能更完善的光纤通信系统。例如，在光纤线路中插入光纤放大器组成光中继长途系统，配置波分复用器和解复用器，组成大容量波分复用系统，使用耦合器或光开关组成无源光网络，等等。

1. 3. 2　光纤传输技术演化

小型光源和低损耗光纤的同时问世，在全世界范围内掀起了发展光纤通信的高潮。在不到 20 年的时间里，衡量通信容量的比特率-距离积 BL（B 为比特率，L 为中继距离）增加了几个数量级。光纤通信系统在技术上经历了各具特点的5个阶段（或五代光纤通信系统）。

第一代：工作于0.85μm波段，使用多模光纤，其比特率在20～100Mbit/s之间，最大中继间距约为10km，最大通信容量约为500Mbit/s·km。与同轴电缆通信系统相比，中继距离长，投资和维护费用低，是工程和商业运营追求的目标。

第二代：工作于损耗更低的1.31μm波段，采用能克服模间色散限制的单模光纤，最大通信容量约为85Gbit/s·km。

第三代：工作于石英光纤最低损耗波长区1.55μm波段，采用具有最小色散的色散位移光纤（Dispersion Shifted Fiber，DSF）和单纵模（SLM）激光器，最大通信容量约为1000Gbit/s·km。

第四代：采用WDM技术和光放大（Optical Amplifier，OA）技术，在单信道比特率一定的条件下，通过增加复用信道数和中继距离的方法达到提高通信容量的目的。特别是20世纪90年代初期光纤放大器的问世引起光纤通信领域的重大变革。

第五代：采用更多新技术，包括相干光通信技术、光时分复用（Optical Time Division Multiplexing，OTDM）技术和WDM技术联合复用为通信手段，以超大容量、超高速率为特征的通信方式。

光波通信技术得到巨大发展，现在世界通信业务的90%需要经光纤传输，光纤通信的业务量以每年40%的速度增加。随着光纤通信系统技术的发展，光纤通信系统在通信网中的应用得到了相应的发展。现在世界上许多国家都将光纤通信系统引入了公用电信网、中继网和接入网中，光纤通信的应用范围越来越广。

1.3.3 光纤通信的特点

在光纤通信系统中，作为载波的光波频率比电波频率高得多，而作为传输介质的光纤又比同轴电缆损耗低得多，因此相对于电缆或微波通信，光纤通信具有许多独特的优点。

1. 频带宽、通信容量大

光纤通信使用的频率为10^{14}～10^{15} Hz数量级，比常用的微波频率高10^{4}～10^{5}倍。从理论上讲，一根仅有头发丝粗细的光纤可以同时传输100亿个话路，虽然目前远未达到如此高的传输容量，但用一根光纤传输10.92Tbit/s（相当1.32亿个话路）的系统已普遍使用，它比传统的明线、同轴电缆、微波等要高出几万乃至几十万倍以上。

2. 损耗低、中继距离远

由于光纤具有极低的损耗系数（目前已达0.2dB/km以下），因此若配以适当的光发送、光接收设备及光放大器，则可使其再生中继距离达数百千米以上甚至数千千米。这是传统的电缆（1.5km）、微波（50km）等根本无法与之相比拟的。

3. 保密性能好

在现代社会，不但国家的政治、军事和经济情报需要保密，企业的经济和技术情报也已经成为竞争对手的窃听目标。因此，通信系统保密性能往往是用户必须考虑的一个问题。现代侦听技术已能做到在离同轴电缆几千米以外的地方窃听电缆中传输的信号，可是对光缆却困难得多，因此，要求保密性高的网络不能使用电缆。在光纤中传输的光泄漏非常微弱，即使在弯曲地方也无法窃听。没有专用的特殊工具，光纤不能分接，因此信息在光纤中传输非常安全，对军事、政治和经济都有重要的意义。

4. 抗电磁干扰

自然界中对通信的各种干扰源比比皆是，如雷电干扰、电离层的变化和太阳的黑子活动等；有工业干扰源，如马达和高压电力线；还有无线电通信的相互干扰等，这都是现代通信系统必须认真对待的问题。一般来说，现有的电通信系统尽管采取了各种措施，但都不能很好地消除以上各种干扰的影响。由于光纤由电绝缘的石英材料制成，因此光纤通信线路不受以上各种电磁干扰的影响，这将从根本上解决电通信系统多年来困扰人们的干扰问题。它不怕外界强电磁场的干扰，耐腐蚀，无金属加强筋，非常适合在存在强电磁场干扰的高压电力线路周围、油田、煤矿和化工等易燃、易爆环境中使用。

5. 体积小、质量小、便于施工和维护

由于电缆的体积和质量较大，因此安装时必须慎重处理接地和屏蔽问题。在空间狭小的场合，如舰船和飞机中，这个弱点更加突出。而光纤质量小，直径小，在相同容量情况下，光缆要比电缆轻 95%，故运输和敷设都比铜线电缆方便。通信设备的质量和体积对许多领域，特别是对军事、航空和宇宙飞船等方面的应用，具有特别重要的意义。在飞机上用光缆代替电缆，不仅降低了通信设备的成本，提高了通信质量，而且降低了飞机的制造成本。据统计，每降低 1 磅的质量，飞机的制造成本就可以减少 1 万美元。

6. 价格低廉

制造同轴电缆和波导管的金属材料在地球上的储量是有限的；制造石英光纤的最基本原材料是二氧化硅（SiO_2），即沙子。由于沙子在自然界中几乎是取之不尽、用之不竭的，因此其价格是十分低廉的，目前，普通单模光纤的价格比铜线便宜。从话路成本来说，光纤每话路的成本要比电缆便宜得多。

1.3.4　光纤通信的应用

人类社会现在已经发展成了信息社会，声音、图像和数据等信息的交流量非常大，而光纤通信正以其容量大、保密性好、体积小、质量小、中继距离远等优点得到广泛应用。其应用领域遍及通信、交通、工业、医疗、教育、航空航天和计算机等行业，并正向更广、更深的层次发展。光纤通信网可以被分成三个层次，一是远距离的长途干线网；二是城域网，由一个大城市中的很多光纤用户组成；三是局域网，如一个单位、一栋大楼、一个家庭。光纤通信的应用主要体现在以下几个方面。

1. 光纤在公用电信网间作为传输线

由于光纤损耗低、容量大、直径小、质量小和敷设容易，因此特别适合用作室内电话中继线及长途干线线路，这是光纤的主要应用场合。

2. 满足不同网络层面的应用

为使光纤通信向更高速、更大容量、更远距离的方向发展，不同层次的网络对光纤的要求也不尽相同。在城域网层面和局域网层面，光纤通信都得到了广泛应用。局域网应用的一种是把计算机和智能终端通过光纤连接起来，实现工厂、办公室、家庭自动化的局部地区数字通信网。

3. 光纤宽带综合业务数字网及光纤用户线

光纤通信的发展方向是把光纤直接通往千家万户。我国已敷设了光纤长途干线及光纤市话中继线，目前除发展光纤局域网外，还要建设和发展光纤宽带综合业务数字网及光纤用户线。光纤宽带综合业务数字网除了开办传统的电话、高速数据通信，还开办可视电话、可视会议电话、远程服务及闭路电视、高质量的立体声广播业务。

4. 作为危险环境下的通信线

诸如发电厂、化工厂、油库等场所，对防强电、防辐射、防危险品流散、防火灾、防爆炸有很高要求。因为光纤不导电，没有短路危险，通信容量大，所以最适合这些场所。

5. 应用于专网

光纤通信主要应用于电力、公路、铁路、矿山等通信专网。例如，电力系统是我国专用通信网中规模较大、发展较为完善的专网。随着通信网络光纤化进程的加速，我国电力专用通信网在很多地区已经基本完成了从主干线到接入网向光纤过渡的过程。目前，电力系统光纤通信承载的业务主要有语音、数据、宽带和 IP 电话等常规电信业务；电力生产专业业务有保护系统、完全自动装置和电力市场化所需的宽带数据等。可以说，光纤通信已经成为电力系统安全稳定运行及电力系统生产生活中不可缺少的重要组成部分。

小 结

本章主要介绍有线通信系统的基本分类、发展历程及基本原理，就有线通信系统的发展及组成进行了概述，重点就光纤通信系统各组成部分的功能进行了介绍，总结了有线通信系统的发展历程，并指出它的发展方向。

思考题

1. 长途有线电通信系统由哪几个部分组成？各部分的作用是什么？

2. 什么是光纤通信？目前使用的通信光纤大多数采用石英光纤，它工作在电磁波的哪个区域？波长范围是多少？对应的频率范围是多少？

3. 基于光波进行通信必须解决哪两个关键问题？

4. 试绘制出光纤通信系统的基本组成方框图，并说明各组成部分的作用是什么。

5. 光纤通信主要有哪些优点？

第2章　光纤传输原理及其传输特性

光纤是光纤通信系统的重要组成部分。自1970年美国康宁玻璃公司按照高锟博士的预言成功地生产出了损耗为20 dB/km的光纤后，光纤损耗逐年下降。到1979年，光纤在1.55 μm波长处的损耗下降到0.2 dB/km。低损耗光纤的问世，引发了光波技术领域的革命，开创了光纤通信时代。本章将介绍光纤的结构、类型；分别从射线理论和波动理论的角度分析光纤的传输原理；并对光纤的传输特性——损耗、色散及非线性效应进行详细的讨论；简单介绍几种新型的单模光纤；简单介绍光缆的基本结构与种类。

2.1　光纤的结构与分类

2.1.1　光纤的结构

光纤是一种高度透明的玻璃丝，由纯石英经复杂的工艺拉制而成，从横截面上看基本由三个部分组成，即折射率较高的纤芯、折射率较小的包层和表面涂敷层。根据纤芯折射率径向分布的不同，光纤可分为两类：折射率在纤芯与包层界面突变的光纤称为阶跃光纤；折射率在纤芯内按某种规律逐渐降低的光纤称为渐变光纤。不同的折射率分布导致光纤的传输特性完全不同。图2-1所示为两种光纤的横截面和折射率分布，这两种光纤的典型尺寸：单模光纤的纤芯直径$2a$为8~10 μm，包层直径$2b=125$ μm；多模光纤的纤芯直径$2a=50$ μm，包层直径$2b=125$ μm。对于单模光纤，$2a$与传输波长λ处于同一量级，由于衍射效应，模场强度有相当一部分处于包层中，不易精确测出$2a$的精确值，因此只有结构设计上的意义，在应用中并无实际意义，实际应用中常用模场或模斑直径（Mode Field Diameter，MFD）表示。

1. 纤芯

纤芯位于光纤的中心，其成分是高纯度的二氧化硅，有时还掺有极少量的掺杂物（如GeO_2、P_2O_5等），以提高纤芯的折射率（n_1）。纤芯的功能是提供传输光信号的通道。纤芯的折射率范围为1.463~1.467（根据光纤的种类而异）。

2. 包层

包层位于纤芯的周围，其成分也是含有极少量掺杂物的高纯度二氧化硅，而掺杂物（如B_2O_3或F）的作用则是适当减小包层的折射率（n_2），使之略小于纤芯的折射率（n_1），以满足光传输的全内反射条件。包层的作用是将光封闭在纤芯内，并保护纤芯，提高光纤的机械强度。包层的折射率范围为1.45~1.46。

3. 涂敷层

光纤的最外层是由丙烯酸酯、硅树脂和尼龙组成的涂敷层，其作用是提高光纤的机械强度与柔韧性，以及便于识别等。绝大多数光纤的涂敷层厚度控制在250 μm内，但是也有一些光纤涂敷层厚度高达 1 mm。通常，双涂敷层结构是优选的，软内涂敷层能阻止光纤受外部压力而产生的微变，而硬外涂敷层则能防止磨损及提高机械强度。

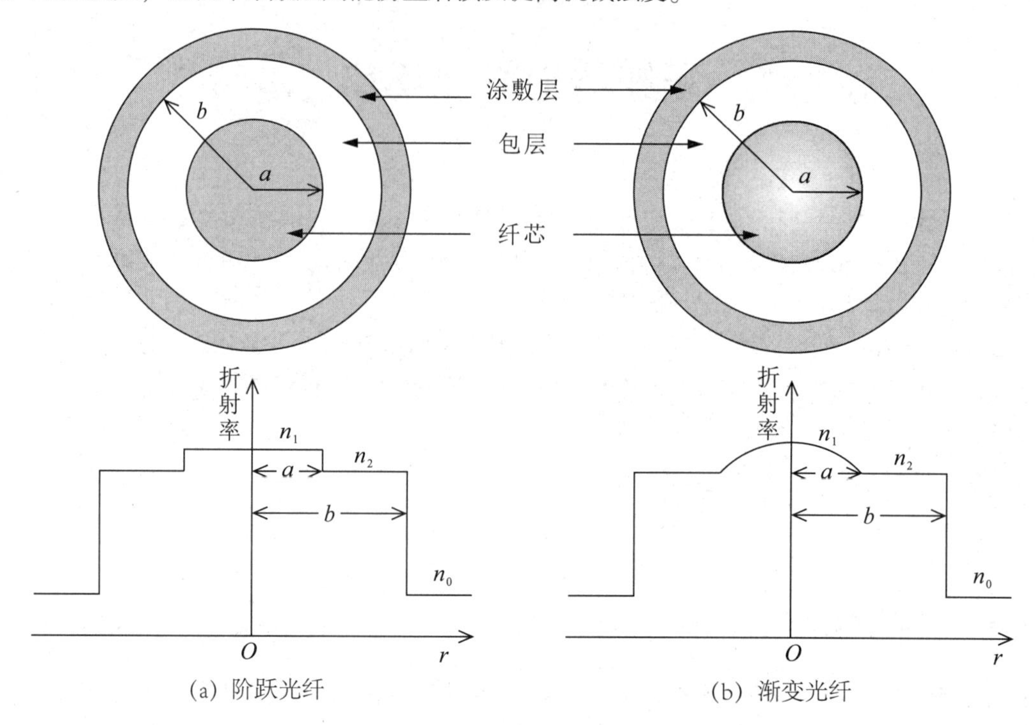

(a) 阶跃光纤　(b) 渐变光纤

图 2-1　两种光纤的横截面和折射率分布

2.1.2　光纤的分类

光纤的种类有很多，分类方法也是各种各样的。

1. 按制造光纤所用的材料分类

按制造光纤所用的材料分类，光纤可分为石英光纤、多组分玻璃光纤、石英芯塑料包层光纤、全塑料光纤和氟化物光纤等。

2. 按光在光纤中的传输模式分类

按光在光纤中的传输模式分类，光纤可分为单模（Single Mode，SM）光纤和多模（Multi Mode，MM）光纤。

从直观上讲，单模光纤与多模光纤的区别就在于二者纤芯尺寸的不同：多模光纤的纤芯粗（一般为 50 μm），而单模光纤的纤芯较细（为 8 ~10 μm），但二者的包层直径均为 125 μm。

正是由于单模光纤具有非常细的纤芯，使其只能传输一种模式的光（HE_{11} 基模），因此色散很小，适用于高速率、大容量、远距离通信；而多模光纤可传输多种模式的光，使其模式色散较大，这就限制了传输数字信号的速率及传输距离，因此，多模光纤只能用于近距离、低速率的传输场合，如各种局域网中。

3. 按光纤横截面上的折射率分布情况分类

按光纤横截面上的折射率分布情况分类，光纤可分为阶跃（Step Index，SI）光纤和渐变（Graded Index，GI）光纤，如图 2-1 所示。

在阶跃光纤中，光纤纤芯及包层的折射率都各为一个常数，同时为满足全反射条件，纤芯的折射率大于包层的折射率。由于这种光纤在纤芯-包层界面处的折射率是突变的，因此称为阶跃光纤，也称突变光纤。因为阶跃光纤的传输模式有很多，各种模式的传输路径不一样，经传输后到达终点的时间也不相同，从而使光脉冲展宽，所以阶跃光纤只适用于远距离、低速率通信。

阶跃光纤的折射率分布表达式为

$$n(r)=\begin{cases} n_1 & (r<a) \\ n_2 & (a \leqslant r \leqslant b) \end{cases} \tag{2-1}$$

式中，n_1 为光纤纤芯的折射率；n_2 为包层的折射率；a 为纤芯半径；b 为包层半径。

为了消除阶跃光纤的弊端，人们又研制、开发了渐变折射率光纤，简称渐变光纤。

渐变光纤纤芯的折射率不是均匀的，而是沿光纤径向从纤芯中心到纤芯-包层界面逐渐变小，从而可使高次模的光按正弦（或余弦）形式传播，这样能减小模式色散，增加光纤带宽，增加传输距离。渐变光纤的包层折射率分布与阶跃光纤一样，为一个常数。

渐变光纤的折射率分布表达式为

$$n(r)=\begin{cases} n_1\left[1-2\Delta(r/a)^{\alpha}\right]^{1/2} & (r<a) \\ n_1(1-2\Delta)^{1/2}=n_2 & (a \leqslant r \leqslant b) \end{cases} \tag{2-2}$$

式中，n_1 为纤芯轴线上的折射率；n_2 为包层的折射率；a 为纤芯半径；b 为包层半径；$\Delta=(n_1^2-n_2^2)/2n_1^2 \approx (n_1-n_2)/n_1$，为相对折射率差；$\alpha$ 为剖面参量，在 $0\sim+\infty$ 间取值。当 $\alpha=2$ 时，光纤称为抛物线型光纤或平方率分布光纤；当 $\alpha=+\infty$ 时，光纤相当于阶跃光纤。

4. 按光纤的工作波长分类

按光纤的工作波长分类，光纤可分为短波长光纤和长波长光纤。

1）短波长光纤

在光纤通信初期，人们使用的光波波长在 600 ~900 nm 范围内（典型值为 850 nm），习惯上把在此波长范围内呈现低损耗的光纤称作短波长光纤。短波长光纤属于早期产品，目前很少采用，因为其损耗与色散都比较大。

2）长波长光纤

随着研究工作的不断深入，人们发现在波长 1310 nm 和 1550 nm 区域，石英光纤的损耗呈现更低的数值；不仅如此，而且在此波长范围内石英光纤的材料色散也大大减小，人们的研究工作又迅速转移，并研制出在此波长范围内损耗更低、带宽更宽的光纤，习惯上把工作在 1000 ~2000 nm 范围内的光纤称为长波长光纤。

长波长光纤因具有低损耗、宽带宽等优点，而适用于远距离、大容量的光纤通信。目前长途干线使用的光纤全部是长波长光纤。

5. 按套塑类型分类

按套塑类型分类，光纤可分为紧套光纤和松套光纤。

1）紧套光纤

紧套光纤是指二次、三次涂敷层与预涂敷层及光纤的纤芯、包层等紧密地结合在一起的光纤。此类光纤属于早期产品。

未经二次、三次涂敷的光纤，其损耗-温度特性本是十分优良的，但经过二次、三次涂敷之后其温度特性下降。这是因为涂敷材料的膨胀系数比石英高得多，在低温时收缩比较严重，压迫光纤使其发生微弯曲，增加了光纤的损耗。但对光纤进行二次、三次涂敷可以大大提高光纤的机械强度。

2）松套光纤

松套光纤是指经过预涂敷后的光纤松散地放置在一个塑料管之内，不再进行二次、三次涂敷。

松套光纤的制造工艺简单，其损耗-温度特性也比紧套光纤好，因此越来越受到人们的重视。

2.1.3 光纤的制造工艺

制造石英光纤时，先要将光纤熔制成一根合适的玻璃棒或玻璃管，在制备纤芯玻璃棒时均匀地掺入比石英折射率大的材料（如锗）；制备包层玻璃时，均匀地掺入比石英折射率小的材料（如硼）。这种玻璃棒就称为预制棒，典型的预制棒的直径为 10～25mm，长度为 60～120cm。光纤则是由图 2-2 所示的设备拉制而成的。

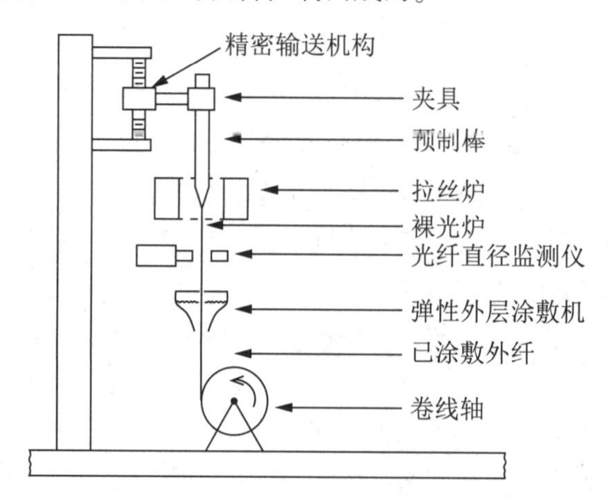

图 2-2 光纤拉丝设备示意图

将预制棒极为准确地送入高温（约 2000℃）拉丝炉中，预制棒的一端软化并被牵引形成极细的玻璃丝。通过置于拉丝炉底部的卷线轴的旋转速度来控制光纤的拉制速度，进而决定了光纤的直径。在拉丝过程中，必须精确控制卷线轴的旋转速度并使其保持不变，光纤直径监测仪通过一个反馈环来实现对拉丝速度的监测和控制。为了保护光纤不受外界污染物（如污物和水汽）的影响，要立即对光纤进行涂敷，即在外部加一层高分子材料涂敷层，同时可提高光纤的柔韧性和机械强度。

2.2 光纤的传输原理

由于光波是一种频率极高的电磁波，而光纤本身是一种介质波导，因此光在光纤中的传输原理是十分复杂的。光纤的传输原理与结构特性通常可用射线理论与波动理论两种方法进行分析。基于几何光学的射线理论可以很好地理解多模光纤的导光原理和特性，而且物理图像直观、形象、易懂。虽然是近似方法，但当纤芯直径 $2a$ 远大于光波波长 λ 时是完全可行的。当 $2a$ 与 λ 可比拟时，需要用波动理论进行分析。

2.2.1　用射线理论分析光纤的传输原理

我们知道，光线在均匀介质中传播时是以直线方向进行的，传播速度 $v=c/n$，c 为真空中的光速（3×10^8 m/s），n 为介质的折射率。但当光线由折射率为 n_1 的介质斜入射到折射率为 n_2 的介质时，在两种介质的分界面上，光线将发生反射和折射，如图 2-3 所示。其中，θ_i 为入射角，θ_r 为反射角，θ_t 为折射角。

由折射定律可知：入射光、反射光、折射光在同一平面内，且

$$\theta_r=\theta_i$$

$$n_1\sin\theta_i=n_2\sin\theta_t \tag{2-3}$$

由式（2-3）可知：若 $n_1>n_2$，则 $\theta_t>\theta_i$。当 θ_i 增加到某一值 θ_c 时，$\theta_t=90°$，即

$$n_1\sin\theta_c=n_2\sin90°$$

$$\theta_c=\arcsin\ (n_2/n_1)$$

θ_c 称为临界角。

如果 $\theta_i>\theta_c$，那么光线将在分界面上发生全反射，在介质 1 中传输，没有光能量穿过分界面。

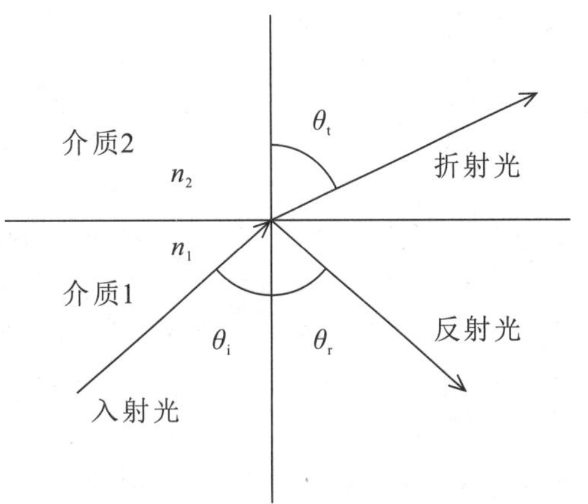

图 2-3　光线的反射与折射

1. 阶跃光纤中的光线分析

光线在阶跃光纤中的传播途径如图 2-4 所示。

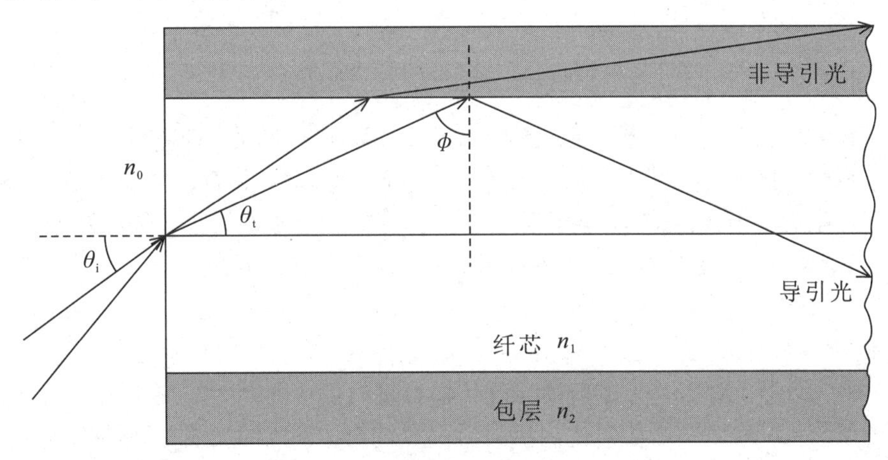

图 2-4　光线在阶跃光纤中的传播途径

考察图 2-4 所示的阶跃光纤剖面图，一束光线以与光纤轴线成 θ_i 的角度入射到纤芯中心，在光纤-空气界面发生折射，弯向界面的法线方向，折射光的角度 θ_t 由折射定律决定，

$$n_0\sin\theta_i=n_1\sin\theta_r \tag{2-4}$$

式中，n_0 和 n_1 分别为空气和纤芯的折射率。折射光到达纤芯-包层界面时，若入射角 ϕ 满足关系 $\sin\phi<n_2/n_1$（n_2 为包层折射率），则光线将再次发生折射，进入包层传输。若入射角 ϕ 大于临界角 ϕ_c，则光线在纤芯-包层界面将发生全反射，ϕ_c 定义为

$$\sin\phi_c=n_2/n_1 \tag{2-5}$$

这种全反射发生在整根光纤上，所有 $\phi>\phi_c$ 的光线都将被限制在纤芯中，这就是光纤约束和导引光传输的基本机制。

利用式（2-4）与式（2-5），可得到将入射光限制在纤芯所要求的与光纤轴线间的最大角度 θ_{imax}。对这种光线，$\theta_r=\pi/2-\phi_c$，以此代入式（2-4），得

$$n_0\sin\theta_{imax}=n_1\cos\phi_c=\sqrt{n_1^2-n_2^2} \tag{2-6}$$

与光学透镜类似，$n_0\sin\theta_{imax}$ 称为光纤的数值孔径（NA），代表光纤的集光能力。对于 $n_1\approx n_2$，NA 可近似为

$$\mathrm{NA}=\sqrt{n_1^2-n_2^2}=n_1\sqrt{2\Delta} \tag{2-7}$$

$$\Delta=\frac{n_1^2-n_2^2}{2n_1^2}\approx (n_1-n_2)/n_1$$

式（2-7）中，Δ 为纤芯-包层界面相对折射率差。

表面看来，为了将尽可能多的光线收集或耦合进入光纤，Δ 应越大越好，但后面将会看到，过大的 Δ 将引起多径色散，这是一种弥散效应导致的结果，在模式理论中称为模式色散，不能用于光纤通信系统中。因此 NA 的取值要兼顾光纤接收光的能力和模式色散。ITU-T 建议光纤的 NA 的取值范围为 0.18 ~0.23。

由图 2-4 可见，以不同入射角 θ_i 进入光纤的光线将经历不同的路径，虽然在输入端同时入射并以相同的速度传播，但到达光纤输出端的时间却不相同，出现了时间上的分散，导致脉宽严重展宽，这种现象称为多径色散。例如，对于 $\theta_i=0°$的光线，路径最短，正好等于光纤长度 L；当 θ_i 由式（2-6）给定时，路径最长，为 $L/\sin\phi_c$。在纤芯中，光速为 $v=c/n_1$，则这两条光线到达输出端的时差 ΔT 为

$$\Delta T=\frac{n_1}{c}\left[\frac{L}{\sin\phi_c}-L\right]\approx\frac{L}{c}\frac{n_1^2}{n_2}\Delta \tag{2-8}$$

经历最短路径和最长路径的两束光线间的时差是输入脉冲展宽的一种度量。

原来很窄的光脉冲在光纤中传播，由于多径色散的影响，其宽度展宽到 ΔT，因此为使这种展宽不产生码间干扰，ΔT 应小于信息传输容量决定的比特间隔，即 $\Delta T<T_B$，而 $T_B=1/B$，则应有 $B\Delta T<l$，于是由式（2-8）可得光纤信息传输的容量为

$$BL<\frac{n_2}{n_1^2}\frac{c}{\Delta} \tag{2-9}$$

式（2-9）给出了对 $2a\gg\lambda$ 的阶跃光纤传输容量的基本限制。需要指出，式（2-9）仅仅是一种近似估计，它只适用于每次内反射后都经过光纤轴线的光线，即子午射线，对于传输角与光纤轴线斜交的偏斜线，可能在弯曲和不规则处逸出纤芯，就不能按该式估计。

2. 渐变光纤中的光线分析

前文已指出，渐变光纤的纤芯折射率不是一个常数，它从纤芯中心的最大值 n_1 逐渐降低到纤芯-包层界面的最小值 n_2，大部分渐变光纤按二次方规律下降，称为抛物线型光纤。在渐变光纤中，光线不是以曲折的锯齿形式向前传播的，而是以一种正弦振荡形式向前传播的，如图 2-5 所示。

为理解光线在渐变光纤中的传输特性，下面看一种简单的情况。假设有一个多层介质平板，每一层介质的折射率皆为一个常数，且其折射率由下到上逐渐变小，即 $n_1>n_2>n_3>n_4$ …，如图 2-6 所示。

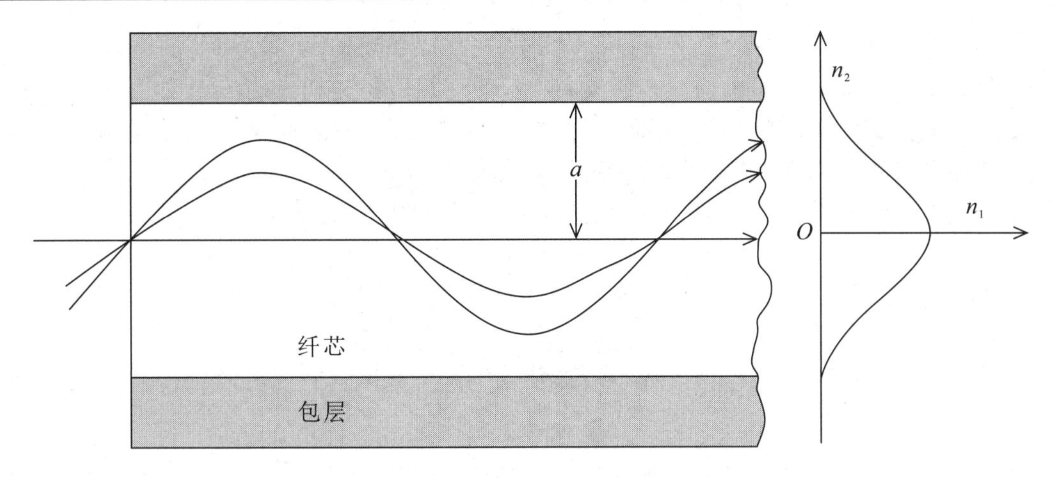

图 2-5　渐变光纤中的光线轨迹

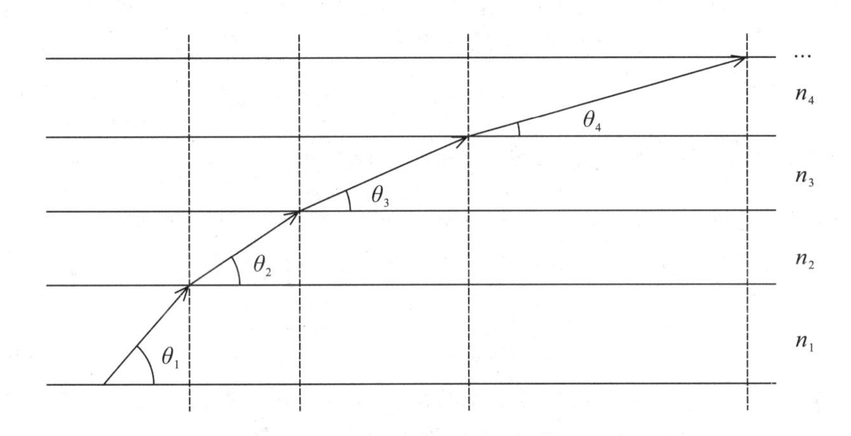

图 2-6　光线在多层介质平板中的传输

由折射定律可得

$$n_1\cos\theta_1=n_2\cos\theta_2=n_3\cos\theta_3=n_4\cos\theta_4 \tag{2-10}$$

由于 $n_1>n_2$，因此有 $\theta_2<\theta_1$。这样，光在每两层介质的分界面处的折射光线皆远离法线。如果层数足够，那么在到达某个分界面处时，全反射使光线朝向折射率大的层方向传播。

对于渐变光纤，由于可用这种折射率阶跃变化的分层结构来进行近似分析，因此它具有正弦振荡形式向前传播的特征。

当然，由图 2-5 可见，类似于阶跃光纤，入射角大的光线路径长，由于折射率的变化，光速沿路径变化，虽然沿光纤轴线传播路径最短，但轴线上折射率最大，光线的传播速度最慢，而斜光线的大部分路径在折射率小的介质中传播，虽然路径长，但传输得快，因此合理设计折射率分布，可使所有光线同时到达光纤输出端，减小了多径色散或模式色散。

由经典光学理论可知，在傍轴近似条件下，光线轨迹可用下列微分方程描述

$$\frac{\mathrm{d}^2r}{\mathrm{d}z^2}=\frac{1}{n}\frac{\mathrm{d}n}{\mathrm{d}z} \tag{2-11}$$

式中，r 为射线离轴线的径向距离。当折射率 n 的取值为抛物线分布，即 $\alpha=2$ 时，利用式（2-2），则式（2-11）可简化为简谐振荡方程，其通解为

$$r=r_0\cos(pz)+(r'_0/p)\sin(pz) \tag{2-12}$$

式（2-12）中，$p=(2n_1\Delta/a^2)^{1/2}$，r_0 和 r'_0 分别为入射光线的位置和方向。

式（2-12）表明，所有的射线在距离 $z=2m\pi/p$ 处恢复它们的初始位置和方向，其中 m 为整数。因此抛物线型光纤不存在多径色散或模式色散，但应注意，这个结论是在几何光学和傍轴近似条件下得到的，对于实际光纤，这些条件并不严格成立。

更严格的分析发现，光线在长为 L 的渐变光纤中传播时，其最大路径时差，即模式色散 $\Delta T/L$ 将随 α 而变，对于 $n_1=1.5$ 和 $\Delta=0.01$ 的渐变光纤，最小色散发生在 $\alpha=2(1-\Delta)$ 处，它与 Δ 的关系为

$$\Delta T/L=n_1\Delta^2/8c \tag{2-13}$$

利用准则 $B\Delta T<1$，可得比特率-距离积的极限为

$$BL<8c/n_1\Delta^2 \tag{2-14}$$

最优的 α 设计能使 100 Mbit/s 的数据传输 100 km，其 BL 值达约 10（Gbit/s）km，比阶跃光纤提高了 3 个数量级。第一代光纤通信系统使用的就是渐变光纤。单模光纤能进一步提高 BL 值，但几何光学不能用于研究单模光纤的许多问题，必须用复杂的电磁导波或模式理论来讨论。

2.2.2 用波动理论分析光纤的传输原理

前面我们用射线理论分析了阶跃光纤及渐变光纤的传输原理，得到了一些有用的结论。这种方法虽然可以简单直观地得到光线在光纤中传输的物理图像，但由于忽略了光的波动性质，因此不能了解光场在纤芯和包层中的结构分布及许多其他特性。尤其对于单模光纤，由于芯径小，射线理论就不能正确处理单模光纤的问题，因此，在光波导理论中，更普遍地采用波动光学的方法，其实质是把光作为电磁波来处理，研究电磁波在光纤中的传输规律，得到光纤中的传输波形（模式）、场结构、传输常数及截止条件等。本节从波动理论出发，求解波动方程，以得到光纤的一系列重要特性。

用波动理论分析阶跃光纤中的导波，通常有两种方法：矢量解法和标量解法。矢量解法是一种传统的严格解法，它要求满足光纤边界条件的矢量波动方程，求解过程比较烦琐。对于目前实际应用的弱导波光纤，可以寻求近似解法，求出均匀光纤的场方程、特征方程，并在此基础上分析标量模的特性。

1. 光在光纤中的传播方程

光纤是一种介质波导，而光波是电磁波，用电磁理论分析光波在光纤中的传输特性，必须从麦克斯韦方程组出发。光纤材料是各向同性媒介，假设光强较弱时，不考虑光纤的非线性特性，且不存在传导电流和自由电荷，则麦克斯韦方程组具有如下形式

$$\nabla\times\boldsymbol{E}=-\partial\boldsymbol{B}/\partial t \tag{2-15a}$$

$$\nabla\times\boldsymbol{H}=-\partial\boldsymbol{D}/\partial t \tag{2-15b}$$

$$\nabla\cdot\boldsymbol{D}=0 \tag{2-15c}$$

$$\nabla\cdot\boldsymbol{B}=0 \tag{2-15d}$$

式（2-15a）至（2-15d）中，$\boldsymbol{D}=\varepsilon\boldsymbol{E}$；$\boldsymbol{B}=\mu\boldsymbol{H}$；$\varepsilon$ 为介质（光纤）的介电常数；μ 为介质的磁导率。

求解麦克斯韦方程组可得到光纤中电磁场的波动方程

$$\nabla^2\boldsymbol{E}+\left(\frac{n\omega}{c}\right)^2\boldsymbol{E}=0 \tag{2-16a}$$

$$\nabla^2\boldsymbol{H}+\left(\frac{n\omega}{c}\right)^2\boldsymbol{H}=0 \tag{2-16b}$$

式（2-15）即著名的亥姆霍兹方程。

2. 阶跃光纤的矢量解法

矢量解法是一种严格的传统解法，即求解满足光纤边界条件的矢量波动方程。由于光纤通常都制成圆柱形结构，且光波沿光纤轴线方向传播，因此为了在求解时应用边界条件，一般采用 z 轴与光纤轴线一致的圆柱坐标系(r,φ,z)，如图 2-7 所示。下面我们首先求解波动方程，再导出阶跃光纤中的波动方程，最后得出导波模式。

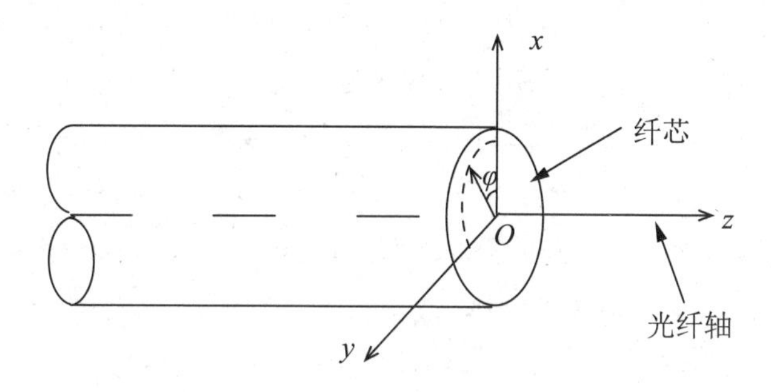

图 2-7　光纤中的圆柱坐标系

1）阶跃光纤中的波动方程

将亥母霍兹方程在圆柱坐标系中展开，得到电磁场 z（纵向）分量 E_z 的波动方程为

$$\frac{\partial^2 E_z}{\partial r^2}+\frac{1}{r}\frac{\partial E_z}{\partial r}+\frac{1}{r^2}\frac{\partial^2 E_z}{\partial \varphi^2}+\frac{\partial^2 E_z}{\partial z^2}+\left(\frac{n\omega}{c}\right)^2 E_z=0 \tag{2-17a}$$

$$\frac{\partial^2 H_z}{\partial r^2}+\frac{1}{r}\frac{\partial H_z}{\partial r}+\frac{1}{r^2}\frac{\partial^2 H_z}{\partial \varphi^2}+\frac{\partial^2 H_z}{\partial z^2}+\left(\frac{n\omega}{c}\right)^2 H_z=0 \tag{2-17b}$$

式（2-17）为二阶三维偏微分方程，求解可得出 E_z 和 H_z，其余的横向分量 E_r、E_φ、H_r、H_φ 可通过 E_z 和 H_z 结合麦克斯韦方程组求得。因为式（2-17）中分别只含有 E_z 或 H_z，这说明电场 $\boldsymbol{E}$ 和磁场 $\boldsymbol{H}$ 的纵向分量和其他分量不会耦合，所以可以将其任意地分离出来。

用分离变量法求解 E_z，假设 E_z 有如下形式的解

$$E_z=AF_1(r)\,F_2(\phi)\,F_3(z)\,F_4(t) \tag{2-18}$$

根据物理概念，E_z 随时间和坐标轴 z 的变化规律是简谐函数，即

$$F_3(z)\,F_4(t)=\mathrm{e}^{\mathrm{j}(\omega t-\beta z)} \tag{2-19}$$

式（2-19）中，$\beta=k_0n_1\sin\theta$ 为传播常数。

场分量 $F_2(\phi)$ 表示 E_z 沿圆周的变化规律，基于光纤结构的圆对称性，E_z 应是方位角 ϕ 以 2π 为周期的周期函数，即

$$F_2(\phi)=\mathrm{e}^{jm\phi} \tag{2-20}$$

式（2-20）中，m 为整数。现在只有 $F_1(r)$ 为未知函数，将式（2-19）、式（2-20）代入式（2-18），再代入波动方程式（2-17a），得

$$\frac{\partial^2 F_1(r)}{\partial r^2}+\frac{1}{r}\frac{\partial F_1(r)}{\partial r}+\left(n^2k_0^2-\beta^2-\frac{m^2}{r^2}\right)F_1(r)=0 \qquad (2-21)$$

式（2-21）就是众所周知的贝塞尔函数，是只含 $F_1(r)$ 的二阶常微分方程，方程中的 $(n^2k_0^2-\beta^2)$ 为常数，$k_0=2\pi/\lambda=2\pi f/c=\omega/c$，$\lambda$ 和 f 分别是光在真空中的波长和频率。求解方程（2-21）可得到 $F_1(r)$ 的表示形式。

式（2-21）必须在纤芯和包层两个区域分别求解。在纤芯区域，导波场必须在 $r\to 0$ 时取有限值；而在外部区域，当 $r\to\infty$ 时，场解必须衰减为零，因此，在纤芯内部区域（$0\leqslant r\leqslant a$），$F_1(r)$ 的解为 m 阶第一类贝塞尔函数（类似振幅衰减的正弦曲线），即 $F_1(r)=\mathrm{J}_m(ur)$。其中，$u^2=n_1^2k_0^2-\beta^2=k_1^2-\beta^2$。纤芯中 E_z 和 H_z 的表达式为

$$E_z(r,\phi,z,t)=A\mathrm{J}_m(ur)\,\mathrm{e}^{\mathrm{j}m\phi}\mathrm{e}^{\mathrm{j}(\omega t-\beta z)} \quad (0\leqslant r\leqslant a) \qquad (2-22a)$$

$$H_z(r,\phi,z,t)=B\mathrm{J}_m(ur)\,\mathrm{e}^{\mathrm{j}m\phi}\mathrm{e}^{\mathrm{j}(\omega t-\beta z)} \quad (0\leqslant r\leqslant a) \qquad (2-22b)$$

式（2-22a）和式（2-22b）中，A、B 为任意常数。

在纤芯外部区域（$r\geqslant a$），式（2-21）的解是第二类修正贝塞尔函数（类似衰减的指数曲线），即 $F_1(r)=\mathrm{K}_m(wr)$。其中，$w^2=\beta^2-n_0^2k_0^2=\beta^2-k_2^2$。包层中 E_z 和 H_z 的表达式为

$$E_z(r,\phi,z,t)=C\mathrm{K}_m(wr)\,\mathrm{e}^{\mathrm{j}m\phi}\mathrm{e}^{\mathrm{j}(\omega t-\beta z)} \quad (r\geqslant a) \qquad (2-23a)$$

$$H_z(r,\phi,z,t)=D\mathrm{K}_m(wr)\,\mathrm{e}^{\mathrm{j}m\phi}\mathrm{e}^{\mathrm{j}(\omega t-\beta z)} \quad (r\geqslant a) \qquad (2-23b)$$

式（2-23a）和式（2-23b）中，C、D 为任意常数。

根据第二类修正贝塞尔函数的定义，当 $wr\to\infty$ 时，$\mathrm{K}_m(wr)\to \mathrm{e}^{-wr}$，所以只有当 $w>0$ 时，即 $k_0n_2<\beta$，才能使得 $r\to\infty$ 时场量趋于零。关于 β 的第二个条件，可以从 $\mathrm{J}_m(ur)$ 的特性中推出，在纤芯中参数 μ 必须是实数，从而使 $F_1(r)$ 成为实函数，这要求 $\beta<k_0n_1$。所以对于有界的场解，β 的取值范围是 $k_0n_2<\beta<k_0n_1$，其中 $k_0=2\pi/\lambda$，是自由空间传播常数。

2）阶跃光纤中的模式方程

传播常数 β 的解取决于边界条件，电磁场的边界条件要求两侧电场 $\boldsymbol{E}$ 的切向分量 E_ϕ 和 E_z 在电介质分界面上（$r=a$）必须连续（取相同的值）；对于磁场 $\boldsymbol{H}$ 的切向分量 H_ϕ 和 H_z 亦是如此。考虑电场的切向分量，在纤芯-包层界面的内侧，电场 z 分量（$E_z=E_{z1}$）由式（2-22a）决定；在纤芯-包层界面的外侧（$E_z=E_{z2}$）则由式（2-23a）决定，边界处的连续条件要求

$$E_{z1}-E_{z2}=A\mathrm{J}_m(ua)-C\mathrm{K}_m(wa)=0 \qquad (2-24a)$$

同理可得

$$E_{\phi1}-E_{\phi2}=-\frac{\mathrm{j}}{u^2}\left[A\frac{\mathrm{j}m\beta}{a}\mathrm{J}_m(ua)-B\omega\mu u\mathrm{J}'_m(ua)\right]=-\frac{\mathrm{j}}{w^2}\left[C\frac{\mathrm{j}m\beta}{a}\mathrm{K}_m(ua)-D\omega\mu w\mathrm{K}'_m(wa)\right]=0 \qquad (2-24b)$$

$$H_{z1}-H_{z2}=B\mathrm{J}_m(ua)-D\mathrm{K}_m(wa)=0 \qquad (2-24c)$$

$$H_{\phi1}-H_{\phi2}=-\frac{\mathrm{j}}{u^2}\left[B\frac{\mathrm{j}m\beta}{a}\mathrm{J}_m(ua)-A\omega\varepsilon_1 u\mathrm{J}'_m(ua)\right]=-\frac{\mathrm{j}}{w^2}\left[D\frac{\mathrm{j}m\beta}{a}\mathrm{K}_m(ua)-C\omega\varepsilon_2 w\mathrm{K}'_m(wa)\right]=0 \qquad (2-24d)$$

以上是一个关于 A、B、C、D 的齐次方程组，只有当其系数行列式等于零时，该方程组才有非零解，即

$$\begin{vmatrix} J_m(ua) & 0 & K_m(wa) & 0 \\ \dfrac{\beta m}{au^2}J_m(ua) & \dfrac{j\omega\mu}{u}J'_m(ua) & \dfrac{\beta m}{aw^2}K_m(wa) & \dfrac{j\omega\mu}{w}K'_m(wa) \\ 0 & J_m(ua) & 0K_m(wa) & \\ -\dfrac{j\omega\varepsilon_1}{u}J'_m(ua) & \dfrac{\beta m}{au^2}J_m(ua) & \dfrac{j\omega\varepsilon_2}{w}K'_m(wa) & \dfrac{\beta m}{aw^2}K_m(wa) \end{vmatrix} \tag{2-25}$$

展开上述系数行列式，即可得到关于 β 的本征方程

$$\left[\frac{J'_m(U)}{UM_m(U)}+\frac{K'_m(W)}{WK_m(W)}\right]\left[n_1^2\frac{J'_m(U)}{UJ_m(U)}+n_2^2\frac{K'_m(W)}{WK_m(W)}\right]=\left(\frac{m\beta}{k_0}\right)^2\left(\frac{V}{UW}\right) \tag{2-26}$$

式（2-26）中，$U=ua$，$W=wa$，$V^2=U^2+W^2$。当给定参数 a、k_0、n_1 和 n_2 后，由式（2-26）就可求得传输常数 β。但本征方程是一个超越方程，故必须用数值方法求解。通常，对每个整数 m，存在多个解，记为 β_{mn} =（n=1，2，3，…）。

3）导波模式及传输特性

每个 β_{mn} 对应于一种能在光纤中传输的光场的空间分布，这种空间分布在传输中只有相位的变化，没有形状的改变，始终满足边界条件，这种空间分布就称为模式。根据不同的 m 与 n 的组合，将存在许多模式，分别对应于 TE_{mn}、TM_{mn}、EH_{mn} 和 HE_{mn} 模。阶跃光纤中 4 个低阶模式的横向电场在剖面内的分布图如图 2-8 所示。

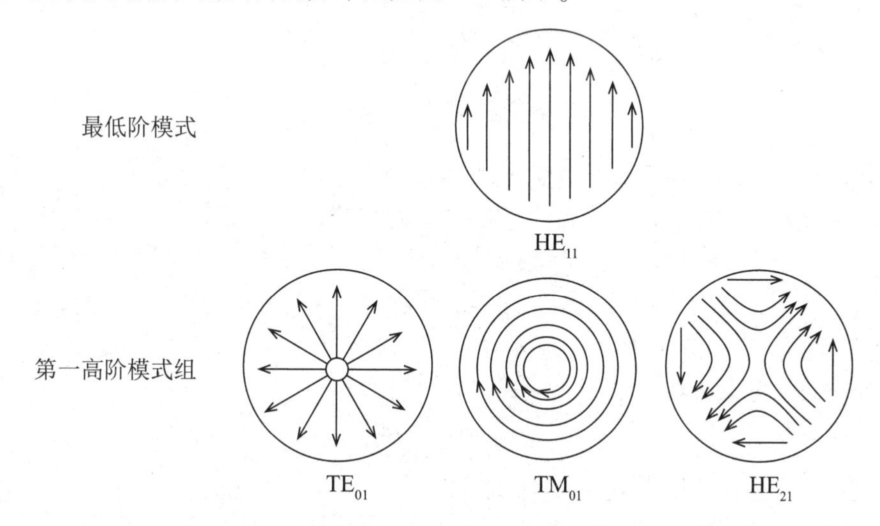

图 2-8　阶跃光纤中 4 个低阶模式的横向电场在剖面内的分布图

由前面的分析可知，光纤中的光场在纤芯中按贝塞尔函数变化规律分布，在包层中则按第二类修正贝塞尔函数变化规律分布。当光能以传输模式传输时，要求包层中的电场消逝为零，其必要条件是 $w^2>0$，即 $\beta>k_0n_2$；反之，当 $\beta<k_0n_2$ 时，$w^2<0$，电场在包层中振荡，传播模式将转化为辐射模式，能量从包层中辐射出去；当 $\beta=k_0n_2$ 时，即 $w=0$，这是介于传播模式和辐射模式的临界状态，称为模式截止，此时 $V=V_c=U_c$，称为导波模的截止频率。

3. 阶跃光纤的标量解法

在实际应用中，大多数通信光纤的纤芯与包层的相对折射率差 Δ 很小，满足弱导波条件（$n_1\approx n_2\approx n$），这种光纤称为弱导光纤。由于弱导光纤的全反射临界角 $\theta_c=\arcsin$（n_2/

n_1）$\approx\pi/2$，因此若要使光线在光纤中形成导波，则光线在纤芯包层界面处的入射角 θ_i 要大于 θ_c，射线传播的轨迹几乎与光纤轴线平行，这样的波类似于横电磁波（TEM 波）。

1）标量解

在弱导光纤中，横向电场偏振方向在传输过程中保持不变，可以用一个标量来描述，设横向电场沿 y 轴偏振，它满足标量亥姆霍兹方程

$$\nabla^2 E_y + k_0^2 n^2 E_y = 0 \tag{2-27a}$$

式中，E_y 为电场在直角坐标 y 轴的分量。在圆柱坐标系中展开（z 轴沿光纤轴线的方向），可得

$$\frac{\partial^2 E_y}{\partial r^2} + \frac{1}{r}\frac{\partial E_y}{\partial r} + \frac{1}{r^2}\frac{\partial^2 E_y}{\partial \varphi^2} + \frac{\partial^2 E_y}{\partial z^2} + +k_0^2 n^2 E_y = 0 \tag{2-27b}$$

式（2-27b）是二阶三维偏微分方程，可用分离变量法求解。根据光纤横截面折射率分布的对称性和横向平移不变性，E_y 沿圆周方向的变化规律应是以 2π 为周期的简谐函数；又因导波是沿 z 轴传播的，所以它沿该方向呈行波状态，光纤中光场的分布应具有如下形式

$$E_y(r,\varphi,z) = AR(r)\cos m\varphi \mathrm{e}^{-\mathrm{j}\beta z} \tag{2-28}$$

式中，β 是 z 方向的传播常数，若 z 方向有能量损失，则 β 是复数，其虚数部分代表单位距离的损失，实数部分代表单位距离相位的传播。将式（2-28）代入式（2-27b），并考虑纤芯和包层中的折射率分别为 n_1 和 n_2，可得

$$r^2\frac{\mathrm{d}^2 R(r)}{dr^2} + r\frac{\mathrm{d}R(r)}{dr} + \left[(n_1^2 k_0^2 - \beta^2) r^2 - m^2\right] R(r) = 0 \quad (0 \leqslant r \leqslant a) \tag{2-29a}$$

$$r^2\frac{\mathrm{d}^2 R(r)}{dr^2} + r\frac{\mathrm{d}R(r)}{dr} + \left[(n_2^2 k_0^2 - \beta^2) r^2 - m^2\right] R(r) = 0 \quad (0 \geqslant a) \tag{2-29b}$$

导波场在纤芯内应为振荡解，故式（2-29a）的解应为第一类贝塞尔函数；在包层中应为衰减解，式（2-29b）的解应为第二类修正贝塞尔函数。于是 $R(r)$ 表示为

$$R(r) = \mathrm{J}_m\left[(n_1^2 k_0^2 - \beta^2)^{1/2} r\right] \quad (0 \leqslant r \leqslant a) \tag{2-30a}$$

$$R(r) = \mathrm{K}_m\left[(\beta^2 - n_2^2 k_0^2)^{1/2} r\right] \quad (0 \geqslant a) \tag{2-30b}$$

式（2-30a）和式（2-30b）中，J_m 为 m 阶贝塞尔函数，K_m 为 m 阶修正贝塞尔函数。下面引入几个重要的无量纲参数，令

$$U = \sqrt{k_0^2 n_1^2 - \beta^2}\, a \tag{2-31a}$$

$$W = \sqrt{\beta^2 - k_0^2 n_2^2}\, a \tag{2-31b}$$

式（2-31a）和式（2-31b）中，U 表示在光纤的纤芯中，导波沿半径 r 方向电磁场的分布规律，称为导波的归一化径向相位常数；W 表示在包层中，电磁场沿半径 r 方向的衰减规律，称为导波的归一化径向衰减常数。由 U 和 W 可引出光纤的另一个参数，即归一化频率 V：

$$V = \sqrt{U^2 + W^2} = \sqrt{n_1^2 - n_2^2}\, k_0 a = \sqrt{2\Delta}\, n_1 k_0 a \tag{2-32}$$

由式（2-32）可知，V 与光纤的结构参数 a、相对折射率差 Δ、纤芯折射率 n_1 及工作波长有关，是一个重要的综合参数，光纤的许多特性都与 V 有关。

将 $R(r)$ 代入式（2-28），并考虑到式（2-31a）和式（2-31b）的关系式，可得纤芯和包层中的电磁场分布分别为

$$E_{y1} = A_1 \mathrm{J}_m(Ur/a)\cos m\varphi \mathrm{e}^{-\mathrm{j}\beta z} \quad (0 \leqslant r \leqslant a) \tag{2-33a}$$

$$E_{y2}=A_2\mathrm{K}_m(Wr/a)\cos m\varphi \mathrm{e}^{-\mathrm{j}\beta z} \quad (r\geqslant a) \tag{2-33b}$$

利用光纤的边界条件，即 $r=a$ 时，$E_{y1}=E_{y2}$，可得 $A_1\mathrm{J}_m(U)=A_2\mathrm{K}_m(W)=A$，将其代入式（2-33a）和式（2-33b）中，得

$$E_{y1}=A\frac{\mathrm{J}_m(Ur/a)}{\mathrm{J}_m(U)}\cos m\varphi \mathrm{e}^{-\mathrm{j}\beta z} \quad (0\leqslant r\leqslant a) \tag{2-34a}$$

$$E_{y2}=A\frac{\mathrm{K}_m(Wr/a)}{\mathrm{K}_m(W)}\cos m\varphi \mathrm{e}^{-\mathrm{j}\beta z} \quad (r\geqslant a) \tag{2-34b}$$

由电磁场的性质，对 TEM 波有 $H_x=-E_y/Z=-E_y n/Z_0$，其中 $Z_0=\sqrt{\mu_0/\varepsilon_0}=337\Omega$，是自由空间波阻抗。光纤中的电磁场近似为 TEM，于是有

$$H_{x1}=-A\frac{n_1}{Z_0}\frac{\mathrm{J}_m(Ur/a)}{\mathrm{J}_m(U)}\cos m\varphi \mathrm{e}^{-\mathrm{j}\beta z} \quad (0\leqslant r\leqslant a) \tag{2-35a}$$

$$H_{x2}=-A\frac{n_2}{Z_0}\frac{\mathrm{K}_m(Wr/a)}{\mathrm{K}_m(W)}\cos m\varphi \mathrm{e}^{-\mathrm{j}\beta z} \quad (r\geqslant a) \tag{2-35b}$$

利用麦克斯韦方程组可得电磁场的纵向分量 E_z 和 H_z 与横向分量 E_y 和 H_x 之间的关系

$$E_z=\frac{\mathrm{j}Z_0}{k_0^2n^2}\frac{\mathrm{d}H_x}{\mathrm{d}y} \tag{2-36a}$$

$$H_z=\frac{\mathrm{j}}{k_0Z_0}\frac{\mathrm{d}E_y}{\mathrm{d}x} \tag{2-36b}$$

将 H_x 和 E_y 代入式（2-36a）和（2-36b），即可求出 E_z 和 H_z。进一步可求得电磁场横向分量 E_r、H_r、E_φ 和 H_φ。

2）标量解的特征方程

标量解的特征方程可由纤芯-包层界面处的边界条件得出。在 $r=a$ 处，电场和磁场的轴向分量是连续的，即 $E_{z1}=E_{z2}$，在弱导近似下可忽略 n_1 和 n_2 之间的微小差别，令 $n_1=n_2$，可得

$$U\frac{\mathrm{J}_{m+1}(U)}{\mathrm{J}_m(U)}=W\frac{\mathrm{K}_{m+1}(W)}{\mathrm{K}_m(W)} \tag{2-37a}$$

$$U\frac{\mathrm{J}_{m-1}(U)}{\mathrm{J}_m(U)}=-W\frac{\mathrm{K}_{m-1}(W)}{\mathrm{K}_m(W)} \tag{2-37b}$$

式（2-37a）和式（2-37b）即弱导光纤标量解的特征方程，按贝塞尔函数的递推公式可以证明这两个式子属于同一个方程，可选择其中一个使用。从特征方程可解出 U（或 W）的值，从而确定 W（或 U）和相位常数 β，确定光纤的场分布及其特性。由于式（2-37）是超越方程，因此须用数值方法求解。下面只讨论其在截止和远离截止两种情况的解。

3）标量模及其特性

在弱导光纤中，把具有横向场的极化方向在传输过程中保持不变的横电磁波当作其方向沿传输方向不变（仅大小变化）的标量模，可以将横电磁波看作线性偏振模，即 LP_{mn} 模（Linearly Polarized Mode）。LP_{mn} 模的基本出发点是，不考虑 TE_{mn} 模、TM_{mn} 模、EH_{mn} 模、HE_{mn} 模的具体区别，仅仅注意它们的传播常数，用 LP_{mn} 模把所有弱导近似下传播常数相等的模式概括起来，因此 LP_{mn} 模并不是光纤中存在的真实模式，它是在弱导近似情况下，人们为简化分析而提出的一种分析方法。

（1）LP_{mn} 模的传导条件。

LP_{mn} 模的归一化频率 V 是由光纤的参数和工作波长来确定的。根据电磁场理论，只要 V 大于 LP_{mn} 模所对应的归一化截止频率 V_c，则该 LP_{mn} 模可以传导。光纤中的 U 值和 W 值都与 V 值有关，即光纤的场也随 V 值而变化。光纤归一化频率 V 越大，传输的模式越多，越不容易截止。在极限情况下（远离截止），$V\to\infty$ 表示场完全集中在纤芯中，包层中的场为零。由 $V=2\pi\ (n_1^2-n_2^2)^{1/2}a/\lambda_0$，可知当 $V\to\infty$ 时，有 $a/\lambda_0\to\infty$。这表明光波相当于在折射率为 n_1 的无限大空间（$a\to\infty$）中传播，此时其传播常数 $\beta\to k_0n_1$，所以 $U=a\ (k_0^2n_1^2-\beta^2)^{1/2}$ 和 $W=a\ (\beta^2-k_0^2n_2^2)^{1/2}$ 相比就很小，于是 $W=\ (V^2-U^2)^{1/2}\to\infty$。由特征方程式（2-37a）可知，此时方程右边趋于无穷，为使方程左右两边相等，必有 $J_m\ (U)\ =0$，进而可以确定远离截止情况时传导模对应的 U 值。$m=0$ 时，上式的根为：

第一个根即 $n=1$ 时，$U=2.40483$，是 LP_{01} 模远离截止时的 U 值；

第二个根即 $n=2$ 时，$U=5.52008$，是 LP_{02} 模远离截止时的 U 值。

表 2-1 所示为几种低阶 LP 模式远离截止时的 U 值。

表 2-1　几种低阶 LP 模式远离截止时的 U 值

项目	m		
n	0	1	2
1	2.40483	3.83171	5.13562
2	5.52008	7.01559	8.41724
3	8.65373	10.17347	11.61984

每一对 m、n 值都对应一个确定的 U 值，从而就有确定的 W 及 β 值，对应一个确定的场分布和传输特性。这种独立的场分布叫作光纤的一个模式，即标量模 LP_{mn}。m、n 表示对应传导模式的场在横截面上的分布规律，m 表示沿圆周方向电场出现最大值的个数，而 n 表示沿半径方向电场出现最大值的个数。m 代表贝塞尔函数的阶次，n 代表根的序号。由式（2-33a）和式（2-33b）可知 LP_{mn} 模在光纤中的横向电场为

$$E_y=A\mathrm{e}^{-\mathrm{j}\beta z}\cos m\varphi \mathrm{J}_m\ (Ur/a)\ /\mathrm{J}_m\ (U)$$

其圆周及半径方向的分布规律分别为 $\cos m\varphi$ 和 $\mathrm{J}_m\ (Ur/a)$。

当 $m=0$ 时，$\cos m\varphi=1$，电场在圆周方向无变化，即在圆周方向电场出现最大值的个数为零。

当 $m=1$ 时，$\cos m\varphi=\cos\varphi$，电场在圆周方向按余弦规律变化，当 φ 在 $0\sim2\pi$ 范围内变化时，电场沿圆周方向出现一对最大值。

当 $m=2$ 时，$\cos m\varphi=\cos2\varphi$，当 φ 在 $0\sim2\pi$ 范围内变化时，电场沿圆周方向出现两对最大值，其余以此类推。

电场沿半径方向按贝塞尔函数规律变化，其变化情况与 n 有关（n 表示沿半径出现最大值的个数）。

以上场分布是远离截止时（$V\to\infty$）的情况，此时电场全部集中在光纤的纤芯中传播。随着 V 值的减小，电场将向包层中伸展。

（2）LP_{mn} 模的截止条件和单模传输条件。

当某个模式不能沿光纤有效地传输时，称该模式截止，通常用径向归一化衰减常数 W

来衡量。对于导波，其电场在纤芯外是衰减的，此时，$W^2>0$（W 为实数）；当 $W=0$ 时，表示电场在纤芯外恰好处于不衰减的临界状态，以此作为导波截止的标志。将此时的 W 记作 W_c，将对应的归一化径向相位常数和归一化截止频率分别记为 U_c 和 V_c，有 $V_c^2=U_c^2+W_c^2=U_c^2$（$V_c=U_c$）。如果求出了某模式的 U_c，就能确定该模式的归一化截止频率 V_c，从而确定各模式截止的条件。由截止条件下的特征方程 $W_c=0$，得

$$U_c J_{m-1}(U_c)/J_m(U_c)=-W_c K_{m-1}(W_c)/K_m(W_c)=0 \tag{2-38}$$

当 $U_c\neq0$ 时，$J_{m-1}(U_c)=0$，该式即截止时的特征方程，由此可解出 $m-1$ 阶贝塞尔函数的根 U_c，进而确定截止条件。

当 $m=0$ 时，$J_{-1}(U_c)=J_1(U_c)=0$，可解出 $U_c=\mu_{1,n}=0$，3.83171，7.01559，10.17347，…，这里 $\mu_{1,n}$ 是一阶贝塞尔函数的第 n 个根，$n=1$，2，3，…。显然，LP_{01} 模的截止频率为0，LP_{02} 模的截止频率为3.83171，这意味着当归一化频率 V 小于3.83171时，LP_{02} 模不能在光纤中传播，而 LP_{01} 模总是可以在光纤中传播，这意味着该模无截止情况，故将 LP_{01} 模称为基模。第二个归一化截止频率较低的模是 LP_{11} 模，称为二阶模，其 $V_c=U_c=2.4048$。其他模的 $V_c=U_c$ 值更大，基模以外的模统称为高次模。表2-2所示为截止情况下的 LP_{mn} 模的 U_c 值。

表2-2　截止情况下的 LP_{mn} 模的 U_c 值

项目	m		
n	0	1	2
1	0	2.40483	3.83171
2	3.83171	5.52008	7.01559
3	7.01559	8.65373	10.17347

由光纤传输原理可知，将光纤所传输信号的归一化频率 V 与某个模式的归一化截止频率 V_c 相比，若 $V>V_c$，则这种模式的光信号可在光纤中传播；若 $V<V_c$，则这种模式截止。通常把只能传输一种模式的光纤称为单模光纤，因为单模光纤只传输一种模式即基模 LP_{01}（或 HE_{11} 模），所以它不存在模式色散且带宽极宽，一般都在GHz·km以上，可适用于远距离、大容量的通信。要保证单模传输，就需要二阶模截止，即使光纤的归一化频率 V 小于二阶模 LP_{11} 归一化截止频率 $V_c(LP_{11})$，从而可得

$$V=\frac{2\pi a}{\lambda}\sqrt{n_1^2-n_2^2}<2.40483 \tag{2-39}$$

这个重要关系称为单模传输条件。将 $V_c(LP_{11})$ 对应的波长 $\lambda_c=2\pi(n_1^2-n_2^2)^{1/2}a/V_c$ 叫作截止波长，是单模光纤的重要参数。对于给定的光纤（n_1、n_2 和 a 确定），因为当 $\lambda<\lambda_c$ 时，传输为多模传输；当 $\lambda>\lambda_c$ 时，传输为单模传输，所以 λ_c 又称临界波长。

2.3　光纤的传输特性

光纤的传输特性主要包括光纤的损耗特性和色散特性。

2.3.1　光纤的损耗特性

光纤的传输损耗是指光信号通过光纤传播时，其功率随传播距离的增加而减小的物理现

象。衰减是光纤的一个重要参数，是光纤传输系统无中继传输距离的主要限制因素之一(另一个重要因素是色散所决定的带宽距离积)。努力把光纤的损耗降到最低，是人们长期以来努力奋斗的目标。光纤产生损耗的原因有很多，涉及很多物理机制、工艺和材料性质问题。对于由某些原因导致的损耗，能够近似计算；但另外一些则很难估算，更没有计算包括所有原因的总衰减的公式。降低衰减主要依赖于工艺的提高和对材料的研究等。

光纤损耗是以光波在光纤中传播时单位长度上的衰减量来表示的，通常用 α 表示，单位是 dB/km。若光纤的长度为 L（单位 km），光纤的输入光功率为 P_{in}，输出光功率为 P_{out}，则单位长度的光纤损耗为

$$\alpha=\frac{10}{L}\log\frac{P_{in}}{P_{out}} \tag{2-40}$$

图 2-9 所示为单模光纤的损耗谱特性，图中展示了一个具有 $2a=9.4$ μm、$\Delta=1.9\times10^{-3}$、截止波长 $\lambda_c=1.1$ μm 的单模光纤的损耗谱。可见，在不同波长处，光纤损耗是不同的。在 1.55 μm 附近，α 仅为 0.2 dB/km，这是 1979 年达到的最低损耗，接近石英光纤的基本限制(0.15 dB/km)。而在 1.39 μm 附近存在一个高的吸收峰和一些低的吸收峰，在 1.3 μm 附近出现第二个低损耗区，该处 $\alpha<0.5$ dB/km。由于在 1.3 μm 附近色散最小，因此该低损耗窗口亦是光纤通信系统的通信窗口。在短波长区，损耗相当高，在可见光区，$\alpha>0.5$ dB/km。

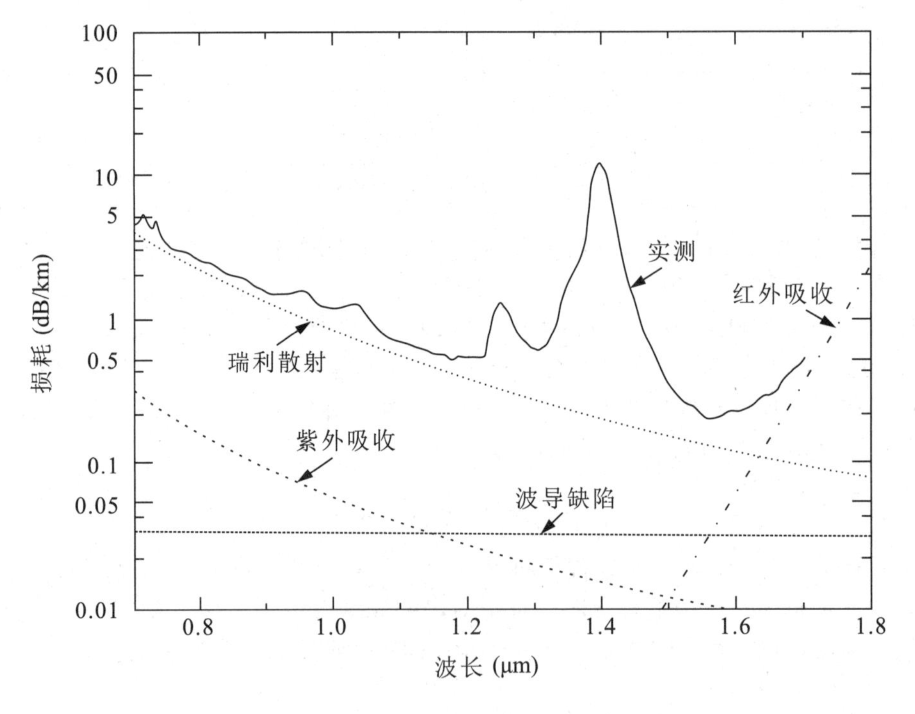

图 2-9 单模光纤的损耗谱特性

光纤的损耗机理主要有三种：吸收损耗、散射损耗和辐射损耗，如图 2-10 所示。吸收损耗与光纤材料有关，散射损耗则与光纤材料及光纤中的结构缺陷有关，而辐射损耗是由光纤几何形状的微观和宏观扰动引起的，下面分别进行讨论。

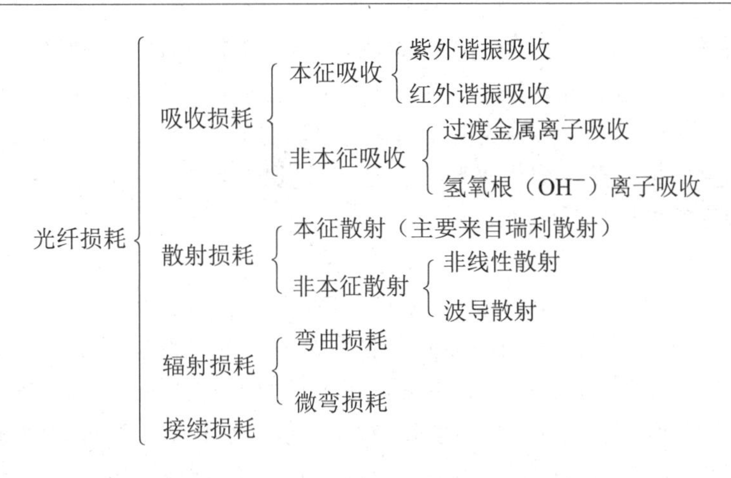

图 2-10　光纤损耗的分类

1. 吸收损耗

无论纤芯用什么材料制成，光信号通过时都或多或少地存在吸收现象。所谓吸收损耗，就是指组成光纤的材料及其中的杂质对光的吸收作用而产生的损耗。光被吸收后，其能量大都转变为分子振动并以热的形式散发出去。材料对光吸收的强弱与材料本身的结构、光波长及掺杂等因素有关。

吸收损耗有两种：本征吸收损耗与非本征吸收损耗。前者对应纯石英引起的损耗，后者对应杂质引起的损耗。在任意波长处，任何材料的吸收均与特定分子有关的电子共振和分子共振有关。对于石英（SiO_2）分子，电子共振发生在紫外区（$\lambda<0.4\ \mu m$）内，而分子共振发生在红外区（$\lambda>7\ \mu m$）内。由于熔融石英的非结晶特性，这些共振表现为吸收带形，因此吸收带延伸到了可见光区。图 2-9 显示出，石英的本征吸收在 0.8 ~1.6 μm 范围内，低于 0.1 dB/km。事实上，通常用于光纤通信系统的光纤在 1.3 ~1.6 μm 波长窗口，材料吸收损耗<0.03 dB/km。

非本征吸收源于杂质的存在。光纤中的杂质对光的吸收作用是造成光纤损耗的主要原因。光纤中的杂质大致可以分为两大类，即过渡金属离子与氢氧根离子。过渡金属离子，如 Fe、Cu、Co、Ni、Mn 和 Cr 等，它们在光的作用下会发生振动而吸收光能量，在 λ 在 0.6 ~ 1.6 μm 范围内时有很强的吸收，为获得低于 1 dB 的损耗，它们的浓度应低于 10^{-9} 以下。现代的工艺水平已能获得这种高纯度石英，但水蒸气的存在却使非本征吸收大大增加。OH^-离子的共振发生在 2.73 μm 处，其基波与石英的振动波作用将在 1.39 μm、1.24 μm 和 0.95 μm 处产生很强的吸收，其中 1.39 μm 处的吸收损耗最为严重，对光纤的影响也最大。图 2-9 中在这三个波长附近显示的三个谱峰正是由残留在石英中的水蒸气引起的，即使百万分之一（10^{-6}）的 OH^-浓度也能在 1.39 μm 处造成 50 dB/km 的损耗。在 1.39 μm 处为得到低于 10 dB/km 的损耗，一般 OH^-离子的浓度应降低到 10^{-8} 以下。目前技术上已取得新的突破，基本上消除了 1.29 μm 与 1.40 μm 处 OH^-造成的吸收峰，单模光纤的损耗谱特性已经拉平，在 1.2 ~1.6 μm 波长范围内，最高损耗不超过 0.5 dB/km，最低损耗接近 0.25 dB/km，可提供 50 THz 的带宽，这种光纤称为全波光纤。另外，为实现纤芯与包层间的相对折射率差（Δ）而加入的掺杂物，诸如 GeO_2、P_2O_5 和 B_2O_3 等，也会导致附加损耗。

2. 散射损耗

散射损耗是指光信号在光纤中遇到微小粒子或不均匀结构时发生的散射造成的损耗。由于石英玻璃是由随机连接的分子网络组成的，因此在制造过程中，这种结构中会存在分子密度的不均匀，GcO_2 与 P_2O_5 的掺入过程中，其分布也会存在不均匀。分子密度的这种波动导致折射率在小于光波长的线度内的随机波动，折射率的这种波动将引起信号光的散射，这种散射称为瑞利散射，可用散射截面来描述，它与波长的四次方成反比。石英光纤在波长 λ 处由瑞利散射引起的本征损耗可表示为

$$\alpha_R = C/\lambda^4 \tag{2-41}$$

式中，常数 C 在 0.7 ~0.9（dB/km）· μm^4 的范围内，具体取值取决于光纤结构。在 $\lambda = 1.55$ μm 时，$\alpha_R = 0.12$ ~0.16 dB/km，表明在该波长处光纤损耗主要由瑞利散射引起。在 $\lambda = 3$ μm 附近时，α_R 减小到 0.01 dB/km 以下，但由于石英光纤在 $\lambda > 1.6$ μm 的红外区，光纤损耗主要取决于红外吸收，因此尽管 α_R 很小，但仍不能用于 3 μm 光波的传输。瑞利散射是一种普遍存在于任何光纤中的散射，它决定了光纤基本损耗的最小值。

有一种新的氟化锆（ZrF_4）光纤，在 $\lambda = 2.55$ μm 附近具有很低（约 0.01 dB/km）的本征吸收损耗，比石英光纤低一个数量级，具有很大的应用潜力，但目前由于工艺水平的限制，因此其非本征损耗还比较高，约 1 dB/km。另一种硫化物和多晶光纤在 $\lambda = 10$ μm 附近的红外区亦具有很低的损耗，理论上预示，这类光纤的 α_R 很小，最低损耗将小于 10^{-3} dB/km。

光纤在高功率、强光场作用下，将呈现非线性特性，诱发出对入射光的散射作用，使输入光能转移一部分到新的频率上去，包括受激拉曼散射和受激布里渊散射。在功率门限值以下时，它们对传输不产生影响。但因为光纤很细，电磁场又集中，所以不大不小的功率就可以产生这种散射，这个特性决定了光纤的入射光功率的最大值。因此，防止发生非线性散射的根本方法就是不要使光纤中的光信号功率过大，如不超过 25 dBm。

当光纤芯径沿光纤轴向变化不均匀或折射率分布不均匀时，将引起光纤中传输模与辐射模间的相互耦合，能量将从传输模转移到辐射模，产生了附加损耗，这种损耗叫作波导散射损耗。

3. 辐射损耗

当理想的圆柱形光纤受到某种外力作用时，会产生一定曲率半径的弯曲，引起能量泄漏到包层，这种由能量泄漏导致的损耗称为辐射损耗。光纤受力弯曲有两类：①曲率半径比光纤直径大得多的弯曲，例如，当光缆拐弯时就会发生这样的弯曲；②光纤成缆时产生的随机性扭曲称为微弯。微弯引起的附加损耗一般很小，基本上观测不到。当弯曲程度加大、曲率半径减小时，损耗将随 $\exp(-R/R_C)$ 成比例增大，R 是光纤弯曲的曲率半径；R_C 为临界曲率半径：$R_C = (n_1^2 - n_2^2)$。当曲率半径达到 R_C 时，就可观测到弯曲损耗。对于单模光纤，R_C 的典型值的取值范围为 0.2 ~0.4mm。当曲率半径大于 5 mm 时，弯曲损耗小于 0.01 dB/km，可忽略不计。大多数弯曲半径 R 大于 5 mm，这种弯曲损耗实际上可忽略。但是当弯曲的曲率半径 R 进一步减小到比 R_C 小得多时，损耗将变得非常大。

弯曲损耗源于延伸到包层中的消逝场的尾部的辐射。原来这部分场与纤芯中的场一起传输，共同携载能量，但当光纤发生弯曲时，位于曲率中心远侧的消逝场尾部必须以较大的速度运动才能与纤芯中的场一同前进，但在离纤芯的距离为某临界距离处，消逝场尾部必须以大于光速的速度运动，才能与纤芯中的场一同前进，这是不可能的。因此，超过临界距离的消逝场尾部中的光能量就辐射出去，弯曲损耗是通过消逝场尾部辐射产生的。

为减小弯曲损耗，通常在光纤表面上模压一种压缩护套，当受外力作用时，护套发生变形，而光纤仍可以保持准直状态。

除上述损耗外，对长途光缆线路来讲，光纤接续是无法避免的。在接续过程中，由各种主、客观原因而造成两条光纤不同轴（单模光纤同轴度要求小于 0.8 μm）、端面与轴心不垂直、端面不平、对接芯径不匹配和熔接质量差等造成的损耗，叫作接续损耗。在实际操作中，要严格遵循熔接机的操作规范与流程，确保每个光纤接头都符合要求（如熔接损耗小于 0.02 dB）。

2.3.2　光纤的色散特性

色散是指不同成分（模式或波长）的光信号在光纤中传输时，因其群速度不同，从而产生不同的时间延迟而引起的一种物理效应。

对于模拟调制，色散限制了带宽；对于数字脉冲信号，若在发送端向光纤输入一个矩形光脉冲，经过一段长度的光纤传输之后，则会发现光脉冲不仅被展宽而且形状也发生了明显的失真。这说明光纤传输对光脉冲有展宽与畸变作用，即光纤具有色散效应（色散沿用了光学中的名词）。

光脉冲的展宽与畸变会导致光传输质量的劣化，引起相邻脉冲发生重叠，产生码间干扰、发生误码等，从而限制光纤的传输容量（*BL* 值）。

在光纤的射线分析中指出，光线的多径色散导致光脉冲产生相当大的展宽（约 10 μs/km）。在模式理论中，多径色散对应于模式色散。单模光纤不存在模式色散，但这并不意味着单模光纤不存在色散和脉冲展宽。由于实际的原因，由光源发射进入光纤的光脉冲能量包含许多不同频率的分量，脉冲的不同频率的分量将以不同的群速度传输，因此在传输过程中必将出现脉冲展宽，这种现象称为模内色散或色度色散。模内色散的主要来源有两种：材料色散和波导色散。

下面分别对这几种色散进行分析。

1. 模式色散

模式色散是指光在多模光纤中传输时会存在许多种传播模式，因为每种传播模式在传输过程中都具有不同的轴向传播速度，所以虽然在输入端同时发送光脉冲信号，但到达接收端的时间却不同，于是产生了时延，使光脉冲发生展宽与畸变。

模式色散仅对多模光纤有效，而单模光纤则不存在模式色散。模式色散在光纤的色散中占有极大比重，比材料色散与波导色散之和还要高出几十倍。由渐变光纤模式色散引起的脉冲展宽要比阶跃光纤小得多，这就是多模光纤绝大部分采用渐变折射率分布的原因。

2. 材料色散

材料色散是由构成纤芯的材料对不同波长的光波所呈现的不同折射率造成的，波长短则折射率大，波长长则折射率小。就目前的技术水平而言，因为光源尚不能达到严格单频发射的程度，所以无论谱线宽度多么狭窄的光源器件，它所发出的光也会包含多根谱线（多种频率成分），只不过光波长的数量及各光波长的功率所占的比例不同而已。由于每根谱线都会受各自光纤色散的作用，而接收端不可能对每根谱线受光纤色散作用所造成的畸变皆进行理想均衡，因此会产生脉冲展宽现象，这就是所谓的材料色散。

理论和实践都已证明：波长在 1.28 μm 附近的纯石英光纤的材料色散趋于零。同时，不同的零材料色散波长可通过使用不同材料而获得。

3. 波导色散

波导色散是指光纤的波导结构对不同波长的光产生的色散作用。波导结构包括光纤的纤芯与包层直径的大小、光纤的横截面折射率分布规律等。这种色散通常很小，可以忽略不计，但是它对制造各种色散位移单模光纤非常重要。

单模光纤的色散由材料色散和波导色散构成，其色散系数 D 为材料色散系数 D_M 与波导色散系数 D_W 之和，即

$$D = D_M + D_W \tag{2-42}$$

图 2-11 所示为普通单模光纤的色散特性，图中给出了 D_M、D_W 和 D 随波长的变化关系。当波长小于材料的零色散波长时，D_M 与 D_W 同号，均为负且相互加强，使总色散增加；当波长大于材料零色散波长时，D_M 与 D_W 反号，两者互相抵消，使总色散为零，此处即光纤的零色散波长。可以看出，改变波导色散可使零色散波长移动，但一般情况下移动不大，这是波导色散较小的缘故。除了在零色散波长附近，起主导作用的是 D_M。

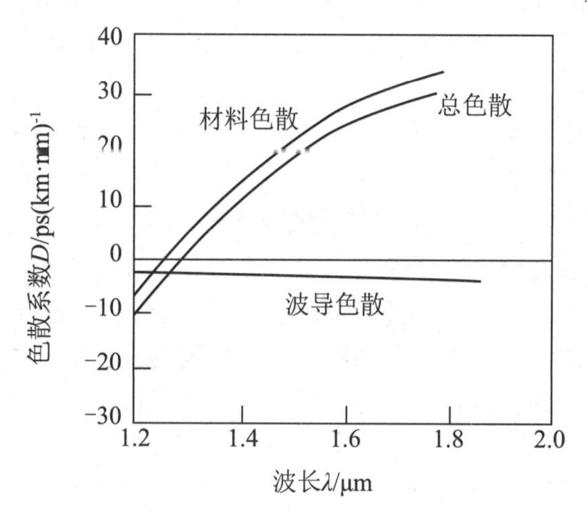

图 2-11　普通单模光纤的色散特性

单模光纤中只存在材料色散和波导色散，而且其数值远远小于模式色散，这就是单模光纤能够进行大容量传输的原因。

随着技术的不断发展，人们可以巧妙地设计光纤的波导结构，使光纤的波导色散与材料色散在人们所希望的波长处相互抵消，使光纤的总色散呈现极小的数值甚至为零，即所谓的色散位移单模光纤。例如，把零色散点从 1310 nm 波长区移到 1550 nm 波长区。

2.4　单模光纤的性能参数及种类

由于单模光纤具有衰减小、带宽宽、适合大容量传输等优点，因此获得了广泛的应用。同时，随着理论研究的深入和制造技术的发展，单模光纤的性能亦在逐步提高，从而推出了一系列单模光纤，分别应用于不同的应用场合。

2.4.1　光纤的主要性能参数

光纤的主要性能参数是衰减系数 α、色散系数 D（λ）。因为从某种程度上讲，衰减系数

α 基本上决定了光纤通信系统的损耗受限情况下的传输距离（还可以用光放大器来增加），而色度色散系数 $D(\lambda)$ 基本上决定了系统的色散受限情况下的传输距离（还可以用色散补偿的方法来增加）。

对于用来传输 WDM 系统的单模光纤来讲，除了衰减系数与色散系数，还有两项重要的特性参数，即零色散波长 λ_0 与零色散斜率 S_0，因为它们关系到 WDM 系统的色散补偿问题。WDM 系统的工作波长范围很大，要想对系统的整个工作波长范围进行理想补偿是相当困难的；但 S_0 越小，说明光纤的色散随波长的变化越缓慢，则越容易进行一次性比较理想的色散补偿。

2.4.2　单模光纤的种类

单模光纤主要分为标准单模光纤、色散位移光纤、衰减最小光纤和非零色散光纤。

1. G. 652 标准单模光纤

ITU-T 把零色散波长在 1310nm 波长窗口的单模光纤规范为 G. 652 标准单模光纤（简称 G. 652 光纤），即 1310nm 波长性能最佳光纤，又称色散未移位光纤。G. 652 光纤拥有 1310nm 和 1550nm 两个波长窗口，但在 1310nm 波长窗口的性能最佳。

在 1310nm 波长区，因为在光纤制造时未对光纤的零色散点进行移位设计，所以零色散点仍然在 1310nm 波长区。它在该波长区的色散系数最小，低至 3. 5 ps/nm · km；其损耗系数也呈现出较小的数值，其规范值范围为 0. 3 ~0. 4dB/km，故称其为 1310nm 波长性能最佳光纤。

在 1550nm 波长区，G. 652 光纤呈现出极低的损耗，损耗系数范围为 0. 15 ~0. 25dB/km；但在该波长区的色散系数较大，一般低于 20ps/nm · km。

虽然 G. 652 光纤在 1310nm 波长区的性能最佳——损耗系数小、色散系数小，但由于在 1310nm 波长区目前还没有商用化的光放大器，解决不了超远距离传输的问题，因此绝大多数光纤通信系统仍然用于 1550nm 波长窗口。

在 1550nm 波长区，普通的 G. 652 光纤用来传输 TDM 方式的 2. 5Gbit/s 的 SDH 系统或 N×2. 5Gbit/s 的 WDM 系统是没有问题的，因为 WDM 系统对光纤的色散要求仍相当于一个复用通道即单波长 2. 5Gbit/s 系统的要求。但用来传输 10Gbit/s 的 SDH 系统或 N×10Gbit/s 的 WDM 系统则遇到了的麻烦。这是因为 G. 652 光纤在 1550nm 波长区的色散系数较大，易出现色散受限。

为了解决这个问题，2000 年 ITU-T 又对 G. 652 光纤进行了规范与分类，即将其分为 G. 652A 光纤、G. 652B 光纤与 G. 652C 光纤。

G. 652A 光纤与原 G. 652 光纤一样，适用于传输最高速率为 2. 5Gbit/s 的 SDH 系统及 N×2. 5Gbit/s 的 WDM 系统。G. 652B 光纤可用于传输最高速率为 10Gbit/s 的 SDH 系统及 N×10Gbit/s 的 WDM 系统（C、L 波段），其技术指标增加了对偏振模色散的要求，即小于 0. 5 ps/（$km^{1/2}$）。而 G. 652C 光纤是一种低水峰光纤，它在 G. 652B 光纤的基础上把应用波长扩展到 1360~1530nm（C、L、S 波段）。

2. G. 653 色散位移光纤

G. 653 色散位移光纤（简称 G. 653 光纤）即 1550nm 波长性能最佳光纤，主要应用于 1550nm 波长窗口，在 1550nm 波长区的性能最佳。

在 1550 nm 波长区，因为在光纤制造时已对光纤的零色散点进行了移位设计，即通过巧妙设计光纤的波导结构把光纤的零色散点从原来的 1310 nm 波长区移位到 1550 nm 波长区，所以它在 1550 nm 波长区的色散系数最小，低至 3.5 ps/nm · km；而且其损耗系数在该波长区也呈现出极小的数值，其规范值为 0.19 ~0.25 dB/km，故称其为 1550nm 波长性能最佳光纤。

G.653 光纤在 1550nm 波长窗口具有的良好特性使之成为单波长、大容量、超远距离传输的最佳选择，用它来传输 TDM 方式的 10Gbit/s SDH 系统是合适的。G.653 光纤在国外已经有了一定范围的应用，其中日本大量敷设这种光纤，我国仅在已敷设的京—九—广干线光缆中采用了 6 芯 G.653 光纤。但随着 WDM 技术研究的深入，人们发现零色散是导致非线性四波混频效应的根源，因而这种光纤在 DWDM 系统中很少应用。目前，G.653 光纤已完全被 G.655 光纤替代，新敷设光纤已不再考虑 G.653 光纤。

3. G.654 衰减最小光纤

G.654 衰减最小光纤（简称 G.654 光纤）又称截止波长位移光纤或 1550nm 波长衰减最小光纤。这类光纤的设计重点是降低 1550nm 窗口的衰减，而零色散点仍然在 1310nm 波长区，因而 1550nm 波长区的色散较高，可达 18 ps/nm · km，必须配用 SLM 激光器才能消除色散的影响。

G.654 光纤在 1550 nm 波长区的衰减系数的范围为 0.15 ~0.19 dB/km，它主要应用于需要中继距离很远的海底光纤通信，但其传输容量却不能太大，如 2.5Gbit/s 系统。基于其性能上的原因，目前已基本停止生产。

4. G.655 非零色散光纤

G.655 非零色散光纤（简称 G.655 光纤）的基本设计思路是在 1550nm 波长区具有较低的色散（约为 G.652 光纤的四分之一），以支持 TDM 10Gbit/s 的远距离传输而基本上无须进行色散补偿；同时，由于保持了非零色散特性，且低色散值足以抑制四波混频与交叉相位调制等非线性效应，因此可以实现足够数量波长的 WDM 系统的传输。

2000 年 ITU-T 又对 G.655 光纤进行了规范分类，即 G.655A 光纤与 G.655B 光纤。G.655A 光纤只适用于 C 波段，它可用于传输最高速率为 10Gbit/s 的 SDH 系统，以及单信道速率为 10Gbit/s、通道间隔≥200 GHz 的 WDM 系统。G.655B 光纤适用于 C 波段（1530~1565nm）与 L 波段（1570 ~1605nm），它可用于传输最高速率为 10Gbit/s 的 SDH 系统，以及单通道速率为 10 Gbit/s、通道间隔≤100GHz 的 WDM 系统。

2.5 光纤接续

光纤接续是光缆施工与维护中一个非常重要的环节。光纤接头质量的好坏直接关系到光纤通信系统的最远无中继距离、传输质量甚至系统寿命。目前，光纤接续基本采用光纤熔接法来完成，它借助于光纤熔接机的电极的尖端放电，电弧产生的高温将要连接的两根光纤熔化、靠近、熔接为一体。光纤熔接的过程如下。

1. 熔接前的准备工作

（1）选择载纤槽：由于不同厂家生产的光纤的涂敷层尺寸不一样，因此熔接机设置了不同的载纤槽用来夹持不同涂敷层尺寸的光纤。

（2）选择合适的熔接程序：对于不同的环境、不同种类的光纤，可以根据熔接效果更换程序和参数，以达到最佳熔接效果。

（3）装热缩保护管：将用于保护光纤接头的热缩保护管套在待接续的两根光纤之一上。

（4）制作光纤端面：用光纤钳剥去光纤涂敷层约 40mm，用酒精棉球擦去裸光纤上的污物，用高精度光纤切割刀将裸光纤切去一段，保留裸光纤约 16mm。

2. 安装光纤

（1）将切好端面的光纤放入 V 形槽，光纤端面不能触碰到 V 形槽底部，光纤涂敷层尾端应紧靠裸光纤定位板。

（2）依次放下光纤压头和光纤夹持器压板，光纤安放完成。此时显示屏上应有图像，若元件端面切割整齐，则熔接机会自动将两根光纤对准并熔接。

3. 评估熔接质量

熔接质量是通过熔接损耗估算值和熔接外形来判断的，只有将二者结合起来，才能给出对熔接点客观的评价，即光纤熔接机上显示的损耗小、同时从显示屏上看不到任何熔接的痕迹。

4. 熔接点的保护

（1）取出熔接好的光纤：依次打开防风罩、左右光纤压头及左右光纤夹持器盖板，小心取出接好的光纤，避免碰到电极。

（2）移放热缩保护管：将事先装套在光纤上的热缩保护管小心地移到光纤熔接点处，使两根光纤的涂敷层留在热缩保护管中的长度基本相等。

（3）加热热缩保护管：将热缩保护管放入加热器中，按加热键，加热指示灯亮即开始给热缩保护管加热，到加热指示灯灭时自动停止加热。等冷却后取出收缩好的保护管，熔接点的保护即告完成。

5. 盘余留尾纤

在盘纤板上按“0”字形或倒“8”字形收容好光纤接头两端的余留光纤，以免发生意外。

需要说明的是，现在的熔接机都具有全自动熔接功能，也就是说，对于上述过程的第（3）步和第（4）步，只要按下“自动”键，熔接机就会进入全自动工作过程：自动检查光纤端面、设定间隙、纤芯准直放电熔接、熔接点损耗估算及显示等。

2.6　光缆

由于裸露的光纤抗弯强度低，容易折断，因此为使光纤在运输、安装与敷设中不受损坏，必须把光纤成缆。光缆的设计取决于应用场合，总的要求是保证光纤在使用寿命期内能正常完成信息传输任务，为此需要采取各种保护措施，包括机械强度保护、防潮、防化学腐蚀、防紫外光、防氢、防雷电、防鼠虫等，还应具有适当的强度和韧性，易于施工、敷设、连接和维护等。

光缆设计的任务是为光纤提供可靠的机械保护，使之适应外部使用环境，并确保在敷设与使用过程中光缆中的光纤具有稳定可靠的传输性能。对光缆最基本的要求有 5 点：缆内光纤不断裂；传输特性不劣化；缆径小、质量小；制造工艺简单；施工简便、维护方便。

光缆的制造技术与电缆是不一样的。光纤虽有一定的强度和抗张能力，但经不起过大的侧压力与拉伸力；光纤在短期内接触水是没有问题的，但若长期处在多水的环境中，则会使光纤内的氢氧根离子增多，增加了光纤的损耗。制造光缆不仅要保证光纤在长期使用过程中的机械物理性能，而且要注意其防水防潮性能。

2.6.1 光缆的基本结构

光缆由光纤、导电线芯、加强芯和护套等部分组成。一根完整、实用的光缆，从一次涂敷到最后成缆，要经过很多道工序，结构上有很多层次，包括光纤缓冲层、结构件和加强芯、防潮层、光缆护套、油膏、吸氧剂和铠装等，以满足上述各项要求。

一根光缆中纤芯的数量根据实际的需要来决定，可以有1~144根不等（国外已经研制出了4000芯的用户光缆），每根光纤放在不同的位置，具有不同的颜色，便于熔接时识别。

导电线芯是用来进行远程供电、遥测、遥控和通信联络的，导电线芯的根数、横截面积等也根据实际需要来确定。

加强芯可以加大光缆抗拉、耐冲击的能力，以承受光缆在施工和使用过程中产生的拉伸负荷。一般采用钢丝作为加强材料，在雷击严重的地区应采用芳纶纤维、纤维增强塑料棒（FRP棒）或高强度玻璃纤维等非导电材料。

光缆护套的基本作用与电缆护套相同，也是为了保护纤芯不受外界的伤害。光缆护套又分为内护套和外护套。外护套的材料要能经受日晒雨淋，不致因紫外线的照射而龟裂；要具有一定的抗拉、抗弯能力，能经受施工时的磨损和使用过程中的化学腐蚀。室内光缆可以用聚氯乙烯（PVC）护套，室外光缆可用聚乙烯（PE）护套。要求阻燃时，可用阻燃聚乙烯、阻燃聚乙酸乙烯酯、阻燃聚氨酯、阻燃聚氯乙烯等。在湿热地区、鼠害严重地区和海底，应采用铠装光缆。聚氯乙烯护套适用于架空或管道敷设，双钢带绕包铠装和纵包搭接皱纹复合钢带适用于直埋式敷设，钢丝铠装和铅包适用于水下敷设。

2.6.2 光缆的分类

光缆的分类方法有很多，按应用场合不同可分为室内光缆和室外光缆；按光纤的传输性能不同可分为单模光缆和多模光缆；按加强芯和护套等是否含有金属材料可分为金属光缆和非金属光缆；按护套形式不同可分为塑料护套光缆、综合护套光缆和铠装光缆；按敷设方式不同可分为架空光缆、直埋光缆、管道光缆和水下光缆；按成缆结构方式不同可分为层绞式光缆、骨架式光缆、带状光缆、束管式光缆等。

下面仅根据成缆结构方式不同，介绍几种典型的光缆结构的特点。

1. 层绞式光缆

层绞式光缆的结构和成缆方法类似于电缆，但中心多了一根加强芯，以便提高抗拉强度，其典型结构如图2-12（a）所示。它的结构原理是在一根松套管内放置多根（如12根）光纤，多根松套管围绕加强芯绞合成一体，加上聚乙烯护套成为缆芯，松套管内充缆芯油膏，松套管材料为尼龙、聚丙烯或其他聚合物材料。层绞式光缆结构简单、性能稳定、制造容易、光纤密度较高（典型的可达144根）、价格便宜，是目前主流的光缆结构。但由于光纤直接绕在光缆中的加强芯上，因此难以保证在其施工与使用过程中不受外部侧压力与内部应力的影响。

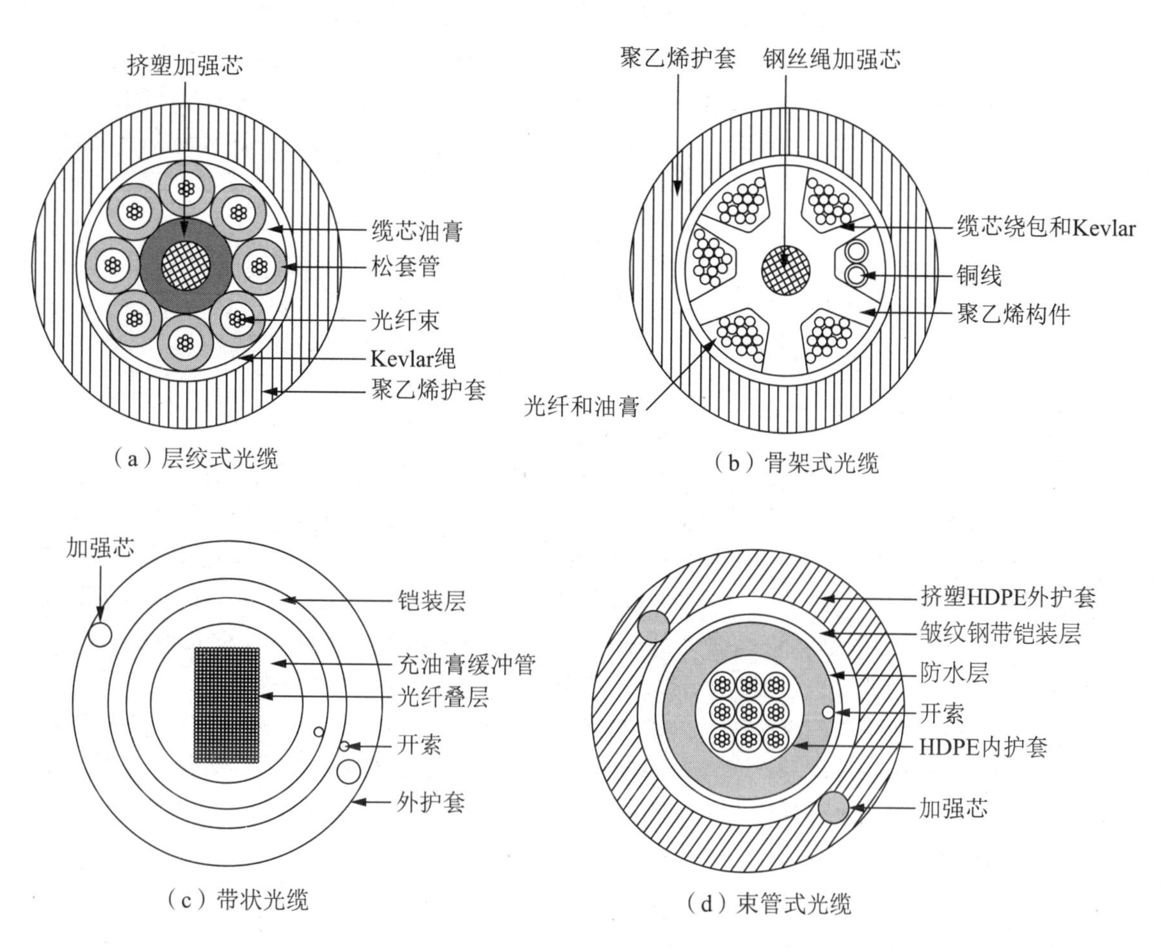

图 2-12　光缆的典型结构

2. 骨架式光缆

骨架式光缆的典型结构如图 2-12（b）所示，它由在多股钢丝绳外挤压开槽硬塑料而成，中心钢丝绳加强芯用于提高抗拉伸能力和抗低温收缩能力，各个槽中放置多根（可达 10 根）未套塑的裸光纤或已套塑的裸光纤，铜线用于公务联络。这类光缆抗侧压能力强，但制造工艺复杂。目前已有 8 槽 72 芯骨架式光缆投入使用。

3. 带状光缆

带状光缆的典型结构如图 2-12（c）所示，它是一种高密度光缆结构。它的结构原理是先把若干根光纤排成一排黏合在一起，制成带状芯线（光纤带），每根光纤带内可以放置 4 ~16 根光纤，将多根光纤带叠合起来形成一个矩形带状块再放入缆芯管内。缆芯典型配置为 12×12 芯。目前所用的光纤带的基本结构有两种，一种为薄型带，一种为密封式带，前者用于少芯数（如 4 根）光缆，后者用于多芯数光缆，价格低、性能好。带状光缆的优点是结构紧凑、光纤密度高，并可做到多根光纤一次接续。

4. 束管式光缆

束管式光缆是后来开发的一种轻型光缆结构，其典型结构如图 2-12（d）所示。束管式光缆的缆芯的基本结构是一根根光纤束，每根光纤束有两条螺旋缠绕的扎纱，将 2 ~ 12 根光纤松散地捆扎在一起，最大束数为8，光纤数最多为96。将光纤束置于一个HDPE（高密度聚乙烯）内护套内，内护套外有皱纹钢带铠装层，内护套外面有一条开索和挤塑HDPE外护套，使钢带和外护套紧密地黏合在一起。在外护套内有两根平行于缆芯的轴对称的加强芯紧靠铠装层外侧，加强芯旁也有开索，以便剥离外护套。在束管式光缆中，光纤位于缆芯，在束管内有很大的活动空间，改善了光纤在光缆内受压、受拉、弯曲时的受力状态；此外，束管式光缆还具有缆芯细、尺寸小、制造容易、成本低、寿命长等优点。

总之，伴随光纤通信技术的不断发展，光缆的设计与制造技术也在日益取得进展。

小结

本章主要介绍光纤的结构、分类、传输原理与特性。光纤由折射率较高的纤芯、折射率较低的包层和表面具有保护作用的涂敷层构成。光纤根据纤芯折射率不同分为阶跃光纤和渐变光纤；根据传输模式不同分为多模光纤和单模光纤。目前常用的典型单模光纤包括G.652光纤、G.653光纤和G.655光纤等。根据射线理论，光纤传输原理是全反射原理，数值孔径NA是光纤的一个重要参数，它代表光纤的集光能力。NA越大，光纤从光源接收的光功率就越大，但其时延、色散也会增大。光纤的传输特性包括损耗特性和色散特性。损耗是光纤传输系统无中继传输距离的主要限制因素之一，它是光信号通过光纤传输时，其功率随传输距离的增加而减少的物理现象。色散是不同模式或波长的光信号在光纤中传输时，因群速度不同，产生不同的时间延迟而引起的一种物理效应，包括模式色散、材料色散和波导色散，色散限制了系统的传输速率。

思考题

1. 光纤由哪几部分构成？它们各起何作用？

2. 光纤的分类方式有哪些？阶跃光纤与渐变光纤的区别是什么？

3. 在射线理论中，光纤的导光原理是什么？光在阶跃光纤与渐变光纤中分别是如何传播的？

4. 光纤的数值孔径NA是如何定义的？其物理意义是什么？

5. 计算 $n_1=1.48$ 及 $n_2=1.46$ 的阶跃光纤的数值孔径NA。如果光纤端面外介质折射率 $n_0=1.00$，那么光纤的最大接收角为多少？

6. 某阶跃光纤的纤芯与包层的折射率分别为 $n_1=1.5$ 和 $n_2=1.485$，试计算：

（1）纤芯与包层的相对折射率差 Δ。

（2）光纤的数值孔径NA。

（3）在1m长的光纤上，由子午光线光程差引起的最大时延差 ΔT。

7. 某光纤纤芯直径为8μm，在 $\lambda=1300$nm 处，其纤芯与包层的折射率分别为 $n_1=1.468$ 和 $n_2=1.464$，试计算：

（1）光纤的数值孔径NA及相对折射率差 Δ。

（2）光纤的归一化频率值 V，它是单模光纤吗？

（3）使光纤处于多模工作状态的波长。

8. 某多模光纤的纤芯直径为 50μm，包层折射率为 1.45，最大模间色散为 10ns/km，试求其数值孔径及传输 10km 时的最大允许比特率。

9. 造成光纤传输损耗的主要因素有哪些？如何表示光纤损耗？

10. 什么是光纤色散？光纤色散可分为哪几种？在单模光纤中的色散包含哪些？

11. G. 652 光纤、G. 653 光纤、G. 654 光纤及 G. 655 光纤的特点是什么？它们分别应用在什么场合？

12. 光缆的基本结构是什么？

13. 光缆按照成缆结构方式不同可分为哪几种？

第3章　光纤通信系统的基本器件

光纤通信系统的基本器件包括光源、光检测器、光纤放大器、光纤连接器、光耦合器、波分复用器、光开关等。

3.1　光纤通信用光源

在光纤通信中，将电信号转换为光信号是由光发送机来完成的。光发送机的关键器件是光源，光纤通信对光源的要求可以概括为如下几个方面。

（1）光源发射的峰值波长应在光纤低损耗窗口之内。

（2）有足够高的、稳定的输出光功率，以满足系统对光中继距离的要求。

（3）单色性和方向性好，以减少光纤的材料色散，提高光源和光纤的耦合效率。

（4）易于调制，响应速度快，以利于高速率、大容量数字信号的传输。

（5）强度噪声要小，以提高模拟调制系统的信噪比。

（6）电/光转换效率高，驱动功率小，寿命长，可靠性高。

光纤通信中最常用的光源是半导体LD和半导体LED，尤其是单纵模（或单频）半导体LD，在高速率、大容量的数字光纤通信系统中得到广泛应用。近年来逐渐成熟的波长可调谐激光器是多信道WDM光纤通信系统的关键器件，越来越受到人们的关注。

3.1.1　半导体光源的发光机理

1. 光子与光波

经过近百年的研究，人们认为光的一个基本性质是它既有波动性、又有粒子性。具体地说，就是：一方面认为光是电磁波，有确定的波长和频率而具有波动性；另一方面认为光是由一粒一粒的光子构成的光子流，具有粒子性。一个光子的能量E与光波频率ν之间的关系是

$$E=h\nu \tag{3-1}$$

式中，$h=6.626\times10^{-34}$J·s（焦耳·秒），称为普朗克常数。

2. 原子的能级结构

光的产生与原子内部物质的原子的结构、运动状态是密切相关的。原子是由原子核和核外电子构成的。原子核带正电，电子带负电，原子核所带的正电和电子所带的负电的总和相等。因此，整个原子呈中性。

电子在原子中的运动轨道是量化的。所谓轨道的量化是指原子中的电子以一定的概率出现在各处，即原子中的电子只能在各个特定轨道上运行，不能具有任意轨道。电子的能量不能取任意值，而是具有确定的量化的某些离散值，是不连续的。这些分立的能量值叫作原子的能级。

当原子中电子的能量最小时，整个原子的能量最低，整个原子处于稳态，这种稳态称为基态。当原子处于比基态高的能级时，这时原子的状态称为激发态。通常情况下，大部分原子处于基态，只有少数原子被激发到高能级，而且，能级越高，处于该能级上的原子数越少。

当电子在某个固定的允许轨道运动时，原子并不发光，只有在电子从一个能量较高的状态跃迁到另一个能量较低的状态时，才发射一个光子。反之，电子从一个能量较低的状态跃迁到能量较高的状态时，原子要吸收光子。

3. 光的辐射和吸收

爱因斯坦的量子理论提出：光与物质相互作用时将发生自发辐射、受激吸收和受激辐射三种基本跃迁过程。原子的三种基本跃迁过程如图 3-1 所示。

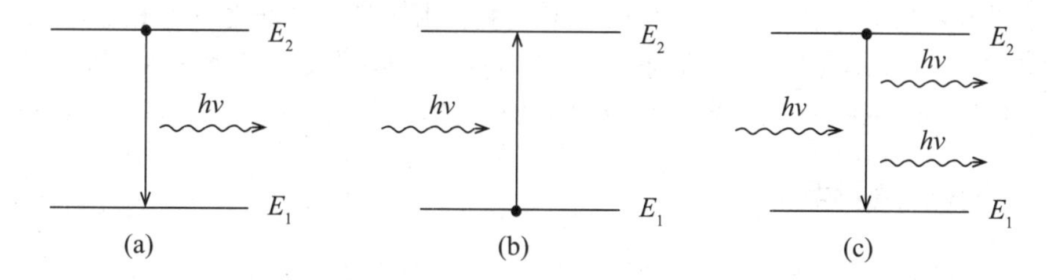

图 3-1　原子的三种基本跃迁过程

1）自发辐射

在没有外界影响的情况下，处在高能级的电子会自发地向低能级跃迁而发光，这种发光过程称自发辐射。如图 3-1（a）所示，当处于高能级 E_2 的一个电子自发地向低能级 E_1 跃迁并发光时，这个跃迁过程发出的光子能量为 $h\nu$，ν 为光子频率，即

$$\nu = (E_2 - E_1)/h \tag{3-2}$$

式中，h 为普朗克常数。

自发辐射的特点：各个处于高能级的电子都是自发的、独立地进行跃迁，其辐射光子的频率不同，所以自发辐射的频率范围很大。即使有些电子在相同的能级间跃迁，自发辐射光的频率相同，但它们发射的方向和相位也不同。因此，自发辐射光是由不同频率、不同相位、不同偏振方向的光子组成的，这些光子叫作非相干光。

2）受激吸收

处于低能级 E_1 的一个电子在频率为 ν 的辐射场作用下，吸收一个能量为 $h\nu$（$h\nu = E_2 - E_1$）的光子并受激地向能级 E_2 跃迁，这个过程叫作受激吸收，如图 3-1（b）所示。

3）受激辐射

处于高能级 E_2 的一个原子在频率 $\nu = (E_2 - E_1)/h$ 的光子的激发下，受激地向能级 E_1 跃迁，同时放出一个能量为 $h\nu$（$h\nu = E_2 - E_1$）、频率为 ν [$\nu = (E_2 - E_1)/h$] 的光子，这个过程叫作受激辐射，如图 3-1（c）所示。

很显然，受激辐射必须在既定频率 $\nu = (E_2 - E_1)/h$ 的外来光子所携带的能量 $h\nu$ 等于跃迁的能量差（$E_2 - E_1$）时才会发生。由于受激辐射产生的光子与外来光子具有相同的频率、相位、偏振态、传播方向，因此受激辐射光为相干光。在受激辐射过程中，通过一个光子的激励作用，可以得到两个相干光子，如果这两个相干光子再引起其他原子产生受激辐射，那么能得到更多的相干光子。这样在一个光子的作用下，引起大量原子产生受激辐射，从而产生大量光子的现象称为光放大。光放大是产生激光的前提。

4. 半导体光源

光纤通信中使用的光源均为半导体光源。半导体材料与其他材料（如金属与绝缘体）不同，它具有能带结构而不是能级结构。半导体材料的能带分为导带、价带与禁带，电子从高能级范围的导带跃迁到低能级范围的价带会释放光子而发光。半导体光源是由P型半导体材料和N型半导体材料制成的，在两种材料的交界处形成了PN结。若在其两端加上正向偏置电压，则N区中的电子与P区中的空穴会流向PN结区域并复合。复合时，电子从高能级范围的导带跃迁到低能级范围的价带，并释放出能量等于禁带宽度E_g（导带与价带之差，也称带隙）的光子。根据$E_g=E_2-E_1=h\nu=hc/\lambda$得到发光波长$\lambda$，即

$$\lambda=hc/E_g=1.24/E_g \quad (\mu m) \tag{3-3}$$

即发光波长由禁带宽度E_g决定。对GaAsAl材料，由于E_g的取值范围为1.424~1.549eV，因此，其发光波长在0.81~0.87μm范围内。这种GaAsAl光源称为短波长半导体光源。而长波长半导体光源材料为InGaAsP，其E_g的取值范围为0.75~1.24eV，其发光波长在1.0~1.65μm范围内。

3.1.2 发光二极管

因为LED属于自发辐射发光，所以发出的光是非相干光，是荧光。

1. LED的优点

LED是光纤通信中应用非常广泛的光源器件之一，它具有以下优点。

1）线性度好

LED发光功率（P）的大小基本上与其工作电流（I）呈正比例关系，也就是说，LED具有良好的线性度。LED的发光特性曲线如图3-2所示。

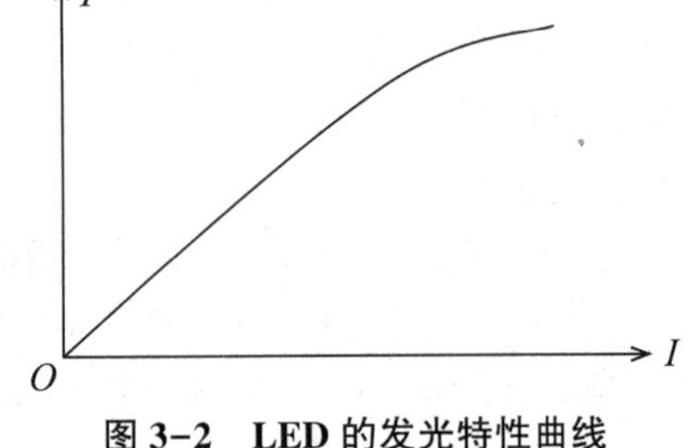

图3-2 LED的发光特性曲线

因为数字通信通常只传输“0”“1”信号序列，所以对线性度并没有过高的要求，因此，线性度好只对模拟通信有利。

2）温度特性好

所有的半导体器件对温度的变化都比较敏感，LED自然不例外，其输出光功率随着温度的升高而降低。但相对于LD而言，LED的温度特性是比较好的。在温度变化100°C范围内，其发光功率降低不会超过50%，因此在使用时不需要增加温控措施。

3）使用简单、价格低、寿命长

因为LED是一种非阈值器件，所以使用它时不需要进行预偏置；使用非常简单。此外，与LD相比，它价格低廉，工作寿命长。对于LED而言，当其发光功率降低到初始值的一半时，便认为它寿命终结。

2. LED的缺点

1）谱线较宽

由于LED的发光机理是自发辐射发光，因此它所发出的光是非相干光，其谱线较宽，一般在10~50nm范围内。由于这样宽的谱线受光纤色散作用后会产生很大的脉冲展宽，因此LED难以用于大容量光纤通信中。

2）与光纤的耦合效率低

一般来讲，LED 可以发出几毫瓦的光功率，但 LED 和光纤的耦合效率是比较低的，一般仅有 1%~2%，最多不超过 10%。耦合效率低意味着输入光纤中的光功率小，系统难以实现远距离传输。

3. LED 的应用范围

由于 LED 的谱线较宽，受光纤色散的作用后会产生很大的脉冲展宽，因此它难以用于大容量的光纤通信。另外，由于它与光纤的耦合效率较低，输入光纤中进行有效传输的光功率较小，因此难以用于远距离的光纤通信。

但因为 LED 具有使用简单、价格低廉、工作寿命长等优点，所以广泛地应用于较小容量、较近距离的光纤通信之中。而且由于其线性度甚佳，因此也常常用于对线性度要求较高的模拟光纤通信之中。

3.1.3　半导体激光器

1. 激光产生的条件

LD 的发光机理是受激辐射。

1）实现光放大的条件

在实际中，自发辐射、受激辐射、受激吸收三种过程是同时存在的。在热平衡时，由于光的受激吸收总是比受激辐射占优势，因此，物质只能吸收光子，光总是衰减的。

要想获得光放大，就必须使物质中的受激辐射比受激吸收占优势，或者说必须使高能级的电子数大于低能级的电子数，这种电子数的分布称为粒子数反转分布。通常将处于粒子数反转分布的物质称为激活物质或增益物质。其中半导体材料是光纤通信光源的常用激活物质。

一般情况下，当物质处于热平衡状态时，粒子数反转分布是不可能的，只有当外界向物质供应能量（称为激励或泵浦过程），使物质处于非热平衡状态时，粒子数反转分布才有可能实现。一般采用光泵浦、电泵浦、化学泵浦等方法给物质以能量，把处于低能级上的电子数激发到高能级上。泵浦过程是光放大的必要条件。

2）激光产生的条件

激光器是一个光自激振荡器，要想产生激光，就必须具备光放大、频率选择及正反馈这三种基本功能。其中，光放大由激活物质来完成，泵浦源使激活物质粒子数产生反转，实现对光的放大作用。频率选择及正反馈由光学谐振腔来完成。在激光器中，一般用两个面对面的平面反射镜组成光学谐振腔，而把激活物质放在两个反射镜之间。激光器的构成原理图如图 3-3 所示。

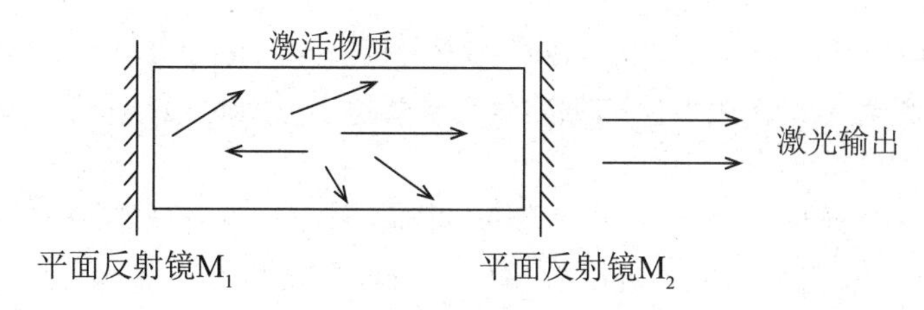

图 3-3　激光器的构成原理图

在激光器中，由泵浦源激励激活物质，产生粒子数反转分布，同时由于自发辐射也将产生自发辐射光子，因此这些光子辐射的方向是任意的。它们之间凡是沿与谐振轴线夹角较大的方向传播的光子，将很快溢出腔外，只有那些沿与谐振轴线夹角较小的方向传播的光子才有可能在腔内沿轴线方向来回反射传播，在腔内的激活物质中来回穿行。在这个过程中，因受激辐射跃迁而产生的大量相同光子态的光子就是激光。

激活物质和谐振腔只是为激光产生提供了必要条件，要产生激光振荡，还必须满足阈值条件和相位平衡条件。

光在谐振腔中来回反射传播的过程中，功率的增益必须大于损耗，这样才能使光功率不断放大，使输出光强逐渐增强。激光器起振的最低限度即光增益等于光损耗，这个条件称为阈值条件。

要产生激光振荡，除了要满足阈值条件，还要满足相位平衡条件，即激光器必须在谐振腔的工作模式下工作。

对于一个平行平面谐振腔，当光沿着腔轴方向在腔的两个反射面之间来回传播时，由于从 M_1 射向 M_2 的光波与从 M_2 射向 M_1 的光波正好方向相反，因此，光在光腔内沿着腔轴方向将形成干涉。光多次往复反射时，就会发生多次干涉。为了能在腔内形成稳定振荡，要求光波能因干涉而得到加强，形成正反馈。发生干涉加强的条件是：光波从某一点出发，经腔内往返一周再回到原位置时，应与初始出发光波同相，即相位差为 2π 的整数倍。可以表示为

$$(2\pi/\lambda_q)\ 2nL=2\pi q \tag{3-4}$$

式中，$q=1, 2, 3, \cdots$；λ_q 为与 q 值相对应的波长；L 为腔的长度；n 为腔内均匀工作的激活物质的折射率。

式（3-4）为激光器的相位平衡条件，通常又称光腔的驻波条件，当满足这个条件时，腔内形成驻波。式（3-4）可以写为

$$\lambda_q = 2nL/q \tag{3-5}$$

或

$$\nu_q = c/\lambda_q = q\ (c/2nL) \tag{3-6}$$

式（3-5）和式（3-6）叫作光腔的谐振条件，λ_q 称为光的谐振波长，ν_q 称为光的谐振频率。可以看出，光腔的谐振频率是分立的，即激光器的谐振频率只能取某些分立的值。相邻谐振频率差 $\Delta\nu$ 称为纵模间隔。

由以上分析可以看出，光增益和光反馈是产生激光的必要条件，但并非充分条件。只有同时满足阈值条件和相位平衡条件才能使激光器稳定工作。当产生光增益的激活物质为半导体材料时，该激光器称为半导体激光器，简称 LD。

2. LD 的特点

1）发光谱线宽度窄

LD 辐射的光是相干光，其谱线宽度较窄，通常仅有 1 ~5nm，有的甚至小于 1nm。由于谱线宽度越窄，受光纤色散的作用产生的脉冲展宽也就越小，因此 LD 适用于大容量的光纤通信。

2）与光纤的耦合效率高

由于激光方向一致性好，发散角小，因此 LD 与光纤的耦合效率较高，一般用直接耦合方式就可达 20%以上。若采用适当的耦合措施，则耦合效率可达 90%。由于 LD 与光纤的耦合效率高，因此输入光纤中的光功率比较大，故 LD 适用于远距离的光纤通信。

3）属于阈值器件

LD 的发光特性曲线如图 3-4 所示。

从图 3-4 中可以看出，LD 是一个阈值器件，当 LD 中的工作电流低于其阈值电流 I_{th} 时，LD 仅能发出极微弱的非相干光（荧光），这时 LD 中的谐振腔并未发生振荡。而当 LD 中的工作电流大于阈值电流 I_{th} 时，谐振腔中发生振荡，激发出大量的光子，于是发出功率大、谱线宽度窄的激光。

由于 LD 是一个阈值器件，因此在实际使用时必须对之进行预偏置，即预先赋予 LD 一个偏置电流 I_B，其值略小于但接近于 LD 的阈值电流。当无信号输入时，它仅发出极其微弱的荧光；当有“1”码电信号输入时，LD 中的工作电流会大于其阈值电流，即 LD 工作在能发出激光的区域，发出功率很大的激光。

对 LD 进行预偏置有一个好处，即可以减少由建立和阈值电流相对应的载流子密度所导致的时延，也就是说预偏置可以提高 LD 的调制速率，这也是 LD 能适用于大容量光纤通信的原因之一。

和 LED 相比，LD 的温度特性较差。这主要表现在其阈值电流会随温度的上升而增加，如图 3-5 所示。

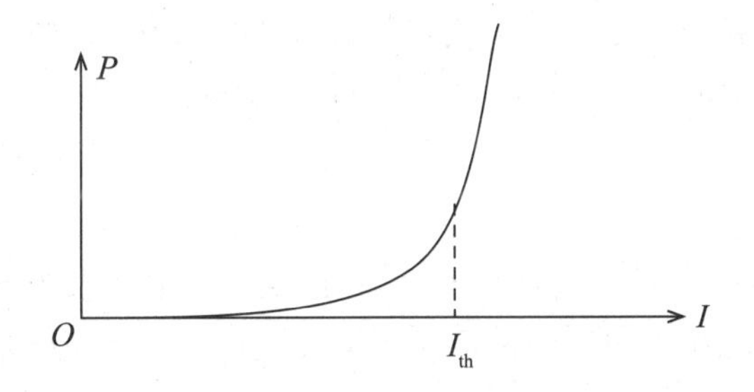

图 3-4　LD 的发光特性曲线

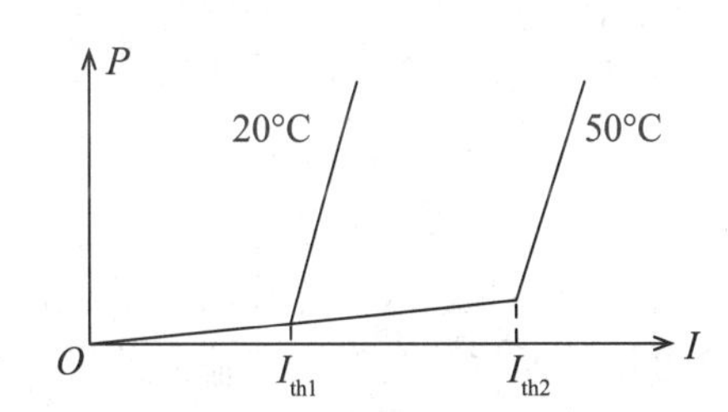

图 3-5　LD 的温度特性曲线

当温度从 20℃上升到 50℃时，LD 的阈值电流会增加 1 ~2 倍，这样会给使用者带来许多不便。因此，在一般情况下，要对 LD 增加温度控制和制冷措施。

3. LD 的应用范围

由于 LD 具有发光谱线窄、与光纤的耦合效率高等显著优点，因此被广泛应用于大容量、远距离的光纤通信。

LD 的种类有很多，从结构上分有法布里-泊罗（F-P）激光器、DFB 激光器、耦合腔半导体激光器、多量子阱（MQW）激光器等；从器件性能上分有多纵模（MLM）激光器、SLM 激光器等。

尽管 LD 的谱线十分窄，但毕竟其具有一定的宽度，而且在此谱线宽度范围内，除了中心波长，其他波长的光功率也具有较高的幅度，这样的激光器称为 MLM 激光器，它的谱线宽度典型值为 0. 5~4. 0nm。而在一般情况下，SLM 激光器的中心波长的主模光功率占整个发光功率的 99. 99%以上。DFB 激光器、耦合腔半导体激光器属于 SLM 激光器。

由于受光纤色散的限制，因此 MLM 激光器一般用于低速率、近距离的光纤通信系统；而在高速率、远距离、技术要求比较严格的光纤通信系统中，一般选择 SLM 激光器作为其光源器件。

3.2 光检测器

光检测器是把通信信息从光波中分离（检测）出来的一种器件。光检测器质量的优劣在很大程度上决定了光接收机灵敏度的高低。从损耗的角度出发，光接收机灵敏度、光源器件的发光功率、光纤的损耗三者决定了光纤通信的传输距离。

光纤通信对光检测器有如下要求。

1. 响应度（量子效率 η）高

响应度是指输入单位光信号时光检测器所产生的电流值。因为从光纤传输来的光信号十分微弱，仅有纳瓦（nW）数量级，所以要想从中检测出通信信息，光检测器必须具有很高的响应度，即必须具有很高的光/电转换效率。

2. 噪声低

光检测器在工作时会产生一些附加噪声，如暗电流噪声、雪崩噪声等。这些噪声如果很大，就会附加在只有纳瓦数量级的微弱光信号上，降低光接收机灵敏度。

3. 工作电压低

与光源器件不同，光检测器工作在反向偏置状态。有一类光检测器件（APD），由于必须处在接近反向击穿状态才能很好地工作，因此需要较高的工作电压（100V 以上）。工作电压过高会给使用带来不便。

4. 体积小、质量小、寿命长

需要指出的是，因为光检测器的光敏面积（接收光的面积）一般都可以做到大于光纤的纤芯截面，所以从光纤中传输来的光信号基本上可以全部被光检测器接收，不存在与光纤的耦合效率问题，这一点与光源器件不同。

光纤通信中使用的光检测器有两大类，即 PIN 光电二极管与 APD。

3.2.1 PIN 光电二极管

1. PIN 光电二极管的工作机理

具有 PN 结结构的二极管由于内部载流子的扩散作用，因此会在 P 型材料与 N 型材料的交界处形成势垒电场，即耗尽层。当二极管处于反向偏置状态时，势垒电场的作用使载流子在耗尽层中的运动速度要比在 P 型材料或 N 型材料中快得多。构成 PIN 光电二极管的材料包括硅、锗、Ⅲ-Ⅴ族化合物。在光的作用下，这些材料会产生光生载流子，并通过定向流动形成光电流。

理论研究与实验表明，光电二极管的量子效率（光生载流子与光子数量之比）和耗尽层的宽度成正比。为了保证在同样入射光的作用下能获得较大的光电流，在设计、制造光电二极管时，往往在 P 型材料与 N 型材料的中间插入一层掺杂浓度十分低的 I 型半导体材料（接近本征型），以形成较宽的耗尽层。这就是 PIN 光电二极管的由来。PIN 光电二极管的构造与内部电场如图 3-6 所示。

从图 3-6 中可以看出，PIN 光电二极管中的 I 区的电场强度远远大于 P 区与 N 区的电场强度，从而保证了光生载流子的定向运动以形成光电流。

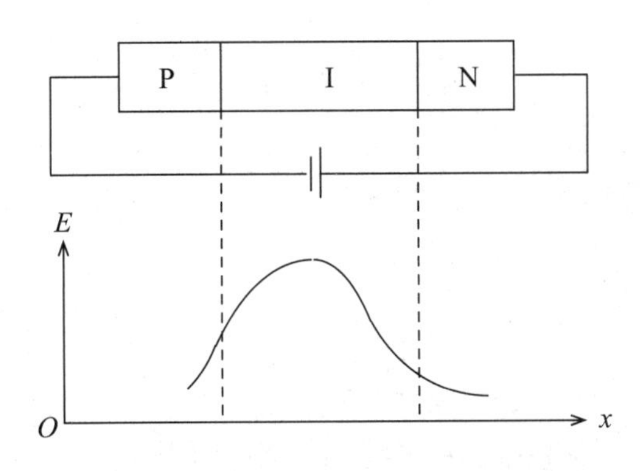

图 3-6　PIN 光电二极管的构造与内部电场

2. PIN 光电二极管的特点及应用范围

PIN 光电二极管的优点：附加噪声小、工作电压低（仅十几伏）、工作寿命长，使用方便和价格便宜。

PIN 光电二极管的缺点：没有倍增效应，即在同样大小入射光的作用下仅产生较小的光电流，所以用它做成的光接收机灵敏度不高。

综上所述，PIN 光电二极管只能用于较近距离的光纤通信。

3.2.2　雪崩光电二极管

1. APD 的工作机理

APD 的工作机理：光生载流子-空穴电子对在 APD 内部高电场作用下高速运动，在运动过程中通过碰撞电离效应，产生数量是首次空穴电子对几十倍的二次、三次新空穴电子对，从而形成很大的光信号电流。

APD 的构造与内部电场如图 3-7 所示。

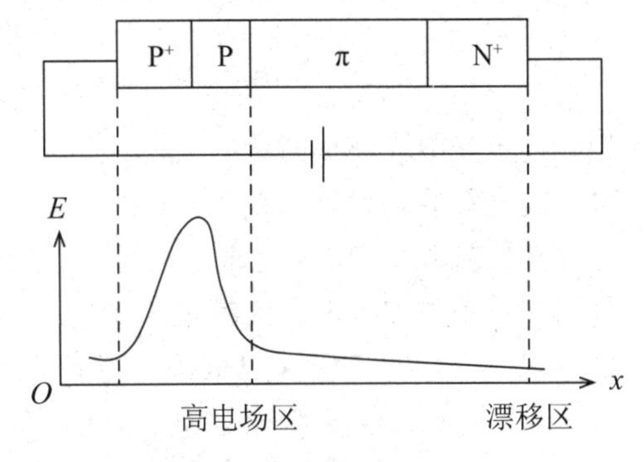

图 3-7　APD 的构造与内部电场

APD 的“倍增”效应能使其在同样大小的光的作用下产生比 PIN 光电二极管大几十倍甚至几百倍的光电流，相当于起了一种光放大作用，能大大提高光接收机灵敏度。

2. APD 的特点及应用

APD 的最大优点就是具有放大效应，由它制成的光接收机具有很高的灵敏度，一般比 PIN 光接收机灵敏度高 10~20 dB，可以大大增加系统的传输距离。APD 的缺点是产生了一种新噪声即雪崩噪声，另外 APD 需要很高的工作电压（100V 以上），使用不便。当然，如果使用得当，那么可以把雪崩噪声影响降低到最低程度，即使之处于最佳增益状态，可获得十分满意的效果。因此，APD 在大容量、远距离的光纤通信中得到了十分广泛的应用，成为光纤通信中最重要的光接收器件。

3.3 光放大器

3.3.1 光放大器的作用与分类

1. 光放大器的作用

光放大器的作用是在光纤通信中通过光纤传输光信号。它受到两方面因素的限制，即损耗和色散。就损耗而言，目前光纤损耗的典型值在1.3μm波段为0.35dB/km，而在1.55μm波段为0.25dB/km。由光纤损耗限制的光纤无中继传输距离为50~100km。在远距离光纤通信系统中，增加通信距离的方法是采用光中继器。目前大量应用的是光电光中继器。其工作流程是首先要将光信号转化为电信号，在电信号上进行放大、再生、重定时等信号处理，再将电信号转化为光信号，经光纤传送出去。通过级联多个电再生中继器，可以建成很长的光纤传输距离的系统。但是，这样的光电光中继需要光接收机和光发送机来进行光/电和电/光转换，设备复杂，成本昂贵，维护和运转不方便。

近几年迅速发展起来的光放大器，尤其是EDFA，在光纤通信技术上引发了一场革命。在长途干线通信中，它可以使光信号直接在光域进行放大而无须转换成电信号进行信号处理，即用全光中继来代替光电光中继。这使得成本降低、设备简化，维护和运转方便。EDFA的出现对光纤通信的发展影响重大，促进和推动了光纤通信领域中重大新技术的发展，使光纤通信的整体水平上了一个新的台阶。它已经对光纤通信的发展产生了深远的影响。

下面列举EDFA在光纤通信应用中的几个重要方面。

1）在WDM系统中的应用

WDM是在一根光纤上同时传输多个光载波波长不同的光信号的通信方式。这种通信方式的优点在于它充分利用了光纤的潜在带宽，极大地扩展了光纤的传输容量。但是这种通信方式的突出问题是在每一个中继站都要将多信道信号分开，将它们送入各自的光中继设备中，通过光电光转换过程对光信号进行处理。这就需要在每个中继站都要有数量与信道数相对应的光纤通信设备，使WDM技术的发展面临着障碍。EDFA的实用化使WDM技术迅速进入实用阶段。EDFA有很宽的带宽，可以覆盖相当数量的信道，因而一个EDFA就可以代替诸多设备对WDM系统的多信道光信号进行放大。这极大地降低了成本，增加了传输容量。现在WDM+ EDFA已成为高速光纤通信网络发展的主流方向。

2）在光纤通信网中的应用

EDFA可以补偿光信号由分路而带来的损耗，以扩大本地网的范围，增加用户。采用EDFA的光缆有线电视（CATV-Cable Television）传输系统已于1993年投入使用，在这种系统中，系统的节点数及传输距离直接与光功率的大小有关，采用EDFA可以扩大CATV网的网径和增加用户数。

3）在光孤子通信中的应用

光孤子通信是利用光纤的非线性来补偿光纤色散作用的一种新型通信方式。当光纤的非线性和色散二者达到平衡时，光脉冲的形状将在传输过程中保持不变。光孤子通信的主要问题之一是光纤损耗。光孤子脉冲沿光纤传输时，其功率逐渐减小，这将破坏非线性与色散之间的平衡。解决方法之一就是在光纤线路中每隔一定的距离加一个 EDFA 来补充线路损耗，使光孤子在传输过程中保持脉冲形状不变。可以说 EDFA 与光纤中的色散、非线性构成了光孤子通信这种新型的通信方式，解决了光纤传输中的损耗与色散问题。

EDFA 在光纤接入网（比如光纤到户-FTTH）中也将发挥了作用。EDFA 还可作为一个增益器件放入谐振腔中构成光纤激光器等。

总之，EDFA 的出现改变了光纤通信发展的格局。它使得原本备受关注的相干光纤通信技术逐渐淡出人们的视线。采用相干光纤通信的目的之一在于提高系统的灵敏度，以增加通信距离，它比常规通信的灵敏度可提升 20dB 左右。然而 EDFA 与常规通信设备的结合同样能实现提高系统灵敏度的目的。因此，就没必要采用价格昂贵、技术复杂的相干光纤通信技术了。

2. 光放大器的分类

光放大器包括半导体光放大器、非线性光纤放大器（受激拉曼光纤放大器和受激布里渊光纤放大器）、掺杂光纤放大器（包括 EDFA）等。

1）半导体光放大器

半导体光放大器由半导体材料制成。前面已经介绍过 LD 的光放大的基本原理。如果将一个 LD 两端的反射消除，那么它将成为半导体行波放大器。半导体光放大器是研究较早的光放大器，其优点是体积小，可充分利用现有的 LD 技术，制作工艺成熟，且便于其他光器件进行集成。它在波分复用光纤通信系统中可用作门开关和波长变换器。另外，其工作波段可覆盖 1.3μm 和 1.5μm。这是 EDFA 所无法实现的。

半导体光放大器的缺点是与光纤耦合困难，耦合损耗大、对光的偏振特性较为敏感、噪声及串扰较大。以上缺点影响了其在光纤通信系统中的应用。

2）非线性光纤放大器

非线性光纤放大器包括受激拉曼光纤放大器和受激布里渊光纤放大器。

拉曼光纤放大器是一种利用拉曼散射效应来实现光信号放大的装置。当输入光功率足够大时，光在光纤中会发生拉曼散射效应，使得输入光的能量向较长波长的光转移，从而在目标波长上实现放大。受激拉曼光纤放大器的优点：一是可以进行全波放大，无论是 1550nm 波长区还是 1310nm 波长区，都可以用拉曼光纤放大器进行放大；二是噪声系数很低。其缺点是泵浦效率较低，增益不高。

受激布里渊光纤放大器是利用光纤中受激布里渊散射这个非线性效应构成的光放大器，其缺点是光放大器的工作频带较窄（在兆赫量级），难以应用于通信系统。

3）EDFA

EDFA 是利用稀土金属离子作为激光器激活物质的一种光放大器。将激光器激活物质掺入光纤芯子即成为掺杂光纤。至今用作掺杂激活物质的均为镧（La）系稀土金属，如铒（Er）、钕（Nd）、镨（Pr）、铥（Tm）等。容纳杂质的光纤叫作基质光纤，可以是石英光纤，也可以是氟化物光纤。这类光纤放大器叫作掺稀土离子光纤放大器。

在掺杂光纤放大器中最引人注目且已实用化的是 EDFA，其次是掺镨光纤放大器。EDFA 的重要性主要在于它的工作波段在 1.5μm，与光纤的最低损耗窗口相一致。它的应用推动了光纤通信的发展。掺镨光纤放大器的工作波段是 1.3μm，与现在广泛应用的低损耗、低色散波段一致。

3.3.2 掺铒光纤放大器

使用铒离子作为激活物质的光纤放大器称为掺铒光纤放大器。这些铒离子在光纤制作过程中被掺入光纤纤芯中，使用泵浦光直接对光信号放大，提供光增益。虽然掺杂光纤放大器早在 1964 年就有研究，但是直到 1985 年英国南安普顿大学才首次成功研制出掺铒光纤（Erbiur Doped Fiber，EDF）。1988 年，性能优良的低损耗 EDP 技术已相当成熟，可供实际使用。EDFA 因为其工作波长位于光纤损耗最小的 1550nm 波长区，所以它比其他光放大器更具有优势。

1. EDFA 的结构与工作原理

实用的 EDFA 由掺铒光纤、泵浦源、波分复用器和光隔离器组成。

1）掺铒光纤

EDF 技术是使 EDFA 具有放大特性的关键技术之一。它多用石英光纤作为基质，也有采用氟化物光纤的。关键之处在于，在细微的光纤纤芯中掺入固体激活物质——铒离子。这些铒离子决定了放大器的关键特性，如工作波长和带宽。这细长的光纤（几米、十几米、几十米）本身就是激光作用空间。在这里，光与激活物质相互作用而被放大、增强，在 EDFA 技术中，掺铒光纤工艺至关重要。典型掺铒光纤的基本参数如下。

铒离子浓度：300ppm。

纤芯直径：3.6μm（模场直径为 6.35μm）。

数值孔径：0.22。

损耗（1550nm）：1.569dB/km。

在掺铒光纤中，为了实现有效放大，维持足够多的铒离子粒子数反转分布，要求尽可能地增加掺铒区泵浦光功率密度。为此，需要减小纤芯横截面积，从而使掺铒光纤的结构最佳化。

2）泵浦源

高功率泵浦源（Pump Laser）是 EDFA 的另一项关键技术。它将电子从低能级泵浦到高能级泵浦，使之处于粒子反转状态，从而产生光放大。实用化的 EDFA 将 InGaAsP LD 作为泵源。对它的主要要求是高输出功率、长寿命。泵浦源可取不同的波长，但这些波长必须小于放大信号的波长（其能量 $E \geqslant h\nu$），且必须位于掺铒光纤的吸收带内。现在用得最多的是 0.98μm 的 LD 作为泵浦源，其噪声低、效率高。有时用 1.48μm 的泵浦源，因其与放大信号波长相近，在分布式 EDFA 中更适用。

3）波分复用器

光纤放大器中的波分复用器的作用是将不同波长的泵浦光和信号光混合并送入掺铒光纤。对它的要求是能将两个信号有效地混合而损耗最小。实用的波分复用器主要有熔融拉锥型光纤耦合器和干涉滤波器。前者具有更低的插入损耗和制造成本；后者具有十分平坦的信号频带及出色的极化无关特性。

4）光隔离器

在输入、输出端插入光隔离器（Isolator）是为了防止反射光对光放大器的影响，保证系统稳定工作。对光隔离器的基本要求是插入损耗低、反向隔离度大。

激光器的基本原理在前面已做过介绍，简单来说就是通过泵浦源的作用，激光器内部的激活物质的电子由低能级向高能级跃迁，在一定的泵浦强度下，形成粒子数反转分布，从而具有光放大作用。当工作频带范围内的信号光输入时便得到放大。这也是 EDFA 的基本工作原理，只是细长的光纤结构使得有源区能量密度很高，光与激活物质的作用区很长，有利于降低对泵浦源功率的要求。

泵浦源为光放大器源源不断地提供能量，在光放大过程中将能量转换为信号光的能量。对泵浦源的要求一是效率高，二是简便易行。目前使用的泵浦方式有同向泵浦（前向泵浦）、反向泵浦（后向泵浦）、多重泵浦。

同向泵浦式 EDFA 的结构如图 3-8 所示，在这种方案中，泵浦光与信号光从同一端注入掺铒光纤。在掺铒光纤的输入端，泵浦光较强，故粒子反转激励也强，其增益系数大，信号光一进入光纤即得到较强的放大。然而，吸收使得泵浦光将沿光纤长度而衰减，这个因素使光信号在一定的光纤长度上达到增益饱和而使噪声增加。同向泵浦的优点是结构简单，缺点是噪声性能不佳。

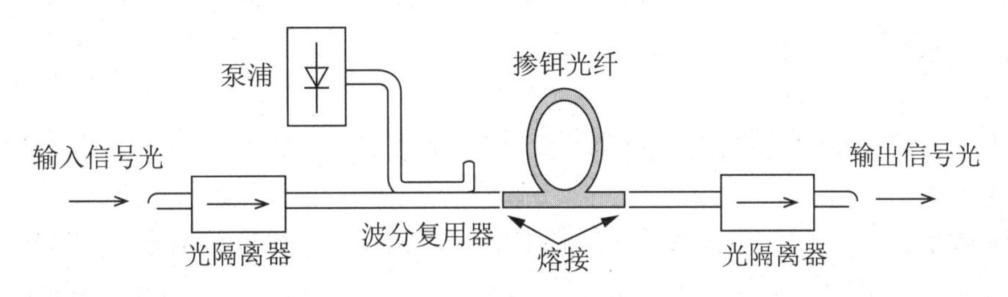

图 3-8　同相泵浦式 EDFA 的结构

反向泵浦也称后向泵浦。反向泵浦式 EDFA 的结构如图 3-9 所示，在这种方案中，泵浦光与信号光从不同的方向输入掺杂光纤，两者在光纤中反向传输。其优点是当信号放大到很强时，泵浦光也强，不易达到饱和，因而噪声性能较好。

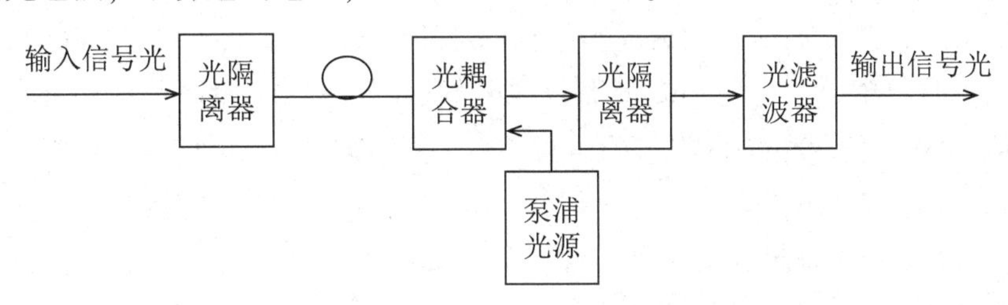

图 3-9　反向泵浦式 EDFA 的结构

为了使 EDFA 中的杂质粒子得到充分的激励，必须提高泵浦功率。可用多个泵浦源激励光纤。几个泵浦源可同时前向泵浦，同时后向泵浦；或部分前向泵浦，部分后向泵浦。后者称为双向泵浦，双向泵浦式 EDFA 的结构如图 3-10 所示。

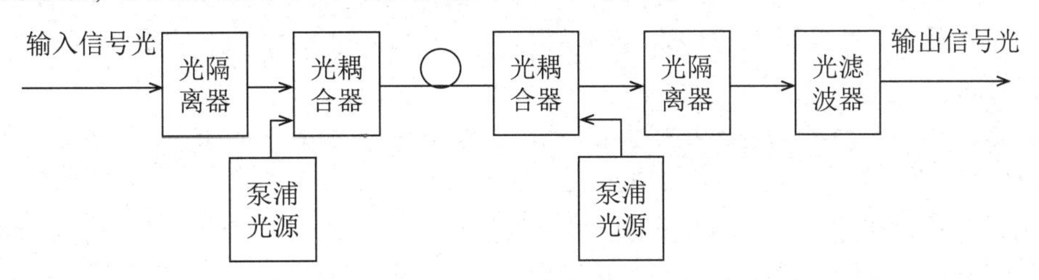

图 3-10　双向泵浦式 EDFA 的结构

双向泵浦方式结合了同向泵浦和反向泵浦的优点，使泵浦光在光纤中均匀分布，从而使其增益在光纤中也均匀分布。

2. EDFA 的主要特性参数

EDFA 的主要特性参数是增益、噪声和带宽。

1）增益

增益是 EDFA 最重要的性能参数，其定义为

$$G=\frac{P_{\text{out}}}{P_{\text{in}}} \tag{3-7}$$

其值应当越大越好，如一个良好的 EDFA 的增益可达 33dB 以上。

EDFA 处于小信号工作范围时，具有良好而平坦的增益特性，即它的放大倍数并不随输入光功率、输出光功率的变化而波动，基本上是一个常数，其噪声系数也比较平缓。因此，在使用 EDFA 时，为了获得良好的增益特性与噪声性能，应尽量使其工作在小信号工作范围内，不能只追求大的光功率输出。

2）噪声

放大器本身产生噪声，使信号的信噪比下降，造成对传输距离的限制，是光放大器的一项重要指标。

光纤放大器的噪声主要来自它的自发辐射。在激光器中，自发辐射是产生激光振荡所不可少的，而在放大器中，它却成了有害噪声的来源。它与被放大的信号在光纤中一起传输、放大，影响了光接收机灵敏度。充分泵浦有利于减小噪声。

3）带宽

我们希望放大器的增益在很宽的频带内与波长无关。这样，在应用这些放大器的系统中，便可放宽单信道传输波长的容限，也可在不降低系统性能的情况下，极大地增加 WDM 系统的信道数目。但实际放大器的放大作用有一定的频带范围。所谓带宽是指 EDFA 能进行平坦放大的光波长范围，“平坦”就是增益波动限制在允许范围内，如±0.5dB。一般 EDFA 放大频谱曲线在 1540～1560nm 区域范围内是比较平坦的。

3. EDFA 的主要优缺点

EDFA 之所以得到这样迅速的发展，源于它一系列突出的优点。

（1）工作波长与光纤最小损耗窗口一致，可在光纤通信中获得应用。

（2）耦合效率高。因为 EDFA 是光纤型放大器，易与传输光纤耦合连接，所以也可用熔接技术与传输光纤熔接在一起，损耗可低至 0.1dB。这样的熔接反射损耗也很小，不易自激。

（3）能量转换效率高。激活物质集中在纤芯的近轴部分，而信号光和泵浦光也是在光纤的近轴部分最强，这使得光与物质的作用得到充分发挥。加之有较长的作用长度，因而有较高的转换效率。

（4）增益高、噪声低、输出功率大。增益可达 40dB，充分泵浦时，噪声系数可低至 3～4dB，串话也很小。

（5）增益特性稳定。EDFA 增益对温度不敏感。在 0～100℃的变化范围内，增益特性保持稳定。稳定的增益特性对陆上应用非常重要，因为陆上光纤通信系统要承受季节性环境的变化。增益与偏振无关也是 EDFA 的一大特点，这个特点至关重要，因为一般通信光纤并不能使传输信号偏振态保持不变。

（6）可实现混合的传输。所谓混合，是指可同时传输模拟信号和数字信号，包括高比特率信号和低比特率信号。EDFA 作为线路放大器，可在不改变原有噪声特性和误码率的前提下直接放大数字、模拟或二者混合的数据格式，特别适合光纤传输网络升级，实现语言、图像、数据同网传输时，不必改变 EDFA 线路设备。

实践证明，使用 EDFA 的光纤传输，经过近千公里的传输后的误码率仍能达到 10^{-9}。

EDFA 也有一些固有的缺点。

（1）波长固定。铒离子能级间的能级差决定了 EDFA 的工作波长是固定的，只能放大 1.55μm 左右波长的光波。光纤换用不同的基质时，铒离子的能级只发生微小的变化，因而可调节的激光跃迁波长范围有限。为了改变 EDFA 的工作波长，需要使用不同的掺杂元素。例如，掺镨光纤放大器可以在 1.3μm 波段工作。

（2）增益带宽不平坦。EDFA 的增益带宽约为 40nm，但增益带宽不平坦。在 WDM 光纤通信系统中需要采用特殊的手段来进行增益谱补偿。

4. EDFA 在光纤通信系统中的应用

1）EDFA 用作前置放大器

EDFA 的低噪声特性使它很适合做光接收机的前置放大器，如图 3-11（a）所示。应用 EDFA 后，光接收机的灵敏度可提高 10~20dB。其基本作用是在送入光接收机前，将信号光放大到足够大，以抑制光接收机内的噪声。

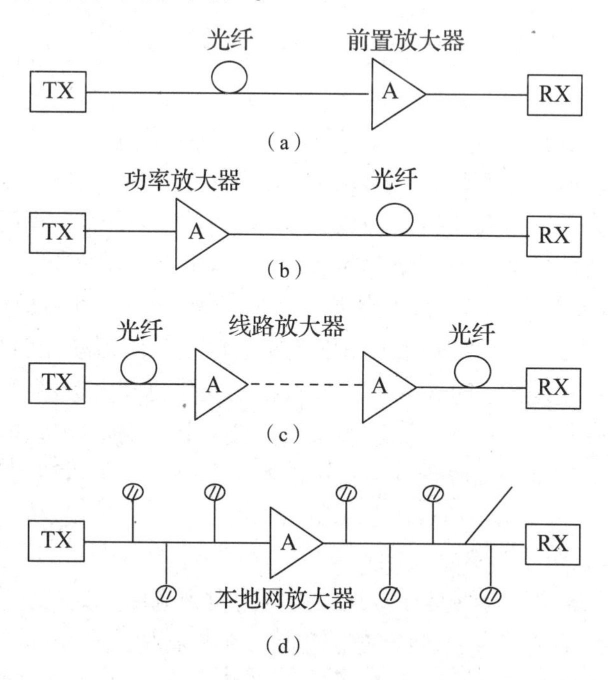

图 3-11　EDFA 在光纤通信系统中的应用

这种放大器可以将小信号放大，要求低噪声，但输出饱和功率要求很高。它对光接收机灵敏度的改善，与 EDFA 本身的噪声系数 F_n 有关。F_n 越小，灵敏度越高。它还与 EDFA 自发辐射谱线宽度有关，谱线越宽，灵敏度越低。因此，为了减小噪声的影响，常常在 EDFA 后加滤波器，以滤除噪声。

2）EDFA 用作功率放大器

功率放大器将 EDFA 直接放在光发送机之后，用来提升输出功率，如图 3-11（b）所示。发射功率的提高可将通信传输距离增加 10~20km。通信距离的增加由功率放大器的增益及光纤损耗决定。功率放大器除要求低噪声外，还要求高的饱和输出功率。应当注意的是，输入光纤中的功率提高之后将出现非线性效应——受激布里渊散射。受激布里渊散射将消耗有用功率，增加额外损耗。受激布里渊散射是后向散射，将传至光源，影响激光器工作的稳定性，解决办法是提高光纤的受激布里渊散射阈值。

3）EDFA 用作线路放大器

EDFA 用作线路放大器是它在光纤通信系统中的一个重要应用，如图 3-11（c）所示。用 EDFA 实现全光中继代替了原来的光电光中继，这种方法非常适合用于海底光缆应用，但最大的吸引力是在 WDM 光纤通信系统中的应用。在光电光中继的 WDM 系统中，须对各信道进行解复用，再用各自的光接收机、光发送机进行放大、再生，并完成光-电-光转换。在将 EDFA 用作线路放大器的系统中，一个 EDFA 就可以放大全部 WDM 信号，只要将信号带宽限制在放大器带宽内就行。

EDFA 在线路中可多级使用，但不能无限制地增多，它受光纤色散和 EDFA 本身噪声的限制。光放大器补充光纤的损耗，但并未解决色散问题。当采用的 EDFA 过多时，传输距离过远，光纤色散就会限制它的应用。EDFA 本身噪声小，但使用多级 EDFA 时，其噪声是积累的，因而使传输距离受到限制。

随着电信业务的不断发展，传统的通信方式渐渐难以满足对通信容量日益增长的需要。DWDM 系统在干线传输系统中逐渐成为技术主流。作为 DWDM 系统的核心器件之一，EDFA 在其中的应用将迅速发展。EDFA 由于有足够的增益带宽，因此用在 DWDM 系统可使光中继变得十分简单。EDFA 用于波分复用器之后可提升发射光的输出光功率，线路放大器补偿链路损耗，预放大器在解复用器之前将光功率提升到合适的功率范围。在 DWDM 系统中的 EDFA 还要考虑增益平坦和增益锁定的问题。由于掺铒光纤的增益谱形所限，因此其不同的波长的增益亦不相同。在 DWDM 系统中，各信道增益的差别造成增益的不平坦性。当 EDFA 在系统中级联使用时，不平坦性的积累会使增益较低信道的光信噪比迅速恶化，从而影响系统性能。增益锁定是指 EDFA 在一定的输入光变化范围内提供恒定的增益，这样当一个信道的光功率发生变化时，其他信道的光功率不会受其影响。解决该问题的途径，一是在掺铒光纤中掺入不同的杂质，以改善其增益谱的不平坦性，二是可以对现有的掺铒光纤的增益谱进行均衡。

4）EDFA 用作本地网的功率放大器

EDFA 可在宽带本地网，特别是在电视分配网中得到应用，如图 3-11（d）所示。随着光纤 CATV 系统的规模不断扩大，链路的传输距离不断增加。1550nm 光纤 CATV 系统因其在光纤中的损耗较小而逐渐成为主流。EDFA 在 1550nm 光纤 CATV 系统中的应用简化了其系统结构，降低了系统成本，加快了光纤 CATV 系统的发展。将 EDFA 用在 CATV 光发送机后及链路中可以提高光功率，弥补链路损耗，补偿光功率分配带来的功率损失。使用性能良好的 EDFA 可将模拟 CATV 系统的链路长度扩展到接近 200km，EDFA 级联数目达到 4 级，使众多用户共用一个前端和光发送机，大大降低系统运营成本。

3.3.3 拉曼光纤放大器

1. 拉曼光纤放大器的工作机理

拉曼散射效应是指当输入光纤中的光功率达到一定数值（如 500mW 即 27dBm 以上）时，光纤结晶晶格中的原子会受到振动而相互作用，从而产生散射现象，其结果是将较短波长的光能量向较长波长的光能量转移。

拉曼散射作为一种非线性效应，本来是对系统有害的，因为它将较短波长的光能量转移到较长波长的光上，使 WDM 系统的各复用通道的光信号出现不平衡，但利用它可以使泵浦光能量向在光纤中传输的光信号转移，实现对光信号的放大。

拉曼光纤放大器就是利用拉曼散射能够向较长波长的光转移能量的特点，适当选择泵浦光的发射波长与泵浦输出功率，实现对光信号的放大。

由于被拉曼光纤放大器放大光的波长主要取决于泵浦光的发射波长，因此适当选择泵浦光的发射波长，可以使其放大范围落入预期的光波长区。例如，选择泵浦光的发射波长为 1240nm 时，可对 1310nm 波长的光信号进行放大；选择泵浦光的发射波长为 1450nm 时，可对 1550nm 波长 C 波段的光信号进行放大；选择泵浦光的发射波长为 1480nm 时，可对 1550nm 波长 L 波段的光信号进行放大等。

一般原则是，泵浦光的发射波长要比被放大的光波长小 70 ~100nm。泵浦光波长与拉曼放大光波长的关系如图 3-12 所示。

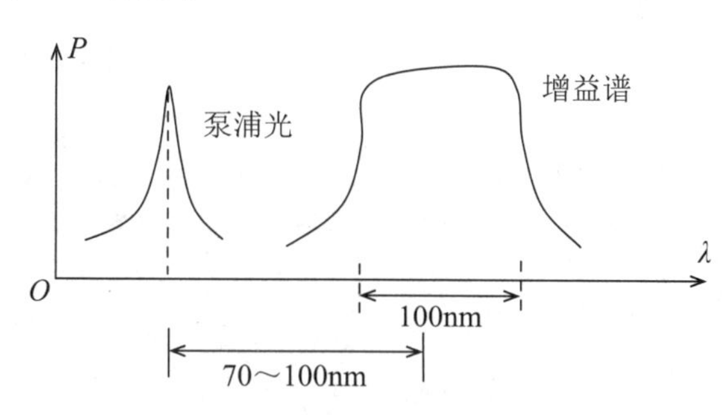

图 3-12　泵浦光波长与拉曼放大光波长的关系

2. 拉曼光纤放大器的优缺点

拉曼光纤放大器的优点如下。

（1）极宽的带宽。拉曼光纤放大器具有极宽的增益频谱，在理论上它可以在任意波长产生增益。当然，一是要选择适当的泵浦源；二是在如此宽的波长范围内，其增益特性可能不是非常平坦的。

实际上，我们可以使用具有不同波长的多个泵浦源，使拉曼光纤放大器总的平坦增益范围达到 13THz（约 100nm），从而覆盖石英光纤的 1550nm 波长区的 C+L 波段，如图 3-13 所示。这与 EDFA 只能对 1550nm 波长区 C 波段（或 L 波段）的光信号进行放大形成鲜明对比。

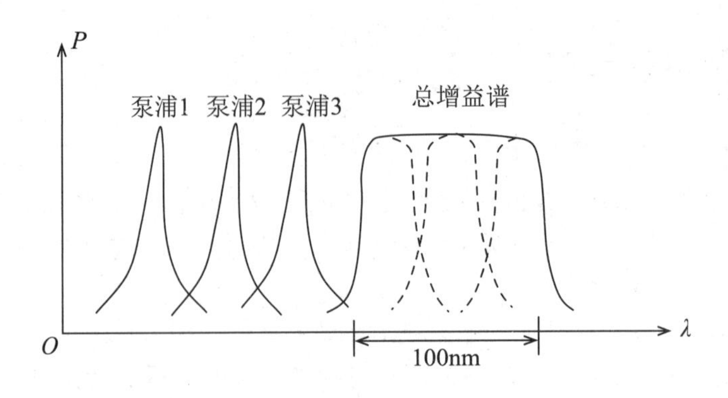

图 3-13 拉曼光纤放大器的宽带宽

（2）极低的噪声系数。与 EDFA 不同，拉曼光纤放大器的噪声系数极低，可以低于 -1. 0dB。如此低的噪声系数可使光接收机输入端的光信噪比大大降低，有可能实现 2000km 以上的无中继传输。

（3）适用于任何光纤。由于利用拉曼散射效应对光信号进行放大可以适用于任何光纤，因此可以用拉曼光纤作为拉曼光纤放大器的增益介质（分布式），外加大光功率输出的泵浦光源，就可以实现对线路光纤中的光信号的放大。由于线路光纤本身就是放大器的一部分，因此可以降低成本，而且可以减少输入线路光纤中的光信号，进而减少光纤非线性效应的劣化影响。

拉曼光纤放大器的缺点如下。

（1）泵浦效率低。拉曼光纤放大器的泵浦效率较低，一般为 10%~20%。

（2）增益不高，一般低于 15dB。

（3）高功率的泵浦输出很难精确控制。要想实现拉曼散射，必须使泵浦光功率大于 500mW，有的甚至高达 1W 以上；如此高的光功率输出，很难精确控制，进而难以精确控制其增益。

（4）增益具有偏振相关特性。拉曼光纤放大器的增益与光的偏振态密切相关，即与泵浦光的偏振态、被放大光的偏振态有关。而被放大光的偏振状态一是取决于光源的发光特性，二是取决于光纤的保偏特性。增益的偏振相关特性给精确控制放大器的增益带来了难度。

3. 拉曼光纤放大器的种类

实际应用时，拉曼光纤放大器有两种方式，即分布式与分离式，但大部分采用分布式。

1）分布式拉曼光纤放大器

分布式拉曼光纤放大器是指直接利用线路光纤作为增益介质的放大器，通过发射适当波长和大光功率的泵浦光，在线路光纤中产生拉曼散射效应。这个过程使光的能量向线路光纤中的光信号转移，以实现光放大；另一方面又与 EDFA 配合使用，充分发挥 EDFA 高增益的特点。

分布式拉曼光纤放大器的结构如图 3-14 所示。在图 3-14 中，发射适当波长的泵浦光，将泵浦光通过合波器反向泵入线路光纤中，因为正向输入一方面容易产生其他的非线性效应（包括光信号功率与泵浦功率在内的总输入功率太大）；另一方面，实验表明，正向输入会使增益难以控制。由于泵浦光功率较大（如 27dBm 以上），因此在线路光纤中会产生拉曼散射效应。控制泵浦光的发射波长，可以使光能量向线路光纤中的光信号转移，以实现对线路光纤中的光信号的放大。经拉曼光纤放大器放大后的光信号由 EDFA 进行进一步的放大，因为 EDFA 的增益很高，所以可使总的增益达到预定值。

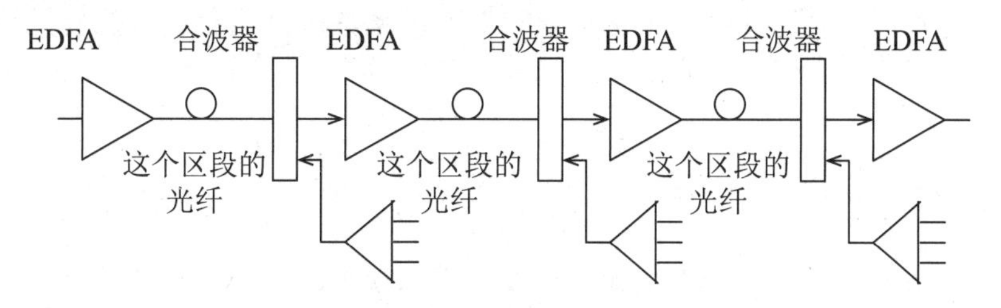

图 3-14　分布式拉曼光纤放大器的结构

分布式拉曼光纤放大器的优点如下。

（1）增益高。虽然拉曼光纤放大器本身的增益较低（3 ~15dB），但 EDFA 的增益却很高（如大于 33dB），二者结合，优劣互补就可以获得较高的增益。

（2）噪声系数低。其道理与上述类似，虽然 EDFA 的噪声系数一般较高（3 ~4dB），但拉曼光纤放大器的噪声系数却很低（如-1. 0dB 以下），二者结合起来就可以获得很低的噪声系数，从而大大提高光接收端的 SNR。

（3）实现简单，成本低。因为线路光纤本身就是光放大器的增益介质，所以可以大大降低成本。

分布式拉曼光纤放大器的缺点是带宽不够宽，因为整个放大器的带宽受 EDFA 带宽比较窄的限制，所以要用分布式来实现 1550nm 波长区 C+L 波段的超长传输，就需要使用两个 EDFA，一个专门用于对 C 波段光信号的再放大，另一个则专门用于对 L 波段光信号的再放大。

2）分离式拉曼光纤放大器

拉曼光纤放大器也可以不与 EDFA 配合而单独使用，即分离式。分离式拉曼光纤放大器的结构如图 3-15 所示。由图 3-15 可知，信号光经隔离器 ISO_1 输入拉曼光纤放大器中，而泵浦光则通过合波器反向注入，因为泵浦光功率数值较大，使光纤产生拉曼散射现象，所以控制泵浦光的波长就可以使光能量向信号光转移，从而实现对信号光的放大。

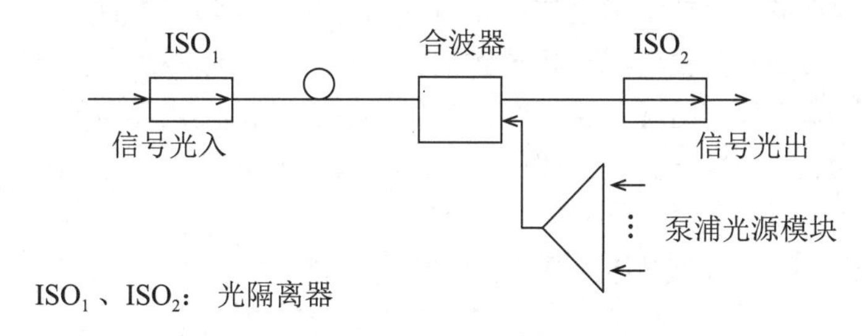

图 3-15　分离式拉曼光纤放大器的结构

从图 3-15 可以看出，在结构形式上，分离式拉曼光纤放大器与 EDFA 非常相似，但它们又有所不同：一是工作机理完全不同，EDFA 利用的是掺铒光纤中的铒离子受激跃迁效应，而拉曼光纤放大器则利用的是光纤的拉曼散射效应；二是增益介质不同，EDFA 的增益介质是掺铒光纤，拉曼光纤放大器的增益介质是拉曼光纤，因为拉曼光纤放大器的增益与光的偏振特性密切相关，所以对拉曼光纤的要求很高，如保偏特性、芯径很小等；三是泵浦光源不同，EDFA 通常采用光功率较低的 1480nm 或 980nm 波长的泵浦光，而拉曼光纤放大器的泵浦光波长取决于被放大光信号的波长，而且其输出功率通常很大（27dBm 以上）。

分离式拉曼光纤放大器的优点是带宽很宽，噪声系数极低。分离式拉曼光纤放大器的缺点是增益不高、泵浦效率低、成本高等。

3.4 光纤连接器

光纤连接器是组成光纤通信系统和测量仪表不可缺少的一个重要器件，也是光纤通信系统中使用量较多的器件。它与光纤固定接头不同，由精密的插头和插座构成，可以拆卸，使用灵活，所以又称光纤活动连接器或光纤活动接头。图 3-16 所示为光纤连接器的基本结构。

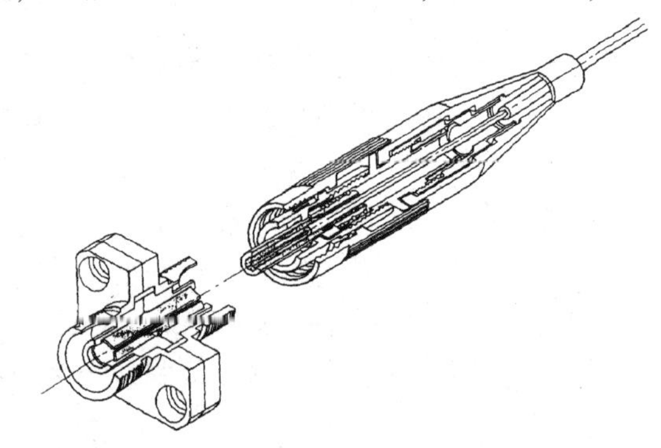

图 3-16 光纤连接器的基本结构

光纤连接器的种类、型号有很多，按照光纤的种类分类，它可以分为三类，即单模光纤连接器、多模光纤连接器和特种光纤连接器；按互联光纤的数量分类，它可以分为单芯连接器和多芯连接器（MT 型连接器）；按连接器的外形结构分类，它可以分为 FC 型连接器、SC 型连接器、ST 型连接器和 D 型连接器等系列；按插头的物理形状分类，它可以分成三类，即 PC 型连接器、SPC（Super PC，超级 PC）型连接器和 APC（Angled PC，角度 PC）型连接器。

3.4.1 光纤连接损耗

光纤连接时引起的损耗与多种因素有关，包括连接光纤的结构参数、端面状态与相对位置等，具体如下。

（1）光纤的几何尺寸和导波特性：要求两条互联光纤的芯径及数值孔径相同。

（2）光纤端面质量：要求端面平整，光洁度高，端面与轴线垂直。

（3）两根光纤的相对位置状况：要求无横向位移、轴向倾斜或纵向端面分离。

（4）光纤中的模式分布情况：要求两根光纤具有相同的模式分布特性。

（5）折射率匹配情况：必要时在两根光纤的端面间隙中填充折射率匹配液，以减小菲涅耳反射。

上述有关情形下所引起的损耗的具体计算在此从略。

3.4.2 光纤连接器的性能参数

光纤连接器的性能参数有很多，但最重要的性能参数有 5 个，即插入损耗、回波损耗、重复性、互换性及使用寿命。

插入损耗是指光纤中的光信号通过光纤连接器之后，其输出光功率相对于输入光功率的比率的分贝数。回波损耗又称后向反射损耗，是指在光纤连接处，输入光功率相对于后向反射光功率的比率的分贝数。重复性又称重复精度，是指光纤连接器多次插拔后插入损耗的变化，用 dB 表示。互换性是指光纤连接器各部件互换时插入损耗的变化，也用 dB 表示。使用寿命又称插拔次数，是指光纤连接器经反复次插拔后，其上述指标不再满足性能要求的最大插拔次数。

显然，一个好的光纤连接器应有尽可能小的插入损耗，还应有尽可能大的回波损耗，并且拆卸重复性好、互换性好、可靠性高，同时要体积小、使用寿命长（插拔 1000 次以上）和价格便宜等。

3.4.3　光纤连接器的外形

FC 型连接器是一种用螺纹连接，外部零件采用金属材料制作的连接器。两根光纤分别被固定在毛细管部件的轴心处并被磨平抛光、插入套管的孔内，实现轴心的对准和两根光纤的紧密接触。它是我国采用的主要品种，其结构如图 3-16 所示。

SC 型连接器的插针、套管与 FC 型连接器的插针、套管完全一样，其外壳采用工程塑料制作，采用矩形结构，便于密集安装，不用螺纹连接，可以直接插拔。图 3-17 所示为 SC 型连接器。

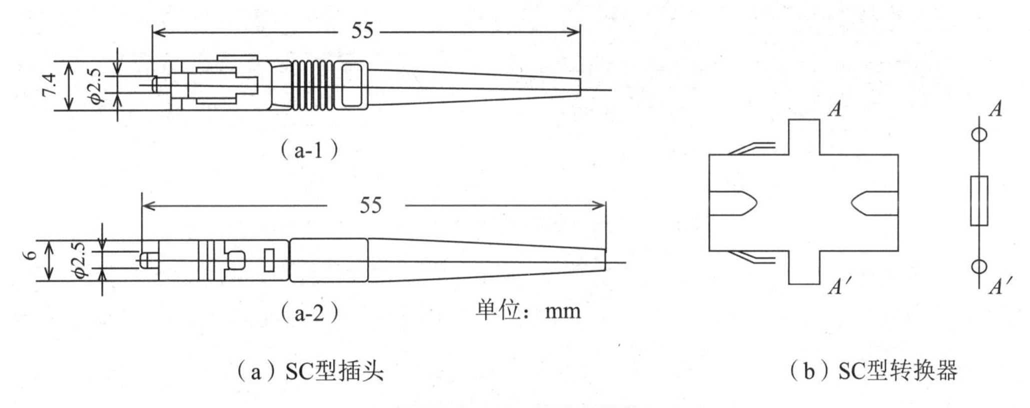

图 3-17　SC 型连接器

图 3-17（a-1）中的插头为通用型插头，可以直接插拔，多用于单芯连接。图 3-17（a-2）中的插头为密集安装型插头，要用工具进行插拔，用于多芯连接。

ST 型连接器采用带键的卡口式锁紧机构，确保连接时准确对中。ST 型插头与转换器如图 3-18 所示。

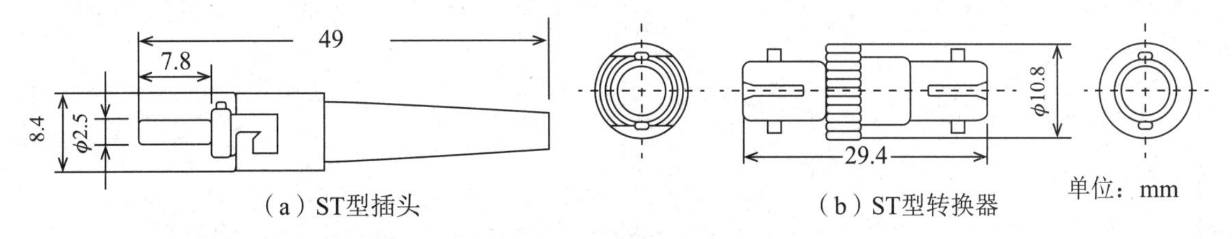

图 3-18　ST 型插头与转换器

在我国用得的最多的是 FC 型连接器，它是干线系统中采用的主要型号，在今后较长一段时间内仍是主要品种。随着光纤局域网、CATV 和用户网的发展，SC 型连接器也将逐步推广使用。此外，ST 型连接器也有一定规模的应用。

3.4.4 光纤连接器的插针端面

光纤连接器插针端面的形状对光传输特性有很大影响，如插入损耗和回波损耗。为了增大回波损耗，人们提出了很多措施，如采用 PC（Physical Contact）型连接器。通常的 PC 型连接器插头体端面为平面，实际生产中不可能做成理想平面，因而在插头端面接触不好而留有间隙使反射增大，回波损耗在 35~45dB 范围内。改进后的光纤连接器的端面被加工成球面，使两根光纤的纤芯之间实现紧密接触，以减小反射光的能量。光纤连接器端面的曲率半径越小，反射损耗越大。当曲率半径为 20mm 时，经过精密加工研磨的 PC 型连接器称为 SPC 型连接器或 UPC（Ultra Polishing Connectors）型连接器，其反射损耗可达 50~60dB，插入损耗可以做到小于 0.1dB。反射损耗更高的光纤连接器是 APC 型连接器。它除了采用球面接触，端面还被加工成斜面，以使反射光反射出光纤，避免反射回光发送机。斜面的倾角 α 越大，后向反射损耗越大，但插入损耗也随之增大，一般取 α 为 8°~9°，插入损耗约为 0.2dB，反射损耗可达 60~75dB。光纤连接器插针端面的形状如图 3-19 所示。

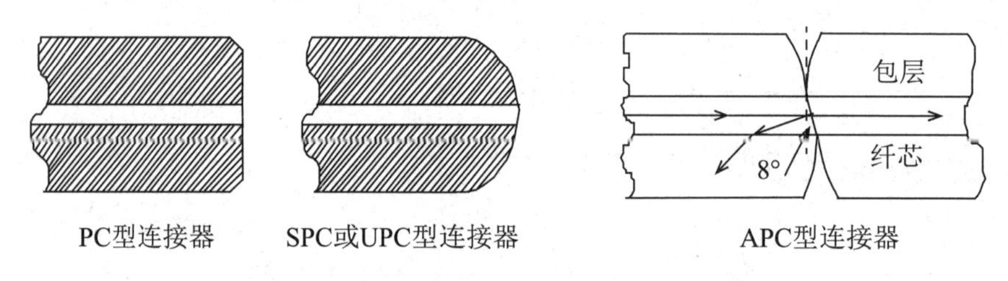

图 3-19 光纤连接器插针端面的形状

目前，在高速系统、CATV 和光纤放大等领域，为了减小回波信号的影响，要求回波损耗达到 40~50dB，甚至 60dB 以上，将光纤端面加工成球面或斜球面是满足这个要求的有效途径。表 3-1 所示为国产光纤连接器的性能指标。

表 3-1 国产光纤连接器的性能指标

器件型号	FC/PC	FC/UPC	FC/APC	SC/PC	SC/UPC	SC/APC	ST/PC	ST/UPC	ST/APC
插入损耗/dB	≤0.3								
最大插入损耗/dB	≤0.5								
回波损耗/dB	≥45	≥50	≥60	≥45	≥50	≥60	≥45	≥50	≥60
重复性/dB	≤0.1								
互换性/dB	≤0.1								
插拔次数/次	>1000								
工作温度/℃	-40~+80			-25~+70			-40~+80		

3.5 光耦合器

光耦合器是光纤线路中最重要的无源器件之一，是具有多个输入端和多个输出端的光纤汇接器件，它能使传输中的光信号在特殊结构的耦合区发生耦合，并进行再分配，实现光信号分路/合路的功能。通常用 $M \times N$ 来表示一个具有 M 个输入端和 N 个输出端的光耦合器。

近年来，光耦合器已形成一个多功能、多用途的产品系列，按照功能分类，它可分为光功率分配耦合器及光波长分配耦合器；按照光分路器的原理分类，它可以分为微光型、光纤型和平面光波导型三类；按照端口形式分类，它可以分为两分支型和多分支型；按照光纤网拓扑结构所起的作用分类，它又可以分为星型耦合器和树型耦合器；另外，由于传导光模式不同，因此它又有多模耦合器和单模耦合器之分。

制作光耦合器有多种方法，在全光纤器件中，曾用光纤蚀刻法和光纤研磨法来制作光纤耦合器。目前主要的制作方法有熔融拉锥法和平面波导法。利用平面波导原理制作的光耦合器具有体积小、分光比控制精确、易于大量生产等优点，但该技术尚需要进一步发展、完善。

3.5.1　光耦合器的性能参数

光耦合器的性能参数主要有插入损耗、附加损耗、分光比、隔离度（或方向性）等，下面以 2×2 四端口光纤耦合器为例（见图 3-20），分别进行介绍。

图 3-20　2×2 四端口光纤耦合器

（1）插入损耗（Insertion Loss）是指某个指定输出端口的光功率 P_{oj} 相对于输入光功率 P_i 损失的分贝数，即

$$L_j = -10\lg \frac{P_{oj}}{P_i} \text{（dB）} \tag{3-8}$$

式中，L_j 是第 j 个输出端口的插入损耗。

（2）附加损耗（Excess Loss）是指输入光功率 P_i 相对于所有输出端口的光功率总和损失的分贝数，附加损耗（L_e）的计算公式为

$$L_e = 10\lg \frac{P_i}{\sum_j P_{oj}} \text{（dB）} \tag{3-9}$$

对于 2×2 四端口光纤耦合器，附加损耗为

$$L_e = 10\lg \frac{P_1}{P_3 + P_4} \text{（dB）} \tag{3-10}$$

对于光耦合器，附加损耗是体现器件制造工艺水平的指标，反映的是器件制作带来的固有损耗（如散射），理想光耦合器的附加损耗是 0。而插入损耗表示的是各个输出端口的输出光功率状况，不仅有固有损耗的因素，更考虑了分光比的影响。

（3）分光比又称耦合比（Coupling Ratio），指某个输出端口（如 3 或 4）的光功率 P_{oj} 与各端口的总输出功率之比，即

$$C_R = \frac{P_{oj}}{\sum_j P_{oj}} \times 100\% \tag{3-11}$$

对于 Y 形（1×2）光耦合器，分光比 50 : 50 表示两个输出端口的光功率相同，实际应

用中常要用到不同分光比的光耦合器，目前分光比可做到从 50：50 到 1：99。

（4）隔离度又称方向性（Directivity），是衡量器件定向传输特性的参数，被定义为光耦合器正常工作时，输入侧的一个非注入端的输出光功率相对于全部输入光功率的分贝数。对于 2×2 四端口光纤耦合器，隔离度是指由 1 端口输入功率 P_1 与泄漏到 2 端口的功率 P_2 比值的对数，计算公式为

$$L_D = 10\lg\frac{P_1}{P_2}\ (\mathrm{dB}) \tag{3-12}$$

L_D 越大越好，该数值越大说明发送端口相互串扰影响越小。

3.5.2 各种光耦合器

1. 熔融拉锥型光纤耦合器

熔融拉锥型光纤耦合器是指将两根（或两根以上）光纤去除涂敷层，以一定方式靠拢，在高温加热下熔融，同时向两侧拉伸，在加热区形成双锥体形式的特种波导结构，以实现光功率耦合。通过控制拉锥型耦合区长度可以控制两个端口的功率耦合比（分光比）。熔融拉锥型光纤耦合器如图 3-21 所示。

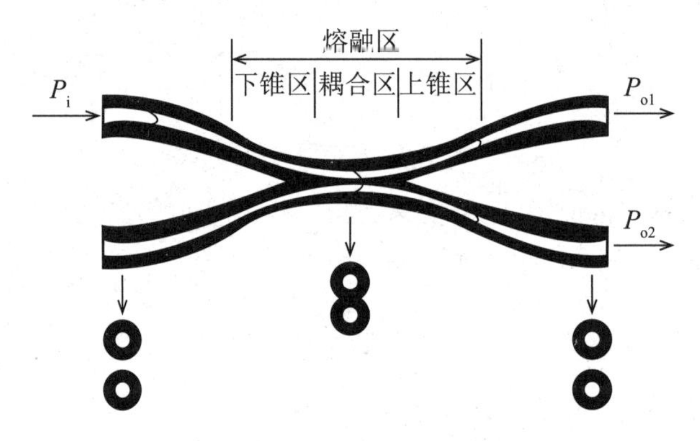

图 3-21 熔融拉锥型光纤耦合器

2. 星型耦合器

星型耦合器是指输入、输出端口具有 $N×N$ 型的光耦合器。星型耦合器可采用多根光纤扭绞、加热熔融拉锥而形成。对于单模光纤，这种多芯熔锥式星型耦合器需要精确地调整多根光纤间的耦合，这种操作很困难，因而通常用另一种拼接方法来构造 $N×N$ 星型耦合器。如图 3-22 所示，利用 4 个 2×2 基本单元可以构成 4×4 光耦合器，利用 12 个 2×2 基本单元可以构成 8×8 光耦合器，利用 8 个 4×4 基本单元可以构成 16×16 光耦合器等。

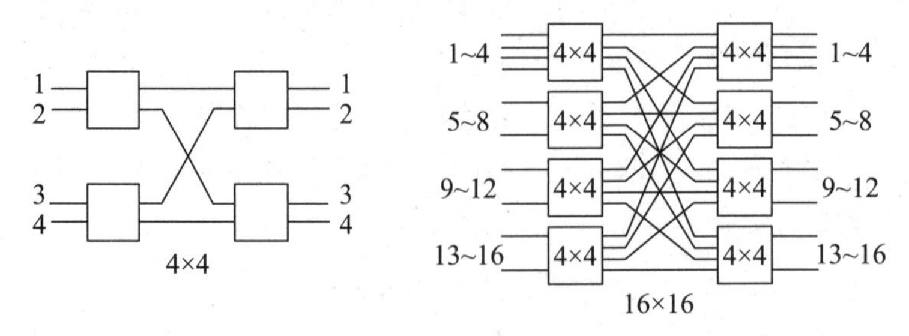

图 3-22 基于 2×2 光耦合器串级的星型耦合器拼接示意图

3. 树型耦合器

树型耦合器是指输入、输出端口具有 1×N 型的光耦合器。这种光耦合器主要用于光功率分配场合，在接入网中用于光分配网。采用类似的方法，可将 1×2 或 2×2 光耦合器逐次拼接，构成 1×N 或 2×N 光耦合器，其拼接方案如图 3-23 所示。

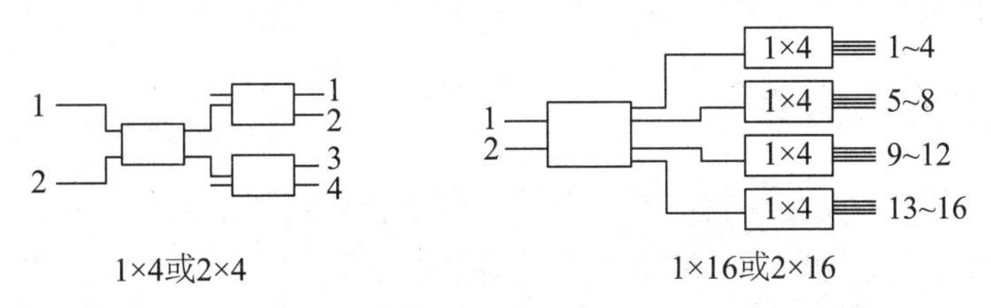

图 3-23　基于 2×2 光耦合器拼接的 1×N 树型耦合器

下面介绍部分单模光纤耦合器的特性，分别用表 3-2 和表 3-3 进行展示。

表 3-2　单模光纤树型耦合器的特性

	1×4		1×8		1×16	
	A	B	A	B	A	B
工作波长/nm	1310 或 1550					
工作带宽/nm	$\lambda_0 \pm 20$					
附加损耗/dB	0.3	0.5	0.5	0.7	0.7	1.0
方向性/dB	>60					
均匀性/dB	±0.6	±1.0	±1.0	±1.8	±2.0	±2.5
工作温度/℃	-40~+85					

表 3-3　单模光纤星型耦合器的特性

	4×4		8×8		16×16	
	A	B	A	B	A	B
工作波长/nm	1310 或 1550					
工作带宽/nm	$\lambda_0 \pm 20$					
插入损耗/dB	≤7.0	≤7.5	≤11.2	≤12.5	≤15.0	≤17.0
方向性/dB	>60					
均匀性/dB	±0.1	±0.6	±1.0	±1.8	±2.0	±2.5
工作温度/℃	-40~+85					

3.6　波分复用器

随着通信网对传输容量不断增长的需求及网络交互性、灵活性要求的出现，产生了各种复用技术，在数字光纤通信中除了大家熟知的电时分复用（Electrical Time Division Multiplexing，ETDM）方式，还出现了光时分复用（OTDM）、波分复用（WDM）、频分复用（Frequency Division Multiplexing，FDM）及微波副载波复用（SubCarrier Multiplexed，SCM）等方式，这些复用方式的出现，大大提高了通信网的传输效率。其中，WDM 技术以其独特的技术特点及优势得到了迅速的发展和应用。

3.6.1 WDM 技术的概念

所谓 WDM 技术，就是指为充分利用单模光纤低损耗区的巨大带宽资源，采用波分复用器（合波器），在发送端将多个不同波长的光载波合并起来并送入一根光纤进行传输，在接收端由解复用器（分波器）将这些不同波长承载不同信号的光载波分开的复用方式。

WDM 系统的工作原理方框图如图 3-24 所示。从图 3-24 中可以看出，在发送端由光发送机 TX_1，TX_2，…，TX_n 分别发出标称波长为 λ_1，λ_2，…，λ_n 的光信号，每个光通道可以分别承载不同类型或不同速率的信号，如 2.5Gbit/s 或 10Gbit/s 的 SDH 信号或其他业务信号，由光波分复用器把这些复用光信号合并为一束光波输入光纤中进行传输；在接收端用解复用器把不同光信号分解开，分别输入相应的光接收机 RX_1，RX_2，…，RX_n 中。

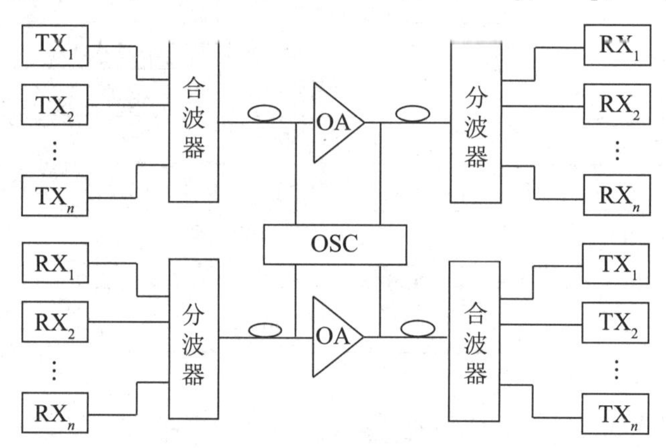

TX_1，TX_2，…，TX_n为复用通道1，2，…，n的光发送机；RX_1，RX_2，…，RX_n为复用通道1，2，…，n的光接收机；OA为光放大器（EDFA）；OSC为光监控通道。

图 3-24 WDM 系统的工作原理方框图

WDM 系统的关键组成有三部分：波分复用器、光放大器和光源器件。波分复用器的作用是合波与分波，光放大器的作用是对合波后的光信号进行放大，以便增加传输距离。WDM 系统的光源一般采用外调制方式。图 3-24 中的 OSC 为光监控通道，其作用就是在一个新波长上传送有关 WDM 系统的网元管理和监控信息，使网络管理系统能有效地对 WDM 系统进行管理。

根据波分复用器的不同，可以复用的波长数也不同，由两个至几十个不等，这取决于系统所允许的光载波波长的间隔 $\Delta\lambda$ 的大小。$\Delta\lambda$ 大于 10nm 的 WDM 系统称为粗波分复用（Coarse Wavelength Division Multiplexing，CWDM）系统，采用普通的光纤 WDM，即可进行复用与解复用；$\Delta\lambda$ 为 1nm 左右的 WDM 系统称为密集 WDM（DWDM）系统，需要采用波长选择性高的光栅进行解复用；若 $\Delta\lambda < 0.1$nm，则称其为光频分复用（Optical Frequency Division Multiplexing，OFDM）系统。

WDM 技术之所以得到重视和迅速发展，是由其技术特点决定的。

(1) 充分利用光纤的低损耗带宽，实现超大容量传输。

WDM 系统的传输容量是巨大的，它可以充分利用单模光纤的巨大带宽（约 27THz）。因为系统的单通道速率可以是 2.5Gbit/s、10Gbit/s 等，而复用通道的数量可以是 16 个、32 个甚至更多，所以系统的传输容量可达到数百 Gbit/s 甚至几十 Tbit/s 的水平。而这样巨大的传输容量是目前 TDM 方式根本无法做到的。

(2) 节约光纤资源，降低成本。

这个特点是显而易见的。对单波长系统而言，1 个 SDH 系统就需要一对光纤；而对 WDM 系统而言，不管有多少个 SDH 分系统，整个 WDM 系统只需要一对光纤就够了。例如，对 32 个 2.5Gbit/s 系统来说，单波长系统需要 64 根光纤，而 WDM 系统仅需要 2 根光纤。节约光纤资源这一点也许对于市话中继网络并非十分重要，但对于系统扩容或长途干线，尤其是对于早期安装的芯数不多的光缆来说就显得非常难能可贵了，可以不必对原有系统做较大改动，而使通信容量扩大几十倍至几百倍，随着复用路数的成倍增加及直接光放大技术的广泛使用，每个话路的成本将迅速降低。

(3) 可实现单根光纤双向传输。

对必须采用全双工通信方式的系统，如语音传输系统，可减少大量的线路投资。

(4) 各通道透明传输、平滑升级扩容。

由于在 WDM 系统中，各复用通道之间是彼此独立、互不影响的，也就是说，WDM 通道对数据格式是透明的，与信号速率及电调制方式无关，因此可以用不同的波长携载不同类型的信号，如波长 λ_1 携载音频，波长 λ_2 携载视频，波长 λ_3 携载数据，从而实现多媒体信号的混合传输，给使用者带来了极大的方便。

另外，只要增加复用通道数量与相应设备，就可以增加系统的传输容量以实现扩容，而且扩容时对其他复用通道不会产生不良影响，所以 WDM 系统的升级扩容是平滑的，而且方便易行，从而最大限度地减少了建设初期的投资。

(5) 可充分利用成熟的 TDM 技术。

以 TDM 方式提高传输速率虽然在降低成本方面具有巨大的吸引力，但也面临着许许多多因素的限制，如制造工艺、电子元器件工作速率的限制等。据分析，TDM 方式的 40Gbit/s 光传输设备已经非常接近目前电子元器件工作速率的极限，再进一步提高速率是相当困难的。

而 WDM 技术则不然，它可以充分利用现已成熟的 TDM 技术，如 2.5 Gbit/s 或 10 Gbit/s，相当容易地使系统的传输容量达到 80 Gbit/s 以上的水平，从而避开开发更高速率 TDM 技术所面临的种种困难。

(6) 可利用 EDFA 实现超远距离传输。

EDFA 具有高增益、宽带宽、低噪声等优点，在光纤通信中得到了广泛的应用。由于 EDFA 的光放大范围为 1530 ~1565nm，经过适当的技术处理也可能为 1570 ~1605nm，因此它可以覆盖整个 1550nm 波长的 C 波段或 L 波段。用一个带宽很宽的 EDFA，就可以对 WDM 系统各复用通道信号同时进行放大，以实现超远距离传输，避免了每个光传输系统都需要一个光放大器的弊病，减少了设备数量和投资。

WDM 系统的传输距离可达数百千米，可节省大量的电中继设备，大大降低了成本。

(7) 对光纤的色散并无过高要求。

对 WDM 系统来说，不管系统的传输速率有多高、传输容量有多大，它对光纤色度色散系数的要求，基本上就是单个复用通道速率信号对光纤色度色散系数的要求。如 80Gbit/s 的 WDM 系统（32×2.5Gbit/s），对光纤色度色散系数的要求就是单个 2.5Gbit/s 系统对光纤色度色散系数的要求，一般的 G.652 光纤都能满足。

但 TDM 方式的高速率信号却不同，其传输速率越高，传输同样的距离要求光纤的色度色散系数越小。

（8）可组成全光网络。

全光网络是未来光纤传送网的发展方向。在全光网络中，各种业务的上下、交叉连接等都是在光路上通过对光信号进行调度来实现的。例如，在某个局站可根据需求用 OADM 直接上、下几个波长的光信号，或者用 OXC 对光信号直接进行交叉连接，而不必首先进行光/电转换，然后对电信号进行上、下或交叉连接处理，最后进行电/光转换，把转换后的光信号输入光纤中传输。

WDM 系统可以与 OADM、OXC 混合使用，以组成具有高度灵活性、高可靠性、高生存性的全光网络。

3.6.2 波分复用器的主要性能参数

从原理上讲，根据光路可逆原理，只要将解复用器的输出端和输入端反过来使用，就是波分复用器。下面着重分析解复用器。

1. 插入损耗

插入损耗是指某特定波长信号通过波分复用器相应通道时所引入的功率损耗。波分复用器的插入损耗影响 WDM 系统的传输距离。假设波分复用器的插入损耗值为 7dB，那么波分复用器加在一起就接近 15dB，导致系统在 1550 nm 波长区的再生传输距离可能从 80km 减少到 30 ~40km，这么近的传输距离是很难满足实际需要的。幸亏出现了性能颇佳的 EDFA，才解决了这个难题。尽管如此，还是希望波分复用器的插入损耗越小越好。一般规定插入损耗小于 10dB，但性能良好者可望在 5dB 以下。

2. 隔离度

波分复用器的隔离度与光耦合器的隔离度（端口隔离度）不同，是指波长隔离度或通道间隔离度，它表征分波器本身对其各复用通道信号的彼此隔离程度，它仅对分波器有意义。

通道的隔离度越高，波分复用器的选频特性就越好；它的串扰抑制比也越大，各复用通道之间的相互干扰影响也就越小。

通道隔离度可以细分为相邻通道隔离度与非相邻通道隔离度两种。

1）相邻通道隔离度

相邻通道隔离度代表分波器本身对其相邻的两个复用通道光信号的隔离程度，具体含义是，某复用通道的输出光功率和具有相同输出光功率的相邻光通道信号在本通道的泄漏光功率之比。其值自然越大越好，如大于 30dB，即相邻光通道泄漏光功率仅为本通道输出光功率的千分之一，对本通道信号的不良影响自然很小。

2）非相邻通道隔离度

非相邻通道隔离度代表分波器本身对其非相邻复用通道光信号的隔离程度。具体含义是，某复用通道的输出光功率和非相邻光通道在本通道的泄漏光功率之比。同样的道理，其值自然越大越好，如大于 30dB。

3. 通道带宽

通道带宽仅对分波器有意义。目前关于分波器的带宽有两个指标，即-0.5dB 带宽和-20dB 带宽。它们分别代表当分波器的插入损耗分别下降 0.5dB 和 20dB 时，分波器的工作波长范围的变化值。但-0.5dB 带宽是描述分波器带通特性的，所以其值越大越好。而-20dB 带宽则是描述分波器阻带特性的，阻带特性曲线应该陡峭，所以其值越小越好。

波分复用器是 WDM 系统的重要组成部分，对它的要求如下。

（1）插入损耗低。所谓插入损耗是指波分复用器对光信号的衰减作用，从损耗的角度出发，其值越小，对增加系统的传输距离越有利。

（2）良好的带通特性。由于波分复用器实际上是一种光学带通滤波器，因此要求它的通带平坦、过渡带陡峭、阻带防卫度高。通带平坦可使其对带内的各复用通道光信号呈现出相同的特性，便于系统的设计与实施；过渡带陡峭与阻带防卫度高可以滤除带外的无用信号与噪声。

（3）高分辨率。要想把几十个光复用通道信号正确地分开，分波器应该具有很高的分辨率；只有如此才有可能在有限的光波段范围内增加复用通道的数量，以便实现超大容量传输。目前高性能的分波器的分辨率可低于 10GHz。

（4）高隔离度。隔离度是指分波器对各复用通道信号之间的隔离程度。隔离度越高，各复用通道信号彼此之间的相互影响越小，即所谓的串扰越小，系统越容易包含众多数量的复用通道。

（5）温度特性好。伴随温度的变化，由于波分复用器的插入损耗、中心工作波长等特性也会发生偏移，因此要求它应该具有良好的温度特性。

3.6.3　波分复用器的类型

目前波分复用器的制造技术已经比较成熟，广泛商用的波分复用器根据分光原理的不同分为 4 种类型，分别为熔锥光纤型波分复用器、干涉滤波型波分复用器、衍射光栅型波分复用器和集成光波导型波分复用器。

1. 熔锥光纤型波分复用器

熔锥光纤型波分复用器类似于 X 型光纤耦合器，即将两根除去涂敷层的光纤扭绞在一起，在高温加热下熔融，同时向两侧拉伸，形成双锥形耦合区。通过设计熔融区的锥度，控制拉锥速度，从而改变两根光纤的耦合系数，使分光比随波长急剧变化。如图 3-25 所示，直通臂对波长为 λ_1 的光有接近 100%的输出，而对波长为 λ_2 的光的输出接近零；耦合臂对波长为 λ_2 的光有接近 100%的输出，而对波长为 λ_1 的光的输出接近零。这样当输入端同时输入 λ_1 和 λ_2 两个波长的光信号时，λ_1 和 λ_2 的光信号则分别从直通臂和耦合臂输出；反

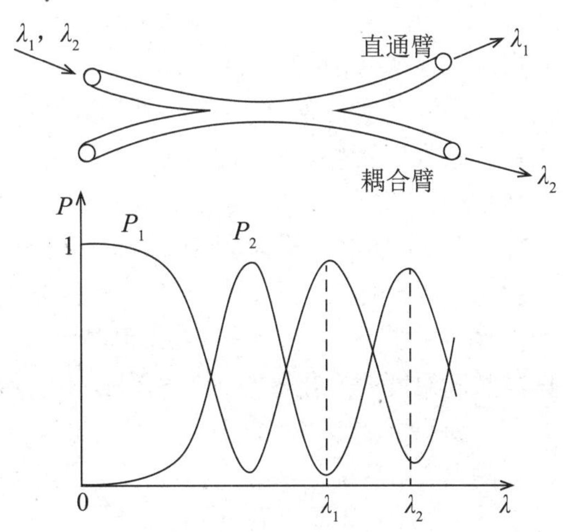

图 3-25　熔锥光纤型波分复用器的结构与特性

之，当直通臂和耦合臂分别有 λ_1 和 λ_2 的光信号输入时，也能将其合并，从一个端口输出。

熔锥光纤型波分复用器的特点是插入损耗低，最大值小于 0.5dB，典型值为 0.2dB，结构简单，制造工艺成熟，价格便宜，具有较高的光通路带宽、通道间隔比及温度稳定性；缺点是尺寸偏大，复用路数少，主要应用于双波长波分复用器，隔离度较低（约 20dB）。熔锥光纤型波分复用器常用于单模 WDM 系统，如对 1310nm 与 1550nm 两个波长进行合波与分波。

2. 干涉滤波型波分复用器

干涉滤波型波分复用器的基本单元由玻璃衬底上交替地镀上折射率不同的两种光学薄膜制成，它实际上就是光学仪器中广泛应用的增透膜。

选择折射率差异较大的两种光学材料，交替地涂敷几十层增透膜，便做成了介质膜干涉型波分复用器的基本单元。涂敷层数越多，干涉效应越强，透射光中波长为 λ 的成分相对其他波长成分的强度优势越大。将对应不同波长制作的滤光片以一定的结构配置，就构成了一个分波器。实际上此光学系统是可逆的，将原理图中所有光线的方向反过来，分波器就成了合波器。

已实现实用化的 0.8nm 信道间隔的 DWDM 多层介质膜多腔干涉滤光器，是目前应用非常广泛的波分复用器。

图 3-26 所示为六波长介质膜干涉滤波型波分复用器结构。它通常将自聚焦透镜作为准直器件，人们一般直接在自聚焦棒的端面镀上电介质膜以形成滤波器。从图 3-26 中可以看出，介质膜干涉滤波型的分波器是在自聚焦透镜的端面上镀有不同滤光特性的电介质膜，每种电介质膜只允许某个波长的光透过。当含有多种波长的光波进入分波器时，每经过一个自聚焦透镜就有一个波长的光波被分离出来，从而实现分波作用。图 3-27 所示为八波长介质膜干涉滤波型波分复用器。

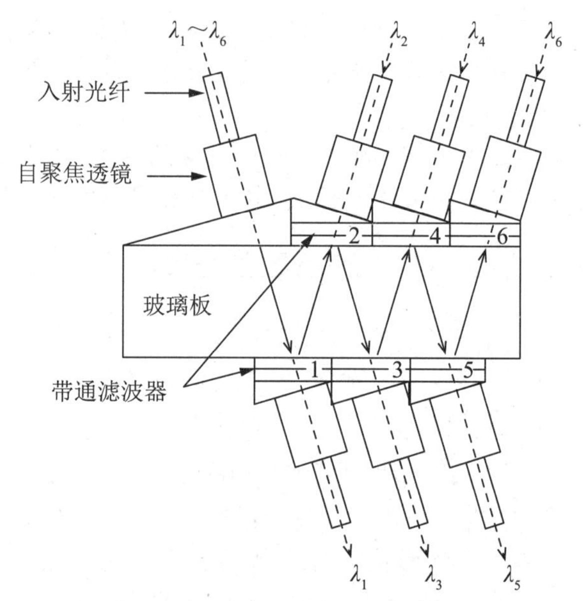

图 3-26 六波长介质膜干涉滤波型波分复用器结构

介质膜干涉滤波型波分复用器的优点：①良好的带通特性，它只允许带内波长的光波通过，而把带外其他波长的光波（包括噪声）过滤掉，从而具有较高的信噪比；②插入损耗低，大批量生产可以做到 2 ~6dB；③复用波长数较多，其典型复用波长数为 2 ~6 个，最大已达 8 个；④温度特性好，其温度系数小于 0.3ppm/ ℃，因此它的中心工作波长随温度的变化极小，从而保证了它具有稳定的工作波长。

介质膜干涉滤波型波分复用器的缺点：①分辨率与隔离度不是很高，难以用于 16 通路以上的 WDM 系统；②插入损耗随复用通道数量的增加而增大。

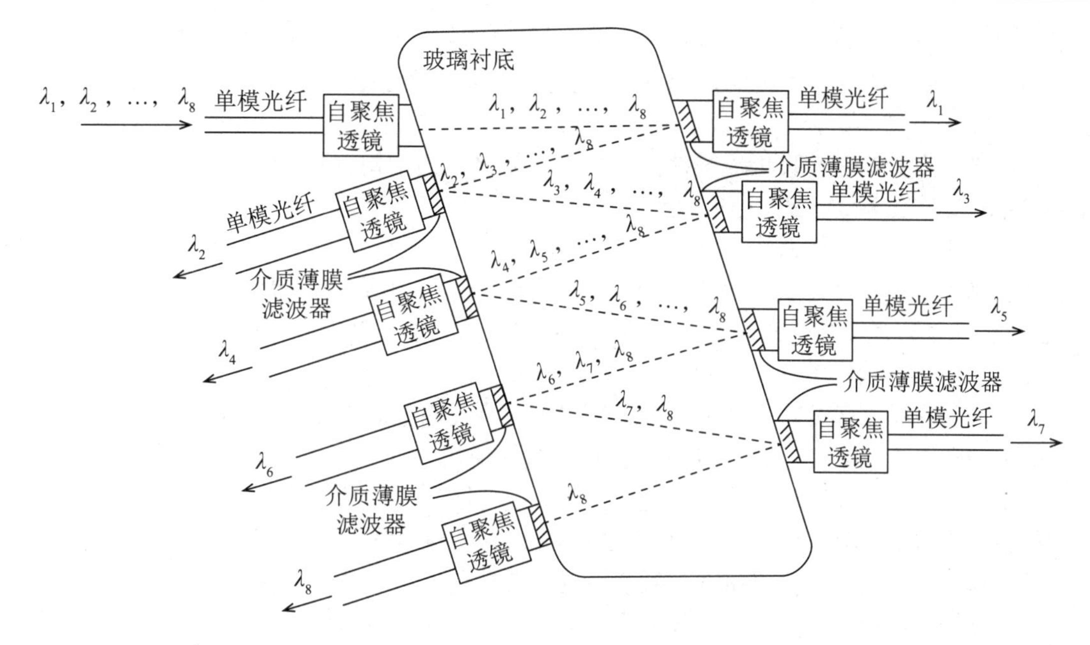

图 3-27　八波长介质膜干涉滤波型波分复用器

3. 衍射光栅型波分复用器

光栅是指具有一定宽度、平行且等距的波纹结构。当含有多波长的光信号通过光栅时会产生衍射，不同波长的光信号将以不同的角度出射。

图 3-28 所示为体型光栅波分复用器的原理图。光纤阵列中某根输入光纤中的多波长光信号经透镜准直后，以平行光束射向光栅。光栅的衍射作用使不同波长的光信号以方向略有差异的各种平行光束返回透镜传输，经透镜聚焦后，以一定的规律分别注入输出光纤之中，实现了多波长信号的分路；采用相反的过程，亦可实现多波长信号合路。

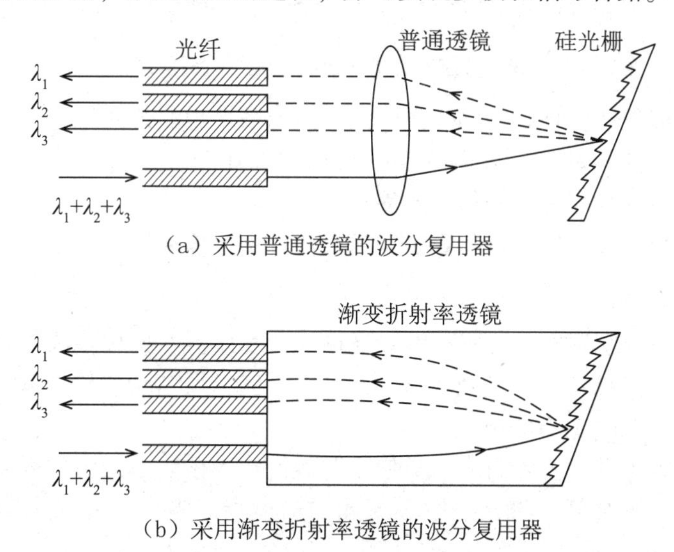

（a）采用普通透镜的波分复用器

（b）采用渐变折射率透镜的波分复用器

图 3-28　体型光栅波分复用器的原理图

图 3-28（b）中的透镜一般采用体积较小的渐变折射率（Graduated Refractive Index Rod,

GRIN）透镜，也称自聚焦透镜，就是一种具有梯度折射率分布的光纤，它对光线具有汇聚作用，因而具有透镜性质。截取 1/4 截距的长度并将端面研磨抛光，即形成了自聚焦透镜，可实现准直或聚焦。

若将光栅直接刻在自聚焦透镜端面，则可以使器件的结构更加紧凑，大大提高稳定性，如图 3-28（b）所示。

衍射光栅型波分复用器的优点：①高分辨率，其通道间隔可以达到 30GHz 以下；②高隔离度，其相邻复用通道的隔离度可大于 40 dB；③插入损耗低，大批量生产可达到 3 ~ 6dB，且不随复用通道数量的增加而增加；④具有双向功能，即用一个光栅可以实现分波与合波功能，它可以用于单纤双向的 WDM 系统之中。

正因为具有很高的分辨率和隔离度，所以它允许复用通道的数量达 132 个之多，故光栅型波分复用器在 16 通道以上的 WDM 系统中得到了应用。

衍射光栅型波分复用器的缺点：温度特性欠佳，其温度系数约为 14ppm /℃，因此要想保证它的中心工作波长稳定，在实际应用中必须增加温度控制措施；制造工艺复杂，价格较贵。

除用体型光栅外，还可直接在光敏光纤的纤芯中制作光纤光栅。当折射率的周期性变化满足布拉格光栅的条件时，相应波长的光就会产生全反射，而其余波长的光会顺利通过，相当于一个带阻滤波器。利用普通的光分路器与多个光纤布拉格光栅就可以构成 WDM 系统使用的分波器，如图 3-29 所示。

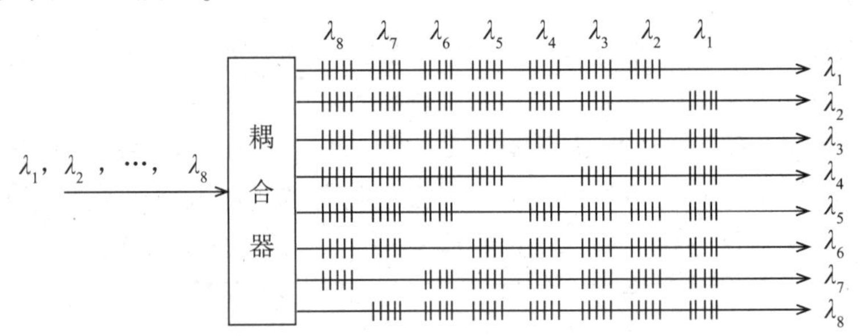

图 3-29 八波长光纤布拉格光栅型波分复用器

光纤布拉格光栅型波分复用器的优点：①具有相当理想的带通特性，带内响应平坦、带外抑制比高；②温度特性较好，其温度系数可以与介质膜干涉滤波型波分复用器相媲美；③具有很高的分辨率；④与普通光纤连接简便。

光纤布拉格光栅型波分复用器的缺点是成本比较高、插入损耗比较大。

4. 集成光波导型波分复用器

集成光波导型波分复用器又称阵列波导光栅波分复用器，也称相位阵列波导型波分复用器，通常用于制作平面结构。它包含输入波导、输出波导、WDM 输入耦合器、WDM 输出耦合器及阵列波导，如图 3-30 所示。

阵列波导由规则排列的波导组成，类似于凹面衍射光栅。由光栅方程可知，在某指定输入端口输入的多波长复合信号将被分解至不同的输出端口输出，实现多波长复合信号的分接。这种波分复用器在硅衬底上采用两个沉积，衬底平面输入输出呈星型分布，是以光集成技术为基础的平面波导型波分复用器，具有平面波导的优点，如几何尺寸小、重复性好(可批量生产)、可在掩膜过程中实现复杂的支路结构、与光纤容易对准等。

集成光波导型波分复用器的优点：①分辨率较高；②隔离度高；③易大批量生产。

集成光波导型波分复用器的缺点：①插入损耗较大，一般为 6~11dB；②带内的响应度不够平坦。

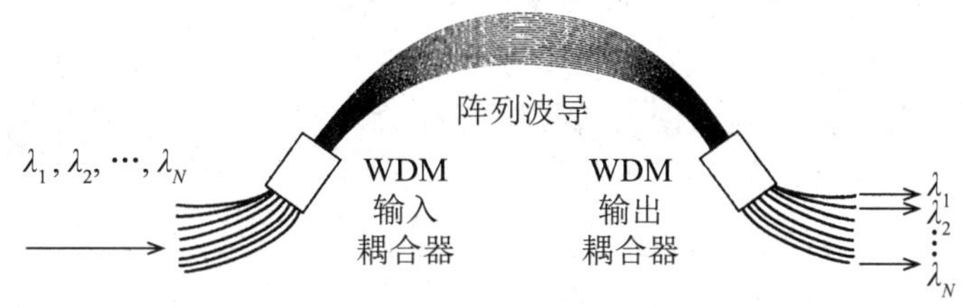

图 3-30　集成光波导型波分复用器

因为具有高分辨率和高隔离度，所以复用通道的数量达 32 个以上；加上便于大批量生产，所以集成光波导型波分复用器在 16 通道以上的 WDM 系统中得到了非常广泛的应用。目前，对集成光波导型波分复用器的研究越来越被重视，该器件在众多类型的高密集型波分复用器中占有明显优势。日本 NTT 光子学实验室采用由两级集成光波导型波分复用器构成的 5GHz 间隔 4200 信道级联的解复用器可供超多波长光源使用。

3.7　光开关

光开关是一种具有一个或多个传输端口，可对光传输线路或集成光路中的光信号进行相互转换或逻辑操作的器件。光开关是光交换的核心器件，也是影响光网络性能的主要因素之一。光网络的实现完全依赖于光开关、光滤波器、新一代 EDFA、DWDM 技术等器件和系统技术的发展。

3.7.1　光开关的作用

光开关作为新一代全光网络的关键器件，主要用来实现光层面上的自动保护倒换、光网络监控、光纤通信器件测试、光交叉连接和光分插复用等功能。

1. 自动保护倒换

自动保护倒换是指光纤断开或者转发设备发生故障时能够自动进行恢复。现在大多数光纤网络都有数条路由连接到节点上，一旦光纤或节点设备发生故障，信号通过光开关可以避开故障，选择合适的路由传输，这在高速通信系统中尤为重要。一般采用 1×2 和 1×N 光开关就可以实现这种功能。

2. 光网络监控

在远端光纤测试点上，需要将多根光纤连接到一个光时域反射仪上，通过切换不同的光纤可以实现对所有光纤的监控，这可以通过一个 1×N 光开关来实现。在实际的网络应用中，光开关允许用户提取信号或插入网络分析仪，从而进行在线监控而不干扰正常的网络通信。

3. 光纤通信器件测试

利用 1×N 光开关可以实现器件的生产和检验测试。每一个通道对应一个特定的测试参数，这样不用把每个器件都单独与仪表连接，就可以测试多种光器件，从而简化测试，提高效率。

4. 光交叉连接

OXC 是全光网络的核心器件，它能在光纤和波长两个层次上提供光层面的带宽管理，并能在光层面提供网络保护机制，还可以通过重新选择波长路由实现更复杂的网络恢复，因此光层面的带宽管理与光网络的保护和恢复是 OXC 的核心功能。由光开关矩阵构成的 OXC 能在矩阵结构中提供无阻塞的一到多连接。由于 OXC 运行于光域，具有对波长、速率和协议透明的特性，因此非常适合传输高速率的数据流。

通过利用光开关，OADM 可以先在网络的某个节点从 DWDM 信号中选出并下载某个波长的光波，再在该光波上加入一个新的信号继续向下一个节点传输。这种功能极大地加强了网络中的负载管理功能。OADM 分为固定型和可重构型两种。固定型 OADM 的特点是只能选择一个或多个固定的波长进行上下行操作，且节点的路由是固定的；可重构型 OADM 能动态调节上下话路波长，从而实现光网络的动态重构。

3.7.2 光开关的种类

1. 机械光开关

传统的机械光开关是目前常用的一种光开关器件，可通过移动光纤将光直接耦合到输出端，采用棱镜、反射镜切换光路。

机械光开关有移动光纤式光开关、移动套管式光开关和移动透镜（包括反射镜、棱镜和自聚焦透镜）式光开关。图 3-31 所示为移动光纤式光开关的结构。

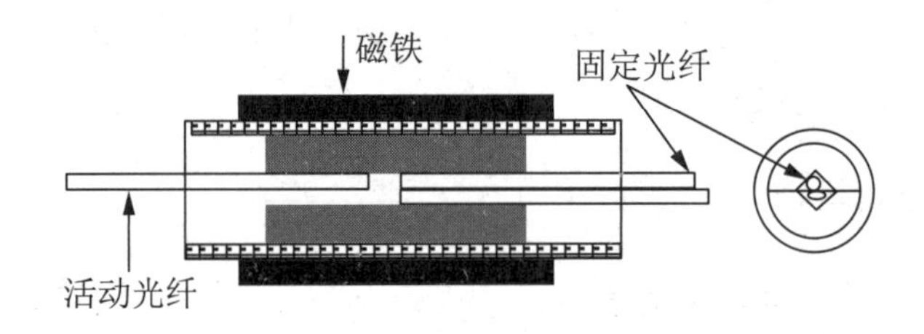

图 3-31 移动光纤式光开关的结构

微机电系统（Micro Electro Mechanical Systems，MEMS）光开关是指由半导体材料（如硅等）构成的微机械电控结构。它将电、机械和光合为一块芯片，透明传送不同速率、不同协议的业务，是一种有广泛的应用前景的光开关。MEMS 光开关的基本原理是通过静电的作用使可以活动的微镜面发生转动，从而改变输入光的传播方向。MEMS 光开关既有机械光开关的低损耗、低串扰、低偏振敏感性和高消光比的优点，又有体积小、易于大规模集成等优点，非常适合于骨干网或大型交换业务的应用场合。

典型的 MEMS 光开关结构可分为二维结构和三维结构。基于镜面的二维 MEMS 光开关由一种受静电控制的二维微镜面阵列组成，它安装在机械底座上，准直光束和旋转微镜构成多端口光开关矩阵，其原理图如图 3-32 所示。微镜两边有两个推杆，推杆一端连接微镜铰接点，另一端连接平移盘铰接点。转换状态通过静电控制使微镜发生转动，当微镜为水平时，可使光束通过该微镜；当微镜旋转到与硅基底垂直时，它将反射入射到它表面的光束，从而使该光束从该微镜对应的输出端口输出。MEMS 光开关很容易从开发阶段转向大规模的生产，开关矩阵的规模可以允许扩展到数百个端口。

MEMS 光开关的三维结构示意图如图 3-33 所示。MEMS 光开关主要靠两个微镜阵列完成两个光纤阵列的光波空间连接，每个微镜能向任何方向转动，都有多个可能的位置，输入光线先到达第一个阵列镜面上并被反射到第二个阵列的预置镜面上，再被反射到输出端口。为确保微镜在任何时刻都处于正确的位置，其控制电路需要十分复杂的模拟驱动方法，控制精度有时要达到百万分之一度，因此，制造工艺较为困难，较二维复杂得多。因为 MEMS 光开关是靠镜面转动来实现交换功能的，所以任何机械摩擦、磨损或振动都可能损耗光开关。

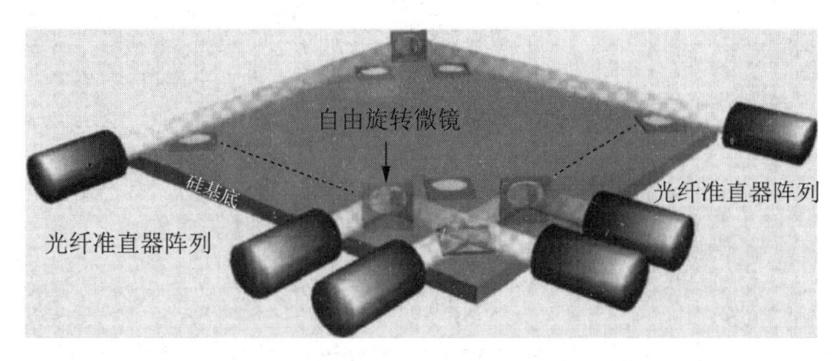

图 3-32　自由空间 MEMS 光开关的原理图（二维）

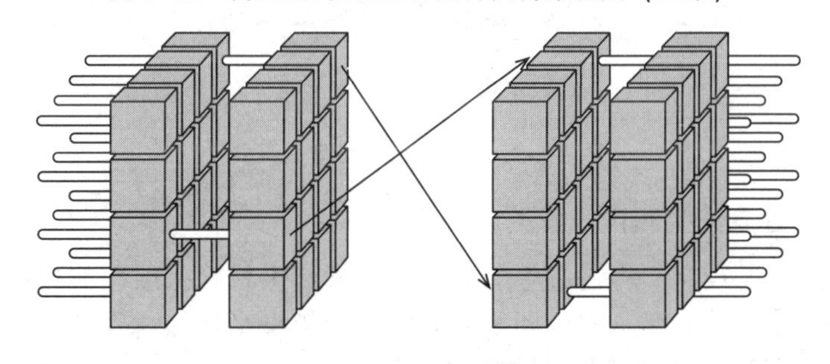

图 3-33　MEMS 光开关的三维结构示意图

2. 热光开关

热光开关是利用热光效应制造的小型光开关。热光效应是指通过电流加热的方法，使介质的温度变化，导致光在介质中传播的折射率和相位发生改变的物理效应。折射率随温度的变化关系为

$$n(T)=n_0+\Delta n(T)=n_0+\frac{\partial n}{\partial T}\Delta T=n_0+a\Delta T \tag{3-13}$$

式中，n_0 为温度变化前介质的折射率；ΔT 为温度的变化；a 为热光系数，它与材料的种类有关。

热光开关利用热光效应实现光路的转化，采用可调节热量的波导材料，如二氧化硅、硅和有机聚合物等。而其中聚合波导技术是非常有吸引力的技术，它成本低、串扰小、功耗小、与偏振和波长无关、对交换偏差和工作温度不敏感，通常采用的原理结构有 M-Z 干涉仪型光开关和数字型光开关。

数字型光开关：当加热器温度达到一定值时，开关将保持固定状态，最简单的设备 1×2 光开关成为 Y 形分支热光开关，如图 3-34 所示。当对 Y 形分支热光开关的一个臂加热时，干涉仪型光开关改变折射率，阻断了光通过此臂。

干涉仪型光开关：干涉仪型光开关具有结构紧凑的优点，缺点是对波长敏感。因此，通常需要进行温度控制。干涉仪型光开关主要是指M-Z干涉仪型光开关，如图3-35所示。它包括一个MZI和两个3dB光耦合器，两个波导臂具有相同的长度，在MZI的干涉臂上镀上金属薄膜，与加热器一起构成相位延时器。当加热器未加热时，输入信号经过两个3dB光耦合器在交叉输出端口发生相干相长而输出，在直通的输出端口发生相干相消。若加热器开始工作而使光信号发生了大小为π的相移，则输入信号将在直通端口发生相干相长而输出，而在交叉端口发生相干相消，从而通过控制加热器可实现开关的动作。

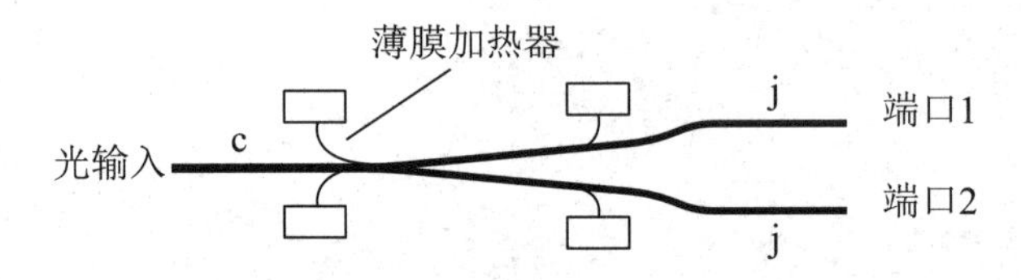

图3-34 Y形分支热光开关的结构

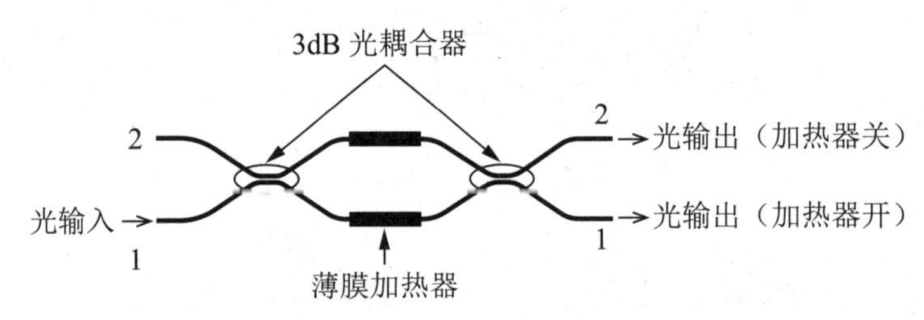

图3-35 M-Z干涉仪型光开关

3. 电光开关、磁光开关和声光开关

电光开关利用电光效应，即通过施加一个电场来产生材料折射率的相应变化，从而可以方便地控制光在传播中的强度、相位和传播方向。近年来半导体材料的数字型电光开关引起了人们的极大关注，它是用半导体技术构造出的一种数字光开关，其输出波导由PN结覆盖，前向偏置电流使输出波导出现载流子浓度改变，从而实现折射率的调制。由于半导体中载流子寿命的限制，因此开关时间一般为微秒或亚微秒。如图3-36所示，由两个Y形$LiNbO_3$波导构成的马赫-曾德尔1×1光开关与幅度调制器类似，在理想的情况下，输入光功率在C点平均分配到两个分支传输，在输出端D干涉，其输出幅度与两个分支光通道的相位差有关。当A、B分支的相位差$\phi=0$时，输出功率最大；当$\phi=\pi/2$时，两个分支中的光场相互抵消，使输出功率最小，在理想的情况下为零。相位差的改变由外加电场控制。

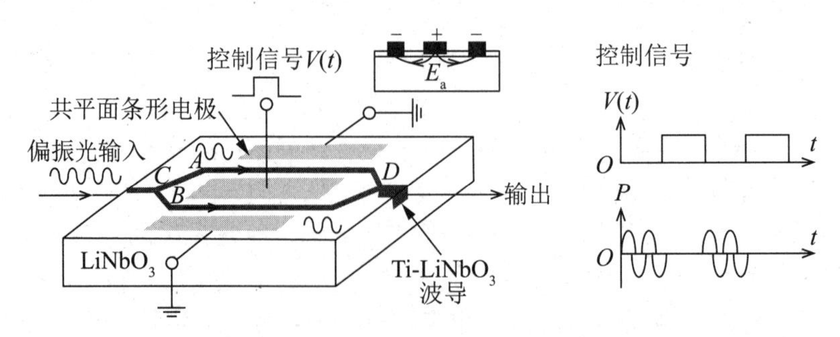

图3-36 马赫-曾德尔1×1光开关

磁光开关的原理是利用法拉第旋光效应，通过外加磁场的变化来改变磁光晶体对入射偏振光偏振面的作用，从而达到切换光路的作用。相对于传统的机械光开关，磁光开关具有开关速度快、稳定性高等优势，而相对于其他的非机械光开关，它又具有驱动电压低、串扰小等优点。

声光效应是指声波在通过材料时，使材料产生机械应变，引起材料的折射率变化，形成周期与波长相关的布拉格光栅，输入光波在沿内部有声波的波导传播时，将发生散射现象。简单地说，声光开关的工作原理是利用声波来反射光波。声光开关的优点是开关速度比较快，可达纳秒量级。此外，由于没有机械活动部分，因此可靠性较高。声光开关的缺点是插入损耗比较大，成本较高。

4. 液晶光开关

液晶光开关是近几年才开发出来的一种新型光开关器件。

液晶光开关利用液晶材料的电光效应，即偏振光经过未加电压的液晶后，其偏振态将发生改变，而经过施加了一定电压的液晶时，其偏振态将保持不变。由于液晶材料的电光系数是 $LiNbO_3$ 的百万倍，因此成为最有效的电光材料。

液晶光开关一般由三个部分组成：偏振光束分离器、液晶及偏振光合束器。偏振光束分离器把输入偏振光分成两路偏振光，起偏后进入液晶单元。在液晶上施加电压，使非常光的折射率发生变化，改变非常光的偏振态，平行光经过液晶会变成垂直光，光被阻断；液晶上不施加电压时，光直通。经液晶后的光进入检偏无源器件，按其偏振态从预定的通道输出，从而实现开关的两个状态。

液晶光开关基于布拉格光栅技术，利用液晶材料的电光效应，采用了更为新颖的结构。液晶光开关内包含液晶片、偏振光束分离器或光束调相器。液晶片的作用是旋转入射光的极化角。液晶光开关的基本原理：将液晶微滴先置于高分子层面上，然后沉积在硅波导上，形成液体光栅。当加上电压时，光栅消失，晶体是全透明的，光信号将直接通过光波导。当没有施加电压时，光栅把一个特定波长的光反射到输出端口。这表明该光栅具有两种功能：取出光束中某个波长并实现交换。

和其他光开关相比，液晶光开关具有能耗低、隔离度高、使用寿命长、无偏振依赖性等优点，缺点是插入损耗较大。

在液晶光开关发展的初期有两个主要的制约因素，即切换速度和温度相关损耗。现在已有技术使液晶光开关的切换时间达到 1ms 以下，其典型插入损耗也小于 1dB。液晶光开关在网络自愈保护应用中将大有发展。理论上，液晶光开关的规模可以做得非常大，但在现实中似乎很难实现。康宁公司和 ChorumTech 公司都宣布已做出 40×40 端口的液晶光开关。

5. 喷墨气泡光开关

Agilent 公司利用其成熟的热喷墨打印技术与硅平面光波电路技术开发出了一种利用液体的移动来改变光路全反射条件，实现光传播路径改变的喷墨气泡光开关器件。它是一种利用波导与微镜结合的开关，其结构示意图如图 3-37 所示。Agilent 公司设计的喷墨气泡光开关的上半部分是硅片，下半部分是硅衬底上二氧化硅光波导，这两部分之间抽真空密封，内充折射率匹配液，每一个小沟道对应一个微型电阻，微型电阻通电时，匹配液被加热形成气泡，对通过的光产生全反射，实现关态。不加电时，光信号直接通过，实现开态。

喷墨气泡光开关最大的优点是对偏振不敏感、容易实现大规模光开关阵列、可靠性高，缺点是响应速度不高。

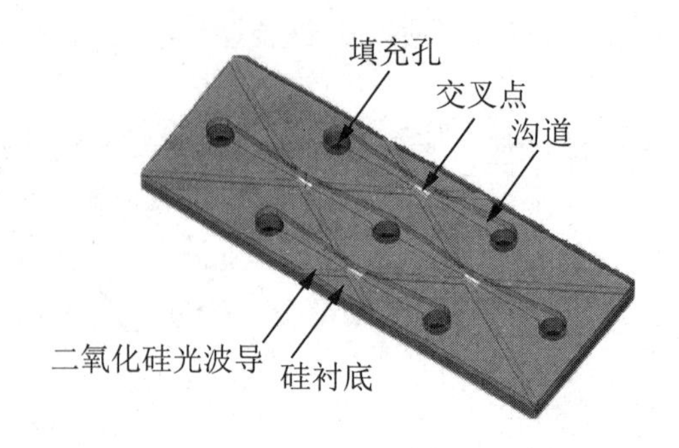

图 3-37　喷墨气泡光开关的结构示意图

小　结

本章主要介绍光纤通信系统器件，包括光源、光检测器、光放大器、光无源器件等。光纤通信中的光源主要包括 LED 和 LD。大容量远距离光纤通信系统一般采用 LD 光源。光检测器主要有 PIN 光电二极管和 APD。APD 具有更高的灵敏度，常用在远距离光纤通信系统中。光放大器的主要作用是补偿光传输中的功率损耗，目前常用 EDFA 放大 1550nm 波段光信号。波分复用器用于光的分波、合波，光纤连接器实现光纤与光纤或光纤与设备之间的互联互通，光耦合器则实现光信号的分路与合路。光纤通信器件是光纤通信系统的重要组成部分，不同器件可以实现不同的功能。

思考题

1. 自发辐射的光有什么特点？受激辐射的光有什么特点？
2. 怎样才可能实现光放大？
3. LD 的基本特性是什么？
4. LED 和 LD 的主要区别是什么？
5. 光探测器的作用和原理是什么？
6. 光纤通信中最常用的光电检测器是哪两种？请比较它们的优缺点。
7. 光纤连接器由哪两部分构成？按照连接器的外形结构可以分为哪几种？按照插头的物理形状又可以分为哪几种？
8. 光纤连接时引起损耗的因素有哪些？
9. 光纤连接器的性能参数有哪些？
10. 光耦合器可以分为哪几类？光耦合器的性能参数有哪些？
11. 光放大器可以分为哪几类？其中 EDFA 的主要优点是什么？
12. EDFA 由哪几部分组成？其工作原理是什么？

13. EDFA 的泵浦方式有哪几种？各有什么特点？
14. EDFA 在光纤通信中的主要应用方式有哪些？
15. 拉曼光纤放大器的特点是什么？
16. 简述光开关的应用范围及主要性能参数。
17. 什么是 MEMS 光开关？简述其工作原理。
18. 描述波分复用器的性能参数和具体含义。
19. 波分复用器的种类有哪些？
20. 简述各种波分复用器的工作原理与特点。

第 4 章　光纤通信系统及其设计

光纤通信系统包括光纤、光发送机、光接收机、光中断器、光放大器等，本章重点讨论将这些单元组成一个实用光纤通信系统时与系统设计和性能有关的问题。光纤通信系统按传输信号种类来分，有模拟光纤通信系统和数字光纤通信系统，本章重点讨论数字光纤通信系统。

4.1　光发送机

4.1.1　光发送机的组成

光发送机是光纤通信系统的重要组成部分，典型的光发送机组成框图如图 4-1 所示。

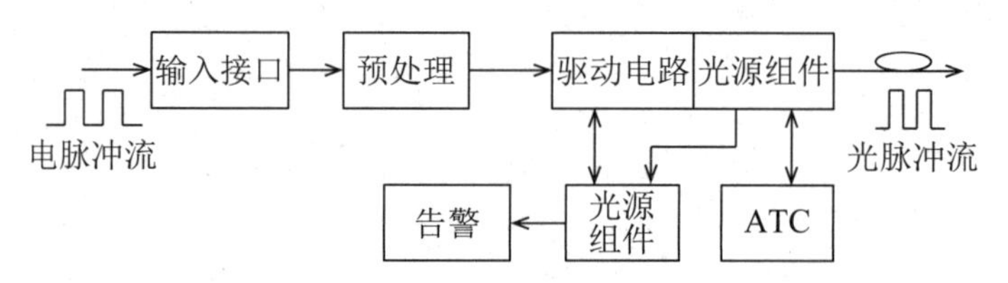

图 4-1　典型的光发送机组成框图

光发送机的作用是把数字化的电脉冲流转换成光脉冲流并输入光纤中进行传输。

1. 输入接口

输入接口的作用是进行电平转换。

2. 预处理

预处理是指对数字电信号的脉冲波形进行波形处理。

3. 驱动电路与光源组件

驱动电路与光源组件实际上就是光源及其调制电路。其作用是把电信号变成光脉冲信号并耦合到光纤当中。该部分是光发送机的核心，许多重要技术指标皆由该部分决定。

4. 自动发光功率控制

为了使光发送机能输出稳定的光信号，可采用相应的负反馈措施来控制光源组件的发光功率。

常用的自动发光功率控制（APC）方法是背向光控制法。

LD 的谐振腔有两个反射镜面，它们是半透明的。它们的作用是一方面构成谐振腔，保证光子在其中的往返运动以激励出新的光子，另一方面有相当一部分光子从反射镜透射出去，即发光。前镜面透射出去的光称为主光，通过与光纤的耦合发送到光纤当中成为有用的传输。而后镜面透射出去的光称为副光，又称背向光，利用它可以来监控光源组件发光功率的大小。

利用与 LD 封装在一起的光检测器就可以把副光转换成电信号并提供给 APC 电路，而 APC 电路把该电信号进行放大处理后，去控制 LD 的偏置电路，即控制 LD 的偏置电流 I_B，从而达到控制 LD 发光功率的目的。

5. 自动温度控制

由于所有的半导体器件对温度的变化都是比较敏感的，对 LD 而言也是如此，因此为 LD 提供一个温度恒定的环境是十分重要的。

利用与 LD 封装在一起的热敏电阻 R_t 可以有效地监测 LD 的工作环境温度。自动温度控制（ATC）的原理是，当温度发生变化时，R_t 的阻值也随之变化，把该变化信号提供给 ATC 电路，ATC 电路进行放大处理后再控制 LD 中的制冷装置，从而达到使 LD 工作环境温度恒定的目的。

4.1.2　信号调制方式

为了能使信息从发送端传输到接收端，需要在发送端对载波进行调制，使之携带信息后进行传输，而在接收端再进行解调。在无线通信中经常使用如幅移键控（ASK）、频移键控（FSK）与相移键控（PSK）等调制方法。同样，在光纤通信中为了使光源组件发出与信息电脉冲流相应的光脉冲流，也需要对光源发出的光波进行调制。从光源与调制器之间的关系来看，调制方式可以分为光源的内调制和光源的外调制两种。

1. 光源的内调制

光源的内调制又称直接调制，就是用电脉冲信号直接改变光源的工作电流，从而使光源组件发出与电脉冲信号相应的光脉冲。在数字电信号为“1”的瞬间，光发送机发送一个“传号”光脉冲；在数字电信号为“0”的瞬间，光发送机不发光即“空号”（实际上发出极微弱的光）。LD 的直接调制示意图如图 4-2 所示。

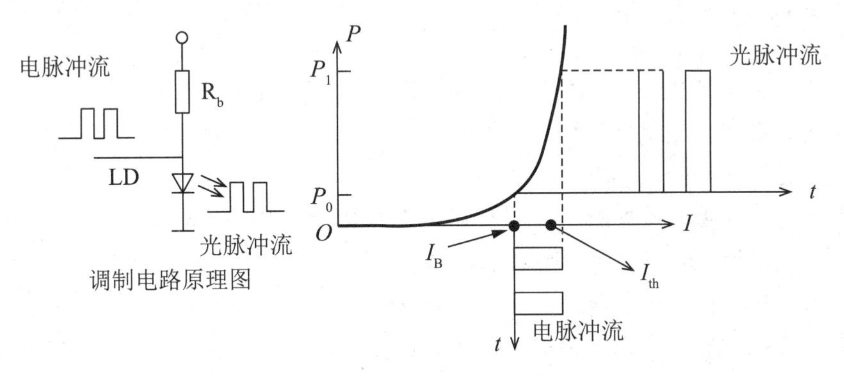

图 4-2　LD 的直接调制示意图

在图 4-2 中，处于正偏状态的 LD 的偏置电流 I_B 由偏置电阻 R_b 控制，I_B 稍低于 LD 的阈值电流 I_{th}。当数字电信号为“0”时，LD 只发出微弱的光（P_0）；而当数字电信号为“1”时，LD 中的工作电流会大于其阈值电流，于是发出谱线尖锐、大功率的激光（P_1）。

2. 光源的外调制

当传输速率很高（如 2.5Gbit/s 以上）时，应采用外调制方式，它的特点是光源本身不被调制，但当光从光源发送出去以后，在其传输的通道上被一个调制器调制，即用调制信号控制激光器后接的外调制器，使其输出光的参数随信号而变，形成与数字电信号相对应的光脉冲信号。外调制方式示意图如图 4-3 所示。外调制器是利用物质的电光、磁光、声光等物理效应来对光波进行调制的，故外调制器分为电光调制器、磁光调制器、声光调制器等。外调制方式又称间接调制。

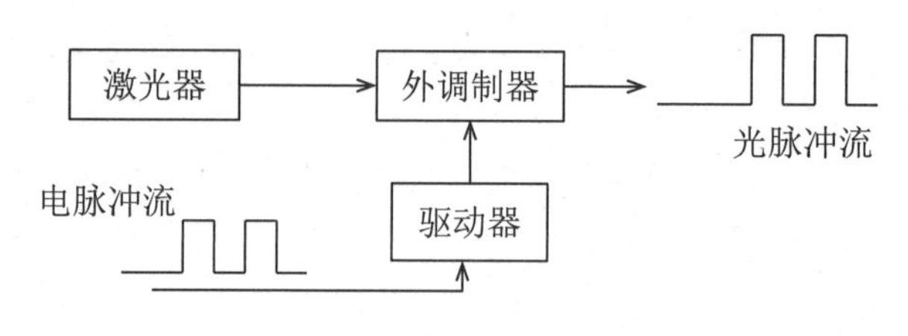

图 4-3 外调制方式示意图

4.1.3 光发送机的主要技术要求

光发送机的主要技术要求如下。

（1）有稳定的光功率输出和一定的光功率。入纤功率要求在 0.01～5mW 范围内，且环境温度变化及光源老化时，输出光功率应保持稳定，变化不超过 5%～10%。因此，对于 LD 光源，电路中应有 APC 电路，驱动电路中要有温度补偿元件。

（2）消光比 EXT≤10%，防止因 EXT 过大造成光接收机的灵敏度下降。消光比 EXT=P_0/P_1，是指激光器在全“0”码时发送的功率与全“1”码时发送的功率之比。

（3）输出光脉冲上升时间、下降时间和延迟时间应尽量短。

（4）尽量抑制弛豫振荡。高速调制时，输出光脉冲往往出现顶部的弛豫振荡，损坏了系统的性能，必须采取措施抑制。

4.1.4 光源与光纤的耦合

怎样将光源发射的光信号功率有效地耦合进光纤，也是设计光发送机时需要考虑的一个问题。在光发送机中，光源与光纤耦合的有效程度都用耦合效率或耦合损耗来表示，其大小取决于光源与光纤的类型。

影响光源与光纤耦合效率的主要因素是光源的发散角和光纤的数值孔径（NA）。若发散角大，则耦合效率低；若 NA 大，则耦合效率高。此外，光源发光面、光纤端面尺寸、形状及二者的间距也直接影响耦合效率。针对不同的因素，通常采用两类方法来实现光源与光纤的耦合，即直接耦合法和透镜耦合法。直接耦合法也称对接耦合法，就是把光纤端面直接对准光源发光面。当发光面大于纤芯面积时，这是一种有效的方法，其结构简单，但耦合效率低，如面 LED 与光纤的耦合效率只有 2%～4%。LD 的光束发散角要比面 LED 小得多，比光纤直接耦合效率要高得多，但也仅在 10%左右。

在光源发光面小于纤芯面积的情况下，为了提高耦合效率，可在光源与光纤之间放置透镜，使更多的发散光线汇聚到光纤中，以提高耦合效率。采用透镜耦合后，面 LED 与光纤的耦合效率达到 6%～15%。

边 LED 和 LD 的发光面尺寸要比面 LED 小得多，发散角也小，因此，边 LED 与同样数值孔径的 LD 的耦合效率也比面 LED 高，但它们的发散角是非对称的，它们的远场和近场都是椭圆的。可以用柱透镜来降低这种非对称性。如图 4-4（a）所示，可以缩小发散角大的方向的光束发散角。这种柱透镜通常是一段玻璃光纤，垂直放置于发光面与传输光纤之间。采用这种方法可使 LD 的耦合效率提高到 30%。在图 4-4（b）中，在柱透镜后又加了一个球面透镜，以进一步降低光束发散角，图 4-4（c）则利用大数值孔径的 GRIN 透镜来代替柱透镜，或者在柱透镜后面再加 GRIN 透镜，由于 GRIN 透镜的聚焦作用极好，因此耦合效率可提高到 60%，甚至更高。

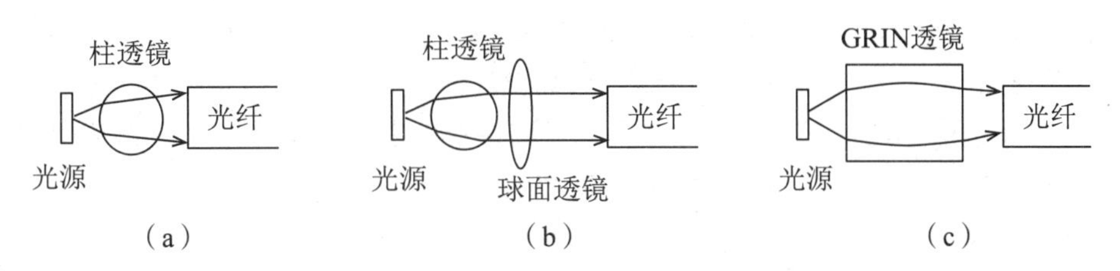

图 4-4　光源与光纤的透镜耦合

由于单模光纤的芯径很小，因此单模光纤和 LD 的耦合也更加困难。对于输出光束不对称的 LD 与单模光纤的耦合，可采用两种方式：在纤芯端面集成微透镜或在发光面与光纤间接入自聚焦透镜。

需要指出的是，在光发送机的设计中，必须考虑 LD 的稳定性问题。由于 LD 对光反馈极其敏感，很容易破坏 LD 的稳定性，影响系统性能，因此需要采取抗反馈措施。在大多数光发送机中，采用在 LD 与光纤间接入光隔离器的方法，达到提高系统性能的要求。

4.2　光接收机

光接收机是光纤通信系统的三大组成部分之一，其作用是进行光/电转换，即把数字电信号（通信信息）从微弱的光信号中检测出来，并经过放大、均衡后再生出波形整齐的电脉冲信号。

4.2.1　光接收机的组成

光接收机的组成框图如图 4-5 所示。

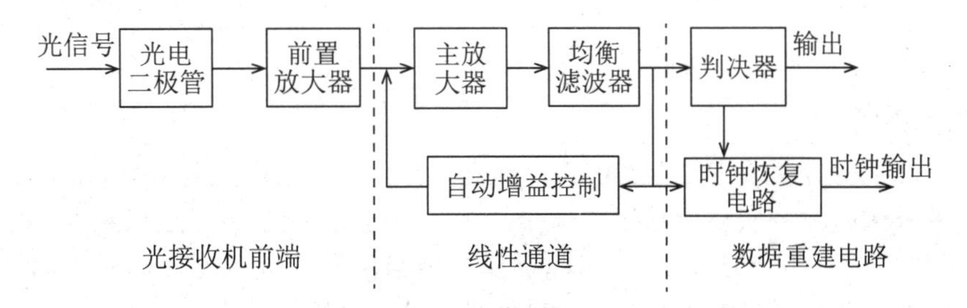

图 4-5　光接收机的组成框图

光接收机主要由三部分电路组成，分别为由光电二极管和前置放大器构成的光接收机前端，由主放大器和均衡滤波器构成的线性通道及由判决器和时钟恢复电路构成的数据重建电路，下面依次进行介绍。

1. 光接收机前端

光接收机不是对任何微弱信号都能正确接收的，这是因为信号在传输、检测及放大过程中总会受到一些干扰，并不可避免地要引进一些噪声。虽然可以通过屏蔽等方式减弱或防止来自环境或空间无线电波及周围电气设备所产生的电磁干扰，但随机噪声是接收系统内部产生的，是信号在检测、放大过程中引进的，人们只能通过电路设计和工艺措施尽量减小它，却不能完全消除它。虽然放大器的增益可以做得足够大，但在弱信号被放大的同时，噪声也被放大了，当接收信号太弱时，必定会被噪声所淹没。前置放大器在减弱或防止电磁干扰和抑制噪声方面起着特别重要的作用，所以，精心设计前置放大器就显得特别重要。

光接收机前端的作用是先将光纤线路末端耦合到光电二极管的光比特流转换为时变电流，然后进行预放大，以便后一级做进一步处理。

一台性能优良的光接收机应具有无失真地检测和恢复微弱信号的能力，这首先要求其前端应有低噪声、高灵敏度和足够的带宽。根据不同的要求，前端的设计有三种不同的方式，分别是低阻抗前端、高阻抗前端和跨（互）阻抗前端。低阻抗前端的优点是带宽和动态范围大，缺点是因为等效输入阻抗低，所以噪声比较大，灵敏度较低。

为减小低阻抗前端的热噪声，可采用高阻抗前端设计方案，即采用提高放大器的等效输入阻抗的电路，这种电路可减小热噪声，提高光接收机灵敏度，但其动态范围缩小，而且当比特率较高时，输入端信号的高频分量损耗过大，对均衡电路要求较高，很难实现，所以高阻抗前端一般只适用于低速系统。

互阻抗前端是一个性能优良的电流-电压转换器，因为其带宽比高阻抗前端增加了，动态范围也提高了，所以具有频带宽、噪声小、灵敏度高、动态范围大等优点，被广泛采用。

但前置放大器设计复杂，且负反馈阻值限制了前置放大器的增益。因此，在选用光检测器与前置放大器的连接方式时，要视具体要求而定。

2. 线性通道

光接收机的线性通道除主放大器外，还有一个均衡滤波器。主放大器除了将前置放大器输出的信号放大到判决电路所需要的信号电平，还起着调节增益的作用。当光电检测器输出的信号出现起伏时，通过自动增益控制电路对主放大器的增益进行调整，即输入信号越大、增益越小；反之，对于小的信号呈现较大的增益。均衡滤波器对经光纤传输、光电转换和放大后产生畸变（失真）的电信号进行补偿，使输出的信号波形适合后期判决（一般用具有升余弦谱的码元脉冲波形），以消除码间干扰，减小误码率。因为主放大器及均衡滤波电路起着线性通道的作用，所以该通道称为线性通道。

3. 数据重建电路

光接收机的数据重建或恢复电路由一个判决器和一个时钟恢复电路组成，其任务是把线性通道输出的升余弦信号恢复成数字电信号，为了重建数字信号，要判决每个码元是“0”还是“1”，这首先要确定判决时刻。为此要从升余弦信号中提取准确的时钟信号，并经过适当移相后，在最佳抽样时刻对升余弦信号抽样，然后将抽样幅度与判决值进行比较，确定码元是“0”还是“1”，从而把升余弦信号恢复重建成原始的数字电信号。最佳抽样时刻相当于在“1”和“0”信号电平相差最大的位置。

在光接收机中，所谓时钟恢复是将 $f=B$ 的谱分量与接收信号分离，向判决电路提供码

间隔 $T_B=1/B$ 的信息，使判决过程同步。时钟恢复电路不仅应该稳定可靠，抗连“1”或连“0”性能好，而且应尽量减小时钟信号的抖动。

任何光接收机都存在固有噪声，总存在判决电路错误确定一个比特的可能，称为误码率（BER）。在光纤通信系统应用中，允许的误码率一般非常小，典型值小于 10^{-9}，即小于10 亿分之一。

4.2.2　集成光接收机

光接收机的组成部件除光电二极管外，都是标准的电子元器件，采用标准集成电路（IC）工艺技术，很容易集成在同一个芯片上，做成集成光接收机。在高速率工作时，这种集成光接收机具有很多优点。20 世纪 90 年代末用硅和 GaAs 集成电路工艺已制成带宽超过 2GHz 的集成光接收机，现在带宽超过 10GHz 的集成光接收机也已用于光纤通信系统。

集成光接收机设计制造有两种方案。一种称为混合集成光接收机，它将电子元器件集成在 GaAs 芯片上，而将光电二极管制造在 InP 芯片上，并将两个芯片连接。叠加芯片的优越性在于光接收机的光电二极管和电子元器件可分别实现最优设计，而又保持寄生参数最小。

另一种是利用光电集成电路（OEIC），即把光接收机所有电子元器件集成在同一个芯片上的单片集成光接收机方案。在 0.85μm 波段下采用结构上与场效应管（FET）工艺兼容的金属-半导体-金属光电二极管，制造一个四通道 OEIC 光接收机。在 1.3～1.6μm 波段下利用 InP 材料，制成单信道 5Gbit/s InGaAs OEIC 光接收机和平均带宽为 2GHz 的多信道 InGaAs OEIC 光接收机。

4.2.3　光接收机的主要技术指标

光接收机的任务就是以最小的附加噪声及失真，恢复或检测出光载波所携带的信息，因此，光接收机性能优劣的主要技术指标是光接收机灵敏度、误码率或信噪比、带宽和动态范围。降低输入端噪声、提高灵敏度、降低误码率是光接收机理论的中心问题。

1. 光接收机灵敏度

光接收机灵敏度 P_r 是光接收机的一项最重要的技术指标。从损耗的角度出发，光接收机灵敏度、光发送机的发光功率及光纤的损耗系数三者决定了光纤通信系统的传输距离。因此必须设法提高光接收机灵敏度，光接收机灵敏度是衡量系统技术水平的一项重要技术指标。

光接收机灵敏度是指在保证规定误码率要求的条件下（如 BER = 1×10^{-10}），光接收机所需要的最小光功率值。光接收机灵敏度的单位为瓦，但实际使用中常用 dBm 为单位，1mW为 0dBm。

光检测器的量子效率 η 是影响光接收机灵敏度的首要因素。光接收机灵敏度和光检测器的量子效率 η 成正比，即 η 值越大越好。η 值越大，在输入同样光信号的条件下，光检测器件产生的光电流越大，越能提高光接收机灵敏度。η 值增加一倍，光接收机灵敏度可提高3dB。可见选择优质的光检测器对提高光接收机灵敏度起着极其重要的作用。

噪声也是影响光接收机灵敏度的主要因素之一。噪声包括雪崩噪声与热噪声等。精心设计光接收机放大器（主要是前置放大器）的热噪声性能是提高光接收机灵敏度的重要手段。对于采用 PIN 光电二极管的光接收机，放大器的热噪声输出每降低一个数量级，灵敏度就会提高 5dB；对于采用 APD 光电二极管的光接收机，放大器的热噪声输出每降低一个数量级，灵敏度就会提高 1.5 ~2dB。

此外，光接收机灵敏度还与系统的传输速率有关。光接收机灵敏度随传输速率的提高而降低。码速越高，每秒输入光接收机中的光脉冲数量会越多，因为码率都具有一定的光能量(功率)，所以需要的光功率值增加，即灵敏度降低。传输速率每提高 4 倍，其灵敏度就会降低 6dB。

2. 光接收机过载光功率

光接收机过载光功率 P_o 的定义为，在保证一定误码率要求的条件下（如 $BER = 1\times10^{-10}$），光接收机所能承受的最大输入光功率。当光接收机的输入光功率增大到一定数值时，其前置放大器会进入非线性工作区，继而会出现饱和或过载现象，使脉冲波形发生畸变，导致码间干扰增大，误码率增加。

3. 动态范围

过载光功率与灵敏度之差就是光接收机的动态范围。大的动态范围是为了适应实际使用中各中继段的距离有较大差别的要求。动态范围一般在 20dB 以上。

4.3 光中继器与分插复用器

前面已对组成光纤通信系统的三个基本单元——光发送机、光纤线路和光接收机的原理与特性进行了讨论。在光纤通信系统中，除了这三个基本组成单元，还有一些中间设备，如光中继器和上下路分插复用器，本节对此做简要介绍。

4.3.1 光中继器

在光纤通信线路上，光纤的吸收和散射导致光信号衰减，光纤的色散将使光脉冲信号畸变，导致信息传输质量降低，误码率提高，限制了通信距离。为了满足远距离通信的需要，必须在光纤线路上每隔一定距离加入一个光中继器，以补偿光信号的衰减和对畸变信号进行整形，并继续向终端传输。通常有两种中继方法，一种是传统方法，采用光-电-光转换方式，亦称光电光混合中继器；另一种是近几年才发展起来的新技术，它是采用光放大技术对光信号进行直接放大的一种中继器。本节只介绍混合中继器，光放大技术将在第 5 章中介绍。

在混合中继器中先将从光纤接收到的已衰减和变形的光脉冲信号用光电二极管转为光电流，然后经前置放大器、主放大器、数据重建电路在电域实现脉冲信号的放大与整形，最后驱动光源，产生符合传输要求的光脉冲信号并沿光纤继续传输。它实际上是前面已经讨论过的光接收机和光发送机功能的串接，其基本功能是均衡放大，识别再生和再定时，具有这三种功能的中继器称为 3R 中继器，而仅具有前面两种功能的中继器称为 2R 中继器。经再生后的输出光脉冲完全消除了附加噪声和波形畸变，即使在由多个中继器组成的系统中，噪声和畸变也不会累积，这正是数字通信能实现远距离通信的原因。

在光纤通信系统中，光中继器作为一种系统基本单元，除没有接口、码型变换和控制部分外，在原理、组成元件及主要特性方面与光接收机和光发送机基本相同，但其结构与可靠性设计则视安装地点不同会有很大不同。

安装于机房的光中继器，在结构上应与机房原有的光终端机和 PCM 设备协调一致。埋设于地下人孔内和架空线路上的光中继器箱体要密封、防水、防腐蚀等。如果光中继器在直埋状态下工作，那么要求将更加严格。

4.3.2　分插复用器

长途光纤通信系统的通信距离很远，要经过很多市县或特区，为避免重复建设，提高已建线路的投资效益，可在原有的数字复用技术的基础上，采用分插复用技术从主通道上分出或插入若干低次群比特流，以便在建设光纤通信干线的同时，实现干线附近的小容量区间通信。完成这种功能的单元称为分插复用器（ADM）。

图 4-6 所示为三次群 ADM 的原理示意图，这是一个主码流为 34.368Mbit/s 的 ADM 功能原理框图。A 站与 B 站之间用三次群码速进行通信，在经过 C 站时，要分出或插入一些话路。例如，要分出一个二次群和插入一个二次群，实现 A 站与 C 站之间的 120 个话路，在 A 站与 B 站之间则有 360 个话路可直接用来通信。在 C 站与 B 站之间、B 站与 A 站之间原理相同，方向相反。

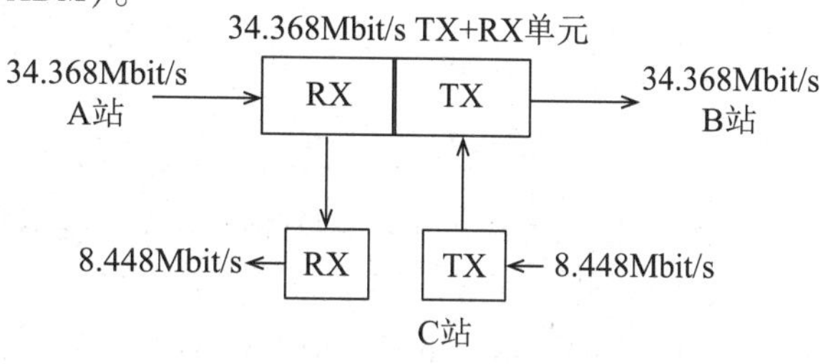

图 4-6　三次群 ADM 的原理示意图

为了实现上述功能，设置在 C 站的 ADM 包含两个 34.368Mbit/s 的线路收发单元，其中一个单元处理 A-B 方向的信码流，另一个单元处理 B-A 方向的信码流（图 4-6 中未画出）。为了保证能直接传送主通道上的信号，这两个 34.368Mbit/s 收发单元的发送时钟均不是由自己的晶振产生的，而是从收信方向收到的 34.368Mbit/s 信码流中提取的时钟。C 站本身设置了两个二次群收发单元，其中一个用于与 A 站之间的 120 个话路，另一个用于与 B 站之间的 120 个话路。

ADM 所具有的分出/插入或上下路功能使通信线路的设计非常灵活，应用上非常方便。对于高次群 PDH 模块和 SDH 模块信号，亦能按类似方式实现分插复用。

4.4　光纤通信系统的性能指标

目前，ITU-T 已经对光纤通信系统的各个速率、各个光接口和电接口的各种性能给出具体的建议，系统的性能参数也有很多，这里介绍系统最主要的性能指标，包括误码性能和抖动性能。

4.4.1　误码性能

误码性能是衡量数字通信系统质量优劣的重要指标，它反映了数字传输过程中信号受损害的程度。

在数字通信中常用误码率（BER）来衡量误码性能。误码率的大小直接影响系统传输的业务质量。误码率与受话者感觉的关系如表 4-1 所示。

所谓“平均误码率”，就是在一定的时间内出现错误的码元数与传输信码流的总码元数之比，其表达式为

$$BER_{av}=\frac{出现错误的码元数(m)}{传输信码流的总码元数(n)}=\frac{m}{f_b t} \tag{4-1}$$

表 4-1 误码率与受话者感觉的关系

误码率	受话者感觉
1×10^{-6}	感觉不到干扰
1×10^{-5}	在低语音电平范围内刚觉察到有干扰
1×10^{-4}	在低语音电平范围内有个别“喀喀”声干扰
1×10^{-3}	在各种语音电平范围内都感觉到有干扰
1×10^{-2}	强烈干扰，听懂程度明显下降
5×10^{-2}	几乎听不懂

例如，信码流速率为 8.448Mbit/s 的光纤通信系统，若 $BER_{av}=10^{-9}$，求 5min 内允许的误码数。

解：$m=10^{-9}\times8.448\times10^{6}\times5\times60=2.5$ 个码元

ITU-T 建议的误码质量要求如表 4-2 所示。

表 4-2 ITU-T 建议的误码质量要求

业务种类	数字电话	2~10Mbit/s 数据	可视电话	广播电视	高保真立体声
平均误码率	10^{-6}	10^{-8}	10^{-6}	10^{-6}	10^{-6}

表 4-2 中为电信号从发送端到接收端的总误码率，其中一部分先分配给编码、复接、码型变换等过程的误码，然后将其折算到光纤传输速率下的误码率，对于低速光纤通信系统的长期平均误码率应小于 10^{-9}，ITU-T 建议高速光纤通信系统的长期平均误码率应小于 10^{-10}，10Gbit/s 以上或带光放大器的光纤通信系统要达到 10^{-12}。

在通信网中，除了语音，还有其他业务，为了能综合衡量各业务的传输质量，根据 ITU-T G.821 建议，可将误码性能优劣的指标分为三类：劣化分钟（DM）、严重误码秒钟（SES）、误码秒钟（ES），其定义和指标如表 4-3 所示。

表 4-3 误码类别、定义和指标（假设为 27500km 数字连接情况）

类别	定义	全程全网指标
DM	在抽样观测时间 $T_0=1$min 时，若 BER>10^{-6}，则这 1min 为一个 DM	$\frac{劣化分钟}{可用分钟}<10\%$
SES	在抽样观测时间 $T_0=1$s 时，若 BER>10^{-3}，则这 1s 为一个 SES	$\frac{严重误码秒钟}{可用秒钟}<0.2\%$
ES	在抽样观测时间 $T_0=1$s 时，误码数至少为 1 个，则这 1s 为一个 ES	$\frac{误码秒钟}{可用秒钟}<8\%$

表 4-3 中的指标是建立在统计意义上的，其中总的观测时间：$T_L=T_A+T_U$，式中 T_A 为可用时间（如可用分钟、可用秒钟），即系统处于正常工作状态的时间；T_U 为不可用时间

（如劣化分钟、严重误码秒钟、误码秒钟），亦即故障状态时间。一般而言，总的观测时间以较大为好，如数天或一个月。在工程中常用平均误码率来衡量系统的总体性能。

4.4.2　抖动性能

抖动是数字信号传输过程中产生的一种瞬时不稳定现象。抖动的定义是数字信号的特定时刻（如最佳抽样时刻）相对标准时间位置的短时间偏差。这种偏差包括输入脉冲信号在某个平均位置的左右变化和提取时钟信号在中心位置的左右变化。

产生抖动的原因有很多，主要与时钟恢复电路的质量、输入信号的状态和输入信码流中的连“0”数目有关。抖动严重时，使得信号失真、误码率增大。完全消除抖动是困难的，为保证整个系统正常工作，ITU-T 建议抖动的指标有：输入抖动容限、输出抖动容限和抖动转移（抖动增益）等。

1. 输入抖动容限

光纤通信系统各次群的输入接口必须容许信号含有一定的抖动。根据 ITU-T G.823 建议，输入抖动容限指的是在数字段内，满足误码特性要求时，允许的输入信号的最大抖动范围。输入抖动容限值越大越好。

2. 输出抖动容限

根据 ITU-T G.921 建议，输出抖动容限指的是当系统没有输入抖动的情况下，系统输出端的抖动最大值。该值越小越好，说明设备和数字段产生的抖动小。

3. 抖动转移

抖动转移也称抖动传递，它被定义为系统输出信号的抖动与输入信号中具有对应频率的抖动之比。

关于上面三个参数的要求和性能测试，ITU-T 建议有相关的规定，如输入抖动容限的测试方法：用正弦低频信号发生器调制伪随机码，改变正弦低频信号发生器的频率和幅度，使光端机的输入信号产生抖动。固定一个低频分量的频率，加大其幅值，直到产生误码，用抖动测试仪测出此时的抖动即输入抖动容限。

4.5　光纤损耗和色散对系统性能的影响

光纤通信系统的设计要求最大限度地利用光纤的频带资源，达到最高的通信能力或容量，提供最大的通信效益。为此需要研究限制通信能力的因素。光发送机、光中继器、光接收机和光纤等光纤通信系统组成单元都对通信能力的提高产生限制。本节主要讨论光纤对光波通信能力的影响。第 2 章中的讨论指出，光纤损耗和色散特性是影响光纤通信系统通信容量（*BL* 值）的重要因素，而损耗和色散又都随工作波长而变化，因此工作波长的选择和光纤特性参数对通信容量的影响程度就成为设计光纤通信系统时要考虑的一个主要问题。

4.5.1　损耗限制系统

假设光发送机光源的最大平均输出功率为 $\overline{P}_{\text{out}}$，光接收机探测器的最小平均接收光功率

为 $\overline{P}_{rec}$，光信号沿光纤传输的最大距离 L 为

$$L=-\frac{10}{\alpha_f}\lg\left[\overline{P}_{out}/\overline{P}_{rec}\right] \tag{4-2}$$

式中，α_f 是光纤的总损耗（单位为 dB/km），包括熔接和连接损耗。由于

$$\overline{P}_{out}=\overline{N}_{ph}h\nu B \tag{4-3}$$

因此 $\overline{P}_{out}$ 与码率 B 有关，式（4-3）中，$\overline{N}_{ph}$ 为光接收机要求的每比特平均光子数，$h\nu$ 为光子能量，因此传输距离 L 与码率 B 有关。在给定工作波长的情况下，L 随着 B 的增加按对数关系减小。

0.85 μm 波段的光纤损耗较大（典型值为 2.5dB/km），根据码率的不同，中继距离通常被限制在 10~30km。而 1.3~1.6 μm 系统的光纤损耗较小，在 1.3 μm 处损耗的典型值为 0.3~0.4dB/km，在 1.55 μm 处为 0.2dB/km，中继距离可以达到 100~200km，尤其是在 1.55 μm 波长处的最低损耗窗口，中继距离可以超过 200km，如图 4-7 所示。

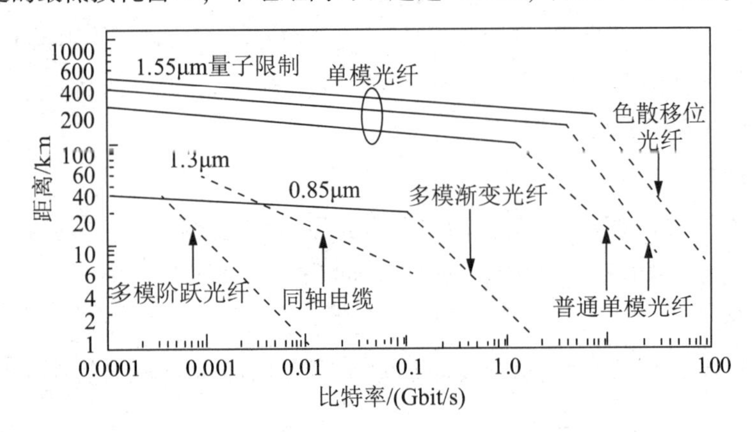

注：—为损耗受限系统；---为色散受限系统。

图 4-7 各种光纤的传输距离与传输速率的关系

4.5.2 色散限制系统

光纤色散导致光脉冲展宽，从而构成对系统 BL 值的限制。当色散限制传输距离小于损耗限制的传输距离时，我们说系统是色散限制系统；或者说，传输距离主要由色散所限制时，该系统是色散限制系统。导致色散限制的物理机制随波长不同而不同，下面分别进行讨论。

1. 0.85μm 光纤通信系统

早期发展的第一代 0.85μm 光纤通信系统中，通常采用低成本的多模光纤作为传输介质。多模光纤的主要限制因素是模间色散。多模阶跃光纤的 BL 值可根据第 2 章中的公式 $BL<\frac{n_2}{n_1^2}\frac{c}{\Delta}$ 计算得出。由图 4-7 可以看出，对于这种多模阶跃光纤构成的系统，即使是在 1Mbit/s 的较低码率下，其 L 值也限制在 10km 以内。因此，除了一些数据连接应用，多模阶跃光纤很少用于光纤通信系统中。使用多模渐变光纤可大大提高 BL 值，可用近似关系式 $BL<2c/(n_1\Delta^2)$ 计算。在这种情况下，如图 4-7 所示，0.85μm 光纤通信系统在比特率小于

100Mbit/s 时为损耗限制系统，在比特率大于 100Mbit/s 时为色散限制系统。第一代陆上光纤通信系统就是采用的这种多模渐变光纤，比特率在 50～100Mbit/s 之间，中继距离接近 10km，于 1978 年投入商业运营。

2. 1. 3μm 光纤通信系统

第二代光纤通信系统采用最小色散波长在 1. 3μm 附近的早期单模光纤。该系统最大的限制因素是由较大的光源谱线宽度支配的由色散导致的脉冲展宽，此时 BL 值可表示为

$$BL \leqslant (4|D|\sigma_\lambda)^{-1} \tag{4-4}$$

式中，D 为光纤的色散参数，σ_λ 为光源的均方根谱线宽度。$|D|$ 值与工作波长接近零色散波长的程度有关，典型值为 1～2ps/（km・nm）。如果在式（4-4）中取 $|D|\sigma_\lambda=2$ ps/km，那么 BL 值的受限值为 125（Gbit/s）・km。一般来说，1. 3μm 光纤通信系统在 $B<1$Gbit/s 时为损耗限制系统，在 $B>1$Gbit/s 时可能成为色散限制系统。

3. 1. 55μm 光纤通信系统

第三代光纤通信系统使用在 1. 55μm 波长具有最小损耗的单模光纤，由于色散参数 D 相当大，因此在这种系统中光纤色散是主要的限制因素。这个问题可采用单纵模 LD 而获得解决。在这种窄线宽光源下，系统的最终限制为

$$B^2L < (16|\beta_2|)^{-1} \tag{4-5}$$

式中，β_2 为群速度色散，其与色散参数 D 的关系为 $\beta_2=-\lambda^2D/(2\pi c)$。

对于这种 1. 55μm 理想系统，B^2L 可达 6000（Gbit/s）^{2}・km，当 $B>5$Gbit/s，传输距离超过 250km 时就成为色散受限系统。实际上，直接调制中产生的光源频率啁啾将引起脉冲频谱展宽，加剧色散限制。例如，将 $D=16$ps/(km・nm）和 $\sigma_\lambda=0.1$nm 代入式（4-4），可得 $BL<150$（Gbit/s）・km，即使损耗限制距离可能超过 150km，但考虑到光源频率啁啾后，即使比特率低至 2Gbit/s，传输距离也只能达到 75km。

解决光源频率啁啾导致 1. 55μm 波长系统受色散限制的一个方法是采用色散位移光纤。这种光纤群速度色散的典型值为 $\beta_2=\pm2\text{ps}^2/\text{km}$，对应的 $D=\pm1.6$ps/（km・nm）。在这种系统中，光纤的色散和损耗在 1. 55μm 波长都成为最小值，系统的 BL 值可以达到 1600（Gbit/s）・km，在 20Gbit/s 比特率下，中继距离也可达到 80km。半导体光源一般为负啁啾，当采用预啁啾补偿技术时，BL 值也可进一步提高。

4. 6　光纤通信系统的设计

对数字光纤通信系统而言，系统设计的主要任务是，根据用户对传输距离和传输容量（话路数或比特率）及其分布的要求，按照国家相关的技术标准和当前设备的技术水平，经过综合考虑和反复计算，选择最佳路由、局站设置、传输体制、传输速率、光纤光缆、光端机的基本参数和性能指标，以使系统的实施达到最佳的性价比。在技术上，系统设计的主要问题是确定中继距离，尤其对长途光纤通信系统，中继距离设计是否合理，对系统的性能和经济效益影响很大。

在实际光纤通信系统的设计中，除了考虑光纤损耗和色散对 BL 值的固定限制，还有许多问题需要考虑，如工作波长、光纤、光发送机、光接收机、各种光无源器件的兼容性和性价比、系统可靠性及扩容升级要求等。在设计过程开始时，首先确定系统设计要求达到的技术指

标和应满足的性能标准，主要的技术指标为比特率 B 和传输距离 L，而要满足的系统性能是误码率，典型值是 $BER<10^{-9}$，然后决定工作波长。例如，选用 0.85μm 波长，BL 值小、成本低，而选用 1.3~1.6μm 波长，BL 值大、成本亦高。参考图 4-7 有助于对工作波长做出合理的选择。

4.6.1 功率预算

光纤通信系统功率预算的目的是：保证系统在整个工作寿命内，光接收机要具有足够大的接收光功率，以满足误码率 10^{-9} 的要求。如果光接收机的接收灵敏度为 $\overline{P}_{rec}$，光发送机的平均输出光功率为 $\overline{P}_{out}$，那么应该满足

$$\overline{P}_{out}=\overline{P}_{rec}+L_{tot}+P_{m} \tag{4-6}$$

式中，L_{tot} 是通信信道的所有损耗，P_m 为系统的功率余量，$\overline{P}_{out}$ 和 $\overline{P}_{rec}$ 的单位为 dBm，L_{tot} 和 P_m 的单位用 dB 表示。为了保证系统在整个工作寿命内，元器件劣化或其他不可预见的因素，引起光接收机灵敏度下降，此时系统仍能正常工作，在系统设计时必须分配一定的功率余量，一般考虑 P_m 为 6~8dB。

信道的损耗 L_{tot} 应为光纤线路上所有损耗之和，包括光纤传输损耗、连接及熔接损耗，假如 α 表示光纤损耗系数（单位为 dB/km），L 为传输长度，L_{con} 为光纤连接损耗，L_{spt} 为光纤熔接损耗。通常光纤的熔接损耗包含在传输光纤的平均损耗内，连接损耗主要是指光发送机及光接收机与传输光纤的活动连接损耗。光纤线路上总损耗可表示为

$$L_{tot}=\alpha L+L_{con}+L_{spt} \tag{4-7}$$

在选定系统元器件后，可根据式（4-7）估算最大传输距离。

例如要设计一个工作于 50Mbit/s、最大传输距离为 8km 的光纤链路，参照图 4-7，若采用多模渐变光纤，则系统可设计工作在 0.85μm，比较经济。确定了工作波长后，必须确定合适的光发送机和光接收机。GaAs 光发送机可用 LD 或 LED 作为光源。类似地，可采用 PIN 或 APD 硅光接收机，从降低成本方面考虑，可选择 PIN 光接收机。在目前的工艺水平下，为保证 $BER<10^{-9}$ 时，系统能可靠工作，光接收机平均要求 5000 个光子/比特，光接收机灵敏度为 $\overline{P}_{rec}=\overline{N_p}h\nu B=-42\text{dBm}$。基于 LED 和 LD 的光发送机的平均发送功率一般分别为 50μW 和 1mW。表 4-4 给出了按以上方法所做功率预算的一个例子。

表 4-4　0.85μm 光纤通信系统的功率预算

参量	符号	LD 光发送机	LED 光发送机
发送功率/dBm	$\overline{P}_{out}$	0	-13
光接收机灵敏度/dBm	$\overline{P}_{rec}$	-42	-42
系统余量/dB	P_m	6	6
信道总损耗/dB	L_{tot}	36	23
连接器损耗/dB	L_{tot}	2	2
光缆损耗/dB · km^{-1}	α	3.5	3.5
最大传输距离/ km	L	9.7	6

对于 LED 光发送机，传输距离限制在 6km，若需要延长至 8km，则可采用 LD 光发送机或采用 APD 光接收机代替 PIN 光接收机，灵敏度可提高到 7dBm 以上，这样可以使 $L>8$km。在选择光发送机和光接收机类型时，经济实用是通常应考虑的因素。

4.6.2　上升时间预算

系统带宽应满足传输一定码率的要求，即使系统各个部件的带宽都大于码率，但由这些部件构成系统的总带宽却有可能不满足传输该码率信号的要求。对于线性系统来说，常用上升时间来表示各组成部件的带宽特性。上升时间预算的目的在于检验所选用的光源、光纤和光检测器的响应速度是否满足系统设计的要求，以确保系统在预定的比特率下能正常工作。

上升时间的定义：系统在阶跃脉冲作用下，从幅值的 10%上升到 90%所需要的响应时间，如图 4-8 所示。

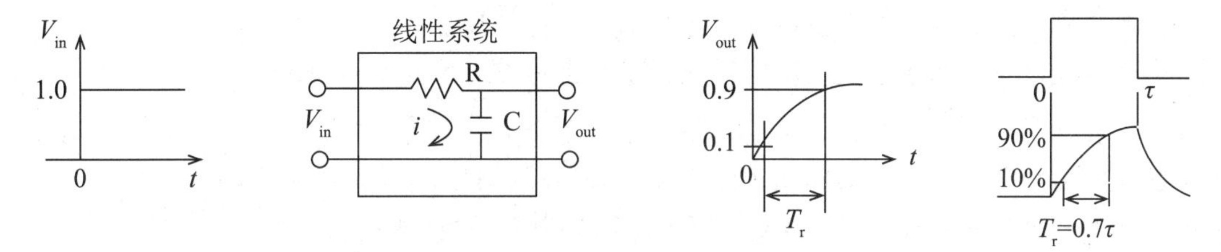

图 4-8　上升时间

线性系统的上升时间 T_r 与带宽 Δf_{3dB} 的关系为

$$T_r=\frac{2.2}{2\pi\Delta f_{3dB}}=\frac{0.35}{\Delta f_{3dB}} \tag{4-8}$$

即 T_r 与 Δf_{3dB} 呈反比例关系，$T_r \cdot \Delta f_{3dB}=0.35$。

对于任何线性系统，上升时间都与带宽成反比，只是 $T_r \cdot \Delta f$ 的值可能不等于 0.35。

在光纤通信系统中，常将 $T_r \cdot \Delta f_{3dB}=0.35$ 作为系统设计的标准。

码率 B 对带宽 Δf_{3dB} 的要求依据码型的不同而异，对于归零码（RZ），$\Delta f_{3dB}=B$，因此 $BT_r=0.35$；而对于非归零码（NRZ），$\Delta f_{3dB}=B/2$，要求 $BT_r=0.7$。

设计光纤通信系统时必须保证系统的上升时间满足

$$T_r \leqslant 0.35/B \quad 对\ RZ\ 码 \tag{4-9}$$

$$T_r \leqslant 0.7/B \quad 对\ NRZ\ 码 \tag{4-10}$$

光纤通信系统的三个主要组成部分（光发送机、光纤和光接收机）具有各自的上升时间，系统的总上升时间 T_r 与这三个上升时间的关系是

$$T_r^2=T_{tr}^2+T_f^2+T_{rec}^2 \tag{4-11}$$

式中，T_{tr}、T_f 和 T_{rec} 分别为光发送机、光纤和光接收机的上升时间。

光发送机的上升时间主要由驱动电路的电子元器件和光源的电分布参数决定。一般来说，对于 LED 光发送机，T_{tr} 为几纳秒，而对于 LD 光发送机，T_{tr} 可短至 0.1ns。

光接收机的上升时间主要由光接收机前端的 3dB 带宽决定，在已知该带宽的情况下，可利用式（4-8）求出光接收机的上升时间。

4.6.3　色散预算

色散预算的目的在于检验某实际系统是受功率限制还是受色散限制。在光纤通信系统

中，光纤的材料色散和波导色散与长度呈线性关系，总色散随距离增加，模式色散则不同。当求光纤模式色散时，应考虑模式转换的影响。光纤宏观结构上的不均匀（包括尺寸不均匀、弯曲或接头）等导致模式间的相互转换，这种转换是一种随机无规则的过程，使各模式的能量达到接收端时，产生模式能量转移，一部分导模转换为辐射模，增加了光纤损耗，却改善了色散特性。若单位长度光纤的模式色散导致脉冲的均方根展宽为 σ_1，则考虑到模式转换的影响，长度为 L 的多模光纤的模式色散展宽为

$$\sigma_{\text{mod}}=\sigma_1 L^a \tag{4-12}$$

式中，a 为光纤的质量指数，在 0.5~1 之间取值，高质量光纤的 $a\approx0.9$，中等质量光纤的 $a\approx0.7$，低质量光纤的 $a\approx0.5$。

光纤的总色散展宽可表示为

$$\sigma_{\text{T}}^2=\sigma_{\text{mod}}^2+\sigma_{\text{mat}}^2+\sigma_{\text{wag}}^2 \tag{4-13}$$

式中，σ_{mat} 和 σ_{wag} 分别为材料色散和波导色散的均方根展宽。

为确定光纤通信系统是受损耗限制还是受色散限制，定义参量 W

$$W=\overline{P_{\text{out}}}-\overline{P_{\text{rec}}}-L_{\text{tot}}-P_{\text{m}} \tag{4-14}$$

若光纤损耗为 α，则 W/α 为受功率限制的最大中继距离。若选用多模光纤，模式色散占主导影响，则传输距离为 W/α 时，系统不受色散限制的临界比特率为

$$B_{\text{cr}}=\frac{1}{4\sigma_1\ (W/\alpha)^a} \tag{4-15}$$

如果系统的比特率 $B>B_{\text{cr}}$，那么系统是受色散限制的。而在色散限制下的最大中继距离为

$$L_{\max}=\frac{1}{(4\sigma_1 B)^{1/a}} \tag{4-16}$$

对于单模光纤，不存在模式色散，其色散为材料色散与波导色散之和，随光纤长度成比例增大，系统不受色散限制的临界比特率为 $B_{\text{cr}}=1/(4\sigma)=1/(4\sqrt{\sigma_0^2+\sigma_D^2})$，其中，$\sigma_0$ 为输入脉冲均方根脉宽，$\sigma_D=|D|L\sigma_\lambda$ 为色散引起的脉冲展宽，对很窄的脉冲，$\sigma\approx\sigma_D=|D|L\sigma_\lambda$，$\sigma_\lambda$ 为输入脉冲均方根谱线宽度，因此有 $B_{\text{cr}}=1/(4|D|L\sigma_\lambda)$。由此可得色散限制下的最大中继距离为

$$L_{\max}=\frac{1}{4B|D|\sigma_\lambda} \tag{4-17}$$

只有当系统要求的传输距离 $L<L_{\max}$ 时，才能满足系统设计要求。

小　结

本章主要介绍光纤通信系统中光发送机和光接收机的组成、性能，以及光纤通信系统功率预算和色散预算等。光发送机的作用是将电信号转换为光信号，并注入光纤。光发送机由光源、调制器和信道耦合器组成，主要技术要求是具有稳定的光功率输出、光谱宽度尽量窄、消光比小于10%。光接收机的作用是将光信号转换为电信号，恢复光载波所携带的源信号。光接收机由光检测器、前置放大器和滤波器等组成，主要技术要求是高灵敏度、低噪

声。光纤通信系统功率预算的目的是保证系统在整个工作寿命内，光接收机能够接收到足够大的光功率，以满足一定的误码率要求。色散预算的目的是检验实际系统是受功率限制还是受色散限制。

思考题

1. 光发送机的基本功能和组成各是什么？
2. 光发送机的主要技术要求有哪些？
3. 外调制方式是利用什么物理效应实现的？
4. 影响光源与光纤耦合效率的主要因素是什么？光源与光纤耦合的方式有哪两种？
5. 光接收机的组成有哪些？
6. 光接收机的任务是什么？
7. 衡量光接收机性能的主要指标有哪些？
8. 光中继器与分插复用器的作用是什么？
9. 在设计光纤通信系统时，总体上应考虑哪几个方面的问题？
10. 说明功率预算法的基本思想。

11. 某 1.3μm 光纤通信系统的信息传输速率为 100Mbit/s，采用 InGaAsP LED 光源，耦合进单模光纤的平均功率为 0.1mW，光纤损耗为 1dB/km，每 2km 处有一个 0.2dB 连接损耗，光纤链路两端各有一个插入损耗为 1dB 的活动连接器，采用 PIN 光接收机，灵敏度为 100nW，要求保留 6dB 系统余量，试做功率预算，决定最大传输距离。

12. 一个工作波长为 1.55μm 的单模光纤链路需要在无放大器的条件下以 622Mbit/s 的数据速率传输 80km，所使用的单模 InGaAsP 激光器平均能将 13dBm 的光功率耦合进光纤，光纤的损耗为 0.35dB/km，而且每公里处有一个损耗为 0.1dB 的熔接头；接收端的耦合损耗为 0.5dB，使用的 InGaAs APD 的灵敏度为-39dBm；附加噪声损耗大约为 1.5dB。做出这个系统的功率预算并计算出系统的富余度。如果将速率改为 2.5Gbit/s，APD 的灵敏度变为-31dBm，那么系统富余度又是多少呢？

第 5 章　现代交换技术

交换技术是通信网络中的关键技术，本章从交换的产生和发展入手，介绍目前广泛使用的各种交换技术及未来交换技术的发展方向。

5.1　现代交换技术概述

交换技术是随着电话通信的发展和使用而出现的通信技术。使用电话通信网的目的是实现任意两个用户之间的通信。构成一个任意两个用户之间都可以通信的电话网，最直接的方法就是使用全互联网络，如图 5-1 所示，在全互联网络中，任意两个用户之间都可以通过一对电话线连通。如果有 N 个用户，那么需要 $N(N-1)/2$ 对电话线。全互联网络结构非常容易理解，但是存在的最大问题是随着用户数目 N 的增加，所需电话线的数目急剧增加，造成建网成本的增加，而且每个用户都有 $(N-1)$ 对电话线，造成使用的不便。因此全互联网络对于实际电话网络的构成没有实际意义。

如果在用户分布中心放置一台中心设备，所有用户通过电话线与中心设备相连，那么这时 N 个用户只需要 N 条电话线。如图 5-2 所示，中心设备和电话之间构成了星型连接。在这种结构中，用户如果想与网内的其他用户通信，那么需要由中心设备完成电话的连接，从而实现网内任意两个用户之间的通信，通信结束后由中心设备断开连接。在图 5-2 所示的网络结构中，中心设备称为交换机，而连接交换机和用户之间的电话线称为用户线。采用这种结构尽管增加了交换设备的成本，但是由于网络结构简单，随着用户数量的增加，与全互联网络相比较，网络总的投资成本是下降的，而且维护费用也比较低。

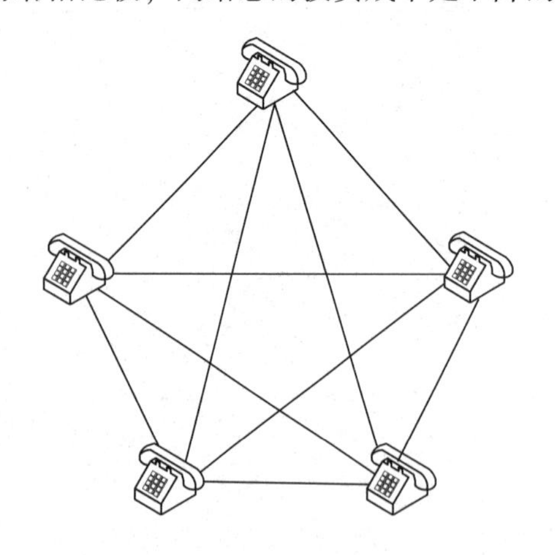

图 5-1　多个用户之间全互联

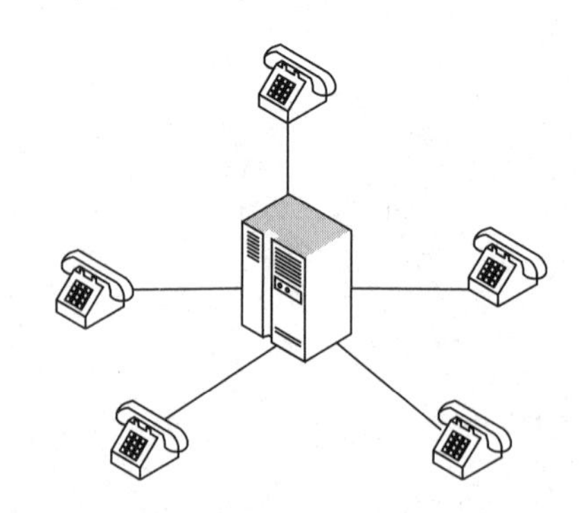

图 5-2　用户通过交换机互联成为电话网

一台交换机覆盖和管理的用户数量始终是有限的。随着用户数量的增加，使用范围的扩大，需要有多台交换机来覆盖更大的范围，管理更多的用户。如图 5-3 所示，每台交换机管理若干个用户，而交换机之间通过通信线路连接，这种通信线路称为中继线。如果交换机之间的距离相对较远，那么在中继线上传输信号需要使用传输设备。

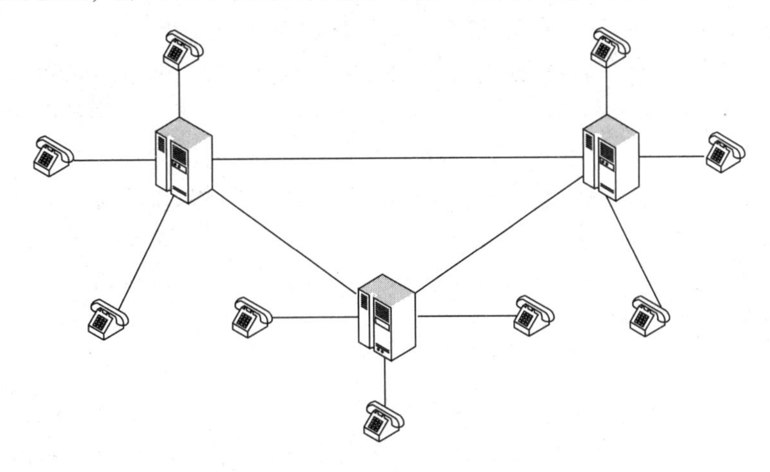

图 5-3　交换机互联成为更大范围的电话网

电话网构成了现代通信网的基础，现代通信网由三大部分构成，分别是终端设备、传输设备和交换设备。

终端设备直接面向用户，主要功能是将需要传送的信息转换为线路上可以传输的电信号及完成相反的工作，终端设备为用户提供他们所需的各种服务，通常分为语音服务和非语音服务，语音服务就是电话通信，而非语音服务包含的种类非常多，目前常用的有传真业务、数据业务、多媒体业务等。

传输设备是连接交换机与交换机之间的通信线路，常用的传输介质包括架空明线、电缆、光缆和无线电波等。传输设备的重要功能是增加传输距离，实现长途通信。为了提高传输效率，复用是传输设备的另一项重要功能。复用技术包括频分复用、时分复用和波分复用等技术，目前使用的传输系统有 PCM 准同步数字系列（Plesiochronous Digital Hierarchy，PDH）、SDH 等。

交换设备是整个通信网的核心，它的基本功能是将连接到交换设备的所有信号进行汇集、转发和分配，从而完成信息的交换。最初的交换设备主要完成语音交换，而由于现代通信网络中需要传输的信息种类很多，包括语音、数据、图像、视频等，并且各种信息对于网络的要求又各不相同，因此，根据信息种类的不同，交换设备采用了不同的交换技术。常用的交换技术有电路交换、报文交换、分组交换、ATM 交换、IP 交换、多协议标签交换、软交换等。

由于电话通信具有传输速率恒定、时延小等特性，因此电路交换技术较好地满足了电话通信的要求。随着计算机技术的发展，数据业务越来越多，数据业务具有突发性强、可靠性要求高、实时性要求较低等特点，电路交换技术已经不能满足这些要求，因此分组交换技术应运而生，并获得了长足的发展。可以说，分组交换技术是现代计算机网络的基础通信技术。由于分组交换技术传输速率较低，实时性较差，不能满足视频通信和实时通信的要求，因此人们对分组交换技术进一步改进，研究出了帧中继技术、快速分组交换技术，直到 ATM 交换技术。ATM 交换技术采用了面向连接的通信方式，具有高带宽、实时性好、服务质量高等特性，但存在通信效率较低，管理复杂等问题。计算机网络中使用的 IP 技术采用了面向无连接的通信方式，具有灵活、高效等优点，但服务质量较差是它的主要问题之一。

人们经过研究，将这两种技术融合到一起，吸收了两种技术的优点而克服了其缺点，获得了一种新的交换技术，称为多协议标签交换（Multi-Protocol Label Switching，MPLS）技术。MPLS 技术既有 ATM 交换技术的高速性能，又有 IP 技术的灵活性和可扩充性，可以在同一种网络中同时提供 IP 业务和 ATM 业务。随着技术的不断进步，网络的融合成为网络发展的大趋势，下一代网络（Next Generation Network，NGN）在兼容了目前的各类通信网络的基础上为用户提供更加灵活的新型业务，软交换技术是 NGN 的核心技术，负责呼叫控制、承载控制、资源分配、协议处理等功能。软交换技术是一种分布的软件系统，可以为采用不同协议的网络之间提供无缝的互操作功能。

5.2 电路交换技术

电路交换技术是在电话通信技术上发展起来的。电路交换模式是指交换设备只为通信双方的信息传输建立电路级的透明通信连接，交换设备不对用户信息进行任何检测、识别和处理。在这种模式下，通信用户须通过呼叫信令通知本地交换机为其建立与其他用户的通信连接。交换设备负责接收和处理用户的呼叫信令，并按照呼叫信令所指示的目的地址检测相关设备资源的状态；为要建立的通信连接分配资源，通知通信网中的其他设备协调建立端到端的双向通信电路。在通信期间，终端用户将始终独占该条双向通信电路，直到通信双方中止该通信连接。通信结束时，交换机负责复原本次通信所占用的全部资源，以供其他终端用户使用。我们称这种交换系统的工作方式为电路交换模式。

5.2.1 电路交换的工作原理

电路交换技术是在电话网络中使用的一种交换技术，当需要通信时，在通信双方动态建立一条专用的通信线路，电路交换工作分为三个阶段：呼叫建立、信息传输和呼叫释放，如图 5-4 所示。

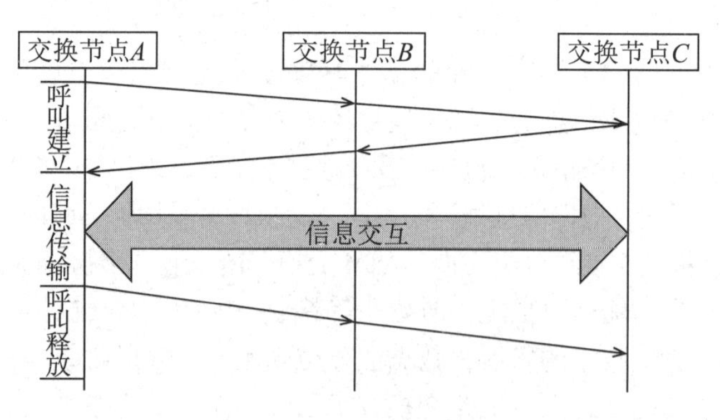

图 5-4 电路交换的基本过程

电路交换采用时分复用方式，固定分配带宽，在通信的全部时间内，通信的双方始终占用端到端的固定传输带宽。电路交换适用于实时且带宽固定的通信。

使用电路交换来传输计算机数据时，其线路的传输效率往往很低，这是由数据通信的突发性造成的，在一段时间内有数据传送，而在另一段时间内可能没有数据传送，这时的传输通道虽然没有数据传送，但也不能为其他用户提供服务。

5.2.2　电路交换的特点

电路交换的特点是电路交换通过预先建立连接，建立连接后传送信息，信息传送完毕后拆除连接。电路交换传送时延小且固定，适用于实时通信，但由于建立连接具有一定的时延，而且在拆除连接时同样需要一定的时延，因此传送信息时，建立连接和拆除连接的时间可能大于通信的时间，网络利用率低。在电路交换中，信息透明地传输，交换机对信息不做任何处理，同时也没有差错控制功能，不能保证数据的准确性。电路交换适用于电话交换、高速传真、文件传送，但不适合数据通信。

5.3　分组交换技术

5.3.1　分组交换

分组交换的概念源于电话通信，由美国人 Paul Baran 和其同事于 1961 年在美国空军 RAND 计划中提出，它将语音分成小块（分组），语音以“分组”形式通过不同路径到达终点，其目的在于保证军用电话通信的安全。美国国防部高级研究计划署于 1969 年完成了世界上第一个分组交换网 ARPANET。ARPANET 的成功证实了分组交换技术的实用性。美国 TELENET 公司于 1975 年开放了世界上第一个商用分组交换网。我国公用分组交换网（简称 CNPAC）于 1988 年开放业务。

前面介绍的电路交换不利于实现不同类型的数据终端设备之间的相互通信，而报文交换的信息传输时延又太大，不能满足许多数据通信系统的实时性要求，分组交换技术较好地解决了这些矛盾。

分组交换采用了报文交换“存储-转发”的方式，但不是以报文为单位交换的，而是把报文截成许多长度较短、具有统一格式的“分组”进行交换和传输。“分组”中包含发收两端的网络地址，当“分组”进入通信网的某交换机后只在主存储器中停留很短的时间，通信网的某交换节点可以根据数据分组所示的地址进行排队和处理，一旦确定了新的路由，就很快输出到下一台交换机或用户终端，从而将数据从发送端传送至接收端。同一报文的各个分组可能沿不同的路由向前传送，到达目的地时各个分组可能不再与发送时的次序相同，因此，该目的地收集了各个分组后，将各个分组重新组合成为原来的报文。这样，就有可能让每一个通信通路由几个用户合用，每一个用户仅在需要发送各个分组的时间内才使用这个通路，从而提高了通路利用率。

分组交换较好地满足了数据通信的要求，具有以下技术特点：①存储转发。在数据通信中，采用存储转发模式可以实现不同类型终端（不同编码、不同速率、不同通信协议）之间的通信。②统计时分复用。数据业务具有突发性强的特点，采用统计时分复用可以按需分配网络资源，有效提高网络资源的利用率。③差错控制与流量控制。数据业务对于可靠性有着较高的要求，分组交换采用差错控制和流量控制技术，提高了传输质量，满足了数据通信的要求。

分组交换技术结合了电路交换技术和报文交换技术的优点，同时对它们的缺点进行改进，较好地支持了数据通信，是现代通信网络的基础交换技术。

5.3.2 分组交换的工作原理

1. 分组交换的基本原理

分组交换采用了存储转发工作模式，传送以分组为单位的数据，如图 5-5 所示。在发送报文前，先将用户发送的报文分割为多个比较短的等长的数据段，在每个数据段前加上必要的控制信息，这些控制信息称为分组头，分组头和数据段构成了分组，分组又称包。分组还包括源地址、目的地址、差错控制字段、分组同步信息等，用于完成选择路由、差错控制和流量控制等功能。相对于报文交换，分组长度较短，而且具有统一的格式，便于交换节点进行存储和处理，大大减少了交换节点的处理时间，分组交换的传输时延较小。

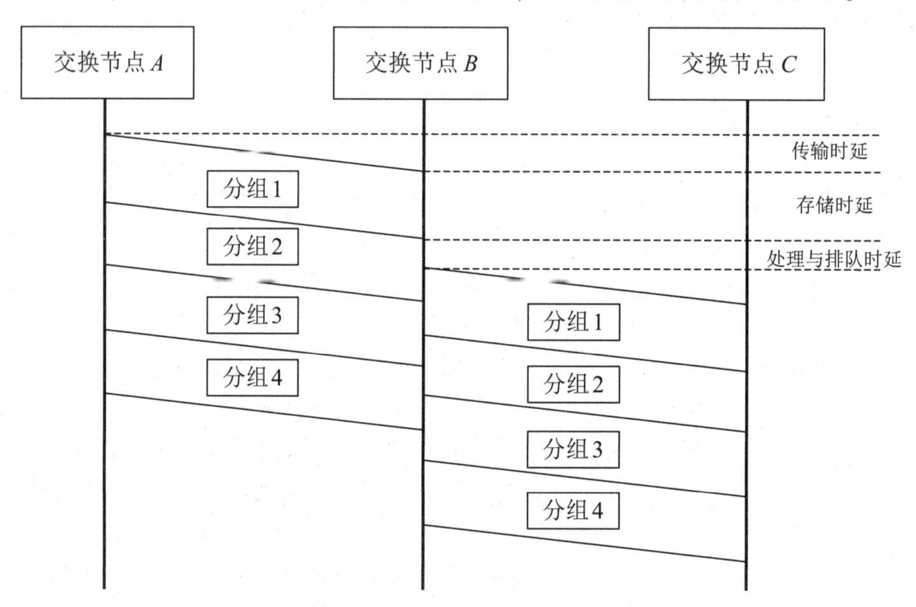

图 5-5 分组交换的基本过程

在分组交换中，分组长度的大小对分组交换的性能有着十分重要的影响。通过比较报文交换和分组交换的时延可知，分组交换将报文分割为多个分组独立传送，交换节点收到一个分组后就进行转发，显著降低了交换时延。因此分组交换的时延小于报文交换，但也正是由于分为多个分组，因此开销也增加了，降低了传输效率。由于分组长度长则时延增大而开销减少，分组长度短则时延减少而开销增大，因此分组长度的确定需要兼顾时延和开销两个方面。

在传送分组时，为了保证数据的准确性而采用了多种差错控制技术。为了保证分组交换网的可靠性，常采用网状拓扑结构，当少数节点或链路发生故障时，可以灵活地改变路由而保证网络的正常工作。此外，通信网络的主干线路由高速链路构成，可以以较高速率传送数据。

由于分组交换采用了存储转发工作模式，同时采用了统计时分复用的方式共享线路，因此非常适合于数据通信，而且通信线路的利用率大大提高。

2. 分组交换的优点

分组交换的主要优点如下。

（1）高效，在分组交换过程中动态分配带宽，提高线路利用率。

（2）迅速，以分组为单位传送数据，每个节点的处理时间短。

（3）灵活，可以对每个分组根据实际情况进行独立的路由选择。

（4）可靠，采用了完善的网络协议，分布式多路由分组交换网的网络具有很好的生存性。

分组交换也存在一些问题。分组在各个节点进行存储转发会造成时延，而且当网络负载较重时，时延会比较大；由于每个分组必须携带相应的控制信息，因此造成了一定的开销；为了保证网络的正常运行而需要比较复杂的管理和控制机制；此外为了保证数据传送的准确性而采用了比较复杂的差错控制技术，这种技术制约了传输速率的提高。

由于早期铜线电缆链路质量低、误码率高，因此分组交换方式为了保证在网络的各条链路上提供可靠的端到端通信，在连接的每段链路上都执行复杂的协议，以完成差错和流量控制等功能。每个转接节点都完成 OSI 协议模型中的下三层功能，这样协议复杂，交换机处理速度慢，交换时延大，很难用于实时业务。尤其是当分组出错时，网络差错协议要求重传分组，增大了端到端的时延，无法满足实时性要求。

由于分组长度可变，因此要求交换机具有完成复杂的缓冲器管理的功能。如果工作速率不太高，那么对软件缓冲器管理还是有可能的，但是在宽带网中，分组以极快的速率流入网络，如果仍然采取这种软件管理方法来处理复杂的协议，那么处理速率跟不上信息传输速率，系统将无法正常工作。可行性研究表明，X. 25 协议的可工作速率限制在 2Mbit/s 左右。

3. 分组交换的工作模式

根据交换机对分组的不同的处理方式，分组交换可以分为虚电路和数据报两种工作模式。

1）虚电路

虚电路方式提供面向连接的服务，在用户传送数据前需要通过发送呼叫请求建立端到端的通路，这个通路称为虚电路。虚电路建立后，所有的用户数据都通过这条虚电路传送到目的端，数据的接收顺序与发送顺序一致，通信完毕后，通过呼叫清除请求拆除连接。

虚电路与电路交换的区别在于电路交换中建立的源端到目的端的通路是专用的，在通信过程中，其他用户不能共享这个通路上的资源，而在虚电路方式中，按照统计时分复用的方式建立通路，通路上的资源是共享的，根据用户的数据量大小来占用线路资源，更好地满足了数据通信的突发性要求。

虚电路有两种：交换虚电路（Switched Virtual Circuit，SVC）和永久虚电路（Permanent Virtual Circuit，PVC）。交换虚电路根据用户请求动态建立虚电路，通信完成后拆除。永久虚电路是由网络运营者应用户的预约而建立的固定的虚电路，用户直接进入数据传送阶段而不需要通过呼叫请求建立虚电路。

2）数据报

数据报提供无连接的服务，发送时不需要建立一条逻辑通路，每个分组都有完整的地址信息，每个分组在网络中的传播途径完全由网络节点根据网络当时的状况来决定，这样当分组到达目的端时，顺序可能会发生变化，目标主机必须对收到的分组重新排序后才能恢复原来的信息。

3）虚电路与数据报的比较

按虚电路方式通信，要求接收方要对正确收到的分组给予确认，通信双方要进行流量控制和差错控制，以保证按顺序接收，所以虚电路可以提供可靠的通信服务。数据报提供的是无连接的服务，不能保证分组顺序，不能提供可靠的通信服务。

虚电路中的分组只含有对应于所建立的虚连接的逻辑信道标识，每个分组根据建立连接时在每个交换节点建立的路由表进行路由选择；而数据报中的分组包含详细的目的地址信息，每个分组都要进行独立的路由选择。

虚电路的通信过程需要经过建立连接、传送数据和拆除连接三个阶段，如果传送数据量不大，那么虚电路方式的工作效率不如数据报高，也不如数据报灵活。

在线路发生故障时，虚电路会引起通信中断，需要重新建立连接；对于数据报，由于每个分组独立选择路由，因此对网络故障的适应性强，可以提供较高的可靠性。

综上所述，虚电路方式适合连续的数据流传输，为数据传输时间远大于呼叫连接时间的通信提供较好的服务，如文件传送和传真业务等，数据报方式适合传送短报文数据，如面向事务的询问/响应型数据业务。这两种方式在数据通信中均被广泛使用，例如，在 IP 网络中使用的是数据报方式，在 ATM 网络中使用的是虚电路方式。

4. 多路复用技术

为了提高信道的利用率，在数据的传输中组合多个低速的数据终端共同使用一条高速的信道，这种方法称为多路复用。常用的复用技术有频分复用和时分复用。

1）频分复用

频分复用是指将物理信道上的总带宽分成若干个独立的信道（子信道），并分别分配给用户传输数据信息，各子信道间还略留了一个宽度（称为保护带）。在频分复用中，如果分配了子信道的用户没有数据传输，那么该子信道保持空闲状态，其他用户不能使用。频分复用适用于传输模拟信号的频分制信道，主要用于电话和有线电视系统，在数据通信系统中应和调制解调技术结合使用，且只在地区用户线上用到，长途干线上主要采用时分复用。

2）时分复用

时分复用是指将一条物理信道按时间分成若干时间片（时隙）并轮流分配给每个用户，每个时间片由复用的一个用户占用，而不像频分复用那样，同一时间同时发送多路信号。数据时分复用可分为同步时分复用和统计时分复用。

（1）同步时分复用。

同步时分复用是指复用器把时隙固定地分配给各个数据终端，通过时隙交织形成多路复用信号，从而把各低速率的数据终端信号复用成较高速率的数据信号。

（2）统计时分复用。

统计时分复用也称异步时分复用。在统计时分复用中，系统把时隙动态地分配给各个终端，即当终端的数据要传送时，才会被分配到时隙，因此每个用户的数据传输速率可以高于平均传输速率，最高可以达到线路总的传输能力。例如，线路传输速率为 9600bit/s，4 个用户的平均传输速率为 2400bit/s，当用同步时分复用时，每个用户的最高传输速率为 2400bit/s，而在统计时分复用方式下，每个用户的最高传输速率可达 9600bit/s。

同步时分复用和统计时分复用在数据通信网中均有使用，如 DDN 网采用同步时分复用，X. 25、ATM 采用统计时分复用。

5. 分组的形成、传输与交换

1）分组的形成

在统计时分复用方式下，虽然用户信息不是在固定信道中传送的，但是通过对数据分组进行编号，可以区分每个用户的数据，好像是把一条线路分成若干信道，每个信道用相应的号码表示，这种信道就称为逻辑信道，逻辑信道用逻辑信道号（Logical Channel Number，LCN）来标识。可以看到，把一条实在的线路分成若干逻辑上的子信道，如果把线路上传输的数据组附加上逻辑信道号，就可以让来自不同信源的数据组在一条线路上传输，接收端按照逻辑信道号将它们区分开来，从而实现线路资源的动态按需分配。逻辑信道号只具有局部意义，网络内各节点交换机负责入、出线上逻辑信道号的翻译。将来自数据终端的用户数据按一定长度分割，加上分组头形成一个数据组，我们称之为分组。分组的形成如图 5-6 所示，每一个组包含一个分组头，它由 3 个字节构成。分组头格式如图 5-7 所示，其中包含所分配的逻辑信道号和其他控制信息。除了用户数据分组，还需要建立许多用于通信控制的分组，因此就出现了多种类型的分组，在分组头中也包含了识别分组类型的信息。

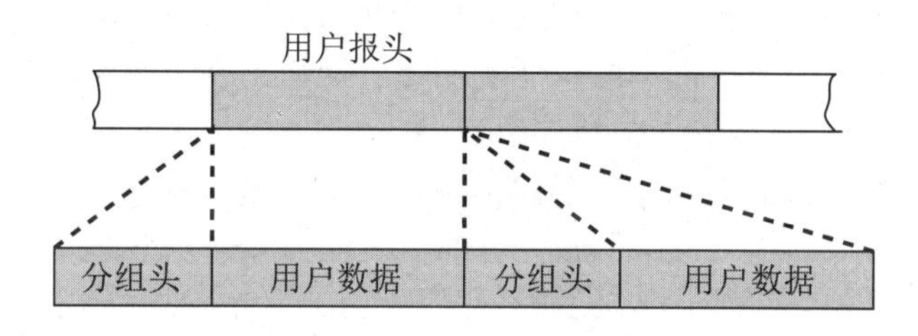

图 5-6 分组的形成

图 5-7 分组头格式

2）分组的传输

分组装配和拆卸设备（Packet Assembler/Disassembler，PAD）是一个规程转换器，或者说是网络服务器，主要功能是向各种不同的终端提供服务，帮助它们进入分组交换网，或者具体说就是帮助终端要发送的数据生成分组，并通过线路发送给网络（交换机）。因此，数据在网络中以分组为单位进行传输，穿越网络的节点和中继线，到达目标终端。一个 PAD 可以同时连接多个终端，来自不同终端的数据可以通过同一条线路发送到网络。PT 为分组传输设备，主要是执行帧级功能，将分组装配成帧的格式（加上帧头和帧尾），确保分组在线路上的正确传输。网络由许多节点按照一定的拓扑结构互相连接而成，节点与节点之间连接的线路成为中继线，同时节点也可以连接用户终端设备，用户终端设备与节点相连的线称为用户线，节点由一台或多台分组交换机构成。

3）分组的交换

分组穿越网络到达目的终端的方法有两种：虚电路和数据报。这两种方式的工作原理在前面已经介绍过了，在这里就不再重复了。

6. 路由选择

分组能够通过多条路径从发送端到达目的端，选择什么路径最合适成为交换机必须解决的问题。我们必须将“路由”和“转发”区分开来。路由指的是路由选择，就是构建网络节点路由表的过程；而转发指的是网络节点对每个分组都要进行查表，并将其转移到相应的链路出口。在面向连接的网络中，仅仅在建立连接时进行路由表查找，同时生成转发表，此后的数据分组转发都是根据逻辑信道标号在转发表中进行查找的；在面向无连接的网络中，转发表和路由表是同义词，每个分组的转发必须都要查找路由表。

无论哪种分组网络，路由选择都是由网络提供的基本功能，但在 X. 25 建议中对路由选择并未做出明确规定。对不同的分组网，允许有不同的路由选择算法，如何确定路由选择算法的好坏呢？分组的路由选择的基本原则如下：算法简单，易于实现，以减少额外开销；算法对所有用户都是公平的；应选择性能最佳的传输路径，使得端到端时延尽量小；各网络节点的工作量均衡，最大限度地提高网络资源利用率；网络出现故障时，在网络拓扑改变的情况下，算法仍能正常工作，自动选择迂回路由。

不同的分组交换网有可能采用不同的路由选择方法。路由选择可分为静态法和动态法两大类。

1）静态法

（1）扩散式路由法。

分组从原始节点发往与之相邻的节点，接收该分组的节点检查它是否收到过该分组，若已经收到过，则将它抛弃；若未收到过，只要该分组的目的节点不是本节点，则将此分组对相邻节点（除了该分组来源的那个节点）进行广播，最终该分组必然会到达目的节点。其中，最早到达目的节点的分组所经历的必定是一条最佳路由。采用扩散式路由法，路由选择与网络拓扑无关，即使网络严重故障，只要有一条通路存在，分组就能到达终点，因此分组传输的可靠性很高。其缺点是分组的无效传输量很大，网络的额外开销也大，网络中业务量的增加会导致排队时延增大。

（2）固定路由表法。

在每个节点交换机中设置一个包含路由目的地址和对应输出逻辑信道号的路由表，路由表指明从该节点到网络中的任何终点应当选择的路径。呼叫请求分组根据分组的目的地址查找该路由表，这样可以获得各转接节点的输出逻辑信号，从而形成一条端到端的虚电路。为防止网络故障或通路阻塞，路由表中可以规定主用路由和备用路由。

路由表是根据网络拓扑结构、链路容量、业务量等因素和某些准则计算建立的。电信网络常采用固定路由表法，因为一方面运营商完全掌握网络拓扑结构及其可能的变化；另一方面即使链路或者节点出现故障，也常常会迅速切换到备用链路或设备继续运行，不会导致网络拓扑变换。

2）动态法

（1）自适应路由选择法。

自适应路由选择法是指路由选择根据网络情况的变化而改变。路由是由若干段链路串接而成的，自适应路由选择采用迭代法逐段选取虚链路，从而形成一条端到端的虚电路。但在这种算法中，要求各节点存有全网络拓扑数据，而且每条链路的变化信息必须广播给网络所有的节点。自适应路由选择法对减小网络时延、平滑网络负载、防止网络阻塞是有利的，但是路由表的频繁更换可能引起网络的不稳定，产生分组循环或者使分组在一对节点之间来回穿梭。自适应路由选择法是X.25分组网中应用最为普遍的一种选路方式。

（2）集中式路由选择法。

由网管中心负责全网状态信息的采集、路由计算及路由表的下载。在分组交换网中，交换机之间一般有多条路由可选择。如何获得一条较好的路由，除了要有一个通过网络的平均时延较小和平衡网内业务量能力较强的路由算法，同时还要考虑网内资源的利用和网络结构的适应能力。

5.3.3　X.25 协议

数据通信网发展的重要里程碑是采用分组交换方式，构成分组交换网。和电路交换网相比，分组交换网的两个站之间通信时，网络内不存在一条物理电路供其专用，因此不会像电路交换那样，所有的数据传输控制仅仅涉及两个站之间的通信协议。在分组交换网中，一个分组从发送站传送到接收站的整个传输控制过程，不仅涉及该分组在网络内所经过的每个节点交换机之间的通信协议，还涉及发送站、接收站与所连接的节点交换机之间的通信协议。ITU-T为分组交换网制定了一系列通信协议，世界上绝大多数分组交换网都用这些标准，其中最著名的标准是X.25协议，它在推动分组交换网的发展中做出了很大的贡献。所以有时又把分组交换网称为X.25网。

X.25网采用虚电路方式交换，它的特点如下。

（1）可以向用户提供不同速率、不同代码、不同同步方式及不同通信控制协议的数据终端间能够相互通信的灵活的通信环境。

（2）每个分组在网络中传输时可以在中继线和用户线上分段独立地进行差错校验，使信息在网络中传输的误比特率大大降低。X.25网中的传输路由是可变的，当网中的线路和设备发生故障时，分组可自动选择一条新的路径避开故障点，使通信不会中断。

（3）实现线路的动态统计时分复用，通信线路（包括中继线和用户线）的利用率很高，在一条物理线路上可以同时提供多条信息通路。

5.4　ATM 交换技术

通信网络发展的目标是业务综合化和传输宽带化。进入20世纪80年代，随着技术的不断进步，通信业务的种类不断增加。原有的电话网络只能支持实时语音通信，而数据网络只能支持非实时的数据业务，在一种网络上传输多种业务的技术要求被提出，在此基础上，综合业务数字网（ISDN）应运而生。ISDN较好地满足了多种业务在同一网络中传输的要求，得到了一定程度的应用，但是由于ISDN的传输带宽不能满足高速、宽带的业务要求，因此ITU-T提出了一种新的传输技术——ATM。ATM技术覆盖了传输、复用和交换等方面，实现了业务的综合化和传输的宽带化，是实现宽带综合业务数字网的一种较好的技术。

5.4.1　ATM 交换技术的特点

通过前面的讨论可知，宽带综合业务数字网的通信业务要求更宽的带宽和更高的速率，它将在网络中产生各种混合业务量。现在的各种网络技术无法满足这种要求。

ATM 被 ITU-T 于 1992 年 6 月定义为宽带综合业务数字网的传输模式。其中“传输”包括传输、复用和交换三个方面，所以传输模式意指信息在网络中的传输、复用和交换方式。“异步”是指在接续和用户中带宽分配的方式。因此，ATM 交换技术就是在用户接入级、传输级和交换级综合处理各种通信量的技术。

ATM 交换技术具有单一的网络结构，综合处理语音、数据、图像和视频等业务，可以提供更大容量和综合业务，具有灵活的网络接入方式，能够有效地利用带宽并支持未来各种新业务需求。

ATM 中将分组称为信元（Cell），包括信元头和信息域，长度为 53 字节，其中信元头（Cell Header）为 5 字节，由 ATM 层产生和使用；信息域（Payload）为 48 字节，由 ATM 适配层产生。ATM 具有如下基本特点。

（1）采用了面向连接的工作方式。

ATM 采用了分组交换中的虚电路方式，即面向连接的工作方式，在数据传送之前，首先建立源端到目的端的连接，由源端向网络发出建立连接的请求，请求中包括目的地址和传输所需资源等信息，网络根据当前状态决定是否为用户建立连接。若网络有足够的资源可用，则接纳该连接，否则拒绝该连接。数据传送完毕后，网络拆除连接，释放网络资源。采用面向连接的工作方式可以保证为用户提供满意的服务质量。

（2）网络功能进一步简化。

因为 ATM 网络运行在误码率很低的光纤通信网络中，而且采用了面向连接的预分配资源方式，所以 ATM 交换技术进一步简化了差错控制方式，取消了基于逐段链路的差错控制和流量控制，而且用户信息在网络节点上也不做错误检测，只是完全透明地穿过网络。在 ATM 网络中，差错控制和流量控制是由网络边缘的终端设备完成的。在网络节点中只对信元头进行有限的差错控制，而对于用户信息提供透明的传输，信息的差错控制由终端完成，根据用户信息的不同要求可以采用不同的差错控制技术。

（3）ATM 信元头功能降低。

为了保证网络能够高速处理信元，ATM 信元头的功能非常有限，其主要功能之一是虚连接的标识符，该标识符在建立连接时产生，用以表示信元传输经过的路径。网络节点根据这个标识可以完成信元的高速转发并完成不同的连接复用到同一物理链路上。信元头的另一个主要功能是信元头差错控制，在网络节点中根据信元头的差错控制机制，若发现出错的信元头，则先纠错再进行转发，若不能纠正则丢弃该信元，这种方式称为有限的差错控制。由于信元头的功能有限，ATM 网络节点处理信元头十分简单，因此可以用很高的速率完成，保证了很小的处理时延和排队时延。

（4）信元长度较短且长度固定。

ATM 交换技术采用了固定长度且长度较短的信元结构，采用固定长度的信元可以使交换节点处理简单，使缓存器的管理简单。ITU-T 将 ATM 信元长度定义为 53 字节。

5.4.2 B-ISDN 的协议参考模型

ITU-T 在 I.321 建议中定义了 B-ISDN 的协议参考模型，如图 5-8 所示。B-ISDN 协议参考模型是一个立体模型，分为三个平面，即用户平面、控制平面和管理平面，管理平面又分为层管理和面管理。

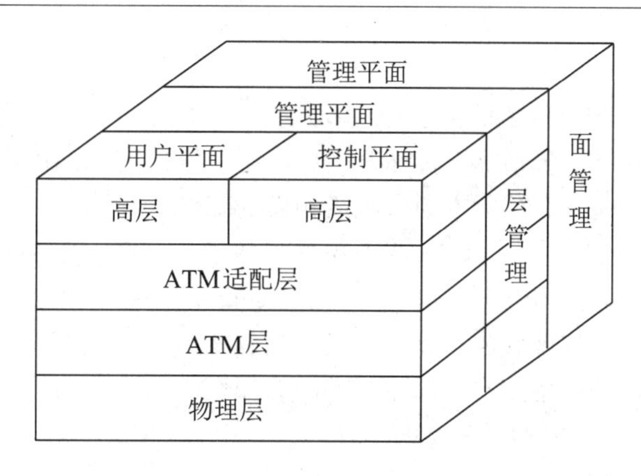

图 5-8 B-ISDN 的协议参考模型

用户平面在通信网中提供端到端的用户信息的传送，它包括物理层、ATM 层、针对不同用户业务的 ATM 适配层和高层。

控制平面提供呼叫建立、释放，以及业务交换所需的其他连接控制功能，主要完成信令功能。控制平面和用户平面共享物理层和 ATM 层，使用单独的 ATM 适配层和高层。

管理平面提供管理功能及与用户平面和控制平面交换信息的能力。它分成两部分：一部分是面管理，面管理完成与整个系统有关的管理功能，并实现所有面之间的协调，面管理不分层；另一部分是层管理，层管理实现特定层上的资源和协议参数管理，并处理维护操作信息流。

B-ISDN 包括 4 层结构：物理层、ATM 层、ATM 适配层和高层。各层相互配合完成信息的传送与接收，ITU-T I. 321 建议和 I. 431 建议定义了各层的功能。ATM 分层功能如表 5-1 所示。

表 5-1 ATM 分层功能

ATM 适配层	汇聚子层	汇聚（CPCS/SSCS）
	拆装子层	分段和重组
ATM 层	信元转发	通用流量控制 信元头的产生和提取 信元 VPI/VCI 翻译 信元的复用和分解
物理层	传输汇聚子层	信元速率解耦 HEC 信元头序列产生/检验 信元定界 传输帧适配 传输帧产生/恢复
	物理介质子层	比特定时 物理介质

1. 物理层

物理层主要是为ATM信元提供物理传输通道，即将ATM层送来的ATM信元按照物理层传输帧的格式进行封装，包括加上传输开销和控制、维护信息，并转换为可以在特定物理介质上传输的连续比特流。在接收方向上完成相反的工作。

为了便于实现物理层功能，保证ATM物理层接口的灵活性，物理层被分为物理介质（Physical Media，PM）子层和传输汇聚（Transmission Coverage，TC）子层。物理介质子层位于最低层，它仅包括与物理介质有关的功能，传输汇聚子层将来自ATM层的信元流转换为能在物理介质上传输的比特流及完成相反方向的操作。

2. ATM层

ATM层在物理层之上，利用物理层提供的服务，与对等层之间进行以信元为单位的数据通信，同时，ATM层为ATM适配层提供服务。ATM层的特征是既与传输介质无关又与传送的业务类型无关。ATM层具有如下4项功能。

（1）信元的多路复用和多路分解。

（2）虚通路标识符（Virtual Path Identifier，VPI）和虚信道标识符（Virtual Channel Identifier，VCI）的翻译。

（3）ATM信元头的产生和提取。

（4）通用流量控制（Generic Flow Control，GFC）功能。

3. ATM适配层

AAL适配层（ATM Adaptation Layer，AAL）位于ATM层与高层之间，起着承上启下的作用。ITU-T I.362建议对它的功能进行了描述。由于高层业务和业务服务方式存在多样性，因此B-ISDN把AAL分成不同的类别，分别提供不同的服务类型。AAL可以分为两个子层：拆装（Segment And Reassemble，SAR）子层和汇聚子层（Coverage Sublayer，CS）。

拆装子层完成信元适配最基本的功能，它在发送端把高层信息单元分割成一个个48字节的净载荷段（称为SAR-PDU），在接收端把从ATM层送来的ATM信元净载荷重新组装成高层信息单元并传送给高层。

汇聚子层与高层业务密切相关，完成消息识别、时间/时钟恢复等功能。对于某些AAL类型，它又可分为两个子层：公共部分汇聚子层（Common Part Coverage Sublayer，CPCS）和业务特定汇聚子层（Service Specific Coverage Sublayer，SSCS）。

4. 高层

高层是各种业务的应用层，它依据不同业务（如数据、信令或用户信息等）的特点，完成端到端的功能，如支持计算机网络通信和LAN的数据通信，支持图像和电视业务、电话业务等。

5.5 IP交换技术

5.5.1 IP交换技术概述

计算机网络最大的优势在于它的灵活性和高效性，它可以非常方便地为用户提供所需的各种新业务，包括数据业务、语音业务、视频业务、图像业务、多媒体业务等。互联网是覆盖全球的计算机网络，包含了大量的计算机，因为其覆盖范围大，所以采用了点对点的通信方式。世界上有许多网络，它们使用了不同的软件或硬件，采用了不同的网络协议，为了将这些异构网络互联起来，在互联网中采用了 TCP/IP 协议，IP 的主要作用是屏蔽不同网络的差异，为用户提供统一的网络连接，这种网络称为因特网（Internet）。基于 IP 的因特网采用无连接的传输方式，向用户提供了一种尽力而为的服务，这种尽力而为的服务可以满足大部分的数据业务。但随着新业务的不断增加，有些用户需要具有一定服务质量的业务，如多媒体业务、IP 电话等。这时单纯的 IP 路由功能已经不能满足用户的需求。第二层交换技术（ATM）的高速交换特性具有高吞吐量、低时延和服务质量保证等特性，非常适合硬件实现。将第二层交换技术与广泛使用的第三层路由技术结合起来就形成了 IP 交换技术。IP 交换技术具有二层交换和三层路由的优点，可为用户提供满意的服务。

5.5.2　TCP/IP 协议参考模型

TCP/IP 协议族是在美国国防远景研究规划局（DARPA）所研究的分组交换网络 ARPARNET 上开发成功的，现在作为因特网的网络体系结构中使用的协议。TCP/IP 协议族是因特网中使用的标准协议族，主要协议包括互联网协议（Internet Protocol，IP）、传输控制协议（Transmission Control Protocol，TCP）、用户数据报协议（User Datagram Protocol，UDP）、地址解析协议（Address Resolution Protocol，ARP）、反向地址解析协议（Reverse Address Resolution Protocol，RARP）、互联网控制报文协议（Internet Control Message Protocol，ICMP）及多个应用层协议等。TCP/IP 协议分为 4 层结构，分别是接入层、互联网层、传输层和应用层。图 5-9 所示为 TCP/IP 网络体系结构和 OSI/RM 网络体系结构之间的对应关系。

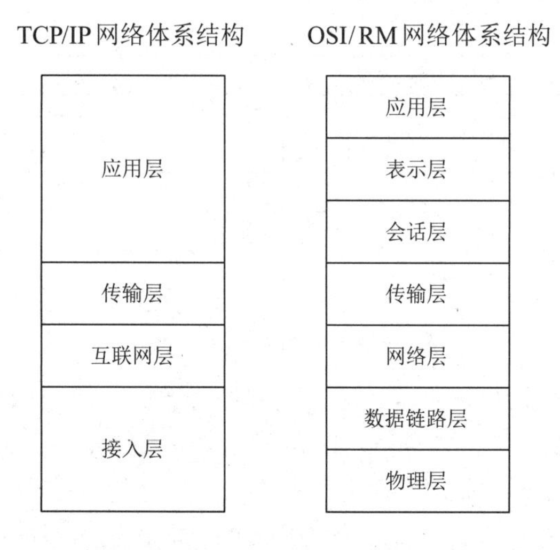

图 5-9　TCP/IP 网络体系结构和 OSI/RM 网络体系结构之间的对应关系

接入层的主要功能是向互联网层提供标准的接口，它主要解决在一个网络中两个端系统之间传送数据的问题。它对应着 OSR/RM 中的下两层：物理层和数据链路层。在 TCP/IP 协议族中，接入层是空的，没有提供任何协议，也就是说，任何传输协议只要能完成节点间的数据传输，均可以作为接入层协议，若采用拨号上网方式，则使用 PPP 协议；若采用局域网上网方式，则使用 802. X 协议。

因特网是由大量的异构网络组合而成的，若两台主机处于不同的网络上，则数据需要经过多个互联的网络完成正确的传输，这就是互联网层实现的主要功能，通过互联网层将异构网络连接起来，该层采用的主要协议是IP，它提供跨越多个网络的路由功能和中继功能，主要的设备是路由器。

IP解决了异构网络互联问题，但它是无连接的传输协议，提供了不可靠的服务，为了保证数据传输的可靠性，在互联网层上增加传输层，以保证数据传输的可靠性。传输层的任务是负责完成主机中两个进程之间的通信。传输层使用两种协议：TCP和UDP。TCP是面向连接的通信，为进程之间的数据传输提供可靠的连接，保证数据传输的顺序。UDP是无连接的通信，不能保证数据的可靠传输及数据传输的顺序，它是一种尽力而为的传输。这种方式的优点是比较灵活。

TCP/IP网络体系结构的应用层确定应用进程之间的通信性质，以满足用户需求，为用户提供不同的业务。应用层对应了OSI/RM中的上三层：应用层、表示层和会话层。应用层使用的协议种类很多，常用的包括文件传输协议（File Transfer Protocol，FTP）、域名服务（Domain Name Service，DNS）、超文本传输协议（Hyper Text Transfer Protocol，HTTP）、简单邮件传输协议（Simple Mail Transfer Protocol，SMTP）、简单网络管理协议（Simple Network Management Protocol，SNMP）。

5.5.3 IP分组格式

IP分组的完整格式如图5-10所示，一个IP分组由分组头和数据两部分组成。分组头长度包括20字节的固定段和可变长度的可选字段。在TCP/IP标准中，各种数据格式以4字节为单位。

0	4	8	16	19　　24　　31
版本	分组头长度	服务类型	总长度	
标识			标志	片偏移
生存时间		协议	分组头校验和	
源IP地址				
目的IP地址				
可选字段				填充

图5-10 IP分组的完整格式

（1）版本（4bit）表示IP的版本。通信双方进行通信时使用的IP版本号必须一致，目前广泛使用的IP版本是第四版（IPv4），IP的最新版本是IPv6。

（2）分组头长度（4bit）表示该字段的最大值为15（以4字节为单位），该字段表示的最大值为15，因此IP分组头的最大长度为60字节；最小值为5字节，最常用的分组头长度为20字节，即不使用任何选项。当IP分组头长度不是4字节的整数倍时，必须使用填充字段加以填充，使得IP分组头长度保持为4字节的整数倍。

（3）服务类型（8bit）表示分组传输时要求网络提供的服务类型。前3bit表示优先级，可以分为8个优先级；第4bit表示要求更低的时延；第5bit表示要求更高的吞吐量；第6bit表示要求更高的可靠性；第7bit表示要求代价更小的路由。

（4）总长度（16bit）表示IP分组的总长度，包括分组头和数据两部分，单位是字节，因此 IP 分组的最大长度为 65535 字节。

(5) 标识 (16bit)，标志 (3bit)，片偏移 (13bit)。

IP 分组通过数据链路层传输时，不同的数据链路层帧中数据段有最大长度，称为最大传送单元 (Maximum Transfer Unit，MTU)，当 MTU 小于 IP 分组的总长度时，就需要将 IP 分组划分为多个分组后传输，这个过程称为分片。IP 分组中的标识字段、标志字段和片偏移字段完成分片任务。

标识字段是一个计数器，用来产生分组标识，同一个分组分片后产生的多个分组中的标识字段是相同的，这样做可以使分片后的各个分组片正确地重装为原来的 IP 分组。

标志字段使用 2bit，最低位记为 MF (More Fragment)。MF 为 1 时表示后面还有分片的分组，MF 为 0 时表示这是经过分片后的若干分组中的最后一个。

片偏移字段表示较长的分组经过分片后，某片在原分组中的相对位置。片偏移以 8 字节为偏移单位。

(6) 生存时间 (8bit) 记为 TTL (Time To Live)，该字段用来指示分组被允许存留在网络中的时间，以秒计量。但是，多数路由器将此字段解释为分组在网络中被允许经过的跳数，分组在传输前，由源主机将此字段设置为一个初始值；分组在传输时，每经过一个路由器，该值减 1，若分组在到达目的主机时该值为 0，则路由器将会丢弃该分组，并向源主机发送一个错误信息。

(7) 协议 (8bit) 字段表示分组中携带的数据使用何种协议，以便目的端主机的 IP 层知道将数据部分交给哪个处理过程。

(8) 分组头校验和 (16bit) 只校验分组头的数据是否准确，而不包括数据部分。

(9) 源 IP 地址和目的 IP 地址各占 4 字节，这些字段包含了源主机地址和目的主机地址，IP 地址格式在后文中进行讨论。

(10) 可选字段具有可变长度，它允许分组请求特殊的功能特性，如排错、测量及安全措施等，用户可以根据需要将不同的选项内容拼接到一起，最后使用全 0 的填充字段将选项内容补齐为 4 字节的整数倍。

当一个 IP 分组传送到路由器时，路由器首先计算分组头校验和，并检查分组头中的字段，以查看它们是否合法，路由器通过查询其路由表来确定此 IP 分组的下一跳，然后更新那些需要改变的字段，最后将 IP 分组转发到下一跳。

5.5.4　IP 地址

1. IP 地址的种类

为了识别因特网上的每个计算机及节点，必须为每个节点和计算机分配一个唯一的地址，这种地址称为 IP 地址，在 IPv4 中，一个 IP 地址的长度是 32bit，包括两层结构：网络号和主机号。网络号用于识别主机连接到的网络，一个 IP 网络指一个采用特定体系结构的网络，如一个以太网；主机号用于识别到主机的网络连接。

IP 地址结构被划分为 5 类地址：A 类、B 类、C 类、D 类和 E 类，如图 5-11 所示。目前使用前 4 类地址，A 类地址中有 7 位网络号、24 位主机号，因此 A 类地址有 127 个网络，每个网络可以有 1600 多万台主机；B 类地址中有 14 位网络号、16 位主机号，可以有 16000 多个网络，每个网络可以有 65000 多台主机；C 类地址有 21 位网络号、8 位主机号，有 200

多万个网络，每个网络可以有254台主机；D类地址用于组播服务，允许一台主机同时向多台主机发送消息；E类地址被保留用于试验。

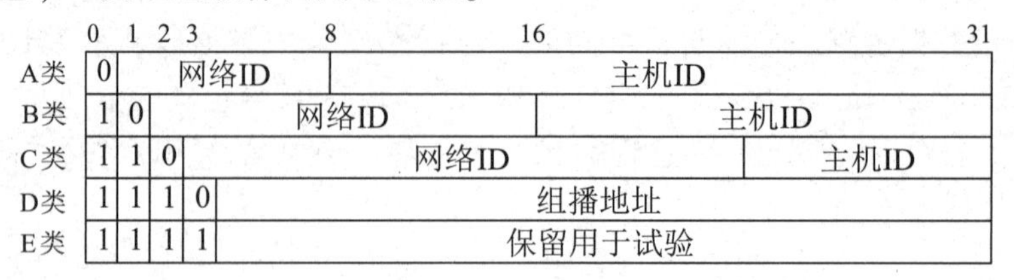

图5-11 5类IP地址

为了提高IP地址空间的使用效率，在A类、B类和C类地址中分别预留了一些地址空间，将这些地址空间作为一个机构的内部计算机使用的地址，并将它们称为私有IP地址。私有IP地址仅限于机构内部网络，无法在公用互联网上使用。

私有IP地址空间包括如下3种。

A类地址：10.0.0.0~10.255.255.255，一个A类地址。

B类地址：172.0.0.0~172.31.255.255，共16个连续B类地址。

C类地址：192.168.0.0~192.168.255.255，共256个连续C类地址。

2. IP地址的表示方法

IP地址通常用带点的十进制数表示，从而便于用户使用。地址分为4字节，每个字节由一个十进制数表示，并通过一个点进行分隔。例如，一个IP地址如下：

01011001 10011111 01000100 00000101

使用带点的十进制数表示，它可以表示为89.159.68.3。

3. ARP

上面讨论的IP地址是不能直接用来通信的，这是因为IP地址只是主机在网络层的地址，若要将网络层中的数据传输到目的主机，则还需要将网络层的数据包传递给数据链路层，由数据链路层完成数据的传输。当前，以太网是IP运行在其上的最通用的接入层技术，因此必须将IP数据包（IP包）转换为MAC帧后进行传输。

由于IP地址的长度是32bit，而MAC地址的长度是48bit，它们之间不存在简单的映射关系，因此若IP包想要成功地传送到目的主机，则源主机必须知道目的主机的MAC地址，所以必须将目的主机的IP地址转换为相应的MAC地址，这种转换过程称为地址解析。TCP/IP协议中采用ARP完成地址解析过程。ARP使用广播方式查询地址的对应关系。

图5-12所示为ARP的工作过程。假设主机A（198.101.20.12）想要将IP包发送到主机C（198.101.20.15），但它不知道主机C的MAC地址，主机A运行ARP，具体步骤如下。

（1）主机A向网络中广播发送ARP请求分组，ARP请求分组的主要内容是“我的IP地址是198.101.20.12，MAC地址是00-00-A5-11-AD-80，我想知道IP地址是198.101.20.15的主机的MAC地址”。

（2）在局域网中的所有主机都收到了这个ARP请求分组。

（3）主机C收到ARP请求分组后，发现主机A的目的主机IP地址是自己的IP地址，就向主机A发送ARP响应分组，主要内容是“我的IP地址是198.101.20.15，MAC地址是15-00-A3-BE-11”。需要注意，ARP的请求分组采用广播式传送，而响应分组采用点对点传送，即从源主机发送到目的主机。

(4) 主机 A 收到主机 C 的响应分组后，在 ARP 表中记录主机 C 的 IP 地址和 MAC 地址的映射关系。

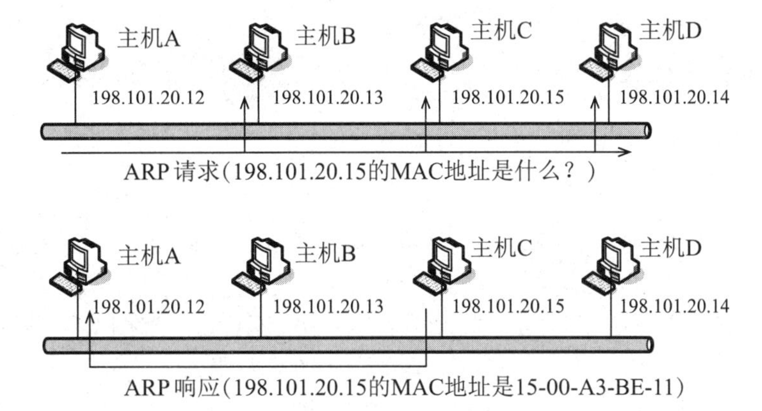

图 5-12　ARP 的工作过程

为了减少网络中的通信量，主机 A 发送 ARP 请求时已经将自己的 IP 地址和 MAC 地址写入 ARP 请求分组中，当主机 C 收到了 ARP 请求分组时，就将主机 A 的地址信息记录到 ARP 表中。在以后需要和主机 A 通信时可以直接查 ARP 表完成地址解析过程。如果在一定的时间内没有活动，那么 ARP 表中的地址映射项目就会过时，响应的内容会被删除。这个过程使得主机的 MAC 地址的变化可以得到更新。

4. RRAP

在某些情况下，一台主机知道自己的 MAC 地址，但是不知道自己的 IP 地址。这种主机通常是无盘工作站，当它执行引导程序时，可以从其网卡中获得 MAC 地址，但是它的 IP 地址通常被存放在网络中的一个服务器（称为 RARP 服务器）上，因此无盘工作站需要运行 RRAP 来获得 IP 地址。RARP 的工作过程如下。

无盘工作站首先向网络中广播发送 RARP 请求，在请求中写入自己的 MAC 地址。RARP 服务器有一个事先做好的从无盘工作站的 MAC 地址映射到 IP 地址的映射表。当收到 RARP 请求分组后，RARP 服务器就从这个映射表中查出该无盘工作站的 IP 地址，将其写入 RRAP 响应分组中，并发回给无盘工作站。无盘工作站采用这种方法获得自己的 IP 地址。

5.5.5　因特网报文控制协议

为了提高 IP 报文传输成功的概率，在互联网层使用了因特网报文控制协议（Internet Control Message Protocol，ICMP），ICMP 是处理错误和其他消息的协议。ICMP 是因特网协议，ICMP 报文作为 IP 包的数据，加上 IP 报文头（协议标号为 1），组成 IP 包发送出去。ICMP 报文的数据格式如图 5-13 所示。

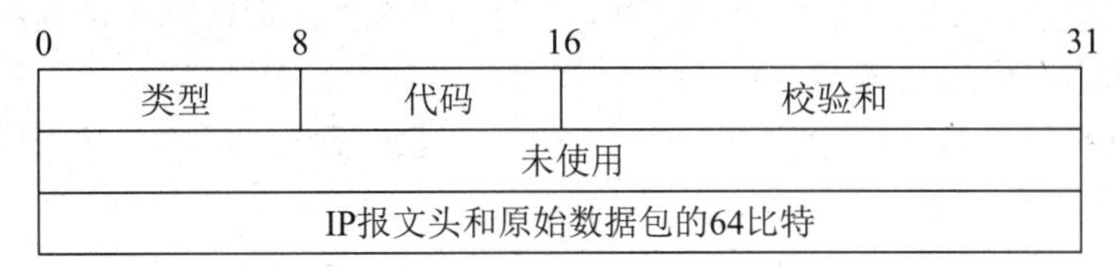

图 5-13　ICMP 报文的数据格式

类型：用于识别消息的类型。

代码：对于一个特定的类型，代码字段描述了此消息的目的。

校验和：用于检测 ICMP 消息中的错误。

IP 报文头和原始数据包的 64bit：该字段将 ICMP 消息中的信息与 IP 分组中的原始数据相匹配，可用于诊断。

ICMP 报文有两种，即 ICMP 差错报文和 ICMP 询问报文。

1. ICMP 差错报文

ICMP 差错报文有 5 种，包括终点不可达、源站抑制、时间超时、参数错误、改变路由（重定向）。

终点不可达又分为网络不可达、主机不可达、协议不可达、端口不可达、需要分片但 DF 比特已置 1 和源路由失败这 6 种情况，其代码字段分别置为 0~5。

源站抑制：当路由器或主机由于拥塞而丢弃数据时，向源站发出该报文，源站将发送速率降低。

时间超时：包括两种情况，当路由器接收到生存时间为 0 的 IP 分组时，除丢弃该分组外，还要向源站发送代码字段为 0 的时间超时报文；当目的站在预先规定的时间内没有收到一个 IP 分组的全部分片时，将已收到的分片丢弃，并向源站发送代码字段为 1 的时间超时报文。

参数错误：若路由器或目的主机收到的 IP 分组的分组头中有的字段的值不正确，则丢弃该数据，并向源站发送参数错误报文。

改变路由（重定向）：路由器将改变路由报文发送给主机，让主机了解下次将 IP 分组发送给另外的路由器。

2. ICMP 询问报文

ICMP 询问报文有 4 种，分别是回送请求和回答、时间戳请求和回答、掩码地址请求和回答及路由器询问和通告。

回送请求和回答：该询问报文的目的是测试目的站是否可达及了解其有关状态，是由主机或路由器向特定目的主机发送的询问，收到的主机必须向源端回送回答报文。

时间戳请求和回答：是指请某台主机或路由器回答当前的日期和时间。

掩码地址请求和回答：用以向子网掩码服务器获得某个接口的地址掩码。

路由器询问和通告：用以了解连接在本网络上的服务器工作是否正常。

5.5.6 路由选择协议

路由选择是一个非常复杂的问题，因为它是网络中的所有节点共同协调工作的结果，而且网络的环境又是不断变化的，这些变化有时无法事先知道。从路由算法能否随网络的通信量或拓扑自适应进行调整变化来划分，路由算法分为两大类，即静态路由选择策略与动态路由选择策略。静态路由选择策略的特点是简单和开销较小，但不能及时适应网络状态的变化。动态路由选择策略的特点是能较好地适应网络状态的变化，但实现起来比较复杂，开销也较大。

因特网的路由选择策略主要是自适应地分布式路由选择协议。由于因特网的规模非常大，因此将整个互联网分为许多较小的自治系统（Autonomous System，AS）。AS 最重要的特点是有权自主地决定在本系统内采用何种路由选择协议，一个AS的所有路由器必须在本系统内部连通，而不需要通过主干网络连通。根据AS，因特网将路由选择协议又分为两大类，即IGP（Interior Gateway Protocol，内部网关协议）和EGP（External Gateway Protocol，外部网关协议）。

IGP是在一个AS内部使用的路由选择协议，这个协议的选择和互联网中其他AS选用什么路由无关。常用的IGP有RIP（Routing Information Protocol，路由信息协议）和OSPF（Open Shortest Path First，开发最短路径优先协议）。

EGP的源端和目的端不在一个自治域内，当源端信息传送到所在自治域边界时，如何将信息传送到目的端的自治域中，这就需要外部网关协议来解决了。常用的EGP是EGP-4。

1. RIP

RIP适用于小型互联网，是一种分布式的基于距离向量的路由选择协议。RIP要求网络中的每一个路由器都要维护从它自己到其他每一个目的网络的距离记录，RIP的距离也称跳数，每经过一个路由器，跳数就加1，由于RIP认为一个好的路由就是通过的路由器数目少，因此RIP总是在多个路由中选择具有最少路由器的路由。

为了获得网络的路由信息，每个路由器需要和网络内的其他路由器不断地交换信息，信息的交换采用固定时间间隔，并且只与相邻的路由器交换信息，经过多次更新后，所有路由器最终会知道到达本自治域中任意一台主机的最近距离和下一跳路由器的位置，这些信息存放在路由表中。路由表中的主要信息是到某个网络的最近距离及需要经过的下一跳路由器地址。RIP更新路由采用距离向量算法。

2. OSPF

OSPF修正了RIP中的一些缺陷，与RIP不同，在RIP中，每个路由器只从它相邻的节点知道到达每个目的地的距离，OSPF使每个路由器了解完整的拓扑结构。

每个采用OSPF的路由器监视每个相邻节点的链路状态，将链路状态信息以洪泛方式发送到网络内的其他路由器。采用这种方式可以使网络中每个路由器构造一个相同的链路状态数据库，以描述完整的网络拓扑。与RIP不同，只有当链路状态发生变化时，OSPF的路由器才使用洪泛法向所有路由器发送此信息。每个路由器使用链路状态数据库的数据来构建自己的路由表，常用的最短路径优先算法是Dijkstra的最短路径算法。OSPF的链路状态数据库可以较快地更新，这也是其重要优点。OSPF使用了层次结构的区域划分，使得它可以用于规模很大的网络。

3. BGP

一个BGP（Border Gateway Protocol，边界网关协议）的目的是两个不同的AS之间交换路由信息，以便使IP数据可以跨越AS边界流动。因特网规模太大，使得AS之间的路由选择非常困难，因此EGP将重点更多地放在策略问题上而不是路径优化问题上。BGP是一个AS之间的路由协议，它被用来在BGP路由器之间交换网络的可达性信息，力求寻找一条能够到达目的网络的而且比较好的路由。BGP采用了路径向量路由协议。

在配置BGP时，每个自治域的管理员要选择至少一个路由器作为该自治域的BGP发言人。一个BGP发言人与一个或多个BGP发言人建立一个TCP连接（端口号为179）。在每个TCP连接中，通过交换BGP报文以建立BGP会话，利用BGP会话交换路由信息，比如增加了新的路由或撤销过时的路由，以及报告出错的情况等。需要注意的是，每个BGP发言人除了必须运行 BGP，还必须运行该 AS 中所使用的内部网关协议。

BGP 所交换的可达信息包含了分组到达一个目的网络必须经过的一系列 AS 或通过一个特定前缀可以到达的一组网络。当 BGP 发言人相互交互了网络可达性的信息后，各个 BGP 发言人就通过所采用的策略从接收到的路由信息中找出到达各个自治域的比较好的路由。

当 BGP 开始运行时，BGP 交换整个 BGP 路由表，但以后只需要在发生变化时更新变化的部分。由于 BGP 支持 CIDR，因此 BGP 的路由表中包括目的网络前缀、下一跳路由器及到达该目的网络所要经过的各个自治域序列。BGP 是一个路径矢量协议，路由矢量信息可以方便地被用于防止路由环路。

5.5.7 IP 分组传送

1. 路由器

路由器是工作在互联网层上的通信设备，它主要完成两项功能：一是转发 IP 数据包，即对每个接收到的 IP 数据包进行转发决策、交换分组、输出链路调度等操作；二是路由决策，即运行路由协议，更新路由表等。

路由器的硬件结构如图 5-14 所示，它由控制部分和转发部分组成。控制部分包括路由表、路由协议处理器，主要完成路由决策功能。转发部分包括输入端口、输出端口和交换结构，主要完成数据转发功能。

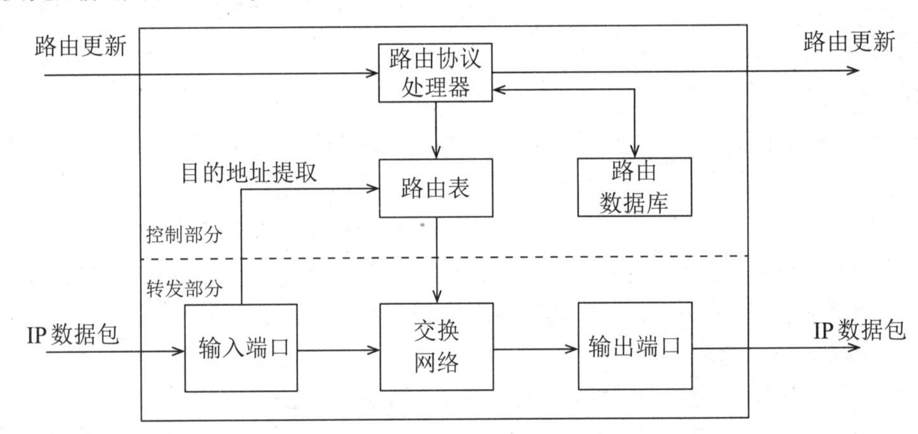

图 5-14 路由器的硬件结构

路由器中的交换网络决定了路由器的最终性能，是路由器中最重要的组成部分，交换网络的实现方法有很多，主要有共享总线、共享存储器、空分交换等类型。

2. 路由器的分组转发过程

在路由器中缓存着路由表，路由表中包含了目的网络地址、掩码、端口、下一跳地址、路由费用、路由类型和状态等内容。其中最重要的是目的网络地址和下一跳地址，目的网络地址和下一跳地址是指下一个路由器的端口地址。如图 5-15 所示，图中每个路由器包含多个端口，每个端口连接一个网络，对应该网络的一个 IP 地址，如路由器 R1 包含两个端口，其中一个端口的 IP 地址是 200.0.0.1，属于网络 1 的 IP 地址，另一个端口的 IP 地址是 201.0.0.5，属于网络 2 的 IP 地址，也就是说，既可以把 R1 看作网络 1 的设备，也可以把 R1 看作网络 2 的设备。网络中的每个路由器都维护一个路由表。图 5-15 中的路由表是一个简化后的路由表。

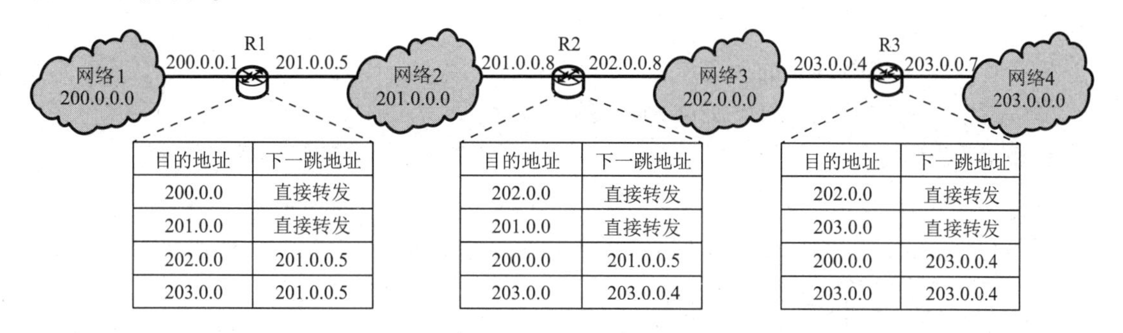

目的地址	下一跳地址
200.0.0	直接转发
201.0.0	直接转发
202.0.0	201.0.0.5
203.0.0	201.0.0.5

目的地址	下一跳地址
202.0.0	直接转发
201.0.0	直接转发
200.0.0	201.0.0.5
203.0.0	203.0.0.4

目的地址	下一跳地址
202.0.0	直接转发
203.0.0	直接转发
200.0.0	203.0.0.4
203.0.0	203.0.0.4

图 5-15　IP 路由表

当路由器收到一个 IP 分组时，读出目的 IP 地址，通过子网掩码获得目的网络 IP 地址，使用这个地址进行查表，查表的方法称为“最长前缀匹配”，具体方法是读取路由表中的每一项路由，从左到右依次与目的网络地址逐位相比较（异或），当遇到第一个不匹配位时（异或结果为 0），该路由的比较结束。通过对每一项进行比较，获得“1”个数最多的称为最长前缀，使用对应的下一跳地址作为转发地址。路由表使用了一种优化措施称为默认路由项。在选路时，若未能在路由表中搜索到与目的网络地址相匹配的表项，则 IP 可以采用一条预定义的默认路由，将分组转发到默认的下一跳路由器上。

为了使读者进一步理解 IP 分组的转发过程，仍以图 5-15 为例，举例说明 IP 分组的转发过程。当网络 1 产生一个 IP 分组时，目的网络地址为 202. 0. 0. 15，当 R1 收到该 IP 分组后，通过查找路由表，得到了该分组的下一跳转发地址 201. 0. 0. 5，R1 通过接口 201. 0. 0. 5 将其转发到网络 2，网络 2 收到该 IP 分组后，与网络内部的主机地址相比较，若目的主机不在网络内，则该分组转发到 R2，R2 通过查找路由表，将 IP 分组转发到网络 3，网络 3 中有目的主机，IP 分组转发结束，到达了目的主机。

5. 5. 8　IPv6

随着互联网的发展普及，网络的规模不断扩大，现在使用的 IPv4 的主要问题是 32bit 的 IP 地址已经远远不能满足不断增长的用户需求，迟早会被消耗殆尽。

在 20 世纪 90 年代早期，Internet 工程任务组（IETF）开始了对 IPv4 后续版本的研究，以便解决地址耗尽问题和其他扩展性问题。IETF 在 1994 年推荐了 IPv6。IPv6 可以实现与 IPv4 的互操作，实现相对平滑的过度，而且 IPv6 改变了 IPv4 中一些不能很好工作的功能并支持新出现的应用。

IPv6 在保持了 IPv4 无连接传输的基础上，引进了很多变化，主要变化如下。

更大的地址空间。地址字段的长度由 32bit 扩展到 128bit，理论上这个地址空间可以支持 2^{128} 台主机，可实现“地球上的每粒沙子都会有一个 IP 地址”。

扩展的地址层次结构。IPv6 的地址空间可以划分更多的层次。

灵活的扩展首部格式。IPv6 定义了许多可选的扩展首部格式，可以提供比 IPv4 更多的功能，而且可以提高路由器的处理效率。

简化的首部格式。IPv6 的首部格式比 IPv4 简单，IPv4 首部中的一些字段，如校验和、分组头长度、标记和段偏移等在 IPv6 中将不再出现。

流标签能力。IPv6 增加了“流标签”字段来识别某些要求一定服务质量（QoS）的分组流。

安全性。IPv6 支持内置的认证和机密性。

更大的分组：IPv6 支持长度超过 64KB 的净载荷。

1. IPv6 分组格式

IPv6 数据分组的完整格式如图 5-16 所示。IPv6 分组包括首部和数据两部分，而首部又包括基本首部和扩展首部。基本首部的长度为 40B，扩展首部是选项，扩展首部和数据合起来称为分组的有效载荷。

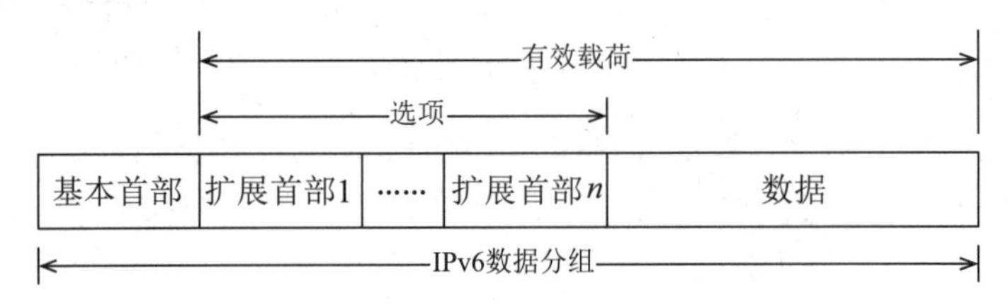

图 5-16 IPv6 数据分组的完整格式

IPv6 基本首部的结构相对于 IPv4 分组头简单得多，删除了 IPv4 首部中不常用的字段。IPv6 数据分组基本首部的格式如图 5-17 所示，其中各个字段的作用如下。

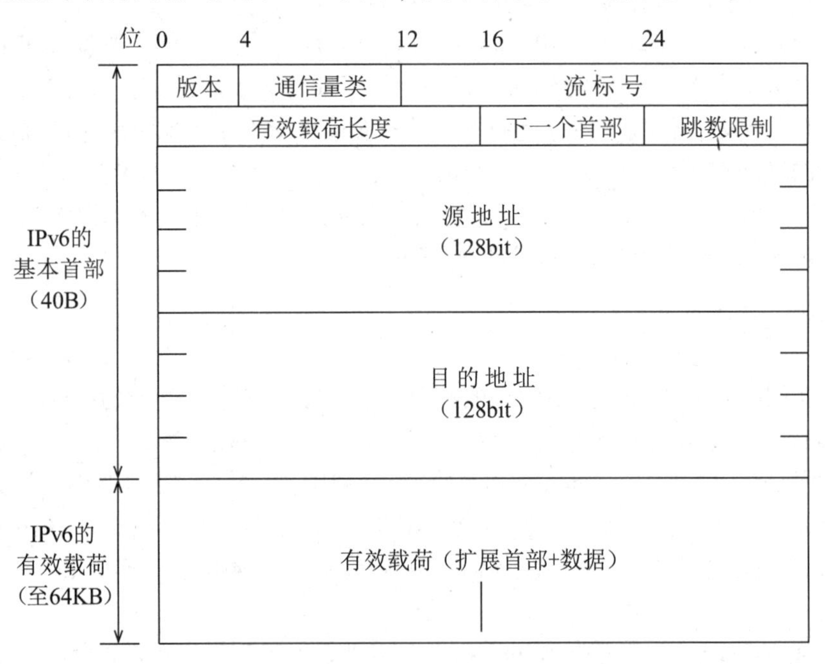

图 5-17 IPv6 数据分组基本首部的格式

版本：4bit，指明协议版本类型，对于 IPv6，该字段为 6。

通信量类：8bit，用于区分 IPv6 分组不同的数据类型或者优先级。

流标号：20bit，IPv6 支持资源的预分配，“流”是互联网上特定源点到特定终点的一系列分组，流所经过的路径上的路由器都保证指明的服务质量。所有属于一个“流”的分组都具有相同的流标号。

有效载荷长度：16bit，指明 IPv6 分组除基本首部以外的字节数，最大值为 64KB。

下一个首部：8bit，无扩展首部时，该字段的作用与 IPv4 的协议字段一致；有扩展首部时，该字段指出后面第一个扩展首部的类型。

跳数限制：8bit，用来防止分组在网络中无限期的存在。

源地址：128bit，是分组的发送站的 IP 地址。

目的地址：128bit，是分组的接收站的 IP 地址。

扩展首部：IPv6 将 IPv4 首部中选项的功能都放在扩展首部中，并将扩展首部留给路径两端的源站和目的站主机来处理，而分组途中经过的路由器不处理这些首部，这样可以有效提高路由器的处理效率。

IPv6 定义了 6 种扩展首部：逐跳选择，路由选择，分片，鉴别，封装安全有效载荷，目的站选项。每个扩展首部都是由若干字段组成的，不同的扩展字段首部的长度不一样。但所有扩展首部的第一个字段都是 8 位的"下一个首部"字段，该字段的值指出该扩展首部后面的字段是什么。

2. IPv6 的地址空间

IPv6 的地址结构如图 5-18 所示，IPv6 将 128bit 的地址空间分为两大部分。

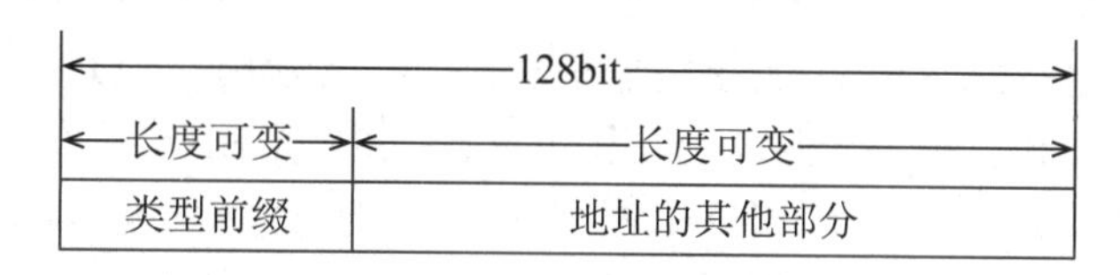

图 5-18　IPv6 的地址结构

第一部分是长度可变的类型前缀，它定义了地址的目的，如是单播地址、多播地址，还是保留地址、未指派地址等。

IPv6 分组的目的地址有如下三种基本类型。

单播：点对点通信。

多播：点对多点通信。

任播：IPv6 新增的一种类型，任播的目的站是一组计算机，但数据在交付时只交给其中一个，通常是距离最近的一个。

第二部分是地址的其余部分，其长度也是可变的。

3. IPv6 地址的基本表示方法

IPv6 地址的基本表示方法是冒号十六进制数记法，每个 16bit 的值用十六进制值表示，各个值之间用冒号分隔。

例如，某个 IPv6 的地址为 6FB7：AB32：4578：3F7F：0000：451E：560A：EFB1。

4. IPv4 向 IPv6 过渡的方法

IPv4 向 IPv6 的过渡只能采用逐步演进的方法，同时 IPv6 系统能够向下兼容，即 IPv6 系统能够接收并转发 IPv4 分组。IPv4 向 IPv6 过渡的方法有两种：使用双协议栈和使用隧道技术。双协议栈是指网络在完全过渡到 IPv6 之前，部分主机或路由器装有两个协议栈，一个 IPv6 和一个 IPv4，这类主机或路由器既可以和 IPv6 的系统通信，也可以和 IPv4 的系统通信，包括两个地址：IPv6 地址和 IPv4 地址。使用双协议栈进行通信时，双协议栈主机将 IPv6 分组和 IPv4 分组进行分组首部相互转换，也就是替换分组的首部，而数据部分保持不变，采用这种方法会损失IPv6首部中的部分信息。使用隧道技术，就是在IPv6分组进入IPv4网络时，将IPv6分组封装成IPv4分组（将IPv6分组作为IPv4中的数据部分），在IPv4网络中的隧道中传输，当离开IPv4网络时，再将数据还原为IPv6格式。采用这种方法不会造成IPv6首部中信息的丢失。

5.6 MPLS技术

5.6.1 MPLS技术概述

在标签交换技术上发展起来的多协议标签交换技术是将二层ATM交换与三层的IP路由技术的优点结合起来的一种数据传输技术。它既有IP的灵活性，又有ATM的高效性，向用户提供不同类型服务的同时又可以保证服务质量。MPLS被认为是公共骨干网上最适用的技术方案之一。

在现代数据网络中，90%以上的业务量使用互联网协议IP，因此如何实现IP的高速转发，满足用户对于网络不断提高的要求，是IP发展的重点。传统的路由查找过程是对IP分组中的目的IP地址进行最长匹配，为了完成最长匹配，必须用目的IP地址匹配路由表中的所有路由项，这项工作十分费时，且不易用硬件实现。提高路由器转发速率的途径是采用精确匹配来取代最长匹配，用类似于ATM中使用的VCI这样的字段来精确描述IP路由，这就是IP over ATM交换技术的由来。多年来，人们开发了多种通过ATM传送IP的技术，有重叠型和集成型两大类。

在重叠型IP over ATM交换技术中，互联网的核心是由ATM交换机构成的ATM交换网，IP路由器作为接入设备连接各个用户，路由器通过ATM SAR（分隔与拼接）接口接入ATM交换网。在这种网络结构中，通常根据信息流分布预先设定路由器之间的永久虚电路（PVC），有效提高ATM交换网的带宽利用率。但是这种网络拓扑也带来了一些问题。一是PVC的n2问题，由于路由器两两之间都需要建立PVC才能互相通信，因此当网络规模比较大时，每增加一个路由器，需要建立PVC的数量就很大，这将严重制约互联网的扩展能力；二是ATM交换网和IP网络是两个独立网络，各自使用自己的编址方式和工作协议，两套网络采用独立的网络设备，单独管理，增加了网络的设备成本、运营成本和管理成本；三是路由器ATM SAR接口必须进行报文分隔、拼接操作，这就限制了接口的吞吐率，吞吐率很难超过622Mbit/s。由于存在这些问题，因此重叠型IP over ATM网络无法满足用户日益增长的网络带宽需求，不能适应高速光纤传输。

在集成型IP over ATM交换技术中，ATM网络使用与IP网络相同的编址方案，简化了管理功能，MPLS技术就是一种较好的集成型IP over ATM交换技术。

MPLS技术是一种在开放的通信网上利用标记引导数据高速、高效传输的技术，其主要优点是降低了网络的复杂性，可以兼容现有的各种网络技术，降低了网络成本，在提供IP业务的同时可以保证QoS和安全性。同时，MPLS可以提供非常好的虚拟专用网（VPN）技术。

5.6.2 MPLS的基本原理

MPLS属于第三层交换，可以将数据链路层的交换技术引入网络层，实现IP交换，

MPLS 的网络拓扑结构如图 5-19 所示，其主要由两种设备构成，一种称为标签路由交换路由器（Label Switching Router，LSR），另一种称为边缘标签交换路由器（Edge _ Label Switching Router，E_LSR）。MPLS 通过 LSR 在 E_LSR 之间建立标签交换路径（Label Switching Path，LSP），E_LSR 负责连接外部的 IP 路由器。

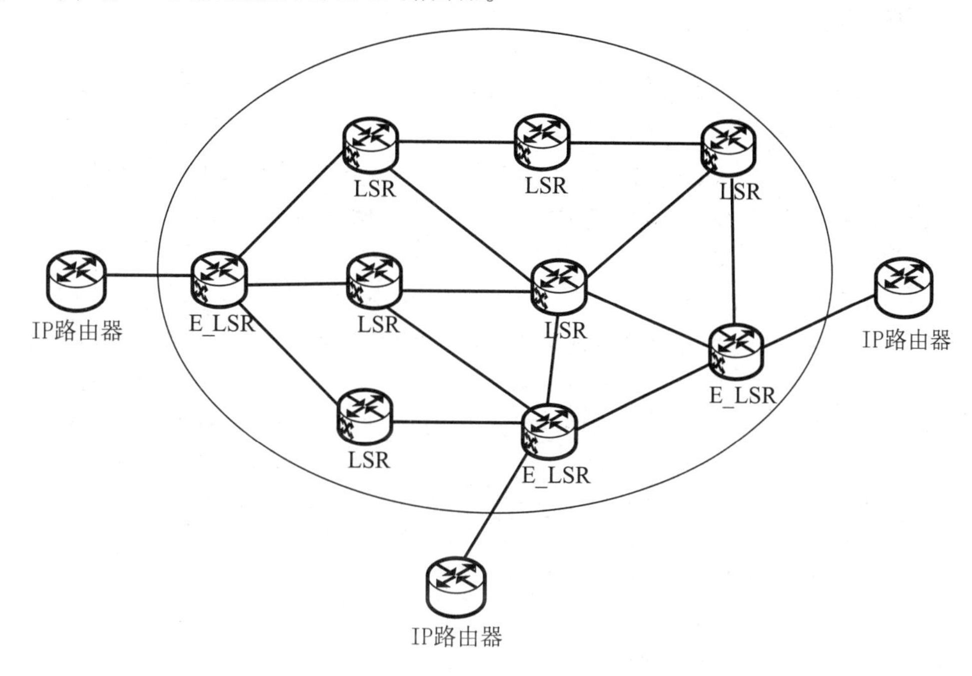

图 5-19　MPLS 的网络拓扑结构

MPLS 的 E_LSR 从外部 IP 路由器接收 IP 分组，并进行分类，根据分类将 IP 分组映射到不同的 LSP。这种分组分类可以根据 IP 分组的源端和目的端 IP 地址、源端和目的端 TCP/IP 端口号、IP 头协议字段值和 IP 头服务类型字段值等，映射到同一个 LSP 的某一类 IP 分组属于同一个转发等价类（Forwarding Equivalence Class，FEC）。E_LSR 为每个分类后的 IP 分组加上路由标签并将其封装为 MPLS 报文格式送入 MPLS 网络。

FEC 是 MPLS 的重要概念，是 MPLS 的技术基础，MPLS 实际是分类转发技术，它将有相同转发要求的分组归为一类，即 FEC，MPLS 网络对于同一个 FEC 的数据采用完全相同的处理方法，对于每个转发等价类，MPLS 网络分配相同的标签，数据在 MPLS 网络中传输，每个节点是根据标签进行转发的，这样可以极大地提高 MPLS 网络的转发性能。

LSR 对于每个接收的 MPLS 报文，通过输入标签和输出接口精确匹配转发表，找到输出接口和输出标签，使用输出标签取代输入标签，再将 MPLS 报文转发出去，这个工作过程非常类似于 ATM 交换过程。

有两种选择 LSP 物理路径的方式，一种是用现有的 IP 路由协议选择 LSP 的物理路径，另一种是显式指定 LSP 的物理路径，这种方式只需要在建立 LSP 时显式指定路由，对于通过 LSP 传输的报文不需要再携带任何显式路由信息。

目前建立 LSP 的信令协议有两种：标签分发协议（LDP）和扩展的资源预留协议（RSVP）。

5.7 光交换技术

5.7.1 光交换的必要性

从通信发展演变的历史可以看出，交换遵循传输形式的发展规律。模拟传输引入机电制交换，数字传输引入数字交换。随着传输系统普遍采用光纤通信，通信网络逐渐向全光平台发展，未来的全光网络也需要由纯光交换机来完成信号路由功能以实现网络的高速率和协议透明性。由于光网络容量持续扩展，而电交换机不能突破超过吉比特每秒速率的“电子瓶颈”，因此开发高速高性能的光交换机就成为必然的趋势。

光交换是指对光纤传送的光信号不进行任何光/电、电/光转换，在光域直接将输入的光信号交换到不同的输出端。与电子数字程控交换相比，光交换不仅无须在光纤线路和交换机之间设置光端机进行光/电、电/光转换，而且在交换过程中还能充分发挥光信号的高速、宽带和无电磁感应的优点，可以保证网络的可靠性并提供灵活的信号路由平台。这也就意味着在未来的网络中，网内信号的流动没有光/电转换的障碍，而是直接在光域内实现信号的传输、交换、复用、路由选择、监控及生存性保护，实现全光通信。

5.7.2 光交换技术的发展

光交换技术的研究始于 20 世纪 80 年代。随着通信技术的不断发展变化，光交换技术也在不断地更新和发展。

和电交换节点一样，光交换节点按功能结构可分为接口、光交换网络、信令系统和控制系统四大部分。接口完成光信号接入，包括电/光信号或光/电信号的转换、光信号的复用/分路或信号的上路/下路。信令系统负责协调光交换节点、接入设备及光节点设备间的工作。光交换网络在控制系统的控制下交换光信号，实现任意用户间的通信。在上述 4 个功能中，如何实现交换网络和控制系统的光化是光交换系统主要的研究课题。换言之，在未来光网络中究竟采取哪种光交换方式是当前争论的热点所在。

按照不同的交换对象和参照依据，光交换技术有不同的分类方法。从承载和交换用户信息的角度分，与电路交换和分组交换类似，光交换技术也有光电路交换（Optical Circuit Switching，OCS）和光分组交换（Optical Packet Switching，OPS）两种交换方式。

（1）光电路交换。

光电路交换是根据电路交换的原理发展起来的。其交换的过程类似于打电话：当用户要求发送数据时，交换网应在主叫用户终端和被叫用户终端之间接通一条物理的数据传输通路。在一次接续中，光电路交换把电路资源预先分配给一对用户固定使用，不管电路上是否在传输数据，电路都一直被占用，直到通信双方要求拆除电路连接为止。光电路交换的优点是控制简单，不必为每个 IP 包寻找路由；光通路建立后，其业务时延小，丢包率很低，能保证业务的 QoS 要求，但其缺点在于不能高效传输突发性强的 IP 业务。

（2）光分组交换。

在光域中采用统计复用技术，能高效地传输 IP 业务。光分组交换也称包交换。它将用户的一整份报文分割成若干定长的数据块。它的基本原理是“存储-转发”，是以更短的、被规格化了的“分组”为单位进行交换、传输的。光分组交换最基本的思想就是实现通信资源的共享。但光分组交换会造成较大的时延及抖动，不能满足实时通信的需要。

光交换技术根据对控制包头处理及交换粒度的不同，可分为如下 3 种。

（1）光分组交换。

光分组分为定长度的光分组头、净载荷和保护时间 3 部分。在交换系统的输入接口完成光分组读取和同步功能，同时用光纤分束器将一小部分光功率分出送入控制单元，用于完成如光分组头识别、恢复和净载荷定位等功能。光交换矩阵为经过同步的光分组选择路由，并解决输出端口竞争，输出端通过输出同步和再生模块，减少光分组的相位抖动，同时完成光分组头的重写和光分组再生。

（2）光突发交换。

数据分组和控制分组独立传送，在时间上和信道上都是分离的，它采用单向资源预留机制，以光突发作为最小的交换单元。光突发交换（OBS）克服了光分组交换的缺点，对光开关和光缓存的要求降低，并能够很好地支持突发性的分组业务，同时与光电路交换相比，它又大大提高了资源分配的灵活性和资源的利用率。然而光突发交换技术也有不足，即缺乏光随机存储器，而且光纤延迟线只能提供有限固定的时延，不能对光突发进行有效缓存，突发丢失率较高，从而导致 IP 包丢失率高。IP 包在边缘节点汇聚成数据突发，并且汇聚完成后需要等待一段时间。

（3）光标记分组交换。

光标记分组交换（OMPLS）也称 GMPLS 或多协议波长交换（MPLS）。它结合了 MPLS 技术与光网络技术。MPLS 是多层交换技术的最新进展，将 MPLS 控制平面贴到光的波长路由交换设备的顶部就具有了 MPLS 能力的光节点。MPLS 控制平面运行标签分发机制，向下游各节点发送标签，标签对应相应的波长，由各节点的控制平面进行光开关的倒换控制，建立光通道。2001 年 5 月，NTT 开发出了世界上首台全光交换 MPLS 路由器，结合 WDM 技术和 MPLS 技术，实现了全光状态下的 IP 数据包的转发。

根据光信号传输和交换时对通道或信道的复用方式，光交换技术又可分为以下 6 种。

（1）空分光交换技术。

空分光交换技术即根据需要在两个或多个点之间建立物理通道，这个通道可以是光波导也可以是自由空间的波束，信息交换通过改变传输路径来完成。空分光交换是由开关矩阵实现的，开关矩阵接点可由机械、电或光进行控制，按要求建立物理通道，使输入端任意一个信道与输出端任意一个信道相连，完成信息的交换，其中空分交换按光矩阵开关所使用的技术又分成两类，一个是基于波导技术的波导空分，另一个是使用自由空间光传播技术的自由空分光交换。

（2）时分光交换技术。

时分光交换技术就是在时间轴上将复用的光信号的时间位置 t_1 转换成另一个时间位置 t_2。时分光交换系统采用光器件或光电器件作为时隙交换器，通过光读写门对光存储器的控制完成交换动作。

（3）波分光交换技术。

波分光交换技术是指光信号在网络节点中不经过光/电转换，直接将所携带的信息从一个波长转移到另一个波长上，即信号通过不同的波长，选择不同的网络通路，由波长开关进行交换。波分光交换网络由波长复用器/去复用器、波长选择空间开关和波长互换器（波长开关）组成。

（4）光码分复用技术。

光码分复用技术是一种扩频通信技术，不同用户的信号由互成正交的不同码序列填充，只要用与发送方相同的法序列进行相关接收，即可恢复原用户信息。光码分交换技术的原理就是将某个正交码上的光信号交换到另一个正交码上，实现不同码子之间的交换。

（5）ATM 光交换技术。

ATM 光交换技术遵循 ATM 交换技术的基本原理，采用波分复用、电或光缓冲技术，由信元波长进行选路。依照信元的波长，信元被选路到输出端口的光缓冲存储器中，将选路到同一个输出端口的信元存储于输入端口公用的光缓冲存储器中，完成交换的目的。目前，ATM 光交换系统主要有两种结构：一是采用广播选择方式的超短光脉冲星型网络，具有结构简单、可靠性高和成本较低等优点；二是采用光矩阵开关的超立方体网络。ATM 光交换技术具有模块化结构、可扩展性、路由算法简单、高可靠的路由选择等优点。

（6）复合光交换技术。

复合光交换技术是指将以上几种光交换技术进行有机的结合，根据各自的特点合理使用，完成超大容量光交换的功能。例如，将空分光交换技术和波分光交换技术结合起来，总的交换量等于它们各自交换量的乘积。常用的复合光交换技术主要有空分+时分光交换、空分+波分光交换、波分+时分光交换、空分+时分+波分光交换等。

5.8 NGN 与软交换

5.8.1 NGN 概述

NGN 是 20 世纪 90 年代末期提出的一个概念，目的是将不同的网络通过 NGN 互联到一起，构成一个单一的网络。NGN 是一个非常宽泛的概念，涉及的内容十分广泛，涵盖了现代电信新技术和新思想的方方面面，包容了所有的新一代网络技术，是通信新技术的集大成者。NGN 实现了将网络中的业务功能与控制功能分开，而软交换是 NGN 中的关键技术，位于 NGN 的控制层，实现控制功能，而业务功能由业务层设备完成，NGN 的另外两层分别是承载层和接入层，分别完成信息传输和用户终端接入的功能。NGN 可以非常方便地向用户提供各种业务，NGN 支持语音、数据和多媒体业务，满足移动通信和固定通信，具有开放性和智能化的多业务网络。这些业务包括目前已有的业务和各种新业务。

5.8.2 NGN 的定义和特征

1. NGN 的定义

2004 年 2 月，ITU-T SG13 会议给出的 NGN 的基本定义：NGN 是基于分组技术的网络，能够提供包括电信业务在内的多种业务；能够利用多种宽带和具有 QoS 支持能力的传送技术；业务相关功能与底层传送技术相互独立；能够使用户自由接入不同的业务提供商；能够支持通用移动性，从而向用户提供一致的和无处不在的业务。

我国工业和信息化部电信传输研究所给出的软交换定义：软交换是网络演进及下一代分组交换网络的核心设备之一。它独立于传输网络，主要负责呼叫控制、资源分配、协议处理、路由、认证、宽带管理、计费等功能。同时，它可以向用户提供现有电信交换机所能提供的所有业务，并为第三方提供可编程能力。

2. NGN 的特征

NGN 的基本特征包括分组传送；控制功能从承载、呼叫、会话及应用业务中分离；业务提供与网络分离，提供开放接口；利用各种基本的业务组成模块，提供广泛的业务和应用（包括实时、非实时、流媒体和多媒体业务）；具有端到端的 QoS 和透明传输能力；通过开放接口与传统网络相连；具有通用移动性；允许用户自由接入不同业务提供商；支持多样标识方案，并能够将其解析为 IP 地址以用于 IP 网络路由；同一种业务具有统一的业务特性；融合固定与移动业务；业务功能独立于底层传输技术；适应所有管理要求，如应急通信、安全性和私密性等。

5.8.3 NGN 体系结构

NGN 采用分层体系结构，将网络分为业务层、控制层、承载层和接入层等几个相对独立的层面。软交换网络分层结构如图 5-20 所示。业务采用开放的 API（应用程序接口），从而实现了业务与呼叫控制分离、呼叫控制与承载分离，这样各个层可以独立发展，新业务的开发可以不受底层技术变化的影响。

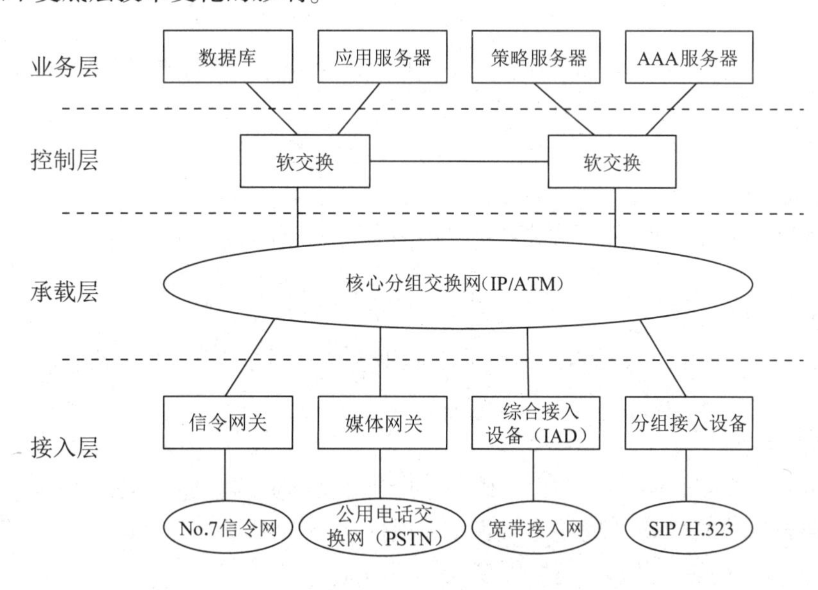

图 5-20　软交换网络分层结构

1. 各层的主要功能

接入层：为各类终端和网络提供访问 NGN 网络资源的入口功能，这些功能主要通过网关或智能接入设备完成。

承载层：主要完成信息传输，目前的共识是将分组交换技术（包括 IP 技术和 ATM 技术）作为承载层的主要传输技术。

控制层：完成呼叫控制功能，对网络中的交换资源进行分配和管理，并为业务层设备提供业务能力或特殊资源。控制层的核心就是软交换设备。

业务层：主要功能是创建、执行和管理 NGN 的各项业务，包括多媒体业务、增值业务和第三方业务等。主要设备是应用服务器和功能服务器，如媒体服务器、AAA 服务器、目录服务器等，用于提供各类业务控制逻辑，完成增值业务处理等。

2. 软交换网络的主要设备

1）媒体网关

媒体网关（Media Gateway，MG）是现有各种网络（PSTN/ISDN）与 NGN 网络连接的接口设备，主要负责将一种网络中的媒体格式转换为另一种网络所要求的媒体格式。软交换通过 MGCP/Magaco 协议对媒体网关进行控制。

媒体网关完成的主要功能是语音处理功能、呼叫处理与控制功能、资源管理功能、维护和管理功能、统计信息的收集和汇报功能，完成 H. 248 协议功能等。根据实际应用，媒体网关有中继网关、接入网关和用户驻地网关等类型。

2）信令网关

信令网关（Signaling Gateway，SG）的主要功能是完成 No. 7 信令系统和 NGN 网络之间消息的互通，主要完成信令格式的转换。信令网关的协议包含两部分：信令网关侧协议和 IP 网络侧协议。信令网关可以是独立的通信设备，也可以嵌入其他设备（软交换机或媒体网关）之中。

3）综合接入设备

综合接入设备（Integrated Access Device，IAD）是小容量的综合接入网关，提供语音、数据和视频的综合接入能力。IAD 支持以太网接入、ADSL 接入、HFC 接入等多种接入方式，以满足用户的不同需求，主要面向小区用户、商业楼宇等。

4）无线接入网关

无线接入网关负责无线用户的接入，完成无线用户的接入和语音编解码与媒体流的传送。

5）应用服务器

应用服务器（Application Server，AS）提供业务逻辑执行环境，负责业务逻辑的生成和管理。

6）媒体服务器

媒体服务器（Media Server，MS）用于提供专用媒体资源功能，包括音频信号和视频信号的播放、混合和格式转换处理功能，还完成通信功能和管理维护功能；在软交换实现多方多媒体会议呼叫时，媒体服务器还提供多点处理功能。

7）路由服务器

路由器服务器（Routing Server，RS）为软交换提供路由消息查询功能。路由服务器可以支持信息交互，可以支持 E. 164、IP 地址和 URI 等多种路由信息。

8）AAA 服务器

AAA 服务器（Authentication，Authorization and Accounting Server）主要完成用户的认证、授权和鉴权等功能。

3. NGN 接口协议

NGN 采用开放式的网络框架结构，功能模块相对独立，成为独立的网络部件，各个部件可以由不同的厂商独立开发。厂商可以根据用户需求将各个功能模块自由组合成网络，这就要求功能模块的接口必须采用开放协议，部件间的接口协议标准化可以实现各种异构网的互通。

1）软交换与媒体服务器之间的接口协议

软交换与媒体服务器之间的接口协议用于软交换对媒体网关进行承载控制、资源控制和管理，主要采用媒体控制协议，H. 248 协议作为首选协议，MGCP 作为可选协议。

2）软交换与应用服务器之间的接口协议

软交换与应用服务器之间的接口协议用于对各种增值业务的支持，主要采用 SIP（Session Initiation Protocol，会话初始协议）。

3）软交换与 AAA 服务器之间的接口协议

软交换将用户名和账号等信息发送到 AAA 服务器进行认证、鉴权和计费，采用 Radius 协议。

4）软交换与策略服务器之间的接口协议

软交换与策略服务器之间的接口协议实现对网络设备工作的动态调整，采用 COPS 协议。

5）软交换与信令网关之间的接口协议

软交换与信令网关之间的接口协议完成软交换与信令网关之间传送各种信令消息，使用信令传送协议（SIGTRAN）。

6）软交换与接入网关之间的接口协议

软交换与接入网关之间的接口采用 H. 248 协议和 MGCP 协议。

7）软交换与中继网关之间的接口协议

软交换与中继网关之间主要完成媒体网关的控制、资源控制和管理功能，采用 H. 248 协议或 MGCP 协议。

8）软交换与软交换之间的接口协议

软交换与软交换之间的接口协议实现不同软交换设备之间的交互，使用 SIP-T 协议、H. 323 协议或 BICC 协议。

9）软交换与应用网关之间的接口协议

软交换与应用网关之间的接口协议用于对各种第三方应用的访问，采用 SIP。

10）软交换与 IAD 之间的接口协议

软交换与 IAD 之间的接口可以采用 H. 248 协议和 MGCP 协议。

11）软交换与智能网的 SCP 之间的接口协议

软交换与智能网的 SCP 之间的接口协议实现对现有智能网业务的支持，使用智能网应用协议（INAP）。

12）软交换与 SIP 终端之间的接口协议

软交换与 SIP 终端之间的接口采用 SIP。

13）软交换与网关中心之间的接口协议

软交换与网关中心之间的接口协议用于实现网络管理，采用简单网络管理协议（SNMP）。

4. 软交换网络业务

1）软交换网络业务的特点

（1）多媒体业务。

随着网络技术的不断发展，人们已经不满足于通信时仅仅使用单一的媒体方式，如语音、数据等，而希望在使用一种媒体通信的同时，其他媒体可以同时进行通信，如电视电话，在语音通信的同时，通信双方可以通过视频通信，看到对方的相貌和表情等。多媒体业务通信是软交换网络最基本和最受欢迎的特性之一。

（2）日益完善的开放性。

开放性是软交换网络的基本特征，软交换可以将业务层和承载层分开，网络运营商提供基本业务，越来越多的专业化业务提供商可以利用自身优势为客户提供特殊业务，形成对网络运营商在业务运营上的有力补充，从而构建一个良好的软交换网络价值链。而这一切有赖于网络具备标准、开放的应用程序接口（Open API），为用户快速提供多元化的定制业务。

（3）提供个性化业务。

软交换网络的开放性为个性化业务提供了有力的支持，个性化业务是根据某个特定群体或个体业务的需求，有针对性地开展业务。提供个性化业务将为客户提供更优质的访问，同时为业务运营商带来了更大的利润空间。

（4）虚拟业务逐步发展。

虚拟业务是指将个人身份、联系方式和住所等都虚拟化，用户可以使用个人号码，号码可携带虚拟业务，实现任何时间、任何地点的通信。

（5）业务智能化。

软交换网络的通信终端具有多样化、智能化的特点，网络业务和终端特性相结合可以提供更加智能化的业务；用户可以根据需要将多种业务组合起来，形成新的业务；用户也可以通过业务门户对多种业务进行简单的配置，生成个性化业务；用户还可以通过网络修改业务特性。业务智能化的特性使通信与人们的生活更加紧密相关。

2）软交换网络业务的分类

按照业务特点和业务的实现方式，软交换可以分为三类：基本业务、补充业务和增强业务。

（1）基本业务。

基本业务是软交换网络提供的最普通的业务，包括基本的语音业务、传真业务和点对点多媒体业务。

① 语音业务。

语音业务是指在软交换网络中，各个终端之间的实时通话业务，语音编码协议包括 G. 711 协议、G. 723. 1 协议、G. 729 协议等，通信终端包括 SIP 终端、H. 323 终端、H. 248 终端等。

② 传真业务。

传真业务是指在软交换网络中，各个终端之间发送和接收传真的业务，采用 T. 30 和 T. 38 两种工作方式，通信终端包括 SIP 终端、H. 323 终端、H. 248 终端等。

③ 点对点多媒体业务。

点对点多媒体业务是指通信终端之间进行音频和视频交互的业务，包括 SIP 终端、H. 323 终端等。

（2）补充业务。

补充业务是指在基本业务的基础上增加用户的业务数据和业务特征并由软交换进行控制的业务。软交换除了提供 PSTN/ISDN 网络提供的各种补充业务，还可以为用户提供其他类型的补充业务。

补充业务可以分为号码显示类、呼叫前转类、多方通话类、多方视频类和姓名显示类等。

① 号码显示类业务包括主叫号码显示业务、主叫号码限制业务、被叫号码显示业务和被叫号码限制业务。

② 呼叫前转类业务包括无条件呼叫前转业务、遇忙呼叫前转业务、无应答呼叫前转业务、用户不在线呼叫前转业务、按时间段前转业务、按主叫号码前转业务、有选择的无条件呼叫前转业务、有选择的遇忙呼叫前转业务和有选择的无应答呼叫前转业务。

③ 多方通话类业务包括三方通话业务和会议呼叫业务。

④ 多方视频类业务包括视频会议业务。

⑤ 姓名显示类业务包括主叫姓名显示业务、主叫姓名显示限制业务、被叫姓名显示业务、被叫姓名显示限制业务等。

另外，补充业务还包括群振业务、依次振铃业务、个人用户号码业务、一线多号业务、一号多线业务、区别振铃业务等。

（3）增强业务。

在软交换网络中，软交换可以访问应用服务器和 Web 服务器等各种服务器，或者通过 API 访问第三方应用，为用户提供各种业务。这些业务的控制和数据功能通常由各种服务器或第三方提供，软交换仅作为呼叫控制实体。这类业务统称为增强业务。

① 点击拨号类业务。

点击拨号类业务是指用户通过计算机网络页面点击或输入被叫号码，并且输入主叫号码，从而启动两个用户的连接。

② 统一消息业务。

统一消息业务是指所有消息（语音、邮件、传真和文本等数据）由一个收信箱统一管理，用户根据需要在任何地方都可以通过电话、计算机等终端设备接收和发送消息，消息的存储和管理与用户终端无关。

③ IP Centrex 业务。

IP Centrex 业务是基于 IP 技术、构建在软交换平台上的 Centrex 服务，它继承了传统 Centrex 业务的特性，包括基本业务类、呼叫指示类、呼叫限制类、呼叫完成类和 Centrex 组网类等几大类业务功能，根据 IP 终端的特点，软交换还能够提供移动性、语音数据融合和多媒体等业务，具有更加灵活的特性。

在 NGN 环境中，软交换直接控制 IP Centrex 业务用户和提供业务用户性能。用户可以以任何方式接入，包括模拟电话、ISDN 终端，以太网、IP 终端、支持 H.323 的终端等，软交换将这些用户组成广域的商业组，并且能够和传统的 Centrex 网互通，组成更广域的 Centrex 网。

④ VPN 业务。

VPN 业务是指路由公共通信网资源为某些机关或企业提供一个逻辑上的专用网，以供这些机关或企业在逻辑专用网中开展各类通信业务。

⑤ 网络会议。

网络会议（Web Conference）业务是指通过 Web 方式发起多方会议的业务，会议参与方通过预先分配的会议号码登录并参与会议，在会议中可以同步浏览、更新会议内容；会议管理员可以增加或删除会议参与方。

⑥ 个人助理业务。

个人助理业务是指用户通过网页管理通信业务，实现个人数据的维护、业务定制、业务查询、话费查询、修改业务特征等操作。

⑦ 即时消息业务。

即时消息业务是指用户之间可以进行语音、文本和图像等信息的交流，实现在线语音聊天、即时消息传送、用户状态显示、网页推送、文件传送和协同工作等实时工作。

⑧ 记账卡类业务。

记账卡类业务允许用户在任意一个终端上进行通信，并把费用记在规定的账号上。

⑨ 被叫集中付费业务。

被叫集中付费业务是指使用该业务的用户由被叫支付费用，而主叫不支付费用。

5. 软交换网络业务的提供方式

由于软交换网络具有强大的业务开发和业务提供能力，因此软交换网络业务的开发、提供、修改能够更加快速、灵活和有效。软交换网络业务的提供方式主要有如下5类。

(1) 直接由软交换系统提供基本业务、PSTN业务、ISDN补充业务、IP Centrex业务，以及数据业务。

① 通过AG接入POTS、ISDN终端来实现。AG对V5、ISDN BRI和PRI功能的支持是可选的。

② 通过IAD接入POTS终端来实现。

③ 智能终端实现，包括软、硬终端。

④ 通过AG或IAD接入xDSL，实现宽带数据业务。

(2) 软交换系统和现有智能网的SCP进行互通，充当SSP，从而实现现有PSTN的传统智能网业务。要求软交换必须支持CINAP。

(3) 利用应用服务器实现现有的智能业务及未来的各项新型增值业务。

应用服务器与软交换连接的方式有两种，直接连接和通过PARLAY网关连接。

① 直接连接方式：使用厂家内部协议实现。

② 通过PARLAY网关连接方式：PARLAY网关与软交换连接采用INAP，有的厂家设备还支持SIP和CAMEL协议。基于PARLAY的业务平台采用了国际标准的PARLAY API，便于业务生成和移植。

(4) 基于开放业务平台为第三方提供业务，即基于PARLAY API允许第三方应用服务器接入。

(5) 与ISP/ICP或专用平台互联，提供ISP/ICP和专用平台所具有的业务，如使用SIP互通或PARLAY接口接入。

前三类业务是软交换体系本身提供的，后两类业务是第三方提供的。

5.9 IP多媒体子系统

5.9.1 IMS概述

电信技术与业务的发展及Internet的出现大大改变了通信的面貌，移动通信和固定通信都利用 Internet 和 IP 技术推出了各种业务。电信业务市场已经从提供基本通话服务的市场转化为以增值业务为基本特征的全面信息服务市场，运营商面临着从传统电信运营商向综合信息服务商的转变。

从业务层面和技术层面看，对传统电信运营商的主要冲击来自两个领域：移动业务和 IP 业务。移动网络从 2G 到 5G，其中最大的变化在于空口技术的变化，空口技术的变化直接提高了接入带宽，同时核心网分为 CS 域（电路域）和 PS 域（分组域）两个部分，CS 域负责语音业务，PS 域负责 Internet 访问业务。从 3GPP R4 版本开始，CS 域从原来的 TDM 承载变成了 IP 承载，同时引入软交换系统，实现呼叫控制和承载相分离。

随着用户需求的不断变化，单纯的语音通信和 Internet 访问业务已经不能满足要求。IMS（IP Multimedia Subsystem，IP 多媒体子系统）是 3GPP 提出的概念，目的是满足 IP 多媒体业务的需求，是基于 PS 域的一个子系统。目的在于：①希望通过 IP 的形式提供传统的电路交换服务（如语音服务）；②希望通过这个子系统实现向用户提供所有的多媒体服务。

IMS 是对 PS 核心网的一个扩展，旨在从 3GPP 的 R6 版本以后使其独立于 PS-CN，它用于 SIP 建立、保持和终止语音及多媒体进程。

IMS 是特别为实时和非实时的用户端到端的多媒体业务设计的。IMS 通过一系列的关键机制，如会话协商和管理、QoS 和移动性管理等，既可以为用户提供实时的端到端多媒体业务，如增强的语音和视频电话；又可以提供非实时的用户端到端多媒体业务（如聊天和即时消息），多用户业务（如多媒体会议和聊天室），用户端到服务器端业务（如动态 Push 业务和“一键拨”业务）。

IMS 是新一代电信核心网络，实现了宽/窄带统一接入、固定/无线统一接入，兼有融合、IP、多媒体三大特征，能够实现固定移动融合、传统语音到 ICT 融合的转型，是解决移动与固网融合，引入语音、数据、视频三重融合等差异化业务的重要方式。

5.9.2　IMS 的特点

IMS 最初来源于移动通信标准 3GPP Release 5。3GPP 是 1998 年由欧洲、日本、韩国、美国和中国的标准化机构共同成立的专门制定第三代移动通信系统标准的标准化组织。它推出的第一个规范是 R99，之后又相继推出了 R4、R5 和 R6，目前 3GPP 正在制定 R18 规范。

IMS 由 R5 引入到 3G 的体系之中，作为 3G 的核心网体系架构，旨在为 3G 用户提供各种多媒体服务。实质上 IMS 的最终目标就是使各种类型的终端都可以建立起对等的 IP 连接，通过这个 IP 连接，终端之间可以相互传递各种信息，包括语音、图片、视频等。因此，IMS 通过 IP 网络为用户提供了实时或非实时端到端的多媒体业务。

1. 接入无关性

IMS 是一个独立于接入技术的基于 IP 的标准体系，不论是对于固定用户还是移动用户，它与现存的语音和数据网络都可以互通。IMS 网络用户与网络通过 IP 连通，即通过 IP-CAN（IP Connectivity Access Network，IP 连接接入网）来连接。例如，WCDMA 的无线接入网络（RAN）及 PS 域网络构成了移动终端接入 IMS 网络的 IP-CAN，用户可以通过 PS 域的 GGSN（Gateway GPRS Support Node，全球通用分组交换节点）接入 IMS 网络。而为了支持 WLAN、WiMAX、xDSL 等不同的接入技术，会产生不同的 IP-CAN 类型。IMS 的核心控制部分与 IP-

CAN 是相独立的，只要终端与 IMS 网络可以通过一定的 IP-CAN 建立 IP 连接，终端就能利用 IMS 网络来进行通信，而不管这个终端是何种类型的终端。

IMS 使得各种类型的终端都可以建立起对等的 IP 通信，并可以获得所需的服务质量。除会话管理外，IMS 还涉及完成服务所必需的功能，如注册、安全、计费、承载控制、漫游等。

2. 基于 SIP

为了实现接入的独立性，IMS 将 SIP 作为会话控制协议，这是因为 SIP 本身是一个端到端的应用协议，和接入方式无关。此外，由于 SIP 是由 IETF 提出的使用于 Internet 上的协议，因此使用 SIP 也增强了 IMS 与 Internet 的互操作性。但是 3GPP 在制定 IMS 标准时对原来的 IETF 的 SIP 标准进行了一些扩展，主要是为了支持终端的移动特性和一些 QoS 策略的控制和实施等，因此当 IMS 的用户与传统 Internet 的 SIP 终端进行通信时，会存在一些障碍，这也是 IMS 目前存在的一个问题。

SIP 是 IMS 中唯一的会话控制协议，但这并不意味着 IMS 中只会用到 SIP，IMS 也会用到其他的一些协议，但其他的协议并不用于对呼叫的控制。如 Diameter 用于策略的管理和控制，用于 CSCF 与 HSS 之间；COPS 用于策略的管理和控制；H. 248 用于对媒体网关的控制等。

3. 针对移动通信环境的优化

因为 3GPP 最初提出 IMS 要用于 3G 的核心网中，所以 IMS 针对移动通信环境进行了充分的考虑，包括基于移动身份的用户认证和授权、用户网络接口上 SIP 消息压缩的确切规则、允许无线丢失与恢复检测的安全和策略控制机制。除此之外，很多对于运营商颇为重要的问题在体系的开发过程中得到了解决，如计费体系、策略和服务控制等。IMS 支持移动终端接入这个特点是 IMS 与软交换相比的最大优势。

4. 提供丰富的组合业务

IMS 在个人业务实现方面采用比传统网络更加面向用户的方法。IMS 给用户带来的一个直接好处就是实现了端到端的 IP 多媒体通信。传统的多媒体业务是人到内容或人到服务器的通信方式，而 IMS 是直接的人到人的多媒体通信方式。同时，IMS 具有在多媒体会话和呼叫过程中增加、修改和删除会话和业务的能力，并且具有对不同业务进行区分和计费的能力。因此对用户而言，IMS 业务以高度个性化和可管理的方式支持个人与个人及个人与信息内容之间的多媒体通信，包括语音、文本、图片和视频或这些媒体的组合。

5. 网络融合的平台

IMS 的出现使得网络融合成为可能。除了与接入方式无关的特性，IMS 还具有一个商用网络所必须拥有的一些能力，包括计费能力、QoS 控制、安全策略等，IMS 从最初提出就对这些方面进行了充分的考虑。正是因为如此，IMS 才能够被运营商接受并被运营商寄予厚望。运营商希望通过 IMS 这样一个统一的平台来融合各种网络，为各种类型的终端用户提供丰富多彩的服务，而不必再像以前那样使用传统的“烟囱”模式来部署新业务，从而减少重复投资，简化网络结构，减少网络的运营成本。

IMS 从架构上实现了业务应用层和核心控制层的分离。核心控制层扮演核心控制和用户数据存储的角色，为 IMS 用户提供网络鉴权、会话控制、漫游移动性管理、承载面 QoS 和媒体资源控制、互联互通等功能。业务应用层主要由各种不同的应用服务器与资源服务器组成，提供各种业务（如传统语音、游戏、会议、即时消息等）及相关能力（群组、媒体资源等），从而可以根据用户的需求快速进行新业务的部署。

5.9.3 IMS 与软交换的区别

软交换是由固网通信界提出的一种融合式交换技术，它是通过把呼叫控制功能与媒体网关分开的方法来实现 PSTN 与 IP 电话网通信的一种交换技术。IMS 是由移动通信界提出的，从本质上说，二者的基本思想和目标是一致的，都希望建立基于 IP 的融合与开放的网络平台。

从采用的基础技术上来看，IMS 和软交换有很大的相似性：都基于 IP 分组网；都实现了控制与承载的分离；大部分的协议都是相似或者完全相同的；许多网关设备和终端设备甚至是可以通用的。

IMS 和软交换的区别在于以下 4 个方面。

（1）IMS 和软交换的区别主要是网络架构不同。软交换网络体系基于主从控制的特点，使得其与具体的接入手段关系密切，而 IMS 由于终端与核心侧采用基于 IP 承载的 SIP，IP 技术与承载媒体无关的特性使得 IMS 可以支持各类接入方式，因此使得 IMS 的应用范围从初始的移动网逐步扩大到固定网。此外，由于 IMS 的系统架构可以支持移动性管理并且具有一定的 QoS 保障机制，因此 IMS 技术相比于软交换的优势还体现在宽带用户的漫游管理和 QoS 保障方面。

（2）在软交换控制与承载分离的基础上，IMS 更进一步地实现了呼叫控制层和业务控制层的分离。

（3）IMS 起源于移动通信网络的应用，因此充分考虑了对移动性的支持，并增加了外置数据库——归属用户服务器（HSS），用于用户鉴权和保护用户业务触发规则。

（4）IMS 将 SIP 作为呼叫控制和业务控制的信令；而在软交换中，SIP 只是可用于呼叫控制的多种协议中的一种，更多地使用媒体网关协议（MGCP）和 H.248 协议。

总之，IMS 不仅可以实现最初的 VoIP 业务，更重要的是 IMS 能更有效地对网络资源、用户资源及应用资源进行管理，提高网络的智能性，使用户可以跨越各种网络并使用多种终端，获得融合的通信体验。IMS 作为一个通信架构，开创了全新的电信商业模式，拓展了整个信息产业的发展空间。

5.9.4 IMS 的系统架构

1. 组成

IMS 的系统架构由 6 部分组成，如图 5-21 所示。

（1）业务层：业务层与控制层完全分离，主要由各种不同的应用服务器组成，除了在 IMS 网络内实现各种基本业务和补充业务（SIP-AS 方式），还可以将传统的窄带智能网业务接入 IMS 网络中（IM-SSF 方式），并为第三方业务的开发提供标准的开放应用编程接口（OSA-SCS 方式），从而使第三方应用提供商可以在不了解具体网络协议的情况下，开发出丰富多彩的个性化业务。

（2）运营支撑：由在线计费系统（OCS）、计费网关（CG）、网元管理系统（EMS）、域名系统（DNS）及归属用户服务器（HSS/SLF）组成，为IMS网络的正常运行提供支撑，包括IMS用户管理、网间互通、业务触发、在线计费、离线计费、统一的网管、DNS查询、用户签约数据存放等功能。

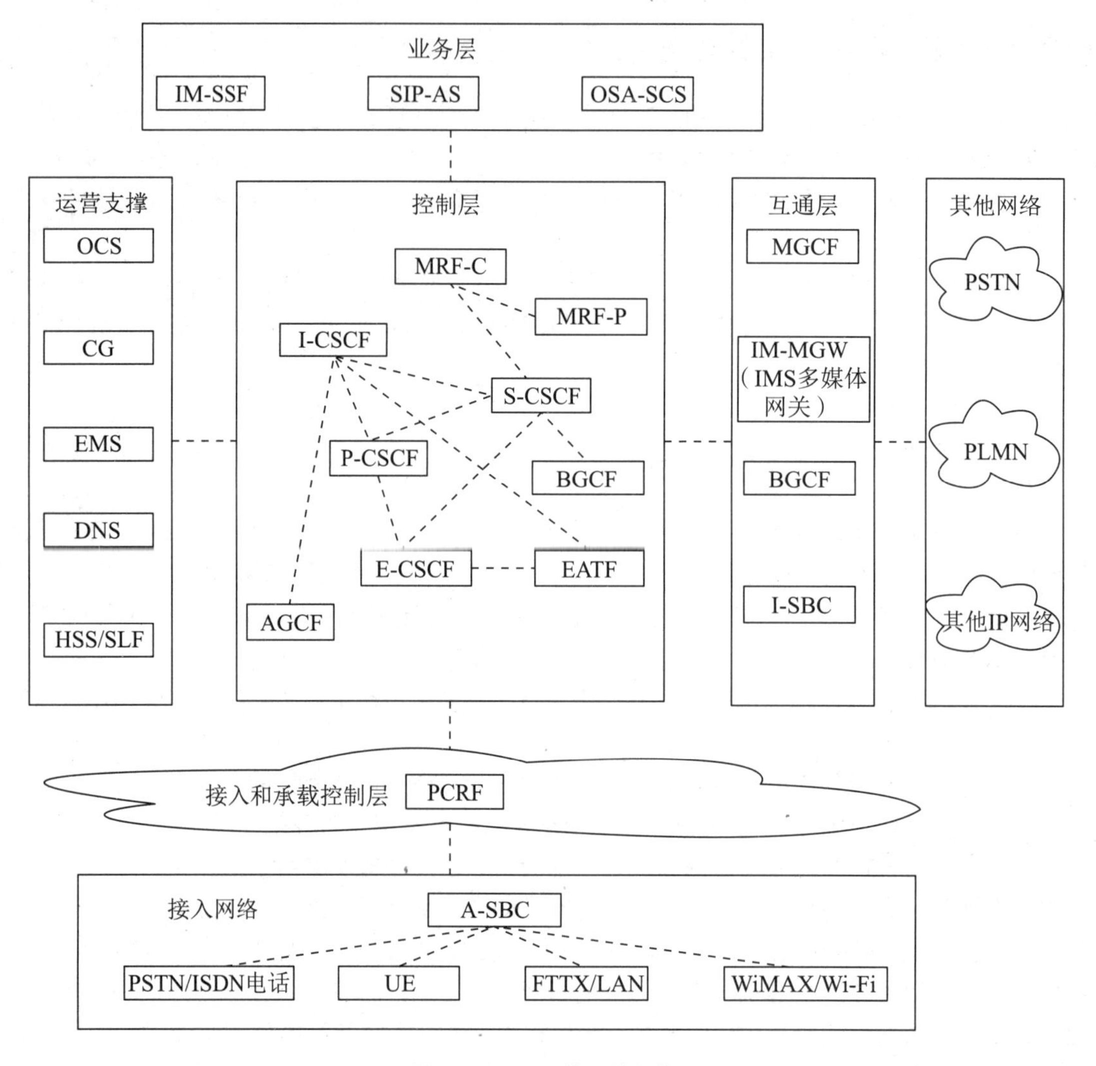

图5-21 IMS的系统架构

（3）控制层：完成IMS多媒体呼叫会话过程中的信令控制功能，包括用户注册、鉴权、会话控制、路由选择、业务触发、承载面QoS、媒体资源控制及网络互通等功能。

（4）互通层：完成IMS网络与其他网络的互通功能，包括PSTN、公共陆地移动网（PLMN）、其他IP网络等。MGCF（媒体网关控制功能）是IMS用户和CS用户之间进行通信的网关。IMS-MGW提供CS网络和IMS用户间的用户层的链路，在两种网络之间提供转码操作，可为CS用户提供信号音和提示音，受MGCF控制。BGCF（出口网关控制功能）负责选择在什么地方出局并进入CS网络。I-SBC（会话边界控制器）是其他网络接入IMS网络时的终端发起代理。其他网络用户要想接入IMS网络，就必须经过I-SBC中转。

（5）接入和承载控制层：主要由路由设备及策略和计费规则功能实体（PCRF）组成，实现IP承载、接入控制、QoS控制、用量控制、计费控制等功能。

（6）接入网络：提供 IP 接入承载，可由边界网关（A-SBC）接入多种多样的终端，包括 PSTN/ISDN 电话、UE、FTTX/LAN 及 WiMAX/Wi-Fi 等。

2. 功能实体

IMS 是一个复杂的体系，包括许多功能实体，每个功能实体都有自己的任务，各功能实体协同工作、相互配合来共同完成对会话的控制，如图 5-22 所示。下面详细介绍这些功能实体所具有的功能。

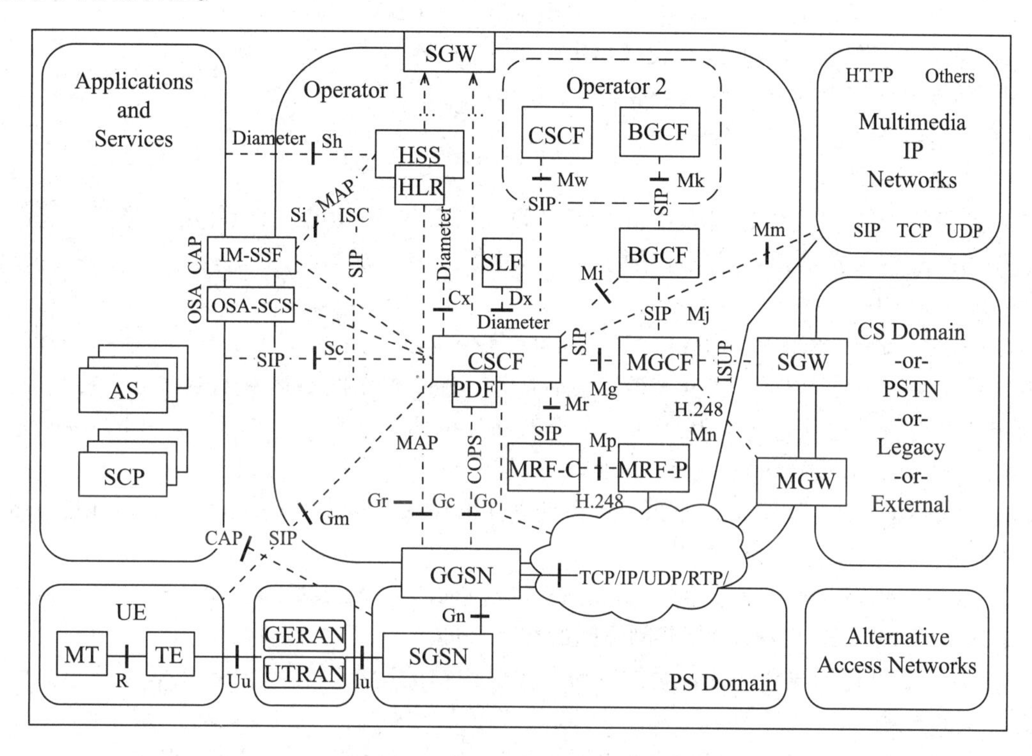

图 5-22　IMS 网络实体和协议

1）CSCF

CSCF（Call Session Control Function，呼叫会话控制功能）是 IMS 的核心，根据功能不同，CSCF 又分为 P-CSCF、I-CSCF 和 S-CSCF。

（1）P-CSCF。

P-CSCF 即 Proxy-CSCF，叫作代理呼叫会话控制功能。它是 IMS 中用户的第一个接触点，所有 SIP 信令流，无论是来自 UE（User Equipment）的，还是发给 UE 的，都必须通过 P-CSCF。正如这个实体的名字所指出的，P-CSCF 的行为很像一个代理。P-CSCF 负责验证请求，将它转发给指定的目标，并且处理和转发响应。同一个运营商的网络中可以有一个或者多个 P-CSCF。P-CSCF 执行的功能如下。

① 基于请求中 UE 提供的归属域名来转发 SIP Register（注册）请求给 I-CSCF。

② 将 UE 收到的 SIP 请求和响应转发给 S-CSCF。

③ 将 SIP 请求和响应转发给 UE。

④ 检测紧急会话建立请求。

⑤ 发送与计费有关的信息给计费采集功能（CCF）。

⑥ 提供 SIP 信令的完整性保护，并且维持 UE 和 P-CSCF 之间的安全联盟。完整性保护通过因特网协议安全（IPSec）的封装安全净载荷（ESP）提供。

⑦ 对来自 UE 和发往 UE 的 SIP 消息进行解压缩和压缩。

（2）I-CSCF。

I-CSCF（问询 CSCF）是一个网络中为所有连接到网络的某个用户的连接提供的联系点。在一个网络中可以有多个 I-CSCF。I-CSCF 执行的功能如下。

① 联系 HSS 以获得正在为某个用户提供服务的 S-CSCF 的名字。

② 基于从 HSS 处收到的能力集来指定一个 S-CSCF。

③ 转发 SIP 请求或响应给 S-CSCF。

④ 发送计费相关的信息给 CCF。

⑤ 提供隐藏功能。

I-CSCF 可能包含被称为网间拓扑隐藏网关（THIG）的功能。THIG 用于对外部隐藏运营商网络的配置、容量和网络拓扑结构。

（3）S-CSCF。

S-CSCF（服务 CSCF）是 IMS 的核心所在，位于归属网络，为 UE 进行会话控制和注册服务。当 UE 处于会话中时，CSCF 维持会话状态，并且根据网络运营商对服务支持的需要，与服务平台和计费功能进行交互。在一个运营商的网络中，可以有多个 S-CSCF，并且这些 S-CSCF 可以具有不同的功能。S-CSCF 所实现的详细功能如下。

① 按照 RFC3261 的定义，充当登记员处理注册请求。S-CSCF 了解 UE 的 IP 地址及哪个 P-CSCF 正在被 UE 用作 IMS 入口。

② 通过 IMS 认证和密钥协商（Authentication and Key Agreement，AKA）机制来认证用户。IMS 的 AKA 实现了 UE 和归属网络间的相互认证。

③ 在注册过程中或者在处理去往一个未注册用户的请求时，从 HSS 下载用户信息和与服务相关的数据。

④ 将去往用户的业务流转发给 P-CSCF，并且转发用户发起的业务流给 I-CSCF、出口网关控制功能（BGCF）或者应用服务器。

⑤ 进行会话控制。根据 RFC3261 的定义，S-CSCF 可以作为代理服务器和 UA。

⑥ 与服务平台交互，交互意味着决定何时需要将请求或者响应转发到特定的 AS 中进行进一步处理的能力。

⑦ 使用域名服务器（DNS）翻译机制将 E. 164 号码翻译成 SIP 统一资源标识符（URI）。这种翻译是必需的，因为在 IMS 中，SIP 信令的传送只能使用 SIPURI 进行。

⑧ 监视注册计时器并能在需要时解除用户注册。

⑨ 当运营商支持 IMS 紧急呼叫时，用于选择紧急呼叫中心，这是 R6 的特色。

⑩ 执行媒体修正。S-CSCF 能够检查会话描述协议（SDP）净载荷的内容，并且检查它是否包含不允许提供给用户的媒体类型和编码方案。当被提议的 SDP 不符合运营商的策略时，S-CSCF 拒绝该请求并且发送 SIP 报错消息 488 给用户。

2）HSS

归属用户服务器（HSS）是 IMS 中所有与用户和服务相关的数据的主要数据存储器。存储在 HSS 中的数据主要包括用户身份、注册信息、接入参数和服务触发信息。

用户身份包括两种类型：私有用户身份和公共用户身份。私有用户身份是由归属网络运营商分配的用户身份，用于注册和授权等用途。而公共用户身份用于其他用户向该用户发起通信请求。IMS 接入参数用于会话建立，它包括诸如用户认证、漫游授权和分配 S-CSCF 的名字等。服务触发信息使 SIP 服务得以执行。HSS 也提供各个用户对 S-CSCF 能力方面的特定要求，这个信息被 I-CSCF 用来为用户挑选最合适的 S-CSCF。

在一个归属网络中可以有不止一个 HSS，这取决于用户的数目、设备容量和网络的架构。在 HSS 与其他网络实体之间存在多个参考点。

3）SLF

SLF（订购关系定位功能）是一种地址解析机制，当网络运营商部署了多个独立可寻址的 HSS 时，这种机制使 I-CSCF、S-CSCF 和应用服务器能够找到拥有该点用户身份的订购关系数据的 HSS 地址。

4）MRF-C

MRF-C（Multmedia Resource Function-Controller，多媒体资源功能控制器）用于支持和承载相关的服务，如会议、对用户公告、进行承载代码转换等。MRF-C 解释从 S-CSCF 收到的 SIP 信令，并且使用媒体网关控制协议指令来控制 MRF-P（Multmedia Resource Function-Processor，多媒体资源功能处理器）。MRF-C 还能发送计费信息给 CCF 和 OCS。

5）MRF-P

MRF-P 提供被 MRF-C 所请求和指示的用户平面资源。MRF-P 具有如下功能。

（1）在 MRF-C 的控制下进行媒体流及特殊资源的控制。

（2）在外部提供 RTP/IP 的媒体流连接和相关资源。

（3）支持多方媒体流的混合功能（如音频/视频多方会议）。

（4）支持媒体流发送源处理的功能（如多媒体公告）。

（5）支持媒体流的处理功能（如音频的编解码转换、媒体分析）。

6）MGCF

MGCF（媒体网关控制功能）是使 IMS 用户和 CS 用户之间可以进行通信的网关。所有来自 CS 用户的呼叫控制信令都指向 MGCF，它负责进行 ISDN 用户部分（ISUP）或承载无关呼叫控制（BICC）与 SIP 之间的转换，并且将会话转发给 IMS。类似地，所有 IMS 发起的到 CS 用户的会话也经过 MGCF。MGCF 还控制与其关联的用户平面实体——多媒体网关（MGW）中的媒体通道。另外，MGCF 能够报告计费信息给 CCF。

7）MGW

MGW 提供 CS 网络和 IMS 之间的用户平面链路，它直接受 MGCF 的控制。它终结来自 CS 网络的承载信道和来自骨干网（例如，IP 网络中的 RTP 流或者 ATM 骨干网中的 AAL2/ATM 连接）的媒体流，执行这些终结之间的转换，并且在需要时为用户平面进行代码转换和信号处理。另外，MGW 能够提供音调和公告给 CS 用户。

8）PDF

PDF 根据 AF（Application Function，如 P-CSCF）的策略建立信息来决定策略。PDF 的基本功能如下。

（1）支持来自 AF 的授权建立处理及向 GGSN 下发 SBLP 策略信息。

（2）支持来自 AF 或者 GGSN 的授权修改及向 GGSN 更新策略信息。

（3）支持来自 AF 或者 GGSN 的授权撤销及策略信息删除。

（4）为 AF 和 GGSN 进行计费信息交换，支持 ICID 交换和 GCID 交换。

（5）支持策略门控功能，控制用户的媒体流是否允许经过GGSN，以便为计费和呼叫保持/恢复补充业务进行支撑。

（6）指示授权请求处理及呼叫应答时授权信息的更新。

9）BGCF

BGCF负责选择到CS域的出口的位置。所选择的出口既可以与BGCF位于同一个网络，又可以位于另一个网络。如果这个出口与BGCF位于同一个网络，那么BGCF选择MGCF进行进一步的会话处理；如果这个出口位于另一个网络，那么BGCF将会话转发到相应网络的BGCF。另外，BGCF能够报告计费信息给CCF，并且收集统计信息。

10）SGW

SGW（信令网关）用于不同信令网的互联，其作用类似于软交换系统中的信令网关。SGW在基于No.7信令系统的信令传输和基于IP的信令传输之间进行传输层的双向信令转换。SGW不对应用层的消息进行解释。

11）AS

AS（应用服务器）是为IMS提供各种业务逻辑的功能实体，与软交换体系中的应用服务器的功能相同。

12）GPRS实体

（1）SGSN。

GPRS服务支持节点SGSN连接RAN和分组核心网。它负责为PS域进行控制和提供服务处理功能。控制部分包括两大主要功能：移动性管理和会话管理。移动性管理负责处理UE的位置和状态，并且对用户和UE进行认证。会话管理负责处理连接接纳控制和处理现有数据连接中的任何变化，它也负责监督管理3G网络的服务和资源，而且负责对业务流进行处理。SGSN作为一个网关，负责用隧道来转发用户数据，即它在UE和GGSN之间中继用户业务流。作为这个功能的一部分，SGSN也需要保证这些连接接收到适当的QoS。另外，SGSN还会生成计费信息。

（2）GGSN。

GGSN（GPRS网关支持节点）提供与外部分组数据网之间的配合。GGSN的主要功能是提供UE与外部数据网之间的连接，而基于IP的应用和服务位于外部数据网之中。例如，外部数据网可以是IMS或者Internet。换句话说，GGSN将包含SIP信令的IP包从UE转发到P-CSCF。另外，GGSN负责将IMS媒体IP包向目标网络转发，如目标网络的GGSN，所提供的网络互连服务通过接入点来实现，接入点与用户希望连接的不同网络相关。在大多数情况下，IMS有其自身的接入点。当UE激活到一个接入点（IMS）的承载（PDP上下文）时，GGSN分配一个动态IP地址给UE。这个IP地址在IMS注册并和UE发起一个会话时，作为UE的联系地址。另外，GGSN还负责修正和管理IMS媒体业务流对PDP上下文的使用，并且生成计费信息。

5.9.5 IMS中的接口

IMS中各个功能实体之间需要进行通信，IMS定义了这些功能实体之间的接口，下面将对这些接口和接口上使用的协议进行介绍。

1. Gm接口

Gm接口用于连接UE与IMS网络，IMS中相对应的部分是P-CSCF。Gm接口采用SIP，传输 UE 与 IMS 之间的所有 SIP 消息，主要功能包括 IMS 用户的注册和鉴权、IMS 用户的会话控制。

2. Mw 接口

Mw 接口用于连接不同的 CSCF，采用 SIP，该接口的主要功能是在各类 CSCF 之间转发注册信息、控制信息及其他 SIP 消息。

3. Cx 接口

用户和服务数据永久地储存在 HSS 中。这些集中化的数据会在用户注册或者收到会话请求时被 I-CSCF 和 S-CSCF 使用。CSCF 和 HSS 间的接口称为 Cx 接口，使用 Diameter 协议。接口上的流程被分为三大类：位置管理、用户档案处理和用户认证。一般来讲，这里的描述只包括成功的情况，不包括出错的情况。结果信息数据元可以被用来携带请求失败的原因信息。如果有错误发生，那么应答消息通常情况下不会进一步携带其他信息数据元。

4. Dx 接口

Dx 接口用于 CSCF 和 SLF 之间的通信，采用 Diameter 协议，通过该接口可以确定用户签约数据所在的 HSS 的地址。

5. Mg 接口

Mg 接口用于 I-CSCF 与 MGCF 之间的通信，采用 SIP。当 MGCF 收到 CS 域的会话信令后，它将该信令转换成 SIP 信令，通过 Mg 接口将 SIP 信令转发到 I-CSCF。

6. Mn 接口

Mn 接口用于 MGCF 与 MGW 之间的通信，采用 H. 248 协议。该接口的主要功能如下。

（1）灵活地连接处理，支持不同的呼叫模型和不同的媒体处理。

（2）MGW 物理节点上资源的动态共享。

7. Mi 接口

Mi 接口用于 CSCF 与 BGCF 之间的通信，采用 SIP。该接口的主要功能是在 IMS 网络和 CS 域互通时，在 CSCF 和 BGCF 之间传递会话控制信令。

8. Mj 接口

Mj 接口用于 BGCF 与 MGCF 之间的通信，采用 SIP。该接口的主要功能是在 IMS 网络和 CS 域互通时，在 BGCF 和 MGCF 之间传递会话控制信令。

9. Mk 接口

Mk 接口用于 BGCF 与 BGCF 之间的通信，采用 SIP。该接口主要用于 IMS 用户呼叫 PSTN/CS 用户，而其互通节点 MGCF 与主叫 S-CSCF 不在 IMS 域时，与主叫 S-CSCF 在同一个网络中的 BGCF 将会话控制信令转发到互通节点 MGCF 所在网络的 BGCF。

10. Mm 接口

Mm 接口用于 CSCF 与其他 IP 网络之间的通信，负责接收并处理一个 SIP 服务器或终端的会话请求。

11. Go 接口

Go 接口用于 PDF 与 GGSN 之间的通信，采用 COPS 协议。该接口的主要功能如下。

（1）在会话建立过程中，策略执行点 PEF（GGSN）向策略决策点 PDF 请求 QoS 承载资源的授权，策略决策点 PDF 向策略执行点 PEF（GGSN）下发 QoS 控制策略授权结果，指示其在接入网内执行接入技术的指定策略控制和资源预留。

（2）在资源预留成功且会话接通后，PDF 通知 PEF 最终执行 QoS 策略，并打开 Gate 控制。

（3）在会话结束后，PDF 将释放该策略。

12. Mr 接口

Mr 接口用于 CSCF 与 MRC-F 之间的通信，采用 SIP。该接口的主要功能是 CSCF 传递来自 SIPAS 的资源请求消息到 MRF-C，由 MRF-C 最终控制 MRF-P 来完成与 IMS 终端用户之间的用户平面承载建立。

13. Mp 接口

Mp 接口用于 MRF-C 与 MRF-P 之间的通信，采用 H. 248 协议。MRF-C 通过该接口控制 MRF-P 处理媒体资源，如放音、会议、DTMF（Dual Tone Multi Frequency，双音多频）收发等资源。

14. ISC 接口

ISC 接口用于 CSCF 与应用服务器之间的通信，采用 SIP。该接口用于传送 CSCF 与应用服务器之间的 SIP 信令，为用户提供各种业务。

5.9.6 IMS 中的主要协议

IMS 的核心功能的实体之间均采用 SIP 作为其呼叫和会话的控制信令，如图 5-23 所示。在 P-CSCF、I-CSCF、S-CSCF 之间，S-CSCF 与应用服务器、MRF-C、MGCF、BGCF 之间，MCCF 与 BGCF 之间，以及 UE 与 P-CSCF 之间均采用 SIP。除了 SIP，还有很多协议也在 IMS 中扮演着重要角色，其中 Diameter 协议被应用于 HSS 和 S-CSCF、I-CSCF 之间，作为 IMS 的 AAA 协议；COPS 协议被用于策略决策点（PDP）和策略执行点（PEP）之间的策略传输；H. 248 协议则被用于控制媒体网关和媒体资源功能。下面简要介绍这些协议。

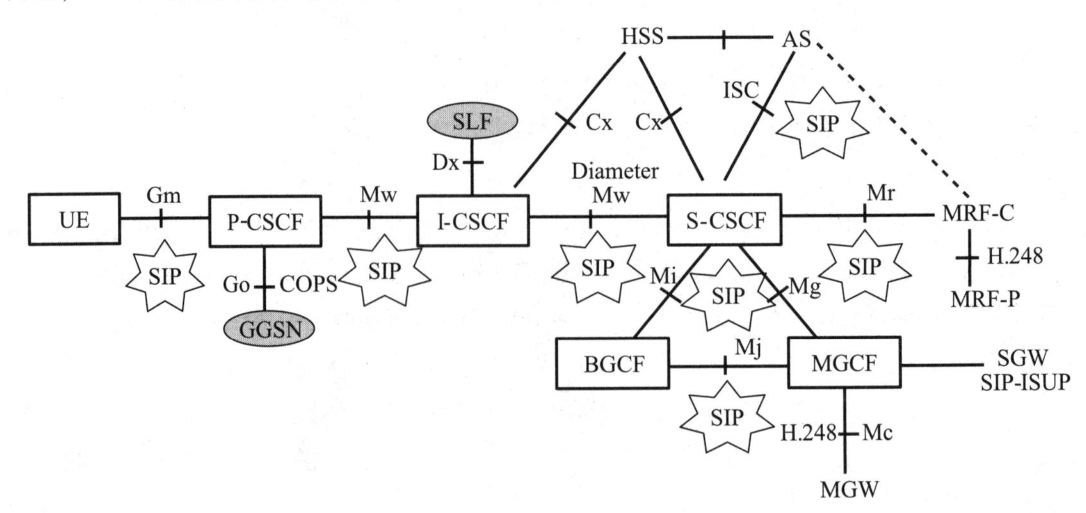

图 5-23 SIP

（1）SIP。

SIP 是基于因特网两个最成功的服务 Web 和 E-mail 进行设计的，借鉴了 Internet 的标准和协议设计思想，坚持简洁、开放和可扩展、可重用性的原则，为组建多媒体通信网络、多媒体业务提供了一种可以将简单的应用融合到复杂的服务中去的方法。SIP 采用了模块化结构，通过请求/应答的方式建立和控制各种类型的点对点媒体会话。SIP 在 IETF 中定义为 RFC3261，在 3GPP 中做了扩展，主要包括 RFC3455、RFC3311、RFC3262、RFC 3325 等 20 多个文档。

SIP 可用于大部分 IMS 接口，基于文本方式，遵循应用层三次握手原则（INVITE，200 OK，ACK），功能是使用 INVITE、NOTIFY、BYE、SUBSCRIBER、UPDATE、REFER 等命令完成呼叫的路由和接续。使用简单灵活，升级、扩展方便。SIP 由 SIP 基本协议和一系列针对移动业务的 SIP 扩展协议组成。

（2）IMS 中的 SIP 典型流程。

由 PSTN 发起的呼叫经过以下步骤到达 IMS 中的第一个媒体网关控制功能（MGCF）。

步骤 1：No. 7 号信令初始地址消息（IAM）。

PSTN 建立一个到达 MGW 的目的路径，并用 SS7 IAM 消息发起一个到 T 信令网关（T-SGW）的信令，这里需要给出中继身份和目的地的相关信息。

步骤 2：IP IAM。

将 T-SGW 接续 No. 7 消息压缩成 IP 包送给 MGCF。

步骤 3：H. 248 交互作用。

MGCF 发起了一个 H. 248 命令来获知中继和 IP 端口。

步骤 4：INVITE（PSTN-O 到 S-S）。

MGCF 发起了一个 INVITE 请求，包括一个初始的会话描述协议（Session Description Protocol，SDP），就像每个特有的 S-CSCF 到 S-CSCF 过程一样。

步骤 5：100Trying（S-S 到 PSTN-O）。

MGCF 收到一个 100Trying 临时响应，和 S-CSCF 到 S-CSCF 过程指定的一样。

步骤 6：183 Session Process（S-S 到 PSTN-O）。

在每一个 S-CSCF 到 S-CSCF 过程中，媒体流的目的性能将在 183 Session Process 临时响应中的信道上被返回。

步骤 7：PRACK（PSTN-O 到 S-S）。

MGCF 决定这个会话的最终媒体流形式，并且把这个信息包含在 PRACK 请求中，发送到每个 S-CSCF 到 S-CSCF 过程的目的地。

步骤 8：200 OK（S-S 到 PSTN-O）。

目的地用一个 200 OK 来响应 PRACK 请求。

步骤 9：H. 248 交互。

MGCF 发起一个 H. 248 命令来修改连接参数，指示 MGW 预留会话所需的资源。

步骤 10：预留资源。

MGW 预留会话所需的资源。

步骤 11：COMET（PSTN-O 到 S-S）。

当资源预定完成以后，MGCF 发送 COMET 请求到每个 S-CSCF 到 S-CSCF 过程的终端点。SDP 将指出资源预留成功。

步骤 12：200 OK（S-S 到 PSTN-O）。

日的终端用一个 200 OK 响应 COMET 请求。

步骤 13：180Ringing（S-S 到 PSTN-O）。

目的终端可以随意地发信号。如果是这样，那么用一个 180Ringing 临时响应来发送信号给呼叫发起方。这个响应被送到每个 S-CSCF 到 S-CSCF 过程的 MGCF。

步骤 14：PRACK（PSTN-O 到 S-S）。

MGCF 用一个 PRACK 请求来响应 180Ringing 临时响应。

步骤 15：200 OK（S-S 到 PSTN-O）。

目的终端用一个 200 OK 来响应 PRACK 请求。

步骤 16：IP-ACM。

如果信号已经发送，那么 MGCF 将接着向前发送一个 IP-ACM 地址全消息给 T-SGW。

步骤 17：ACM。

如果信号已经发送，那么 T-SGW 将会继续向前发送一个 No. 7ACM 消息。

步骤 18：200 OK（S-S 到 PSTN-O）。

当呼叫发起方响应时，S-S 过程将会发送一个最终的响应 200 OK 给 MGCF 来终结。

步骤 19：IP-ANM。

MGCF 继续向前发送一个 IP-ANM 应答消息给 T-SGW。

步骤 20：ANM。

T-SGW 继续向前发送一个 ANM 地址全消息给 PSTN。

步骤 21：H. 248 交互。

MGCF 发起一个 H. 248 命令来改变 MGW 的连接，使它变成双向的。

步骤 22：ACK（PSTN-O 到 S-S）。

MGCF 用 ACK 请求确认 200 OK 最终响应。

IMS 的提出顺应了通信网络发展的趋势，在未来的全 IP 网络中，IMS 将会是最为重要的部分。IMS 的提出最大限度地保护了电信运营商的利益，它完全兼容目前的移动网与固定网，使当前的网络能平滑过渡到下一代网络中。另外，IMS 还提出了完全开放的业务架构，打破原有网络封闭的业务提供模式，既可以使电信运营商快速地接入新业务，又可以为业务提供商创造一个开放、公平的竞争环境，有力地促进了电信业务的繁荣发展。

（3）Diameter 协议（AAA 协议）。

传统意义上，AAA 协议是指网络的鉴权（Authentication 授权和记账）。AAA 协议之所以重要，是因为其能够提供网络所需的接入控制和保护，使网络运营商实现对终端用户业务的收费。IMS 将 Diameter 协议作为其 AAA 协议。

Diameter 由远程拨入用户认证服务（RADIUS、RFC2865）演化而来，后者广泛应用于因特网中，为众多的用户接入技术提供 AAA 服务（比如拨号和终端服务器接入环境）。

Diameter 包含了一个基本协议（RFC3588）和若干作为补充的 Diameter 应用。前者用于传递 Diameter 数据单元、协商能力集、处理错误并提供可扩展性，后者则是将 Diameter 适用于某种特定环境的定制或扩展方式，并且前者为后者提供了两种基本服务：认证和/或授权及计费。IMS 中主要使用了 Diameter 的两种应用，即用于用户会话控制的 Diameter SIP 应用和提供在线计费功能的 Diameter 信用控制应用。Diameter SIP 应用定义了一个被 SIP 服务器用来实现用户认证及对不同 SIP 资源进行授权的应用，应用于 IMS 的 Cx 接口、Dx 接口、Sh

接口和 Dh 接口。Diameter 信用控制应用用于各种不同业务的实时信用和成本控制，用于 Ro 接口。

（4）COPS 协议。

在 IMS 中，COPS（Common Open Policy Service，公共开放策略服务）协议用于在策略决策点（PDP）和策略执行点（PEP）之间传输策略。COPS 协议用于策略的总体管理、配置和实施，它为策略服务器与客户端之间交换策略信息而定义了一种简单的查询和响应协议。协议采用客户端/服务器模型，其中 PEP 向 PDP 发送请求，PDP 相应地将策略决策返回给 PEP。IMS 利用 COPS 协议传输与策略相关的信息，但是它并不是只用一个单独的模型，而是使用一种混合的 COPS 外购和配置（COPS-PR）模型。COPS-PR 扩展定义了 COPS 的策略提供功能，且独立于所提供的策略。COPS-PR 中的数据模型基于策略信息库（PIB）概念，后者与简单网络管理协议（SNMP）的管理信息库（MIB）极为相似，用于标识策略提供的数据。

（5）H. 248。

H. 248 用于会话控制层对媒体面的控制接口，包括 Mn 接口和 Mp 接口等。

（6）RTP/RTCP。

RTP/RTCP 是媒体面信令，用于传输各类媒体流。

5. 10　软件定义网络

5. 10. 1　传统网络架构的不足

传统网络分为管理平面、控制平面和数据平面。管理平面主要包括设备管理系统和业务管理系统，设备管理系统负责网络拓扑、设备接口、设备特性的管理，同时可以给设备下发配置脚本。业务管理系统用于对业务进行管理，比如业务性能监控、业务告警管理等。控制平面负责网络控制，主要功能为协议处理与计算，比如路由协议用于路由信息的计算、路由表的生成。传统网络通常部署网管系统作为管理平面，而控制平面和数据平面分布在每个设备上运行。传统网络架构如图 5-24 所示。

传统网络架构对流量路径的调整需要通过在网元上配置流量策略来实现，但对于调整大型网络的流量来说，不仅烦琐，而且很容易出现故障；当然也可以通过部署 TE 隧道来实现流量调整，但由于 TE 隧道较为复杂，因此对维护人员的技能要求很高。

传统网络协议较复杂，有 IGP、BGP、MPLS、组播协议等，而且还在不断增加。设备厂家除标准协议外，都有一些私有协议扩展，不仅设备操作命令繁多，而且不同厂家设备的操作界面差异较大，运维复杂。

传统网络中设备的控制面是封闭式的，不同厂家设备的实现机制也可能有所不同，所以一种新功能的部署可能会导致出现部署周期较长的现象；另外如果需要对设备软件进行升级，那么还需要在每台设备上进行操作，大大降低了工作效率。

传统网络的局限性表现在：流量路径的灵活调整能力不足；网络协议实现复杂，运维难度较大；网络新业务升级速度较慢。

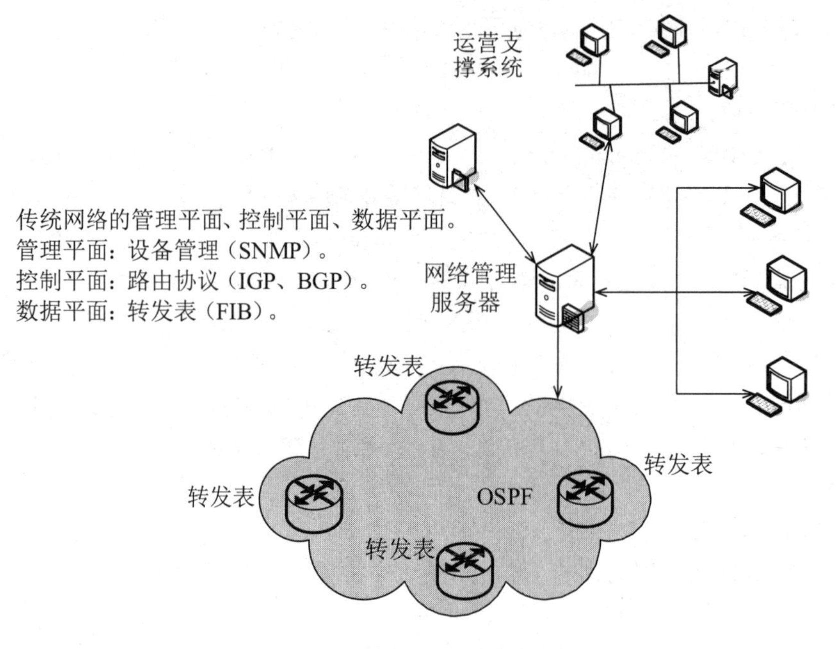

图 5-24　传统网络架构

5.10.2　软件定义网络概述

1. 软件定义网络的概念

软件定义网络（Software Defined Network，SDN）是由美国斯坦福大学 clean slate 研究组提出的一种新型网络创新架构，其核心理念是希望应用软件参与对网络的控制管理，满足上层业务需求，通过自动化业务部署简化网络运维。

2. 软件定义网络的特征

SDN 有三个主要特征。

（1）数据转发和控制分离。将基础硬件与业务实现分离，其硬件仅负责数据转发和存储，可带来的好处：①可以采用相对廉价的通用设备构建网络基础设施；②将控制与转发分离后，更有利于网络的集中控制，使得控制层获得网络资源的全局信息，并根据业务需求进行资源的全局调配和优化，如流量工程、负载均衡等；③集中控制可以使整个网络在逻辑上被视作一台设备进行运行和维护，无须对物理设备进行现场配置，进而提升了网络控制的便捷性。

（2）网络虚拟化。通过南向接口的统一和开放，屏蔽了底层物理转发设备的差异，实现了底层网络对上层应用的透明化。逻辑网络和物理网络分离后，逻辑网络可以根据业务需要进行配置、迁移，不再受具体设备物理位置的限制。

（3）开放接口。通过开放的南向接口和北向接口，能够实现应用和网络的无缝集成，可使应用告知网络如何运行，以更好地满足应用的需求，比如网络的带宽、时延需求、计费对路由的影响等。另外，支持用户基于开放接口自行开发网络业务并调用资源，加快新业务的上线。

SDN 的最大价值是提高了全网资源的使用效率，提升了网络虚拟化能力，加速了网络创新。集中部署的控制层可以完成拓扑管理、资源统计、路由计算、配置下发等功能，获得全网资源的使用情况，隔离不同用户间的虚拟网络。应用层通过开放的北向接口获取网络信息，采用软件算法优化、网络资源调度，提高全网的使用率和网络质量，同时将虚拟网络配置的能力开放给用户，满足用户按需调整网络的需求，实现网络服务虚拟化。分层的架构加速了各层分别进行创新。

3. SDN 网络体系架构

SDN 把原来分布式控制的网络架构创新为集中控制的网络架构，是对传统网络架构的一次重构。SDN 网络体系架构由三层构成，如图 5-25 所示。

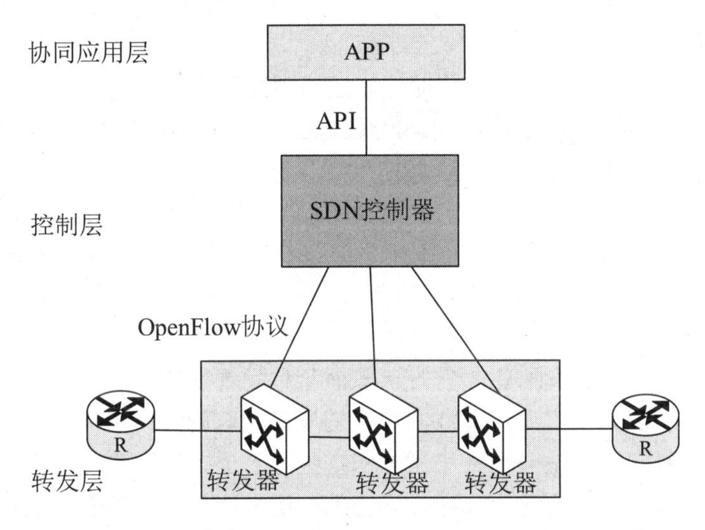

图 5-25　SDN 网络体系架构

（1）协同应用层。协同应用层主要是体现用户意图的各种上层应用程序，此类应用程序称为协同应用层程序，典型的应用包括运营支撑系统（Operation Support System，OSS）、Openstack 等。与传统的 IP 网络类似，SDN 网络架构包含了转发平面、控制平面和管理平面，只是传统的 IP 网络是分布式控制的，而 SDN 网络架构是集中控制的。

（2）控制层。控制层是系统的控制中心，负责网络的内部交换路径和边界业务路由的生成，并负责处理网络状态变化事件。

（3）转发层。转发层主要由转发器和连接器构成基础转发网络，这一层负责执行用户数据的转发，转发过程中所需的转发表项是由控制层生成的。

4. SDN 架构下的接口

（1）南向接口：是控制平面和数据平面之间的接口（CDPI），主要功能是转发行为控制、设备性能查询、统计报告、事件通知等。

ONF（开放网络基金会）体系架构：标准化的南向接口协议（OpenFlow），不依赖于底层具体厂商的交换设备。

ONF 是一家非营利的组织机构，成立于 2011 年，致力于 SDN 的发展和标准化，是 SDN 标准组织。ONF 的成员涵盖运营商、网络设备厂商、IT 厂商、互联网服务提供商等不同领域。ONF 的成员人数目前为 90 多个。

南向接口的关键技术包括转发面开放协议：允许控制器控制交换机的配置及相关转发行为；ONF 定义的转发面开放协议为 OpenFlow 协议。

（2）北向接口：是应用平面与控制平面之间的接口（NBI），向应用层提供抽象的网络视图，使应用能直接控制网络的行为。属于开放的、与厂商无关的接口。

北向接口的关键技术为 SDN 北向接口的设计，将网络能力封装后开放接口，供上层业务调用，典型代表是 REST API。

5. SDN 的核心思想

SDN 的核心思想主要有解耦（Decoupling）、抽象（Abstraction）、可编程（Programable）等方面。

1）数据平面与控制平面的解耦

解耦是实现网络逻辑集中控制的前提。通过解耦控制平面来负责上层的控制决策，数据平面负责数据的交换转发，双方遵循一定的开放接口进行通信。解耦便于两个平面独立完成体系结构和技术的发展演进，有利于网络的技术创新与发展。

当然，解耦也带来了问题与挑战，主要表现在：①随着网络规模的扩大，单一控制器将成为网络性能的瓶颈；②如何保持分布式网络节点状态的一致性是一个重要的挑战；③响应延迟可能导致数据平面的可用性问题。

2）网络功能的抽象

ONF 网络架构可实现转发抽象、分布状态抽象和配置抽象。具体讨论如下。

（1）转发抽象：隐藏了底层的硬件实现，转发行为与硬件无关。

（2）分布状态抽象：屏蔽分布式控制的实现细节，为上层应用提供全局网络视图。

（3）配置抽象：网络行为的表达通过网络编程语言实现，将抽象配置映射为物理配置。

（4）Overlay 网络架构实现对基础网络设施的抽象。

3）网络可编程

网络可编程不仅是传统网络的管理接口，如 CLI、SNMP 等，还体现在网络管理者需要基于整个网络的可编程。目前对网络可编程的相关研究主要体现在主动网络（Active Networking）、控制面和数据面分离、OpenFlow 和网络操作系统等方面。

SDN 可编程接口主要有如下三个。

北向接口：如 REST（Representational State Transfer）API，RESTCONF 协议。

南向接口：OpenFlow、OF-Config、NETCONF、OVSDB、XMPP、PCEP、I2RS、OPFlex 等协议。

东西向接口：负责控制器之间的通信，未形成统一标准。

SDN 可编程接口如图 5-26 所示。

数据平面可编程技术主要有 Intel 主导的 DPDK、斯坦福大学主导的 P4（Programming Protocol-independent Packet Processors）语言等。

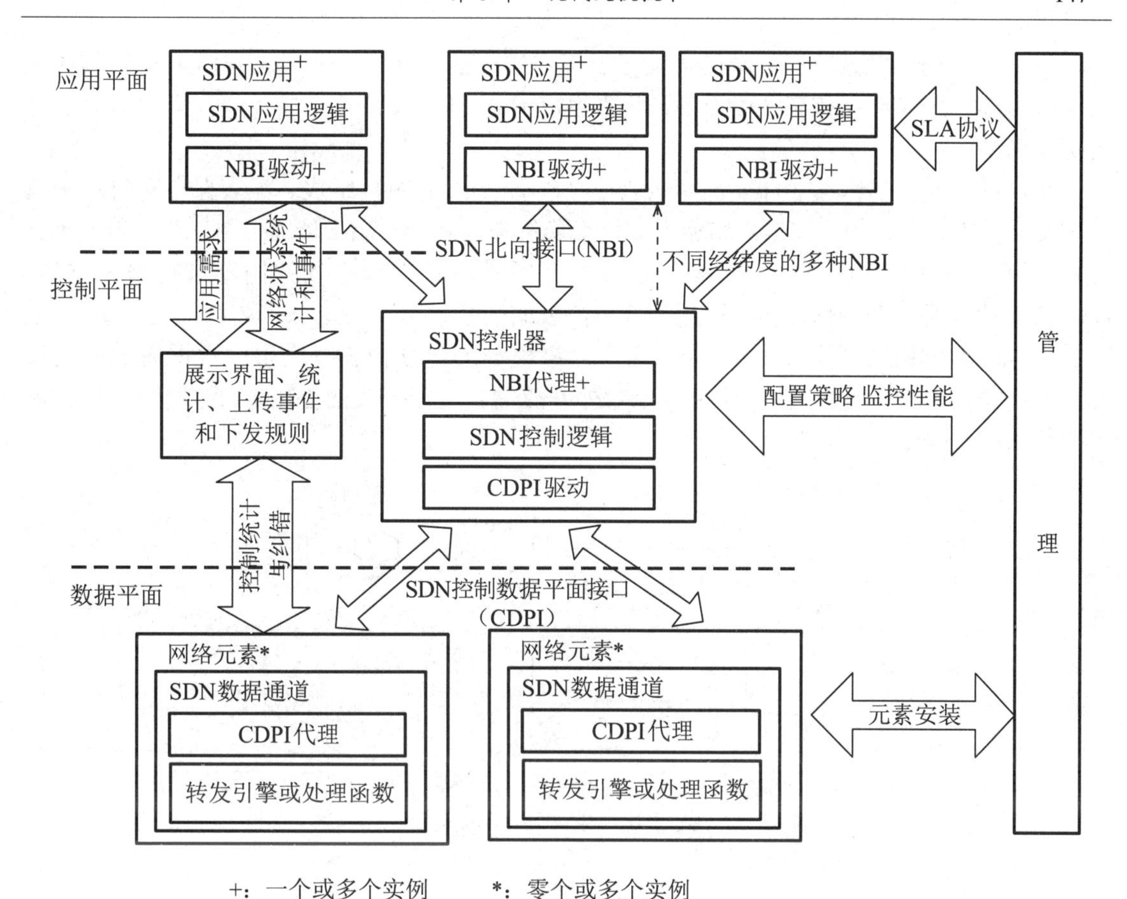

图 5-26　SDN 可编程接口

6. SDN 的核心技术——OpenFlow

下面具体讨论 OpenFlow 的思想和功能。“Flow” 指的是一组具有相同性质的数据包，例如“五元组” （源地址、目的地址、源端口、目的端口、协议）。OpenFlow 协议是控制器（Controller）和转发器（Transponder）之间的控制协议。

OpenFlow 控制器用于控制 OpenFlow 转发器、计算路径、维护状态和将信息流规则下发给交换机。OpenFlow 转发器从 OpenFlow 控制器接收命令或者流信息，基于流表（Flow Table）并根据流规则转发和处理数据，并返回状态信息。交换机与控制器之间可以通过加密的 OpenFlow 协议通信，如图 5-27 所示。

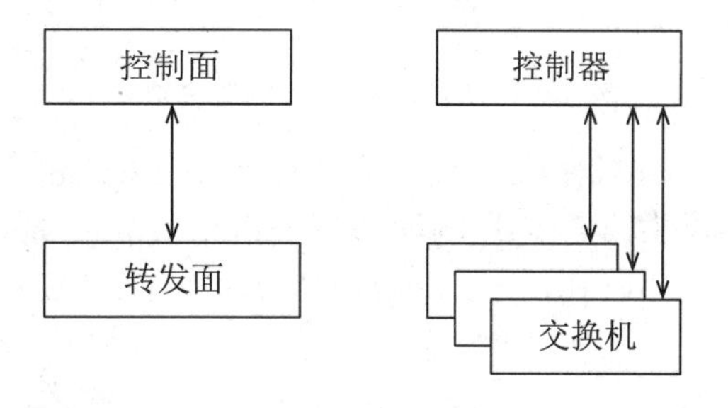

图 5-27　OpenFlow 协议与控制器、转发器的关系

OpenFlow 交换机是数据平面设备，基于流表进行数据转发，并负责网络策略的具体执行。OpenFlow 控制器是控制平面设备，负责生成 OpenFlow 交换机上的流表，以及对流表进行更新和维护。

OpenFlow 转发器由流表和安全网络通道（Secure Channel）组成。流表保存对每一个流的定义及相应处理行为，安全网络通道连接交换机和控制器，用于传输控制信令。当一个新数据包第一次到达交换机时，交换机通过这个通道将数据包送往控制器进行路由解析。OpenFlow 协议是公开的标准接口，用于读写流表的内容。

OpenFlow 网络交换模型如图 5-28 所示。该模型的建立初衷是底层的数据通信（交换机、路由器）是“简化的”，并定义一个对外开放的、关于流表的公用 API，同时采用控制器来控制整个网络。

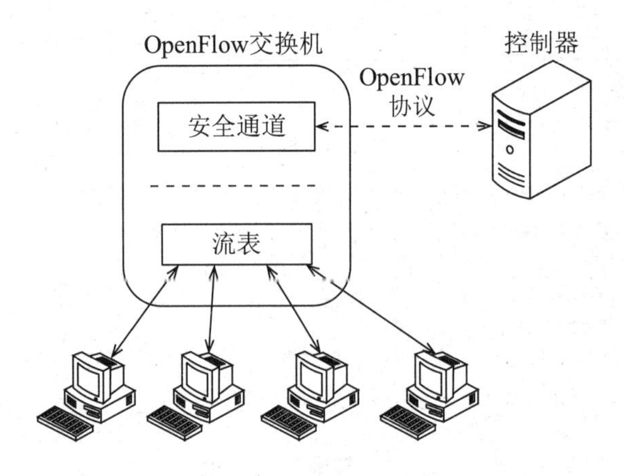

图 5-28 OpenFlow 网络交换模型

流表中的每个条目都会与一个动作相关联，用来告诉网络交换设备如何处理与这个条目相关联的数据流。

流表是 OpenFlow 对网络设备的数据转发功能的抽象，其中的表项包括网络中各个层次的网络配置信息，包含包头字段、计数器字段、动作字段等。其中包头字段用于对交换机接收到的数据包的包头内容进行匹配；计数器字段用于统计数据流量的相关信息，可以针对交换机中的每张流表、每个数据流、每个设备端口、每个转发队列进行维护；动作字段用于指示交换机收到匹配的数据包后对其进行的处理动作。OpenFlow1.0 的流表结构如图 5-29 所示。

包头	计数器(count)	动作(action)

图 5-29 OpenFlow1.0 的流表结构

（1）包头：用于匹配交换机接收到的数据包的包头内容，包含 12 个元组（tuple）。包头字段包含了 ISO 网络模型中第 2～4 层的网络配置信息，每一个元组中的数值可以是一个确定的值或者是“ANY”。OpenFlow1.1 及后续版本将包头字段更名为“匹配字段”，如表 5-2 所示。

表 5-2 包头字段结构

入端口	源 MAC 地址	目的 MAC 地址	以太网类型	VLAN ID	VLAN 优先级	源 IP 地址	目的 IP 地址	IP	IP TOS 位	TCP/UDP 源端口	TCP/UDP 目的端口
Ingress Port	Ether Source	Ether Des	Ether Type	VLAN ID	VLAN Priori-ty	IP source	IP Des	IP Proto-col	IP TOS bits	TCP/UDP SRC Port	TCP/UDP Des Port

（2）计数器：针对交换机中的每张流表、每个数据流、每个设备端口、每个转发队列进行维护，用于统计数据流量的相关信息。针对每张流表，统计当前活动的表项数、数据包查询次数、数据包匹配次数等。针对每个数据流，统计接收到的数据包数、字节数、数据流持续时间等。针对每个设备端口，除统计接收到的数据包数、发送数据包数、接收字节数、发送字节数等指标外，还可以对各种错误发生的次数进行统计。针对每个队列，统计发送的数据包数和字节数，还有发送时的溢出（overflow）错误次数等。

（3）动作：表 5-3 所示为 OpenFlow1.0 的流表动作列表。

表 5-3 OpenFlow1.0 的流表动作列表

动作名称	说明
转发（Forward）	ALL：将数据包从除入口之外的其他所有端口发出。 Controller：将数据包发送给控制器。 LOCAL：将数据包发送给交换机本地端口。 TABLE：将数据包按照流表匹配条目处理。 IN-PORT：将数据包从入端口发出。 NORMAL：按照普通二层交换机流程处理数据包。 FLOOD：将数据包从最小生成树使能端口（不包括入端口）进行转发
修改域（Modify-Field）	设置 VLAN ID、VLAN 优先级、剥离 VLAN 头。 修改源 MAC 地址、目的 MAC 地址。 修改源 IPv4 地址、目的 IPv4 地址、ToS 位，修改源端口号、目的端口号
丢弃（Drop）	交换机对与没有明确指明处理动作的流表项所匹配的所有数据包进行默认的丢弃处理

① 安全通道（Secure Channel）：用于连接网络交换设备和远程网络控制器，在远程网络控制器和网络交换设备之间相互发送命令和数据包。

② OpenFlow 协议：提供一个开放的、标准的、统一的接口，使得控制器和网络交换设备之间可以相互通信。OpenFlow1.0 协议如图 5-30 所示。

7. 数据包处理流程

这里以 OpenFlow1.0 为例讨论数据包的处理流程，如图 5-31 所示。

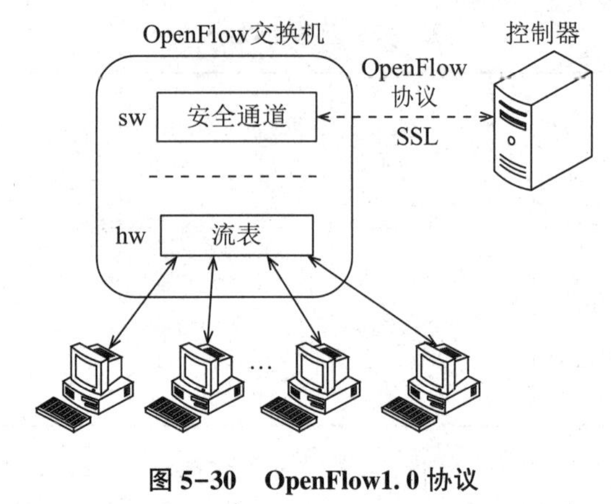

图 5-30 OpenFlow1.0 协议

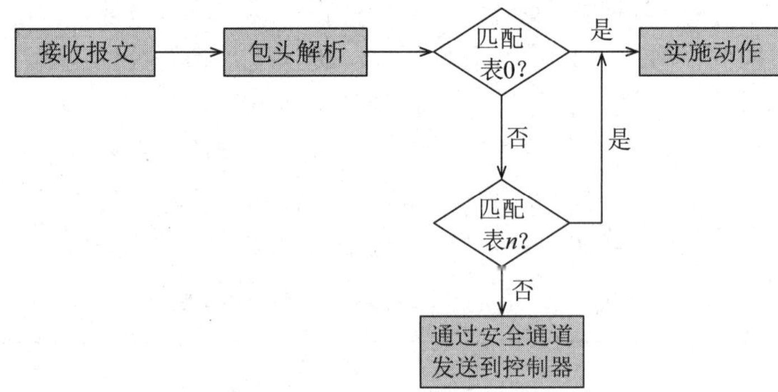

图 5-31 OpenFlow1.0 数据包的处理流程

8. 数据包头解析过程

这里以 OpenFlow1.0 为例讨论数据包头解析过程，如图 5-32 所示。

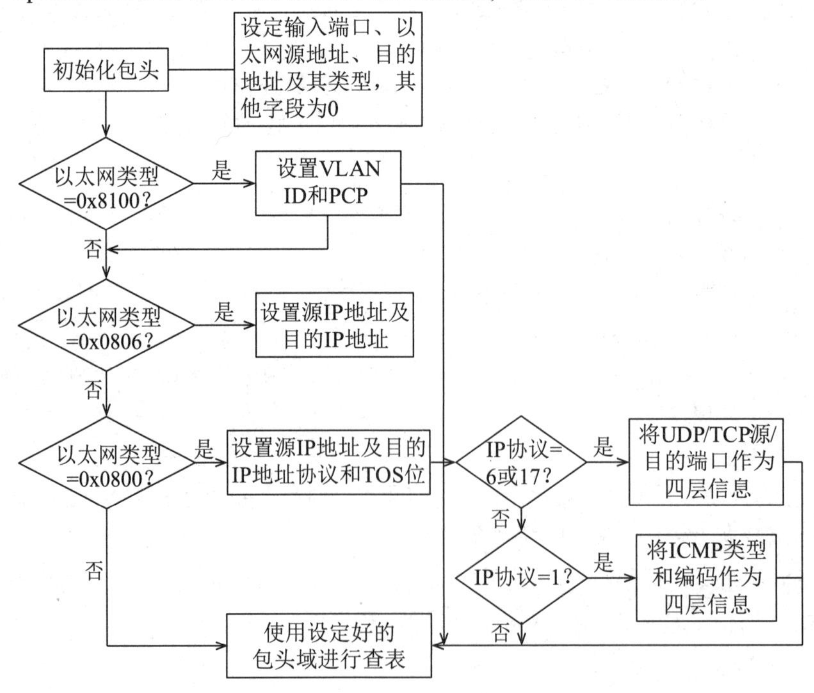

图 5-32 OpenFlow1.0 数据包头解析过程

OpenFlow 为完成功能使用的消息共分为三大类，分别讨论如下。

1）控制器到交换机的消息（Controller-to-Switch）

（1）Features 用来获取交换机特性。

（2）Configuration 用来配置 OpenFlow 交换机。

（3）Modify-State 用来修改交换机状态（修改流表）。

（4）Read-Stats 用来读取交换机状态。

（5）Send-Packet 用来发送数据包。

2）Asychronous

（1）Packet-in 用来告知控制器交换机接收到数据包。

（2）Flow-Removed 用来告知控制器交换机流表被删除。

（3）Port-Status 用来告知控制器交换机端口状态更新。

（4）Error 用来告知控制器交换机发生错误。

3）Symmetric

（1）Hello 用来建立 OpenFlow 连接。

（2）Echo 用来确认交换机与控制器之间的连接。

（3）Vendor 为厂商自定义消息。

9. 基于 OpenFlow 的 SDN 通信流程

基于 OpenFlow 的 SDN 通信流程如图 5-33 所示。

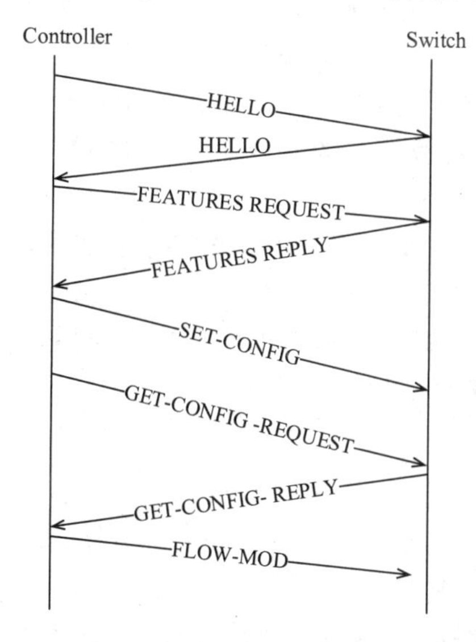

192.168.5.203	OpenFlow	64 Type:OFPT_HELLO
192.168.5.204	OpenFlow	64 Type:OFPT_HELLO
192.168.5.204	OpenFlow	64 Type:OFPT_FEATURES_REQUEST
192.168.5.203	OpenFlow	232 Type:OFPT_FEATURES_REPLY
192.168.5.204	OpenFlow	68 Type:OFPT_SET_CONFIG
192.168.5.204	OpenFlow	64 Type:OFPT_GET_CONFIG_REQUEST
192.168.5.203	OpenFlow	68 Type:OFPT_GET_CONFIG_REPLY
192.168.5.203	OpenFlow	64 Type:OFPT_HELLO
192.168.5.204	OpenFlow	64 Type:OFPT_HELLO
192.168.5.204	OpenFlow	64 Type:OFPT_FEATURES_REQUEST
192.168.5.203	OpenFlow	232 Type:OFPT_FEATURES_REPLY
192.168.5.204	OpenFlow	68 Type:OFPT_SET_CONFIG
192.168.5.204	OpenFlow	64 Type:OFPT_GET_CONFIG_REQUEST
192.168.5.204	OpenFlow	128 Type:OFPT_FLOW_MOD
192.168.5.203	OpenFlow	68 Type:OFPT_GET_CONFIG_REPLY
192.168.5.204	OpenFlow	128 Type:OFPT_FLOW_MOD

图 5-33　基于 OpenFlow 的 SDN 通信流程

10. 基于 OpenFlow 的 SDN 工作流程

基于 OpenFlow 的 SDN 工作流程如图 5-34 所示。

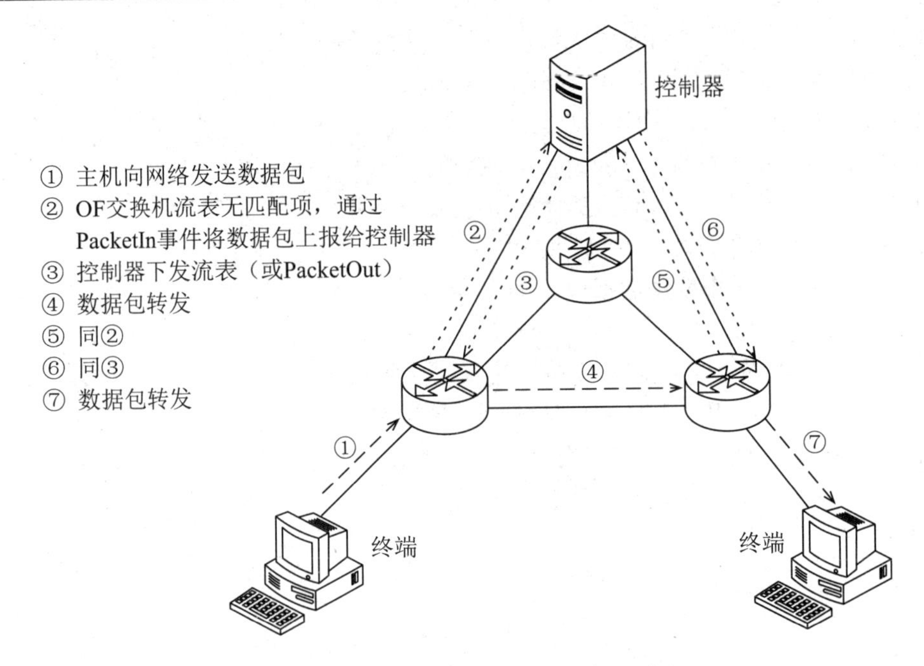

图 5-31 基于 OpenFlow 的 SDN 工作流程

11. 目前 SDN 的应用范围

由于 SDN 具有分域的网络架构，因此应仅在同一个域内有效。如运营商某省网或数据中心内部网络，不同域之间仍通过 IP 网络公有协议互通。SDN 可以作为流量调整优化的工具。利用应用层（如云平台管理软件、网管系统）和控制层之间的 API，实现应用对网络的动态调度，通过应用层与控制层接口的开发，实现基于负载情况的、自动的、精细的流量调整。

SDN 可以作为定制化需求快速实现的方案。OpenFlow 协议应用于控制和转发设备之间，使控制面和转发面分离，定制化需求的开发仅通过 OpenFlow Controller 升级支持，无须各厂家路由器、交换机设备逐一支持，较现有方式开发周期缩短。因此 SDN 目前可以应用在安全控制、校园网、数据中心、云计算、虚拟化、网络管理等方面。

12. SDN 的实现方式

SDN 的实现方式目前有以下几种。

（1）OpenFlow 技术架构：转发与控制分离，标准化的转发面。优点是易于流量调度，具有开放的生态链。

（2）IETF 的标准网络开放技术架构：开放网络设备能力，标准化应用接口。优点是可充分利用现有设备，具有快速实现性。

（3）NICIRA 的网络叠加技术（Overlay）：技术架构是网络边缘软件化，使用 Overlay 技术。优点是与物理网络解耦，部署灵活。

（4）ETSI 的网络功能虚拟化（Network Function Virtualization，NFV）技术架构：网管功能软件化，归一化平台。优点是业务响应快速。

小　结

现代通信网络包括终端、传输和交换三要素，其中交换技术决定了网络的性能和可以提供的业务类型，它是整个通信网的核心。交换的基本功能是实现将连接到交换设备的所有信号进行汇集、转发和分配，从而完成信息的交换。由于现代通信网络中需要传输的信息包括语音、数据、图像、视频等各种信息，而各种信息对网络的要求又各不相同，因此，根据信息种类的不同，交换设备采用了不同的交换技术。常用的交换技术有电路交换、报文交换、分组交换、ATM 交换、多协议标签交换、软交换等。

思考题

1. 通信网络的构成三要素是什么？它们分别具有什么功能？
2. 为什么电路交换不能满足数据通信的要求？
3. 简述电路交换模式的工作方式。
4. 简述电路交换的特点。
5. 简述分组交换的技术特点。
6. 简述分组交换的优点。
7. 简述 ATM 的技术特点。
8. 什么是 IP 交换？IP 交换的基本原理是什么？
9. 简述 MPLS 的基本原理。
10. 根据光信号传输和交换时对通道或信道的复用方式，光交换技术可分为哪几种？
11. 简述 NGN 的基本定义。
12. 简述 IMS 的特点。
13. 简述软件定义网络的概念及特点。

第 6 章　数字程控交换原理与技术

电路交换技术是在电话通信技术的基础上发展起来的。电路交换模式是指交换设备只为通信双方的信息传送建立电路级的透明通信连接，不对用户信息进行任何检测、识别和处理。参照 OSI 7 层协议模型，它只相当于物理层通路的连接。在这种模式下，通信用户首先须通过呼叫信令通知本地交换机为其建立与其他用户的通信连接。交换设备负责接收和处理用户的呼叫信令，并按照呼叫信令所指示的目的地址检测相关设备资源的状态，为要建立的通信连接分配资源，通知通信网中的其他设备协调建立端到端的双向通信电路。在通信期间，终端用户将始终独占该条双向通信电路，直到通信双方中止该通信连接。通信结束时，交换机负责复原本次通信所占用的全部资源，以供其他终端用户使用。我们称用这种方式工作的交换系统为电路交换系统。

目前，数字程控交换机是电路交换技术的典型代表。因此，本章主要介绍电话交换技术的起源和发展，数字交换网络的结构设计、组成及工作原理，数字程控交换机的硬件体系结构和软件体系结构，电话通信的呼叫处理过程等内容。

6.1　电话交换技术概述

6.1.1　电话通信的起源

语音信息的交换仍然是当今社会信息交换的重要内容之一。实现语音信息交换的工具是电话。电话通信系统用的终端设备是电话终端（也称电话）。

电话通信最基本的原理就是每个用户使用一部电话，用导线将电话连接起来，通过声能与电能的转换，使两地的用户可以互相通话。如果有三部电话，并要使这三部电话间都能分别成对通话，那么需要用三对连线将它们分别连接起来。图 6-1 所示为 8 部电话相连的情况。

以此类推，当存在 N 个电话时，需要 $N(N-1)/2$ 对连线，才能使 N 部电话任意成对通话。随着 N 的增大，传输线的数量随终端数的增加而急剧增加。由于上述直连方法会出现线路利用率低、使用不方便、安装维护困难等问题，因此没有实际价值。

1876 年，贝尔发明了电话。1878 年，交换机的设想被提出，其基本思想是将多个用户终端与一个公共设备相连，当任意两个用户之间要通话时，由公共设备先将两部电话连通，通信完毕，再将线路拆除，以备其他用户使用。我们称这个公用设备为电话交换机，如图 6-2 所示。电话交换机的出现不仅降低了线路投资，而且提高了传输线路的利用率。电话交换机至少要满足如下两个基本要求。

① 能完成任意两个用户之间的通话接续，即具有任意性。

② 在同一时间内，能使若干对用户同时通话且互不干扰。

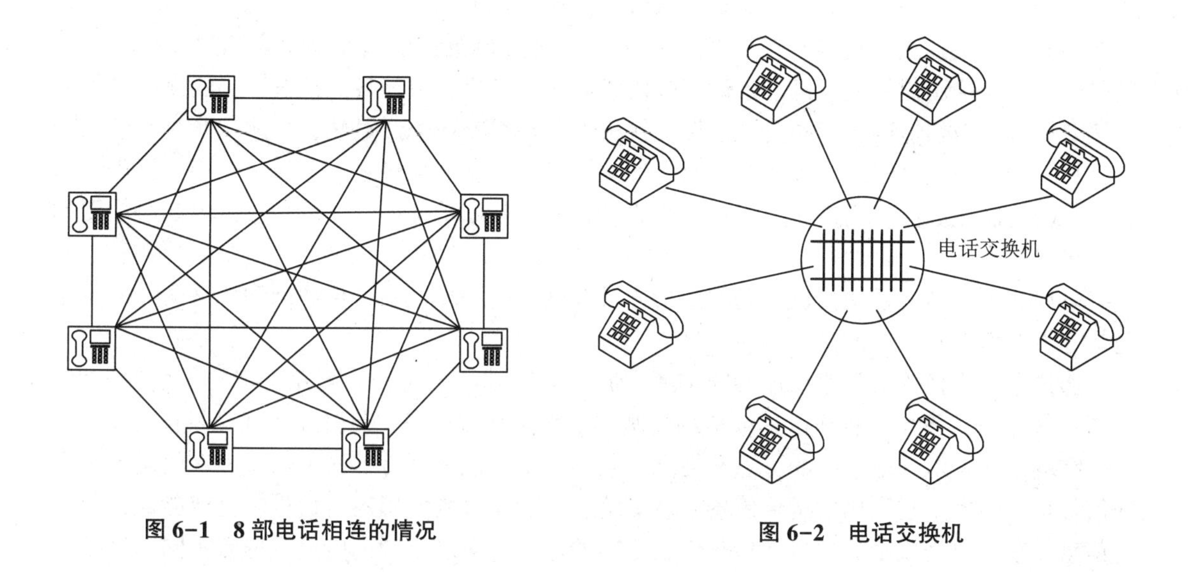

图 6-1　8 部电话相连的情况　　图 6-2　电话交换机

6.1.2　电话交换机与电话通信网

前面提到电话交换机可以将很多用户集中连接在一起，以完成任意两个用户之间的通话。但由于单个电话交换机可连接到用户的数量和覆盖的区域范围是有限的，因此当用户数量较大、分布的地域较广时，就需要多个电话交换机。每个电话交换机连接与之较近的终端，且交换机之间互相连接，从而构成电话通信网。典型的电话通信网如图 6-3 所示。

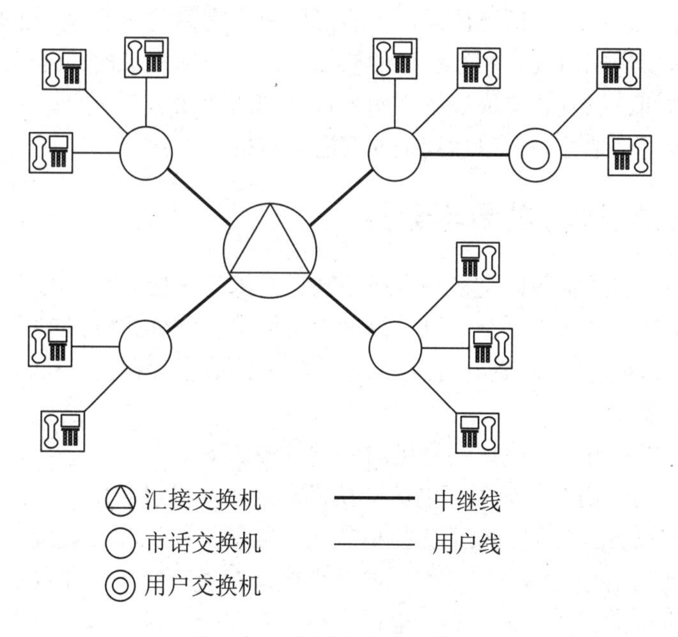

图 6-3　典型的电话通信网

图 6-3 中使用了两种传输线，一种是电话与交换机之间的连线，称为用户线；另一种是交换机与交换机之间的连线，称为中继线。用户线属于每个用户私有的，采用独占的方

式；中继线是共享的，属于公共资源。二者的传输方式不同。

图 6-3 中使用了三种电话交换机，分别是汇接交换机、市话交换机和用户交换机。在网络中直接连接用户的交换机为市话交换机或用户交换机，只与各交换机连接的交换机称为汇接交换机。当长途区号不同时，汇接交换机也称长途交换机。显然，长途交换机和汇接交换机只负责交换机之间的业务接续，而市话交换机既负责交换机之间的通信连接，也负责与终端之间的连接服务。用户交换机是由机关、企业等集团单位投资建设的，供内部通信用的交换机。

电话交换机与电话交换机之间的连接方式有网状网、环型网、星型网和树型网，以及用这些基本网络形式构成的复合网。

通过电话交换机之间互相连接的扩展，最终会形成一个完整的覆盖全球的电话通信网。从图 6-3 中可以看出，构成电话通信网的基本要素是终端设备、传输设备和交换设备。

终端设备是电话通信网的源点和终点。它的主要功能是把待传送的信息和在信道上传送的信号相互转换。它利用发送传感器来感受信息，利用接收传感器将信号恢复成能被人感知的信息。它可以完成承载信号与传输信道之间的匹配，对应不同的电信业务有不同的终端设备，如电话业务的终端设备就是电话，数据通信的终端设备就是计算机等。

传输设备是传输介质的统称，它是电话通信网中的连接设备，是信息和信号的传输通路。它的主要功能是将用户终端设备与交换设备，以及多个交换设备相互连接在一起。传输链路的实现方式有很多，如市内电话网的用户端电缆、局间中继设备和长途传输网的数字微波系统、卫星系统及光纤通信系统等。

交换设备是整个电话通信网的核心，它的基本功能是根据地址信息进行网内链路的连接，以使电话通信网中的所有终端都能建立信号通路，实现任意通信双方的信号交换。

仅包含上述三种设备的电话通信网还不能形成一个完善的通信网，还必须包括信令、协议和标准。信令是实现网内设备相互联络的依据，协议和标准是构成网络的规则。它们使得用户和网络资源之间，以及各交换设备之间具备共同的“语言”。这些“语言”使电话通信网合理地运转和被正确地控制，以达到全网互通的目的。

6.1.3 电话交换机的发展与分类

电话交换机的发展通常是以交换技术或控制器技术的发展为基础的。电话交换机的发展历程依次为人工交换机、步进制交换机、纵横制交换机、空分式模拟程控交换机、时分式数字程控交换机等。目前电话通信网中使用的多为时分式数字程控交换机。不同阶段的电话交换机简介如表 6-1 所示。

从不同的角度进行分类，电话交换机的分类方法如下。

（1）按交换机的使用对象分类，电话交换机有局用交换机和用户交换机。

（2）按呼叫接续方式分类，电话交换机有人工接续交换机和自动接续交换机。

（3）按所交换的信号表示形式分类，电话交换机有模拟交换机和数字交换机。

（4）按交换机构的工作方式分类，电话交换机有空分交换机和时分交换机。

（5）按控制器电路的结构分类，电话交换机有集中控制交换机、分级控制交换机和全分散控制交换机。

表 6-1　不同阶段的电话交换机简介

名　称	年 代	特　点
人工交换机	1878	借助话务员进行电话接续，效率低，容量受限
步进制交换机（模拟交换）	1892	交换机进入自动接续时代。系统设备全部由电磁器件构成，靠机械动作完成“直接控制”接续。接线器的机械磨损严重，可靠性差，寿命低
纵横制交换机（模拟交换）	1938	系统设备仍然全部由电磁器件构成。靠机械动作完成“间接控制”接续。接线器的制造工艺有了很大改进，部分地解决了步进制交换机存在的问题
空分式模拟程控交换机	1965	交换机进入电子计算化时代。靠软件程序控制完成电话接续。所交换的信号是模拟信号。交换网络采用空分技术
时分式数字程控交换机	1970	交换技术从传统的模拟信号交换时代进入数字信号交换时代，在交换网络中采用了时分技术

6.1.4　数字程控交换机简介

1. 数字程控交换机的组成

数字程控交换机主要由两部分组成：话路系统和控制系统，如图 6-4 所示。控制系统也称处理机控制系统，由存储器、处理机、I/O 设备组成；话路系统由数字交换网络、接口电路和信号设备组成。

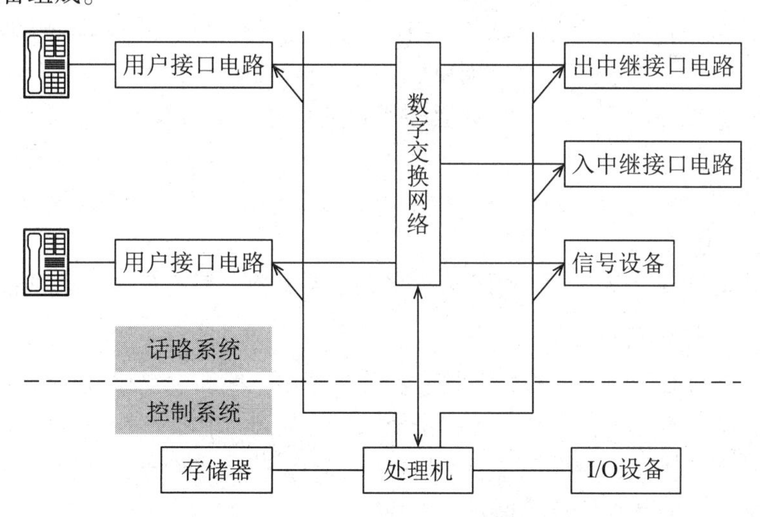

图 6-4　数字程控交换机的组成框图

1）话路系统

（1）数字交换网络。

数字交换网络可以被看作一个有 M 条入线和 N 条出线的网络，其基本功能是根据需要使某一条入线与某一条出线连通，提供用户通信接口之间的连接。此连接可以是物理的，也可以是逻辑的。物理连接指在用户通信过程中，不论用户有无信息传送，交换网络始终按预先分配的方法保持其专用的接续通路；而逻辑连接即虚连接，只有在用户有信息传送时，才按需分配，提供接续通路。

（2）接口电路。

接口电路分为用户接口电路和中继接口电路，其作用是把来自用户线或中继线的消息转换成数字程控交换机可以处理的信号。

（3）信号设备。

信号设备负责产生和接收数字程控交换机工作所需要的各种信令，信令处理过程需要用规范化的一系列协议来实现。

2）控制系统

控制系统是数字程控交换机工作的指挥中心，它由存储器、处理机、I/O 设备等部件组成。控制系统的功能通常分为三级。第一级为外围设备控制级，主要对靠近交换网络侧的端口电路及交换机的其他外围设备进行控制，跟踪监视终端用户、中继线的呼叫占用情况，向外围设备送出控制信息。第二级为呼叫处理控制级，主要对由第一级控制级送来的输入信息进行分析和处理，并控制交换机完成链路的建立或复原。因为第二级的控制系统有较强的智能性，所以这一级称为存储程序控制。第三级为维护测试控制级，用于系统的操作维护和测试，定期自动地对交换系统的各个部分进行状态检测或试验，诊断各种可能出现的故障，并及时报告（输出）异常情况信息。

2. 数字程控交换机的外围设备

数字程控交换机除包括上述的话路系统和控制系统外，还可能包括以下外围设备。

（1）维护终端设备：包括终端计算机及终端打印设备等，是对程控交换机进行日常维护管理的设备。

（2）测试设备：包括局内测试设备、用户线路测试设备和局间中继线路测试设备等。

（3）时钟：是保证数字程控交换机和数字传输系统协调、同步工作必须配置的设备。

（4）录音通知设备：用于需要语音通知用户的业务，如气象预报、号码查询、空号或更改号码提示等业务。

（5）监视告警设备：用于系统工作状态的告警提示，一般为可视（灯光）信号和可闻（警铃、蜂音）信号。

（6）备份设备：采用工控机，用于存储备份各类数据、话务统计及计费信息等。

3. 数字程控交换机的任务

数字程控交换机必须具有能够正确接收和分析从用户线和中继线发来的呼叫信号和地址信号，按目的地址正确地进行选路，控制交换网络建立连接和按照所收到的释放信号拆除连接等功能。通过本局接续、出局接续、入局接续、转接接续完成各种呼叫类型的建立。

目前程控交换机的基本任务包括以下内容。

（1）通过模拟用户线接口，完成模拟电话用户间的拨号接续与语音信息交换。

（2）通过数字用户线接口，完成数字话机或数据终端间的拨号接续及数据信息交换。

（3）经模拟用户线接口和 Modem 完成数据终端间的数据通信。

（4）经所配置的硬件和应用软件，提供诸多专门的应用功能。

（5）借助话务台等设备完成对用户（分机）的呼叫转接、号码查询、故障受理等服务业务。

（6）借助维护终端等设备完成对程控交换系统或网络的配置及对各类参数数据、话务统计、计费系统等的管理与维护。

4. 数字程控交换机的功能

数字程控交换机的功能分为交换机业务功能和用户（分机）功能两类。

1）交换机业务功能

程控交换机应提供的业务功能有以下 8 类。

（1）控制功能：控制设备应能检测是否存在空闲通路及被叫的忙闲情况，控制各种电路的建立。

（2）交换功能：交换网络应能实现网中任意用户之间的语音信号交换。

（3）接口功能：交换机应有连接不同种类和性质的终端接口。

（4）信令功能：信令设备应能监视并随时发现呼叫的到来和呼叫的结束；应能向主、被叫发送各种用于控制接续的可闻信号音；应能接收并保存主叫发送的被叫号码。

（5）公共服务功能：应能向用户提供如银行业务、股市业务、交通业务等各种公共信息服务。

（6）运行管理功能：应有对包括交换网络、处理机及各种接口等设备的管理功能。

（7）维护、诊断功能：应有对交换机定期测试、故障报警、故障分析等功能。

（8）计费功能：应有计费数据收集、话费结算和话单输出的计费功能。

2）用户（分机）功能

程控交换机为用户（分机）提供了诸如缩位拨号、热线服务、呼叫转移、禁止呼叫、追查恶意呼叫等 20 多种服务功能。这些服务功能的实现，为办公室工作和日常生活提供了许多方便。

5. 数字程控交换机的呼叫处理过程

数字程控交换采用电路交换方式，电路交换呼叫接续过程主要包括以下 3 个阶段。

（1）呼叫建立阶段：通过呼叫信令完成逐个节点的接续，建立起一条端到端的通信电路。

（2）通信阶段：在已建立的端到端的直通链路上透明地传送和交换数字化的语音信号。

（3）电路的拆除阶段：结束一次通信时，拆除电路连接，释放节点和信道资源。

6. 数字程控交换机技术的发展

（1）软、硬件进一步模块化，软件设计和数据修改采用数据处理机完成。

（2）控制系统采用计算机局域网技术，将控制系统设计成开放式系统，为今后适应新的业务和功能奠定基础。

（3）在交换网络方面进一步提高网络的集成度和容量，制成大容量的专用芯片。

（4）在接口电路方面进一步提高用户电路的集成度，从而降低交换机的成本。

（5）加强有关智能网、综合业务数字网性能的开发。

（6）大力开发各种接口，包括各种无线接口和光接口。

（7）通过专用接口完成程控交换机与局域网（LAN）、分组数据网（PDN）、ISDN、接入网（AN）及无线移动通信网的互联。

（8）加强接入网业务的开发，实现电信网、有线电视网、计算机网三网合一，从而给人们提供以宽带技术为核心的综合信息服务。

6.2 数字交换网络

6.2.1 语音信号数字化和多路时分复用

1. 语音信号数字化

语音信号数字化是将语音信号进行数字传输、数字交换的前提和基础，是语音信号进入数字交换网络之前必须完成的工作。

语音信号为模拟信号，将模拟信号转化为数字信号的过程叫作 A/D 转换。语音信号数字化过程中常用的调制方法有 PCM 和增量调制（ΔM）。本节着重讲述 PCM 的基本步骤和基本原理。图 6-5 所示为 PCM 的模型。

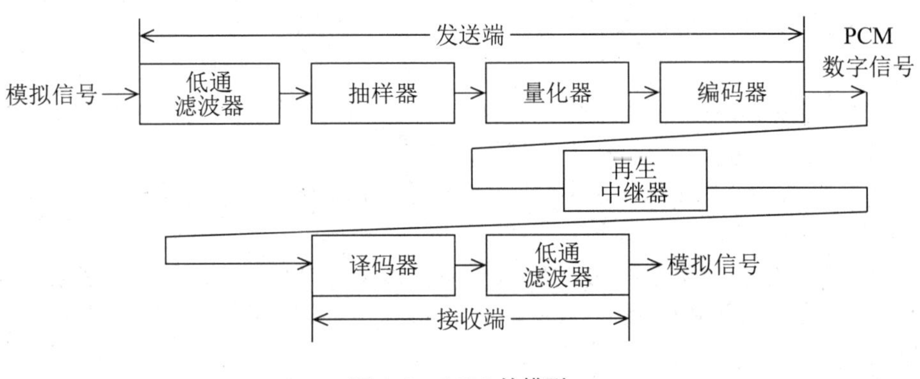

图 6-5 PCM 的模型

PCM 在发送端主要通过抽样、量化和编码工作完成 A/D 转换；在接收端主要通过译码和滤波工作，完成 D/A 转换。

1）抽样

抽样的目的是使模拟信号在时间上离散化。为了使抽样信号不失真地还原为原始信号，根据奈奎斯特抽样定理，抽样频率（f_s）应大于 2 倍的语音信号的最高频率。在实际应用中，f_s 取 8000Hz，则抽样周期 T 为 1/8000s，即 125μs。

2）量化

量化的目的是将抽样得到的无数种幅度值用有限个状态来表示，使模拟信号在幅度上离散化，以减少编码的位数。其原理是用有限个电平表示模拟信号的样值，量化后获得的信号称为脉冲幅度调制。

量化分为均匀量化和非均匀量化。在均匀量化时，由于量化分级间隔是均匀的，对大信号和小信号量化阶距相同，因此小信号的相对误差大，而大信号的相对误差小。非均匀量化是一种在信号动态范围内，量化分级不均匀、量化阶距不相等的量化。例如，使小信号的量化分级数目多，量化阶距小；使大信号的量化分级数目少，量化阶距大。从而保证信噪比高于 26dB。非均匀量化叫作“压缩扩张法”，简称压扩法。

ITU-T 建议采用的压缩律有两种，分别叫作 A 律和 μ 律。A 律的压缩系数（A）为 87.6，用 13 折线来近似。μ 律的压缩系数（μ）为 255，用 15 折线来近似。欧洲国家和中国的 PCM 设备采用 A 律；北美国家和日本的 PCM 设备采用 μ 律。

3）编码

编码就是把量化后的幅值分别用代码来表示。在实际应用中，通常用 8 位二进制代码表示一个量化样值。PCM 信号的组成形式如图 6-6 所示。

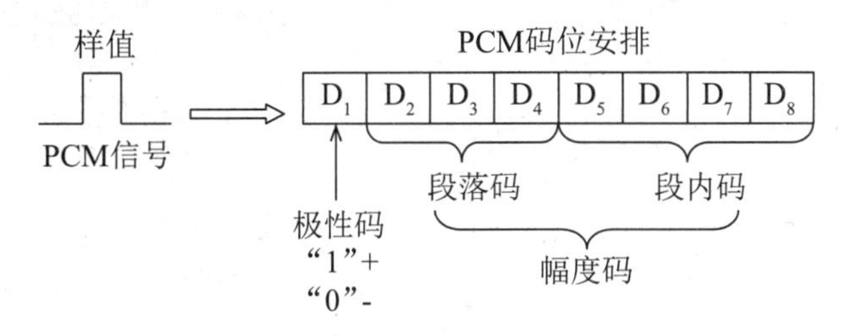

图 6-6 PCM 信号的组成形式

极性码：由高 1 位表示，用以确定样值的极性。

幅度码：由第 2~8 位共 7 位码表示（代表 128 个量化级），用以确定样值的大小。

段落码是指将 13 折线分为 16 个不等的段（非均匀量化），其中正、负极性各 8 段，量化级为 8，由高 2~4 位表示，用以确定样值的幅度范围。

段内码是指将上述 16 个段的每段再平均分为 16 段（均匀量化），量化级为 16 ，由低 5~8 位表示，以确定样值的精确幅度。

经过编码后的信号就已经是 PCM 信号了。由于 PCM 信号在信道中的传输是以每路的一个抽样值为单位传输的，因此单路 PCM 信号的传输速率为 8000×8bit/s=64kbit/s。这里将速率为 64kbit/s 的 PCM 信号称为基带信号。

PCM 常用码型有单极性不归零码（NRZ）、双极性归零码（AMI）、三阶高密度双极性码（HDB3）等。在我国，NRZ 一般不用于长途线路，主要用于局内通信。HDB3 适合远距离传输，常用于长途线路通信。

4）再生

在 PCM 信号传输中，为了减少由长途线路带来的噪声和失真积累，通常在达到一定传输距离处设置一个再生中继器。再生中继器完成输入信码的整形、放大等工作，以使信号恢复到良好状态。

5）译码和重建

在 PCM 通信的接收端，需要把数字信号恢复为模拟信号，这要经过译码和重建两个处理过程。译码就是把接收到的 PCM 代码转变成与发送端一样的 PAM 信号。由于 PAM 信号中包含原语音信号的频谱，因此将 PAM 信号通过低通滤波器分离出所需要的语音信号，这个过程即重建。

2. 语音信号的多路时分复用

为了提高信道利用率，常对基带 PCM 信号进行时分复用的多路调制。目前，有线通信中的多路复用技术主要有频分复用和时分复用。

在图 6-7 所示的 30/32 路一次群帧结构中，一帧由 32 个时隙组成，编号为 TS0~TS31。第 1~15 个话路的消息码组依次在 TS1~TS15 中传送，而第 16~30 个话路的消息依次在 TS17~TS31 传送。16 个帧构成一个复帧，由 F0~F15 组成。

TS0 用来做“帧同步”工作，而 TS16 则用来做“复帧同步”工作或传送各话路的标志信号码（信令码）。“帧同步”及“复帧同步”的目的在于控制收、发两端数字设备同步地工作。

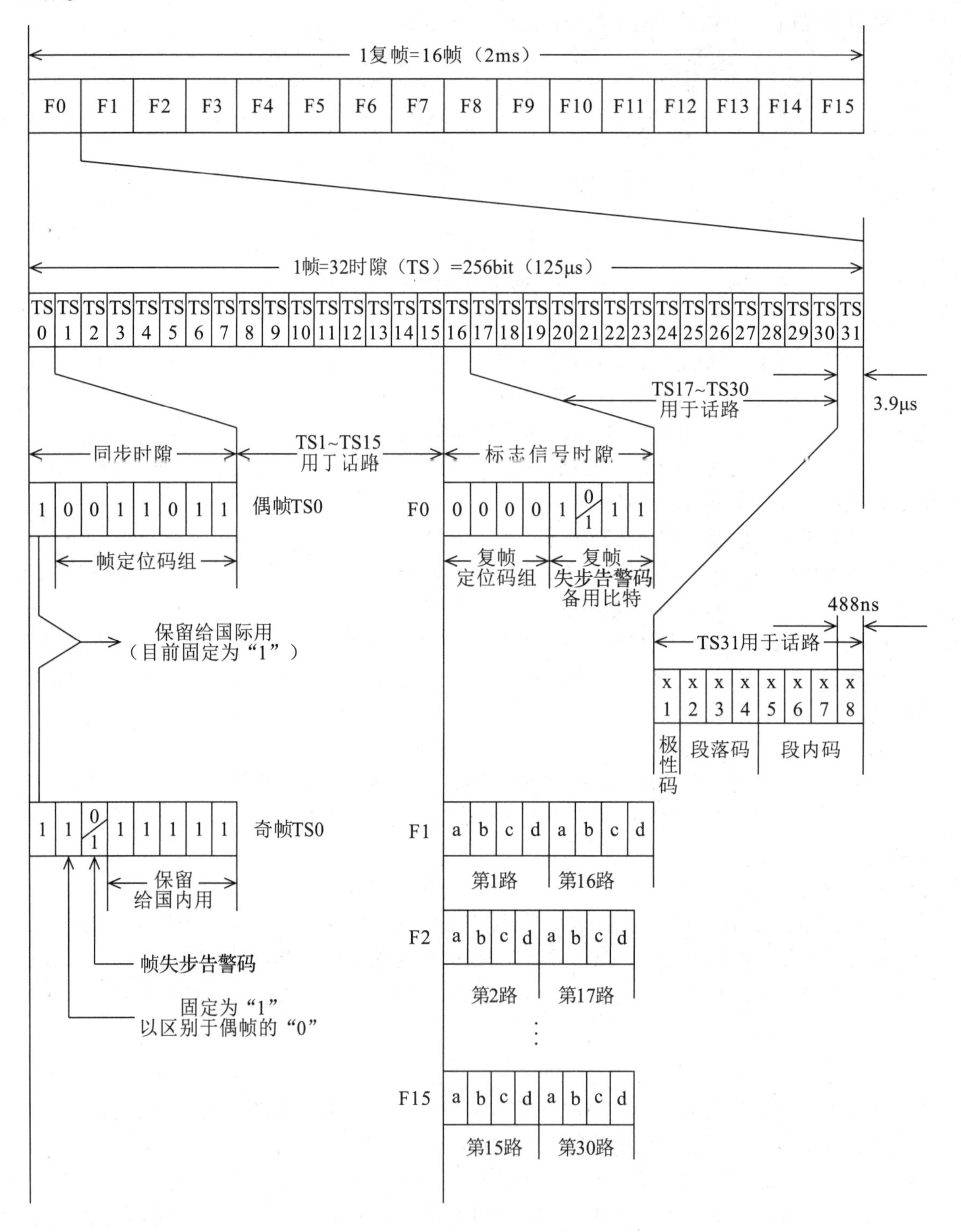

图 6-7 30/32 路 PCM 一次群帧结构

每个偶数帧的 TS0 被固定地设置为 10011011：第 1 位码暂定为“1”；后 7 位码“0011011”为帧同步字。帧同步字在偶数帧到来时，由发送端数字设备向接收端数字设备传送。奇数帧 TS0 的第 3 位码为帧失步告警码。在消息传送过程中，当接收端的帧同步检测电路在预定的时刻检测到输入序列中与同步字（0011011）相匹配的信号段时，便认为捕捉到了帧同步字，说明接收信号正常，此时由奇数帧 TS0 向发送端数字设备传送的第 3 位码为“0”；如果接收端帧同步检测电路不能在预定的时刻收到同步字（0011011），那么认为系统失步，由奇数帧 TS0 向发送端数字设备传送的第 3 位码为“1”。通知对端局，本端接收信号已失步，需要处理故障。在实际工作中，接收端的帧同步检测电路需要连续多次在所期望的时刻（每隔 250ms）收到同步字，才确认系统进入了同步状态。

奇数帧 TS0 的第 1 位码同样没有利用，暂定为“1”；第 2 位码为监视码，固定为“1”，用于区分奇数帧和偶数帧，以便接收端把偶数帧与奇数帧区别开来（偶数帧 TS0 的第 2 位码固定为“0”）。奇数帧 TS0 的第 4～8 位码可供传送其他信息用，在未被利用的情况下，暂定为“1”。

在 F0 的 TS16 的 8 位码中，前 4 位码为复帧同步码，编码为“0000”。第 6 位码为复帧失步告警码，与帧失步告警码一样，复帧同步工作时这一位码为“0”，失步时这一位为“1”。

F1～F15 的 TS16 用以传送第 1～30 个话路的标志信号。由于标志信号的频率成分远没有语音信号的频率成分丰富，用 4 位码传送一个话路的标志信号就足够了，因此，每个 TS16 又分为前 4bit 和后 4bit 两部分，前 4bit 传送一个话路的标志信号，后 4bit 传送另一个话路的标志信号。1 个复帧的具体规定如下。

F1 TS16 的前 4bit 用来传送第 1 个话路的标志信号。

F2 TS16 的前 4bit 用来传送第 2 个话路的标志信号。

……

F15 TS16 的前 4bit 用来传送第 15 个话路的标志信号。

F1 TS16 的后 4bit 用来传送第 16 个话路的标志信号。

F2 TS16 的后 4bit 用来传送第 17 个话路的标志信号。

……

F15 TS16 的后 4bit 用来传送第 30 个话路的标志信号。

例如，某用户摘机后占用第 7 个话路，那么，为其传送语音信号的时隙是 TS7，而为其传送控制信号的时隙则应是 F7 TS16 的前 4bit。

通过对 30/32 路 PCM 一次群帧结构的认识，我们不难理解，一路基带 PCM 信号一旦占用了一次群中的某个时隙，它随后所有的 8 位编码就都将位于该时隙。因此，对于 64kbit/s 的基带 PCM 而言，一次群系统等价于提供了 32 条独立的 64kbit/s 信道。故 30/32 路 PCM 一次群的位速率 $B=32\times64000=2048$kbit/s。

为了提高信号传输的速率、扩大交换容量、提高信道利用率，引入了数字复用高次群概念。高次群是由若干个低次群通过数字复接设备复用而成的。PCM 系统的二次群由 4 个一次群复用而成，群速率为 8448kbit/s，话路数为 4×30＝120；三次群由 4 个二次群复用而成，群速率为 34. 386Mbit/s，话路数为 4×120＝480；四次群由 4 个三次群复用而成，群速率为 139. 264Mbit/s，话路数为 4×480＝1920；五次群由 4 个四次群复用而成，群速率为 565Mbit/s，话路数为 4×1920＝7680。

数字复用时，由于要加入同步比特，因此高次群的传输码率并不是低次群的四倍，而是要比它的四倍高一些，如二次群速率应为 4×2112＝8448kbit/s。

交换机接续常以一次群信号为单位。如果交换机接收到的是其他群次的信号，那么必须通过接口电路先将它们多路复接（或分接）成一次群，然后进行交换。

6.2.2 交换网络结构设计

从外部看，交换网络相当于一个由若干入线和若干出线构成的开关矩阵，如图 6-8 所示。

在图 6-8 中，由每条入线和出线构成的交叉接点类似于开关电路，平时是断开的，当选中某条入线和某条出线时，对应的交叉接点才闭合。实际中的开关矩阵叫作接线器，接线器的入线接主叫用户接口电路，出线接被叫用户接口电路或各种中继接口电路。

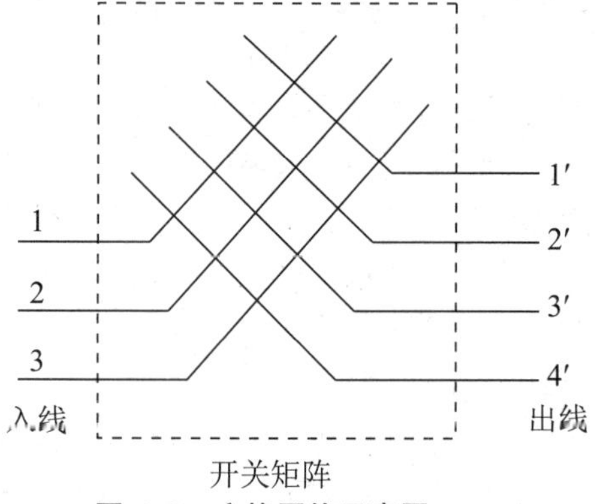

图 6-8 交换网络示意图

1. 交换网络的线束利用度

交换网络的线束利用度有两种不同的情况：全线束利用度和部分线束利用度。

全线束利用度：任意一条入线可以到达任意一条出线的情况叫作全线束利用度。

部分线束利用度：任意一条入线只能到达部分出线的情况叫作部分线束利用度。

全线束利用度与部分线束利用度相比，全线束利用度的接通率高，但出线的效率低。

2. 交换网络结构的设计

交换网络结构分单级接线器结构和多级接线器结构。

1）单级接线器结构

单级接线器结构如图 6-8 所示，一个 $n\times m$ 的接线器存在 $n\times m$ 个交叉接点。交换网络的 n 和 m 数很大时，交叉接点数必然变得很大。在数字交换中，这意味着对存储器的存取速率要求很高。

2）多级接线器结构

多级接线器结构可以克服单级接线器结构存在的问题。

图 6-9 所示为一个 $n\times nm$ 的二级接线器结构，第一级接线器的入线数与出线数相等，是一个 $n\times n$ 的接线器，如果第一级接线器的 n 条出线接至 n 个 $1\times m$ 的第二级接线器的入线，那么第一级接线器的每条入线将有 nm 条出线。于是这 $1+n$ 个接线器便构成了一个 $n\times nm$ 的交换网络。

若把第一级接线器的数量扩大到 m 个，并把每个第二级接线器的入线数也扩大到 m 条，则可得到如图 6-10（a）所示的 $nm\times nm$ 的二级接线器结构，其简化形式如图 6-10（b）所示。

在二级接线器结构中，由于第一级的每个接线器与第二级的每个接线器之间仅存在一条内部链路，因此，在任何时刻，一对接线器之间只能有一对出、入线接通。例如，当第一级第 1 个接线器的 1 号入线与第二级第 2 个接线器的 m 号出线接通时，第一级第 1 个接线器的其他入线都无法再与第二级第 2 个接线器的其余出线接通。这种虽然入、出线空闲，但因没有空闲级间链路而无法接续的现象称为交换网络的内部阻塞。

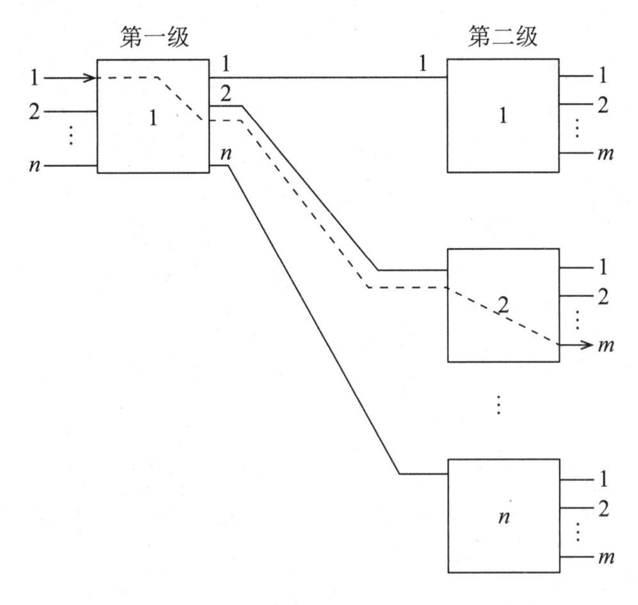

图 6-9　一个 $n \times nm$ 的二级接线器结构

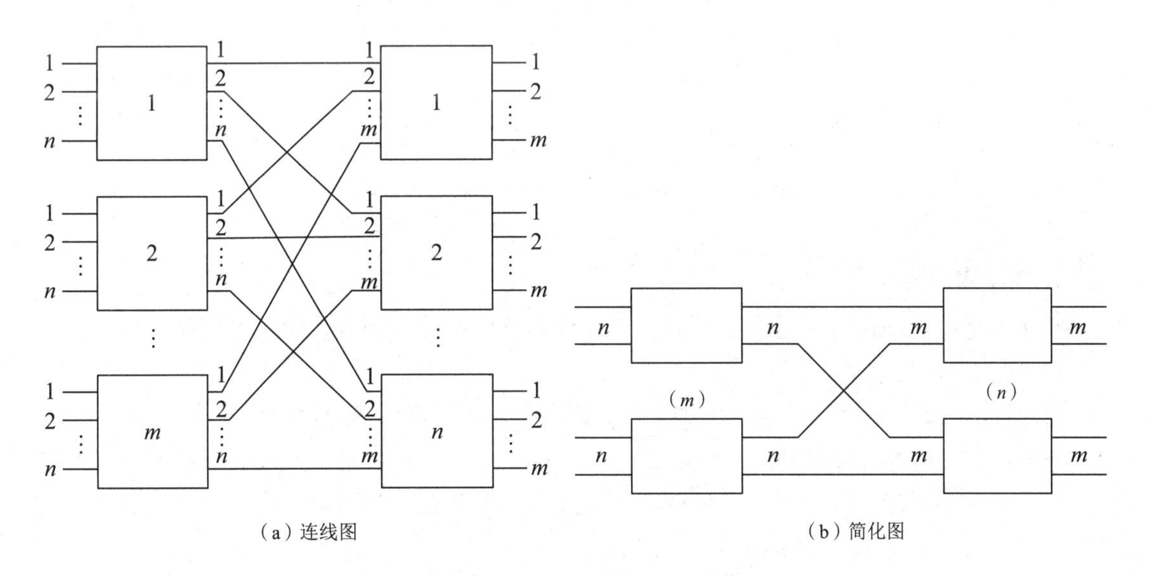

（a）连线图　　（b）简化图

图 6-10　一个 $nm \times nm$ 的二级接线器结构

二级接线器结构的每条内部链路被占用的概率可近似为 $a=A/nm$。式中，A 为整个交换网络的输入话务量。交换网络的内部阻塞率应等于所需链路被占用的概率，则二级接线器结构的内部阻塞率 $B_{i2}=a$。

当进一步增加网络的输入线数时，可依照相同的方法将二级接线器结构扩展为三级或更多级的接线器结构。图 6-11 所示为一个 $nmk \times nmk$ 的三级接线器结构。

在三级接线器结构中，任何一个第一级接线器与一个第三级接线器之间仍然只存在一条通路，但这条通路却是由两条级间链路级联而成的。因此，当仍假设每条内部链路被占用的概率是 a 时，每条链路空闲的概率是 $1-a$。若两条链路均空闲，则级联链路空闲的概率便为

$(1-a)^2$。因此，三级接线器结构的内部阻塞率是 $B_{i3}=1-(1-a)^2$。不难发现，$B_{i3}>B_{i2}$。由此可见，增加级数虽然扩大了交换网络可接续的容量，但也增大了网络的内部阻塞率。

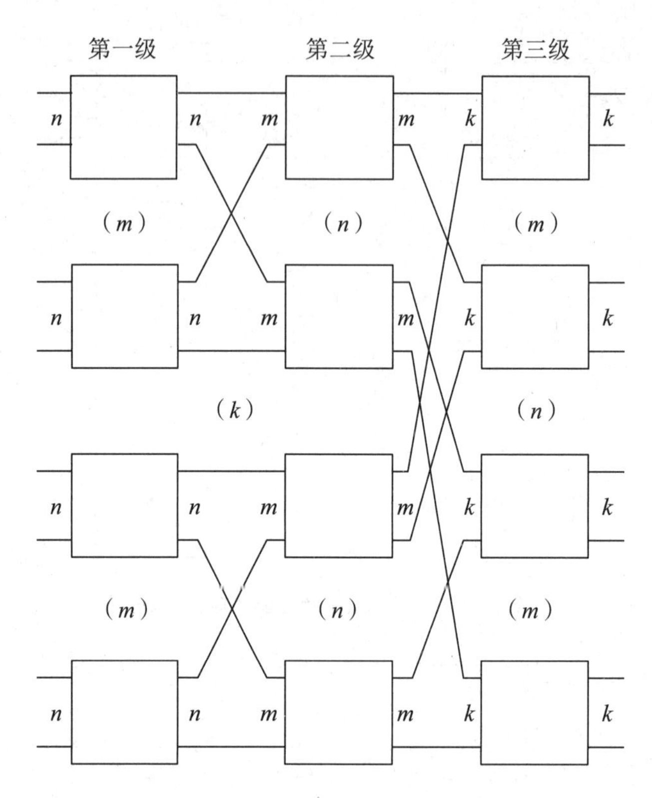

图 6-11　一个 $nmk \times nmk$ 的三级接线器结构

3. 减小内部阻塞率的方法

减小内部阻塞率的方法通常有两种：扩大级间链路数和采用混合级交换网络。

1）扩大级间链路数

由于图 6-12 中的级间链路扩大到 x 条，因此内部阻塞率将减小为 $B_i = a^x$。同理，一个 x 重连接的三级网络的内部阻塞率便是 $B_i=1-(1-a^x)^2$。扩大级间链路数减小了网络的内部阻塞率，但这是以增大第二级接线器的入、出线数为代价的，图 6-12 所示的第二级接线器的入、出线将相应地增大到 $xm \times xm$。

2）采用混合级交换网络

图 6-13 给出了采用混合级的一种交换网络。图 6-13 中的前两级是图 6-10 中的二级网络，但第二级网络的 nm 条出线并未像图 6-11 中那样连接了 nm 个接线器，而是仅连接了 m 个接线器。不难看出，第一级中的任何一个接线器与第三级中的任何一个接线器之间现在有了 n 条链路，网络的内部阻塞率因此下降为 $B_i = [1-(1-a)^2]^n$。

不难想象，当网络的内部链路数达到一定的数量时，可以完全消除内部阻塞。我们来分析图 6-14 所示的三级无阻塞交换网络。

在图 6-14 中，第一级有 2 个 3×5 接线器，第二级有 5 个 2×2 接线器，第三级有 2 个 5×3 接线器。现假设第一级接线器 A 的一条空闲入线要与第三级接线器 B 的一条空闲出线接通。在最坏的情况下，当接线器 A 的入线希望接通时，它的其余 2 条入线已占用了它的 5 条出线中的 2 条，于是这条入线尚有 3 条出线与接线器 B 相通。再假设接线器 B 的其余 2 条出线均已被占用，而它们使用的入线又恰好是 A、B 之间剩余的 3 条链路中的 2 条，于是 A、B 之间还存在 1 条通路。这种只要交换网络的出、入线中有空闲线，则必存在内部空闲链路的网络称为“无阻塞网络”或“Clos”网络。

当然，“无阻塞网络”的实现是以增加设备、提高成本为代价的。设计交换网络结构时，要核算并考虑如何折中上述各种有利的情况。

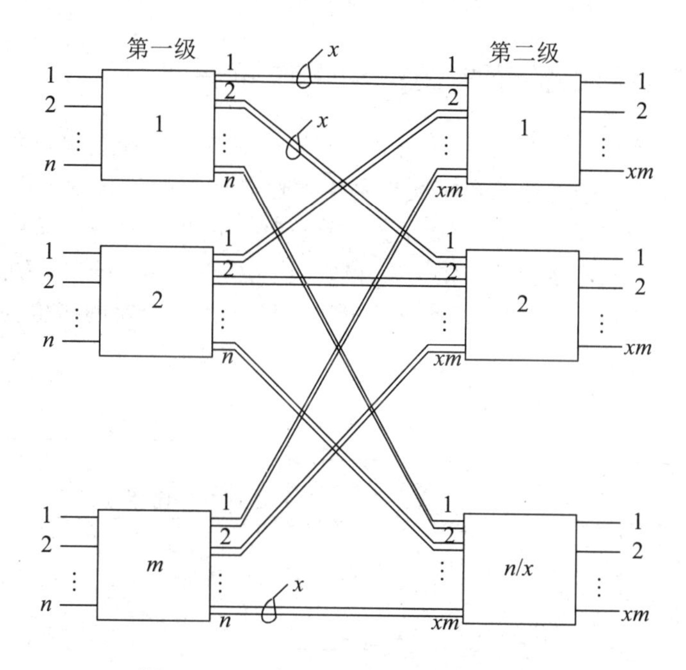

图 6-12　一个 x 重连接的二级交换网络

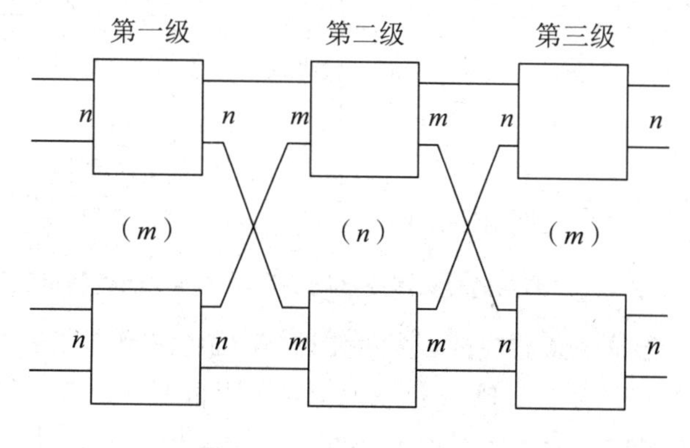

图 6-13　混合级交换网络

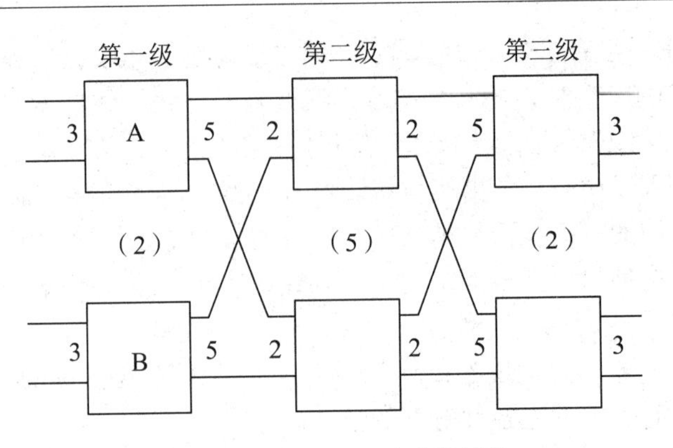

图 6-14　三级无阻塞交换网络

6.2.3　数字交换网络的基本结构和工作原理

数字交换实质上就是把与 PCM 系统有关的时隙内容在时间位置上进行搬移，因此数字交换也称时隙交换。用户消息通过数字交换网络发送与接收的过程示意图如图 6-15 所示，主叫端的 A 信号占用 TS1 发送，经数字交换网络交换后由 TS2 接收，而被叫端的 B 信号占用 TS2 发送，经数字交换网络交换后由 TS1 接收，由此完成了主、被叫双方消息的交换。由于 PCM 信号是四线传输，即发送和接收是分开的，因此数字交换网络也要收、发分开，进行单向路由的接续。

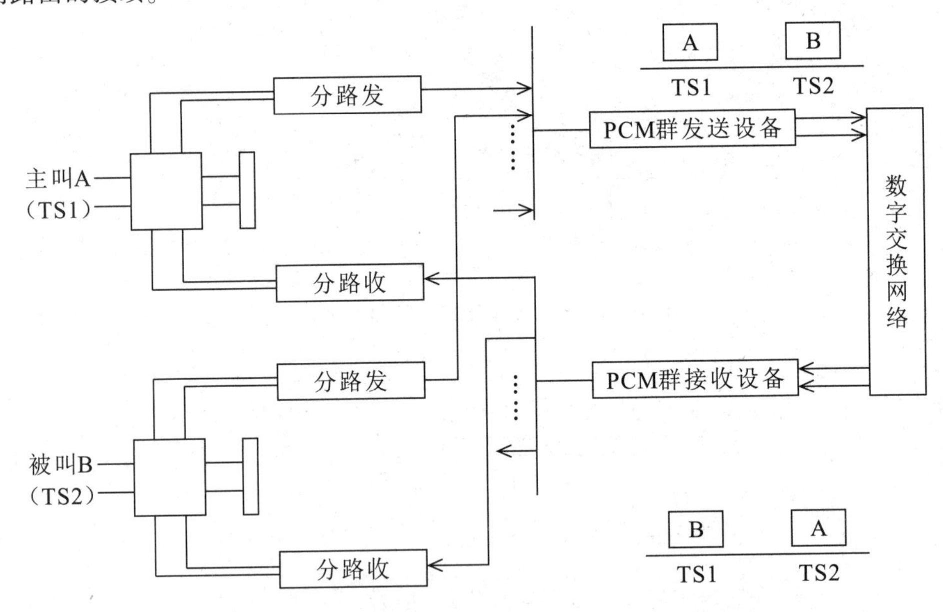

图 6-15　用户消息通过数字交换网络发送与接收的过程示意图

在数字通信中，由于每一条总线都至少可传送 30 路（PCM 基群）用户的消息，因此我们把连接交换网络的入、出线叫作 PCM 母线或 HW（High Way）线。

当连接数字交换网络的只有若干条 HW 线时，数字交换网络必须具有在不同 PCM 总线之间进行交换的功能，主要体现在以下三个方面。

（1）具有在同一条 HW 线、不同时隙之间进行交换的功能。

（2）具有在同一个时隙、不同 HW 线之间进行交换的功能。

（3）具有在不同 HW 线、不同时隙之间进行交换的功能。

数字交换网络由数字接线器组成，用来实现上述三个功能。从功能上，数字接线器可分为 T（时间）接线器和 S（空间）接线器。

1. T 接线器

1）T 接线器的结构组成

T 接线器可以完成在同一条 HW 线、不同时隙之间的交换。T 接线器由语音存储器（Speech Memory，SM）和控制存储器（Control Memory，CM）组成。语音存储器和控制存储器都是随机存储器（RAM）。

SM：用于寄存 PCM 编码后的语音信息，每个单元存放一个时隙的内容，即存放一个 8bit 编码信号，故 SM 的单元数等于 PCM 的复用度（HW 线上的时隙总数）。

CM：用于寄存语音信息在 SM 中的地址单元号。在定时脉冲的作用下，通过 CM 中存放的地址单元号控制语音信号在 SM 中的写入或读出。一个 SM 的地址单元号占用 CM 的一个单元，故 CM 的单元数等于 SM 的单元数。CM 每单元的字长则由 SM 总单元数的二进制编码字长决定。

例如，某 T 接线器的输入端 PCM 复用度为 128，则 SM 的单元数应是 128 个，每单元的字长是 8bit；CM 的单元数应是 128 个，每单元的字长是 7bit。

2）T 接线器的工作方式

当 SM 的写入信号受定时脉冲控制，而 SM 的读出信号受 CM 控制时，那么我们称之为“输出控制”方式，即 SM 是“顺序写入，控制读出”。反之，当 SM 的写入信号受 CM 控制，而 SM 的读出信号受定时脉冲控制时，我们称之为“输入控制”方式，即 SM 是“控制写入，顺序读出”。对于 CM 来说，其工作方式都是“控制写入，顺序读出”，即 CPU 控制写入，定时脉冲控制读出。

例如，某主叫用户的语音信号（A）占用 TS50 发送，通过 T 接线器交换至被叫用户的 TS450 接收。图 6-16（a）和图 6-16（b）给出了两种工作方式的示意图。

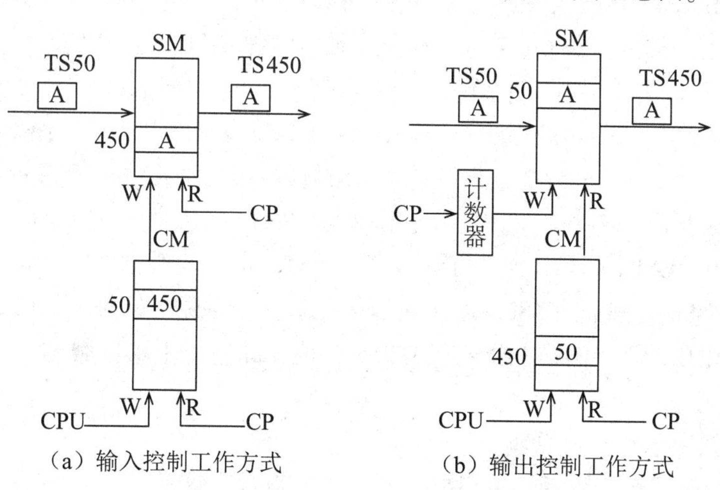

（a）输入控制工作方式　（b）输出控制工作方式

图 6-16　T 接线器的工作方式举例

要把 TS50 的内容交换到 TS450 中去，只要在 TS50 到来时，把它的内容先寄存到 SM 中，等到 TS450 到来时，再把该内容取走就可以了。通过这一存一取，即可实现不同时隙内容的交换。

对于“输出控制方式”来说，其交换过程是这样的：第一步，在定时脉冲 CP 控制下，将 HW 线上的每个输入时隙携带的语音信息依次写入 SM 的相应单元中（SM 单元号对应主叫用户所占用的时隙号）；第二步，CPU 根据交换要求，在 CM 的相应单元中填写 SM 的读出地址（CM 单元号对应被叫所占用的时隙号）；第三步，在 CP 控制下，按顺序在输出时隙（被叫所占的时隙）到来时，根据 SM 的读出地址，读出 SM 中的语音信息。

对于“输入控制方式”来说，其交换过程为：第一步，CPU 根据交换要求，在 CM 单元内写入语音信号在 SM 的地址（CM 单元号对应主叫用户所占用的时隙号）；第二步，在 CM 的控制下，将语音信息写入 SM 的相应单元中（SM 单元号对应被叫用户所占用的时隙号）；第三步，在 CP 控制下，按顺序读出 SM 中的语音信息。

3）关于 T 接线器的讨论

（1）不管是哪一种控制方式，语音信息交换的结果都是一样的。

（2）T 接线器按时间开关时分方式工作，每个时隙的语音信息都对应着一个 SM 的存储单元，因为不同的存储单元所占用的空间位置不同，所以从这个意义上讲，T 接线器虽然是一种时分接线器，但实际上却具有“空分”的含义。

（3）CPU 只需要修改 CM 单元内的内容，就可改变信号交换的对象。但对于某一次通话来说，占用 T 接线器的单元是固定的，这个“占用”直至通话结束才释放。

（4）语音信号在 SM 中存放的时间最短为 3.9μs，最长为 125μs。当 CM 第 k 个单元中的值为 j 时，输入的第 j 时隙将被转移到输出的第 k 时隙。由此引起的延时为 $D=k-j$（TS）。例如，当 $k=3$，$j=1$ 时，信号交换的延时为 $D=3-1=2$（TS）= 7.8μs。

（5）CM 各单元的数据在每次通话中只需要写一次。

4）SM 和 CM 的数字电路实现原理

在分析 SM 和 CM 的数字电路时，要用到时钟（CP）、定时脉冲（A0~A7）和位脉冲（TD0~TD7）的有关知识，图 6-17 所示的波形是由时钟（CP）形成的 8 条 HW 线所需要的定时脉冲（A0~A7）和位脉冲（TD0~TD7）的波形。

图 6-17 所示的 CP 具有脉冲和间隔各为 244ns 的特点，它和 30/32 路 PCM 每个时隙的一位码脉冲宽度一致。CP 进行 2 分频形成了定时脉冲 A0，而 A1 由 A0 进行 2 分频获得，A2 由 A1 进行 2 分频获得，……，A7 由 A6 进行 2 分频获得。

定时脉冲 A0~A2 的不同组合又可形成 TD0~TD7 共 8 个位脉冲。TD0~TD7 的周期为 3.9μs，脉宽为 488ns，间隔为 488ns×7，用以控制每一个时隙中的每一位码的移动，还可以控制 8 条 HW 线的选择。A0~A7 组合形成 256 个地址脉冲，用以控制 SM、CM 的 256 个单元的选择。

（1）SM 的数字电路实现原理。

SM 的数字电路实现原理如图 6-18 所示，它由语音存储器、写入与门、读出与门、或门、反相器等读写控制电路组成。该电路是按“输出控制方式”设计的。

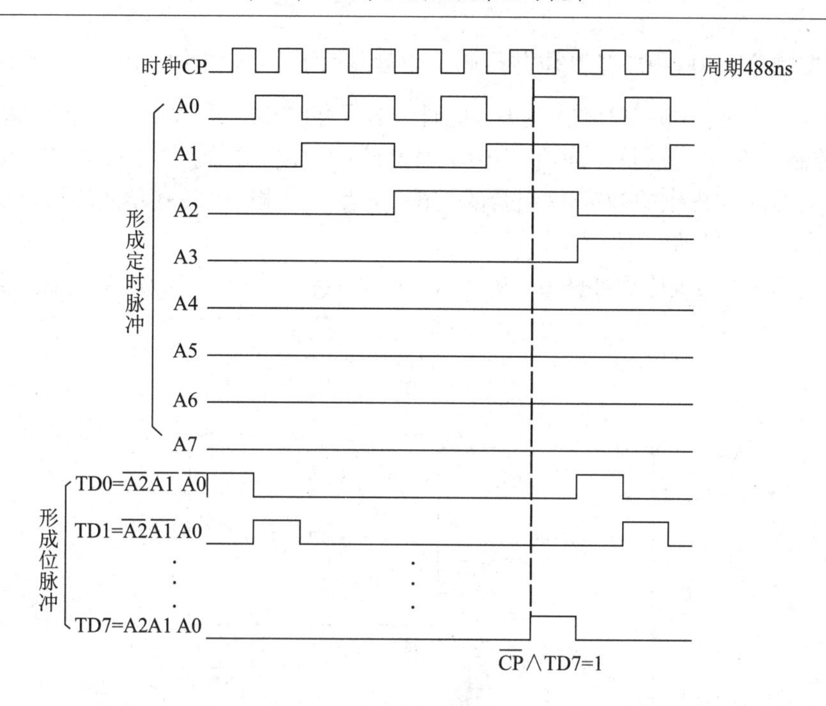

图 6-17　形成定时脉冲（A0～A7）和位脉冲（TD0～TD7）的波形

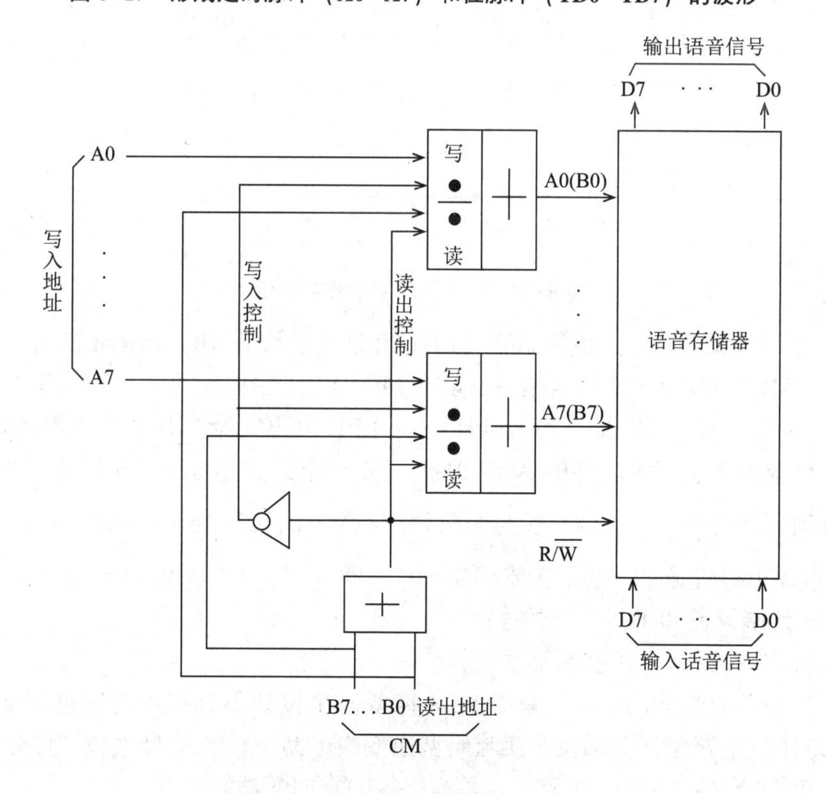

图 6-18　SM 的数字电路实现原理

当 CM 无输出时，B0～B7 全为 0，或门输出为 0，此时，语音存储器的 R/$\overline{W}$=0，语音存储器处于写状态。“读出控制”为 0，关闭读出地址 B0～B7 的与门；“写入控制”为 1，打开写入地址 A0～A7 的与门。根据定时脉冲 A0～A7 组合的 256 个地址，在位脉冲 TD0～

TD7 控制下按顺序将 D0～D7 这 8 位并行码（语音信号）写入相应的 RAM 单元中。

当 CM 有输出时，B0～B7 不全为 0，此时，语音存储器的 $R/\overline{W}=1$，语音存储器处于读状态。“写入控制”为 0，关闭写入地址 A0～A7 的与门；“读出控制”为 1，打开读出地址 B0～B7 的与门。按照 CM 提供的 B0～B7 组合的 256 个地址，从相应的 SM 单元读出数据 D0～D7。

（2）CM 的数字电路实现原理。

CM 的数字电路实现原理如图 6-19 所示。它由控制存储器、比较器、锁存器等组成。

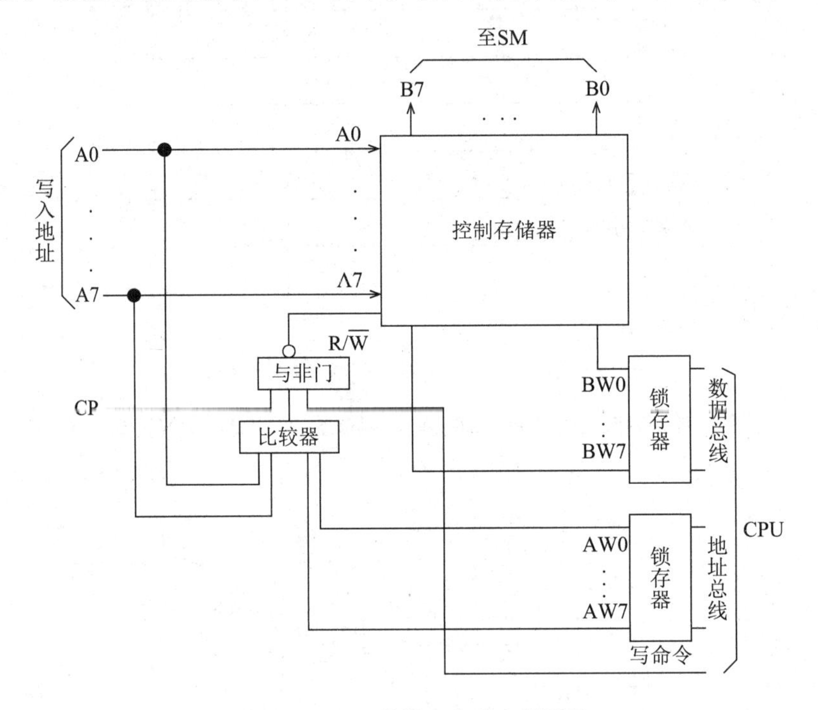

图 6-19　CM 的数字电路实现原理

CPU 根据用户要求，通过数据总线（DB）和地址总线（AB）向 CM 发送：①写入数据 BW0～BW7（SM 的地址）；②写入地址 AW0～AW7（CM 的地址）。

SM 的地址写入 CM 的时机（写入条件）：①CPU 发出写命令脉冲；②定时脉冲 A0～A7 所指定的地址与 CPU 送来的 AW0～AW7 地址一致（同步）；③CP 的前半周（CP＝1）。

这三条均成立的情况下，信号经与非门后，$R/\overline{W}=0$，CM 处于写状态。

CM 数据读出时机是 CP 的后半周（CP＝0），即 $R/\overline{W}=1$ 时，CM 处于读出状态。

5）PCM 终端设备和 T 接线器的连接

（1）单端 PCM 设备和 T 接线器的连接。

单端是指一条 HW 线的情况。单端 PCM 设备和 T 接线器连接的电路框图如图 6-20 所示。图 6-20 中的电路包括了码型变换与码型逆变换电路、标志信号收/发电路、同步电路、定时电路、串/并变换（S/P）电路、汇总电路等。它们的功能如下。

① 码型变换与码型逆变换：完成机内码型与线路码型之间的变换（HDB3 / NR2）。

② 同步：取出同步时隙，在定时脉冲控制下做同步检查。

③ 定时：用来产生各种定时脉冲，如采样时用的采样脉冲、编码时用的位脉冲和同步时用的帧同步脉冲等。

④ 标志信号收/发：插入或取出 TS16 传输的标志信号（控制信令）。

⑤ 汇总：将语音信号、同步信号和标志信号汇总在一起，通过码型变换电路送至输出端。

⑥ 串/并变换：在 T 接线器的数据总线上连接了一个输入串/并（S/P）变换电路和一个输出并/串（P/S）变换电路，目的是将传输线上的串行码变换成并行码后存入 T 接线器的 RAM 中。

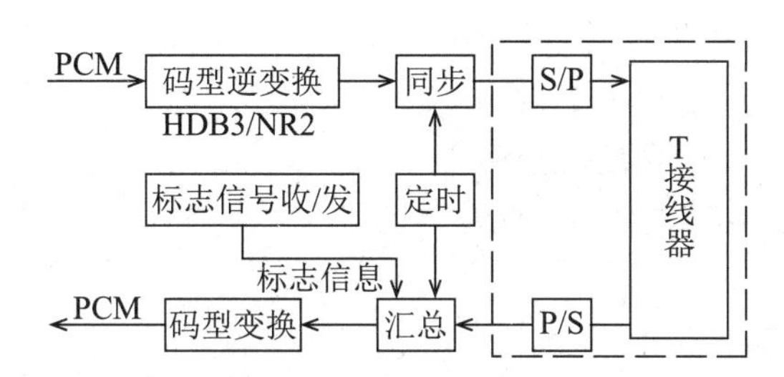

图 6-20　单端 PCM 设备和 T 接线器连接的电路框图

（2）多端 PCM 终端设备和 T 接线器的连接。

单端 PCM 终端设备接入 T 接线器时只能处理 30 个用户的语音交换。如果将多端 PCM 终端设备接入 T 接线器，那么会大大扩大 T 接线器所交换的信息容量。因此，多端 PCM 终端设备和 T 接线器连接时，其接口除了需要串/并、并/串变换电路，还需要增加复用和分路电路，实现多端 PCM 复用线的合并。

复用器的作用是将多条 HW 线合并成一条 HW 线；分路器的作用是将一条 HW 线分路成多条 HW 线。

图 6-21 所示为 8 条 HW 线与 T 接线器的连接图。其中 T 接线器的左端是由 8 个串/并变换电路和 1 个 8 并 1 复用器组成的电路，它们将 8 条 HW 线（每条 HW 线为 PCM 一次群）的串行信号变换成 1 条 HW 线的并行信号进入 T 接线器；T 接线器的右端是由 1 个 1 分 8 的分路器和 8 个并/串变换电路组成的电路，它们将 T 接线器输出端的 1 条 HW 线的并行信号变换成 8 条 HW 线的串行信号送至传输线。

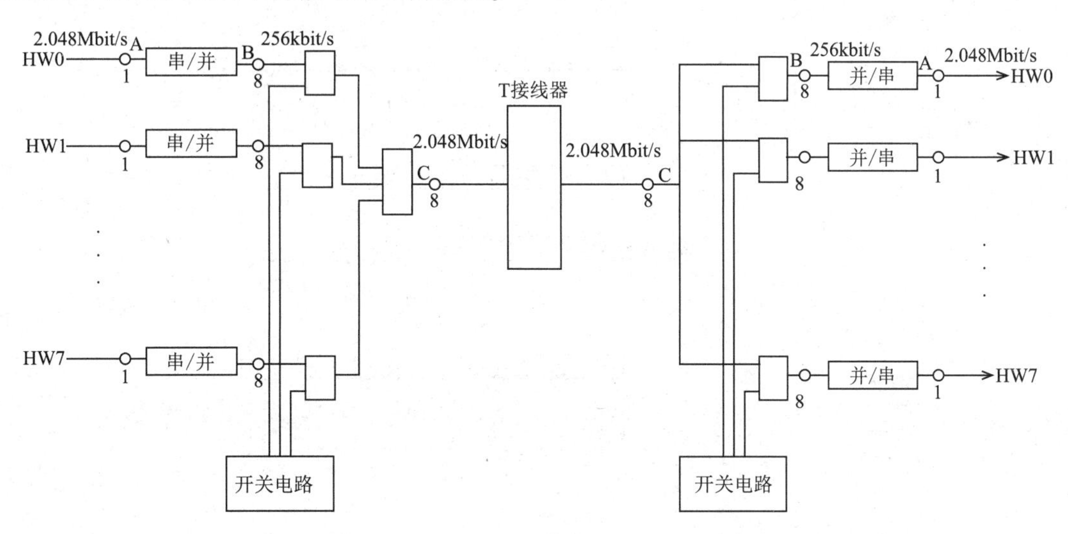

图 6-21　8 条 HW 线与 T 接线器的连接图

串/并变换与复用波形图如图 6-22 所示。每路信号依次进入语音存储器的顺序如下。

HW0TS0，HW1TS0，…，HW7TS0。

HW0TSl，HW1TS1，…，HW7TS1。

HW0TS2，HW1TS2，…，HW7TS2。

…

HW0TS31，HW1TS31，…，HW7TS31。

对于 N 条 HW 线来说，它们经串/并变换及多路复用后，依次写入语音存储器的顺序为如下。

HW0TS0，HW1TS0，…，HWN-lTS0。

HW0TS1，HW1TS1，…，HWN-1TS1。

HW0TS2，HW1TS2，…，HWN-1TS2。

…

HW0TS31，HW1TS31，…，HWN-lTS31。

由此得到 HWi，TSj 位于语音存储器的单元号为：

$K=N\times j+i$（单元）

其中，K 为单元号（或经串/并变换及多路复用后的 TS 编号）；N 为 HW 线总数；j 为复用前的时隙编号。

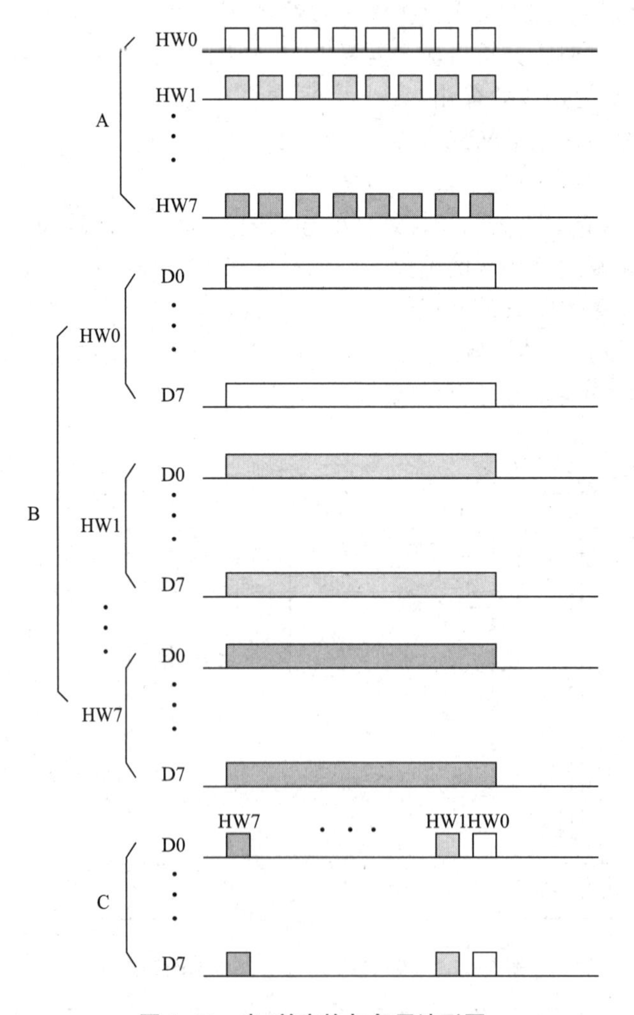

图 6-22　串/并变换与复用波形图

通过上述对 T 接线器的研究，我们已经知道 SM 的读写速率与输入信道数成正比，这使得 T 接线器容量的增大受到存储器读写速度的限制。当输入 T 接线器的路数超过单个 T 接线器所能接受的限度时，必须使用多个 T 接线器组成的交换网络。在多个 T 接线器组成的交换网络中，不同 T 接线器之间的时隙交换则需要通过 S 接线器来完成。

2. S 接线器

早期机电制交换机的空分接线器是一个由大量交叉接点构成的空分矩阵，如果一个交叉接点为一个信息的传输通道，那么交叉接点越多，信息传输的通道就越多，可以交换的对象就越多。此交叉矩阵的概念被用到了程控交换机的数字交换网络中，称为 S 接线器交叉接点矩阵。每个正在通信的用户在此矩阵中都占据一个交叉接点。

1）S 接线器的结构组成

数字交换网络的 S 接线器由交叉接点和控制存储器两部分组成。图 6-23 所示为 S 接线器的结构组成，其中 8×8 开关矩阵由高速电子开关组成，开关的闭合受 8 个 CM 控制。

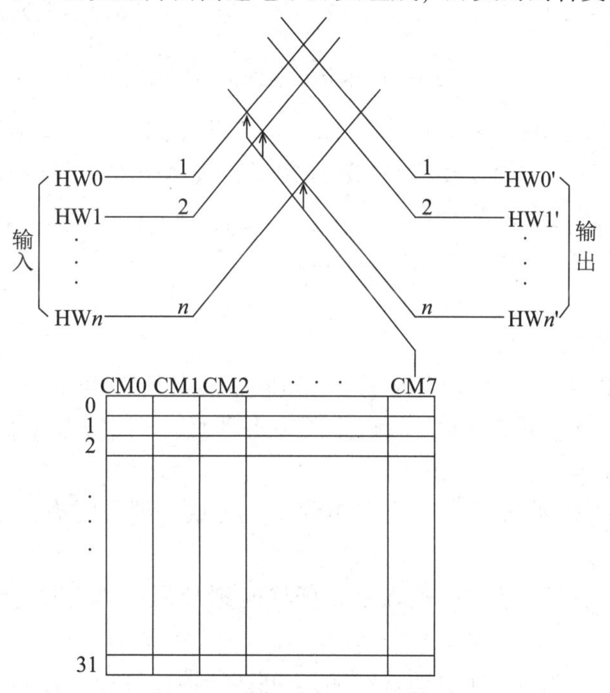

图 6-23　S 接线器的结构组成

2）S 接线器的工作方式

S 接线器的工作方式同样分为输出控制方式和输入控制方式两种。每一个 CM 控制同号输出端的所有交叉接点，这个过程叫作“输出控制”；每一个 CM 控制同号输入端的所有交叉接点，这个过程叫作“输入控制”。表 6-2 所示为 S 接线器的两种工作方式的比较。

表 6-2　S 接线器的两种工作方式的比较

输出控制方式	输入控制方式
CM 的编号对应输出线的线号	CM 的编号对应输入线的线号
CM 的单元号对应输入线上的时隙号	CM 的单元号对应输入线上的时隙号
CM 单元内的填写内容为要交换的输入线的线号	CM 单元内的填写内容为要交换的输出线的线号

图6-24（a）和图6-24（b）分别是S接线器按输出控制方式和输入控制方式完成HW0 TS5→ HW3 TS5的信号交换示意图。

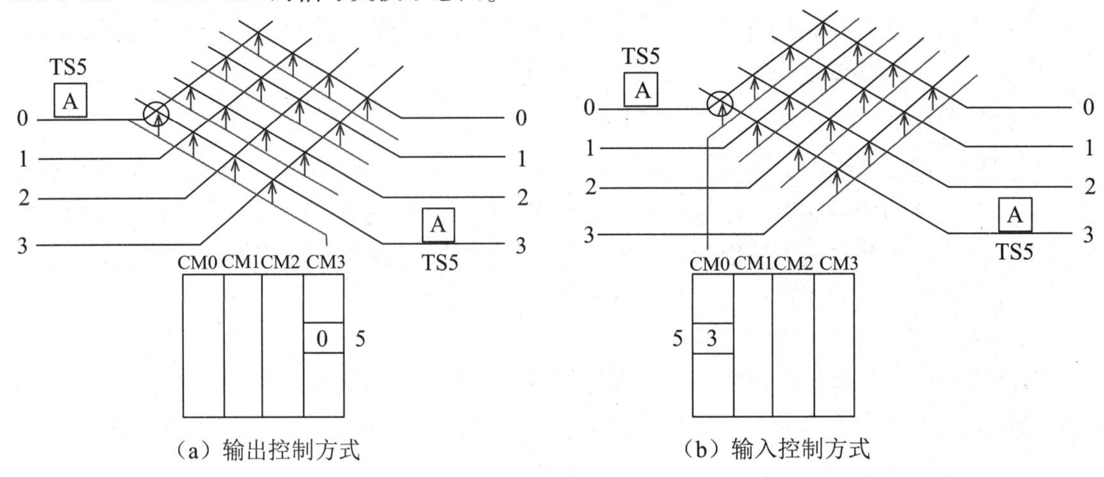

（a）输出控制方式　（b）输入控制方式

图6-24　S接线器的工作方式

S接线器的交换过程分两步进行：第一步，CPU根据路由选择结果，在CM的相应单元内写入输入（出）线序号；第二步，在CP控制下，按时隙顺序读出CM相应单元的内容，控制输入线与输出线间的交叉点的闭合。

例：某S接线器的HW线的复用度为512，交叉矩阵为32×32，有1024个交叉点信道；需要32个控制存储器；每个控制存储器有512个单元；每个单元内的字长是5位。

3）关于S接线器的几点讨论

（1）S接线器按空间开关时分方式工作，矩阵中的交叉接点状态每个时隙更换一次，每次接通的时间是一个TS，即3.9μs。从这个意义上理解，S接线器虽然是一种空分接线器，却具有“时分”的含义。

（2）S接线器在每个时隙时，不允许矩阵中一行或一列同时有两个以上的交叉接点闭合，否则会造成串话。

（3）由于矩阵中的每8条并行输入线在任何时刻必须选用相同的输出线，因此可由同一个存储单元控制。

（4）对于一个HW线为一次群的$N\times N$的空间接线器，其控制存储器的容量应为$32\times N\times \log N$ bit（其中N为2的整次幂）。例如，某S接线器采用8×8矩阵，每条输入HW线为二次群复用，则S接线器控制存储器的容量应为$128\times8\times\log8=3072$ bit。

6.2.4　多级交换网络

在一些千门左右的小型交换机（如用户交换机）中，常采用单T网络，当交换机的容量超过单T网络的工作限度时，需要将T接线器和S接线器进行组合，形成多级交换网络，以此来扩大交换容量。T接线器和S接线器的组合形式有很多，如TS、ST、TST、STS、TSST等，常用的为TST交换网络和STS交换网络。

1. TST交换网络

TST交换网络是一种常见的交换网络，由三级接线器组成。两侧为T接线器，中间为S

接线器，图 6-25 所示为 TST 交换网络的结构。

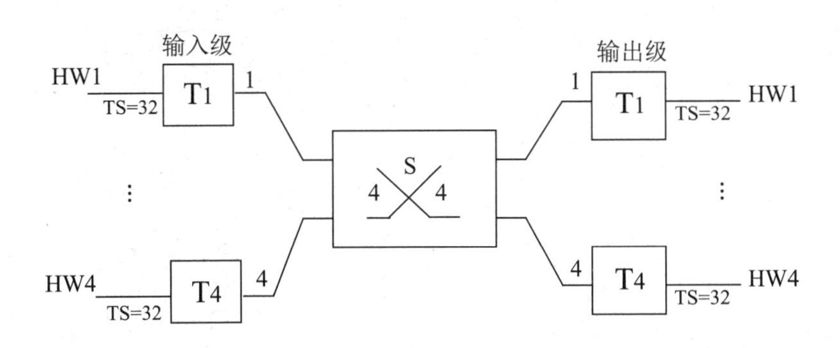

图 6-25　TST 交换网络的结构

1）TST 交换网络的控制原则

输入级 T 接线器与输出级 T 接线器的控制方式应不同，而 S 级接线器可用任何一种工作方式，因此 TST 网络共有 4 种控制方式：出-入-入、出-出-入、入-出-出、入-入-出。

如图 6-25 所示，PCM 信号的传输方式是四线传输，即信号的发送和接收是分开的，因此 TST 交换网络也要收、发分开，进行单向路由的接续。那么，中间 S 级接线器两个方向的内部时隙应该是不一样的。从原理上讲，这两个内部时隙都可由 CPU 任意选定，但在实际中，为方便 CPU 管理和控制，在设计 TST 交换网络时，将两个方向的内部时隙（ITS 反向和 ITS 正向）设计成一对相差半帧的时隙，即

ITS 反向=ITS 正向 ± 半帧信号　（1 帧为交换网络的内部时隙总数）

例如，在一个 TST 交换网络中，内部时隙总数为 128，已知 CPU 选定的正向内部时隙为 30，则反向内部时隙为 ITS 反向=30 + 128/2=94。若 CPU 选定的正向内部时隙为 94，则反向内部时隙为 ITS 反向=94-128/2=30。

我们把这样确定内部时隙的方法叫作“反相法”。采用“反相法”的意义在于避免了 CPU 的二次路由选择，从而减轻了 CPU 的负担。

2）TST 交换网络的信号交换过程

下面我们通过一个例子来说明信号经 TST 网络完成交换的过程。

有一个 TST 交换网络，输入、输出均有两条 HW 线，网络的内部时隙总数为 32。根据交换要求完成 HW1TS18（A）与 HW2TS24（B）的双向交换。要求：输入级 T 接线器采用输出控制方式，S 接线器采用输入控制方式，输出级 T 接线器采用输入控制方式；CPU 选定的内部正向时隙为 20。请画出 TST 交换网络图并在相关存储器中填写数据。

解：TST 交换网络的结构及信号输送举例如图 6-26 所示。

2. STS 交换网络

STS 交换网络也是由三级接线器组成的，两侧为 S 接线器，中间为 T 接线器。在 STS 交换网络中，各级的分工如下：输入级 S 接线器负责输入母线之间的空间交换；T 接线器负责内部时隙交换；输出级 S 接线器负责输出母线之间的空间交换。

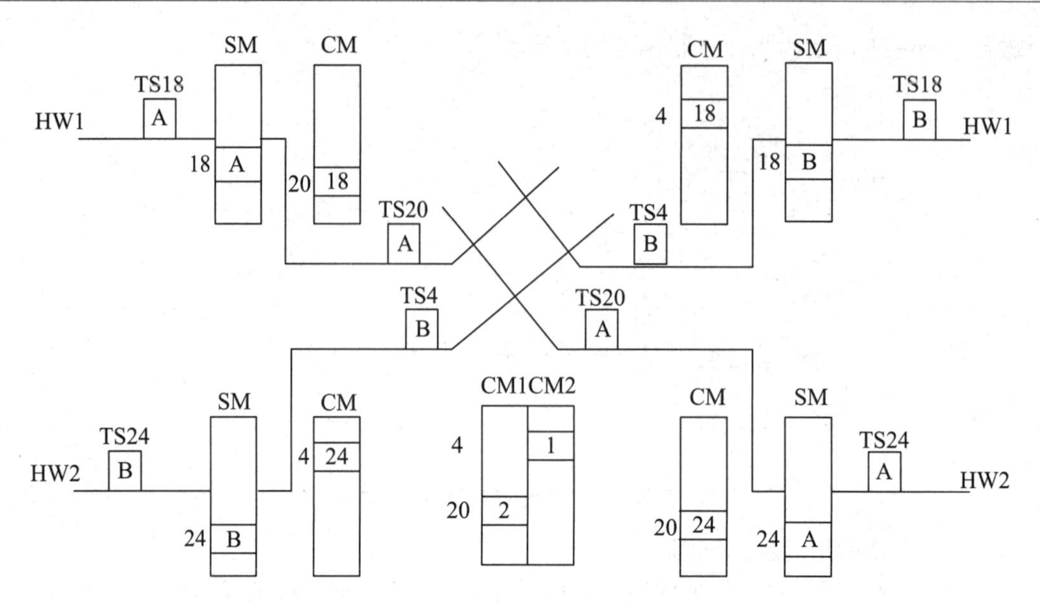

图 6-26 TST 交换网络的结构及信号输送举例

STS 交换网络的结构及信号输送举例如图 6-27 所示。图 6-27 是一个输入、输出都为 2 条 HW 线的 STS 交换网络。其中输入级 S 接线器采用输出控制方式，中间的 T 接线器采用输出控制方式，输出级 S 接线器采用输入控制方式；A 信号占用 HW1TS3，B 信号占用 HW2TS6，从而完成信号 HW1TS2（A）与 HW2TS6（B）的双向交换。

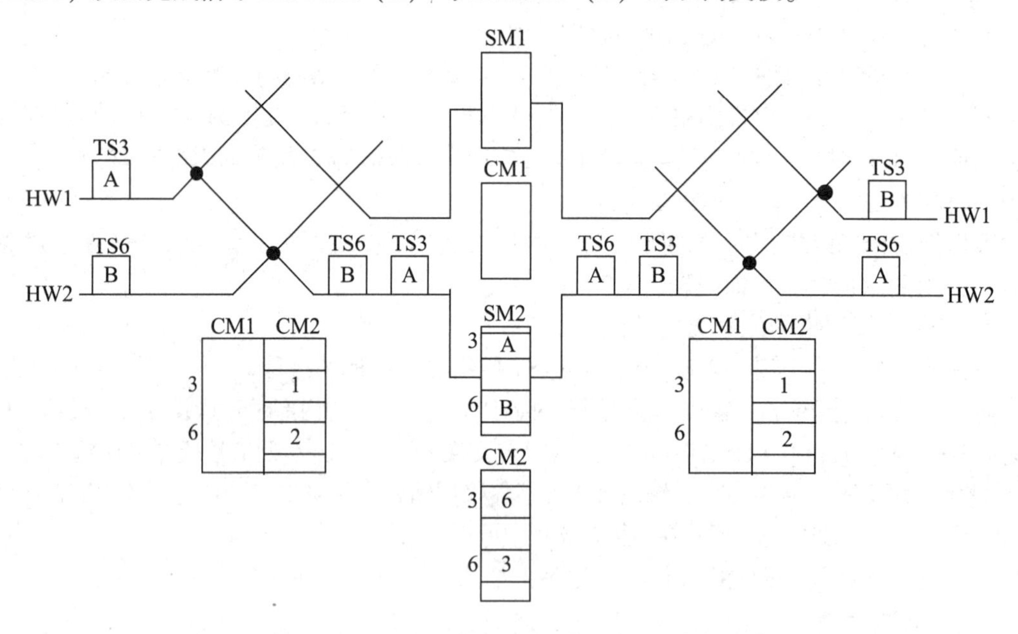

图 6-27 STS 交换网络的结构及信号输送举例

6.3 数字程控交换机的硬件结构

在前面我们已经了解到数字程控交换机主要由话路系统和控制系统组成，话路系统和控制系统的功能前面已经介绍过，此处不再赘述。数字程控交换机的硬件结构如图 6-28 所示。

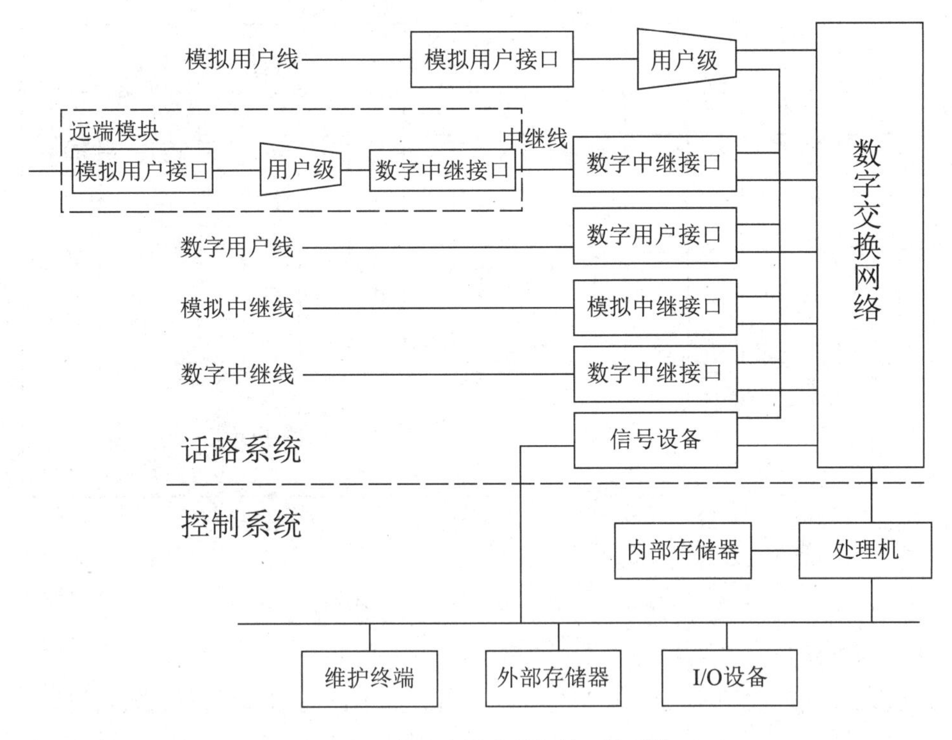

图 6-28　数字程控交换机的硬件结构

6.3.1　话路系统

数字程控交换机的话路系统由模拟用户接口、数字用户接口、模拟中继接口、数字中继接口、用户模块和远端用户模块、信号设备和数字交换网络等部件组成。

1. 模拟用户接口

模拟用户接口是数字程控交换机通过模拟用户线连接用户模拟话机的接口电路。模拟用户线上采用直流环路信令和音频信令方式，而数字交换网络采用数字时隙交换方式，因此模拟用户接口电路必须完成数字程控交换机与模拟用户之间的相互匹配。ITU-T 为模拟用户接口规定了 BORSCHT 7 项功能，模拟用户接口的功能框图如图 6-29 所示。

下面分别介绍这 7 项功能。

1）馈电 B（Battery Feeding）

所有话机由程控交换机统一供电，称为中央馈电。交换机通过用户接口的馈电电路向电话提供通话用的-48V 馈电电压，馈电电流为 18~50mA。馈电电路和传输语音信号共用一对传输线路。馈电电路一般采用恒流源电路方式，要求器件尽量对称平衡。

2）过压保护 O（Over Voltage Protection）

过压保护电路是为保护交换机的内部电路不受外界雷击、工业高压的损害而设置的。由于外线进入交换机前，配线架上装配保安器/防雷管，已经做了一次保护，因此用户接口中的过压保护电路又叫作二次保护电路。用户接口电路的入口串联压敏电阻，其阻值随电压的升高迅速增大，从而起到限流作用。过压保护电路采用了钳位电桥，钳位电桥将用户内线侧两端的正向高电压钳位到 0V，负向高电压钳位到-48V。

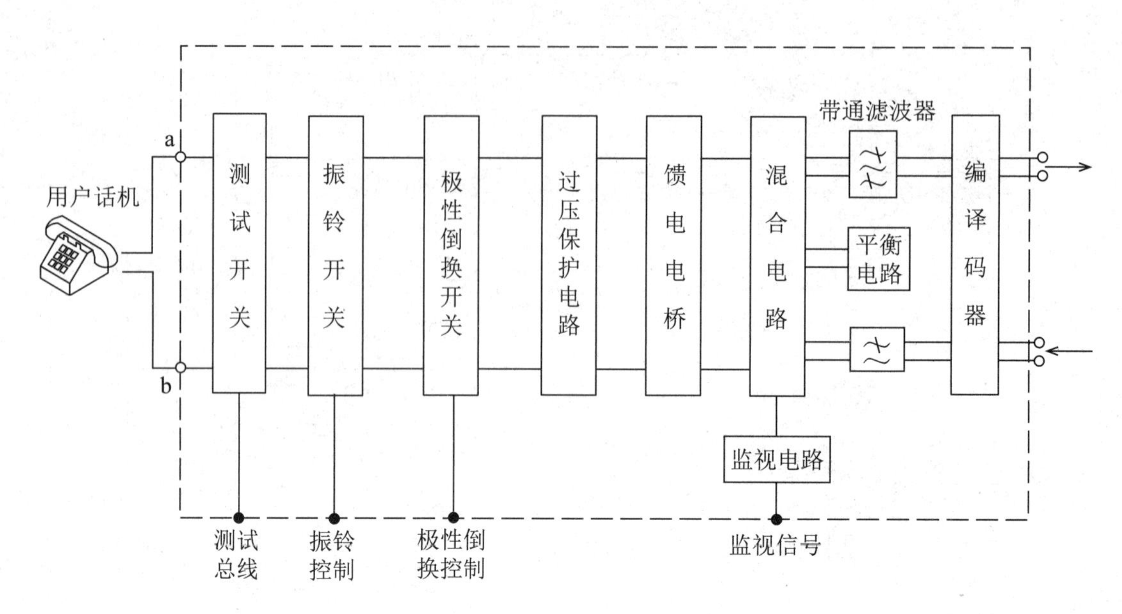

图 6-29 模拟用户接口的功能框图

3）振铃 R（Ring）

程控交换机的信号发生器通过用户接口的振铃开关电路向用户话机馈送振铃信号。我国交换机规范振铃信号的标准是 25Hz 正弦波，（75±15）V 的交流电压。由于振铃电压信号用电子元器件发送比较困难，因此采用振铃继电器，由继电器的接点转换来控制铃流发送，以 1s 通、4s 断的周期方式向用户话机馈送。另外，铃流信号送到用户线时，因为考虑到较高的振铃电压，必须采用隔离措施，以免损坏内线电路，所以应将振铃电路设计在二次过压保护电路之前。

4）监视 S（Supervision）

监视电路用来监测环路直流电流的变化，以此判断用户摘/挂机状态和拨号脉冲信号，并向控制系统输出相应的信息。它通过检测用户环路上的电流变化来实现，由用户电路不断地循环扫描用户环路，一般扫描周期是 200ms 左右。

5）编译码器 C（CODEC）

编译码器完成模拟语音信号及模拟信令信号的 PCM 编码和译码。CODEC 是编码器和译码器的缩写。每个用户接口电路内都包含滤波器和编译码器，模拟语音信号首先经滤波器限频，消除带外干扰，再进行抽样量化，最后用编码器编码并暂存，待指定的时隙到来时以 64kbit/s 的基带速率输出。由交换网络返回的基带 PCM 信号进入译码器，完成模拟语音的恢复。

6）混合电路 H（Hybrid Circuit）

因为模拟用户线是二线传输方式，而与之连接的数字交换网络是四线传输方式，所以信号在编码前和译码后一定由用户接口的混合电路完成二/四线转换。图 6-29 中的平衡电路是对用户线进行阻抗匹配的。

7）测试 T（Test）

测试电路可以实现对用户线的测试，及时检测出混线、断线、接地等问题。它分为外线测试和内线测试。外线测试通过继电器触点断开外线与接口电路的连接，将外线接至测试设备，由软件程序控制测试线路及用户终端的状态和相关参数；内线测试是指通过继电器触点将接口电路接至一个模仿用户终端的测试设备上，通过测试软件控制一个完整的通话应答，检测接口电路的相关动作和参数。

模拟用户接口电路除了上述 7 个基本功能，有的数字程控交换机还设计了如极性倒换、衰减控制、收费脉冲发送、主叫号码传送等功能。

2. 数字用户接口

数字用户接口是数字程控交换机在用户环路上采用数字传输方式连接数字用户终端的接口电路。标准数字用户接口有基本速率接口（Basic Rate Interface，BRI）和基群速率接口（Primary Rate Interface，PRI），统称 V 系列接口，具体分为 V1、V2、V3、V4、V5 接口。其中，BRI 也称 V1 接口，用于连接用户终端，其传输帧结构为 2B+D，线路传输速率为 144kbit/s；PRI 也称 V5 接口，V5 接口支持 n×E1（n×2048kbit/s）的接入网。V5 接口包括 V5.1 接口和 V5.2 接口。对于 V5.1 接口来说，$n=1$；对于 V5.2 接口来说，$1 \leqslant n \leqslant 16$。

数字用户接口的功能框图如图 6-30 所示。数字用户接口的过压保护电路、馈电电路和测试电路与模拟用户接口类似。

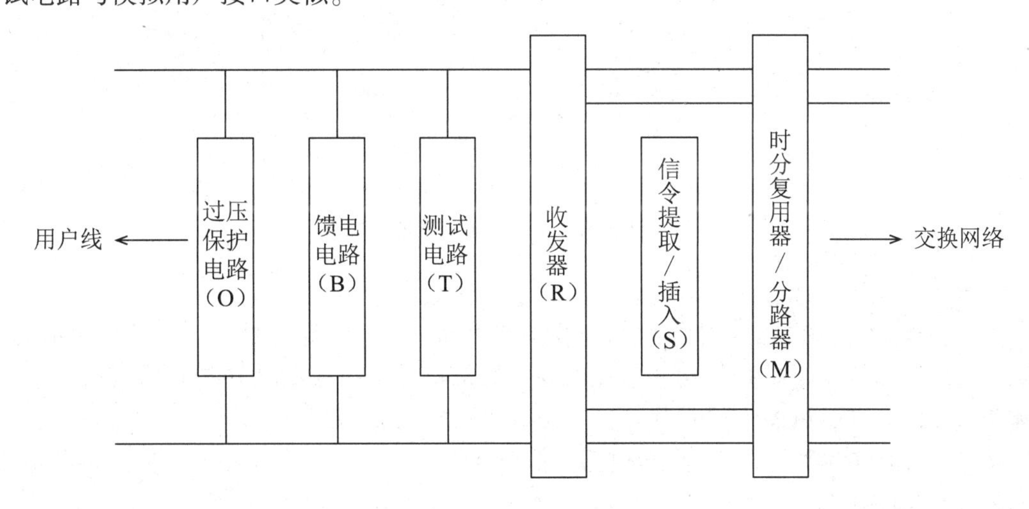

图 6-30 数字用户接口的功能框图

数字用户接口的收发器有两个作用，一个作用是实现用户环线传输信号与交换机内工作信号之间的变换和匹配；另一个作用是实现数字信号的双向传输。

数字用户接口的功能是采用专门的数字用户信令（DSSI 信令）协议在 D 信道传送信令消息。发送方将信令消息插入专用逻辑信道（TS16），经过复用与信息数据一起传输，接收方则从专用逻辑信道提取信令消息。信令的插入与提取便是信令与消息的时分复接与分接的过程。

时分复用器/分路器是数字用户接口与交换网络之间的速率匹配电路。数字交换网络以 64kbit/s 的数字信道为一个接续单元，而用户环线的传输速率根据数字终端的不同可能高于或低于 64kbit/s，这就要求将环线速率高于 64kbit/s 的信号分离成若干条 64kbit/s 的信道，或将若干路低于 64kbit/s 的信号复用成一条 64kbit/s 的信道。

数字用户接口除图 6-30 所示的功能外，还包括回波消除、均衡、扰码和去扰码等功能。回波消除法是实现在一对用户线上进行数字双向传输的有效方法。均衡则是对信道的频率特性进行补偿，它的实现可利用自适应判决反馈均衡器来完成。在发送端使用扰码器，以实现信号加密；在接收端使用去扰码器去除伪随机序列，恢复提取发送方的实际数据。

3. 模拟中继接口

模拟中继接口又称 C 接口，它是数字交换网络与模拟中继线之间的接口电路，其功能框图如图 6-31 所示。模拟中继接口电路类似于模拟用户接口电路，但二者有一定的区别。与模拟用户接口电路相比，模拟中继接口电路少了振铃控制和对用户馈电的功能，而多了一个中继线忙/闲指示功能，同时把对用户线状态的监视变为对中继线路信号的监视。还需要注意的一点是，对于用户接口，只需要单向检测话机的直流通断状态，而中继接口除了需要检测来自对端的监视信号，还必须将本端的监视信令插入传输信道中，以供对端检测。

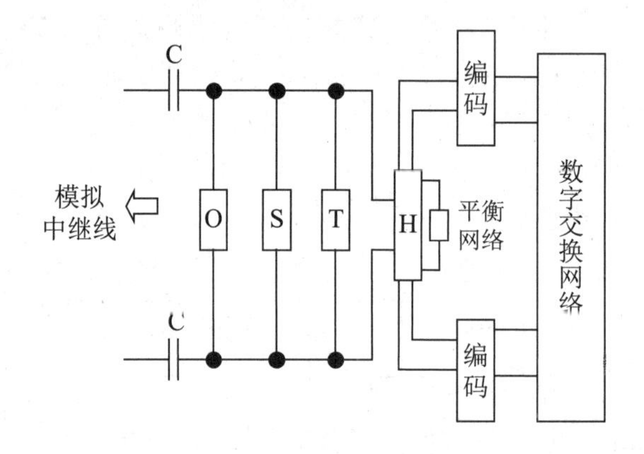

图 6-31 模拟中继接口的功能框图

4. 数字中继接口

数字中继接口电路是数字中继线与交换网络之间的接口电路。数字中继接口包括 A 接口和 B 接口，其中 A 接口是速率为 2048kbit/s 的接口，它的帧结构和传输特性符合 32 路 PCM 要求；B 接口是 PCM 二次群接口，其接口速率为 8448kbit/s。

数字中继接口由收发电路、同步电路、信令插入（提取）电路、报警电路 4 部分组成。数字中继接口的功能框图如图 6-32 所示。

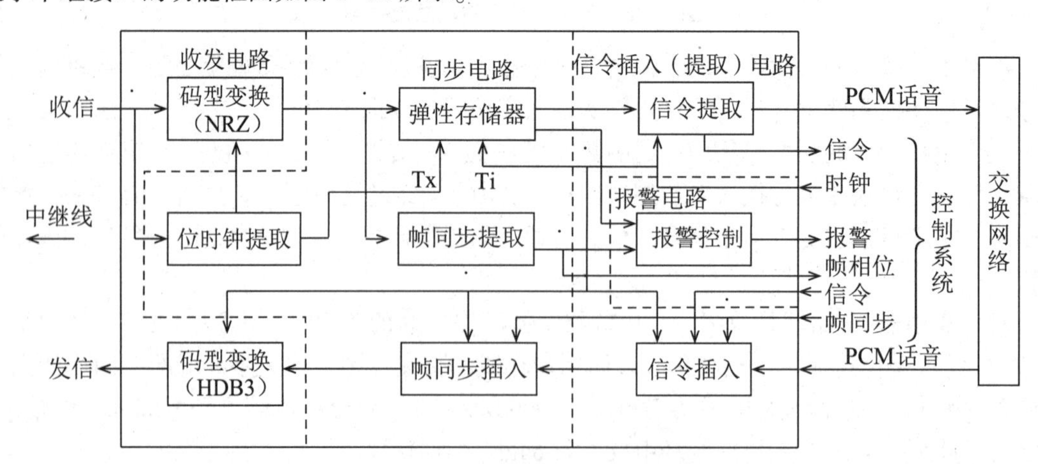

图 6-32 数字中继接口的功能框图

收发电路主要完成PCM线路码型（HDB3码）和机内码型（NRZ码）的变换。同步电路主要完成帧同步信号的提取和帧同步信号的插入。由于信令是不进入数字交换网络交换的，因此数字中继接口应在TS16时完成信令的提取与插入。报警控制电路接收来自帧同步字检测电路的信号，对滑码的次数进行计数。当滑码的次数超过一定限度时，报警电路应向控制系统发出“失步”的告警信号。

5. 用户模块和远端用户模块

1）用户模块

一般情况下，用户的平均话务量非常低，如果每个用户都在交换网中占用一条信道，那么会造成公共资源的浪费。若把用户的话务量按2∶1（两个用户的话务量共享一条交换网络信道）或4∶1、8∶1集中处理，则可以达到提高交换网络利用率的效果。用户模块除了实现用户接口功能，主要还包含了一个集线器，用以实现话务量的集中。话务集中可由T接线器实现。

2）远端用户模块

当一个程控交换机的服务范围很广时，为了缩短用户环线的距离，常常在远端用户的密集之处设置一个远端用户模块，实现用户级的远程化。远端用户模块与前面叙述的用户模块的本质是一样的，只是它们与母局之间的连接距离不一样。

用户模块放置在母局，不需要中继线连接。它的主要功能是提高数字交换网络的利用率。远端用户模块放置在远端，与母局之间的连接须经过适当的接口和中继线传输系统。它的主要功能除了提高数字交换网络的利用率，还可以提高线路利用率。

6. 信号设备

信号设备是数字程控交换机的重要组成部分，它是通过PCM总线连接到交换网络中的，通过交换网络内部的PCM链路完成信令接收和发送。它的主要功能包括如下内容。

（1）提供各种数字化的信号音，如拨号音、忙音、回铃音等。

（2）DTMF话机的双音多频信号的接收与识别。

（3）局间采用随路信令时，多频互控（Multi Frequency Compelled，MFC）信号的接收与发送。

（4）局间采用共路信令时，实现信令终端的所有功能。

6.3.2　控制系统

数字程控交换机的控制系统主要由处理机（CPU）、内存储器和各种I/O设备组成。处理机主要用于收集输入信息、分析数据和输出控制命令。内存储器分数据存储器和程序存储器两种。数据存储器又分为两类，一类用于存储永久性和半永久性的工作数据，如系统硬件配置、电话号码、路由设置等；另一类用于存储实时变化的动态数据，如线路忙闲状态、呼叫进行情况等。数字程控交换机的I/O设备类似于计算机的I/O设备，用以提供外围环境和交换机内部之间的接口。

控制系统的工作过程具有如下标准模式。

① 输入信息处理过程：接收外部设备送来的信息，如终端设备和线路设备的状态变化，请求服务的信令等。

② 信息分析处理过程：分析并处理相关信息。

③ 输出信息处理过程：输出处理结果，指导外部设备做出相应动作。

控制系统工作过程的模式结构如图 6-33 所示。CPU 在软件程序的引导下，从输入端内存储器中读出外部设备的输入信息（数据），结合当前的过程状态、变量值等工作数据对之进行分析处理，将处理结果写入输出端内存储器中，用以驱动外部设备工作时调用。

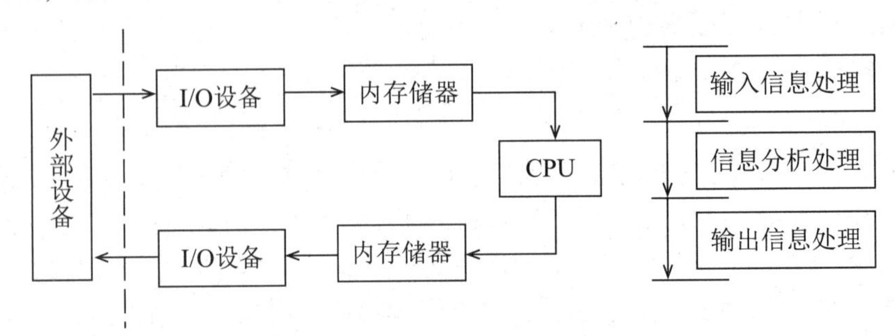

图 6-33 控制系统工作过程的模式结构

1. 对控制系统的要求

整个交换系统要 24h 不间断工作，对于军用或关键时期，系统能否安全、可靠工作就显得尤为重要，这就给控制系统提出了许多的要求。

1）呼叫处理能力

在保证服务质量的前提下，处理机能够处理的呼叫要求一般使用 BHCA（Maximum Number of Busy Hour Call Attempts，最大忙时试呼次数）表示，这个参数既和控制部件的结构有关，也和处理机本身的能力有关，它和第 7 章要讲的话务量同样影响系统的能力。在衡量一台交换机的负荷处理能力时，不仅要考虑话务量，还要考虑其处理能力。

2）可靠性

控制设备的故障可能使系统中断，这就要求故障率低，一旦出现故障，处理故障时间应尽可能短，比如有的要求 1 年内的故障中断时间累计不超过 3 分钟。

3）灵活性和适用性

由于通信系统发展较快，各种新业务、新技术层出不穷，比如语音信箱、遇忙回叫、800 业务等，这些新技术、新业务推出得较为频繁，而交换设备的寿命为 7~10 年，因此在设计交换系统设备时，应该考虑到其应能及时升级，以适应通信业务的发展。

2. 控制方式的分类

程控交换机控制系统的控制方式经历了集中控制方式、分级控制方式和全分散控制方式的发展过程。

1）集中控制方式

早期的程控交换机或较小容量的交换机都采用集中控制方式。控制系统中只配备一台处理机，交换机的全部控制工作都由一台处理机来承担。在这种控制方式中，处理机可独立支配系统的全部资源，有完整的进程处理能力，但也存在着处理机软件规模过大、操作系统复杂等问题，特别是一旦出现故障，可能引起全局瘫痪的问题，更是影响巨大。

考虑到系统的可靠性，在集中控制方式中，处理机都采用双机主备用配置方式。主备用配置方式有冷备用配置方式和热备用配置方式。集中控制的主备用配置方式的原理结构图如图 6-34 所示。

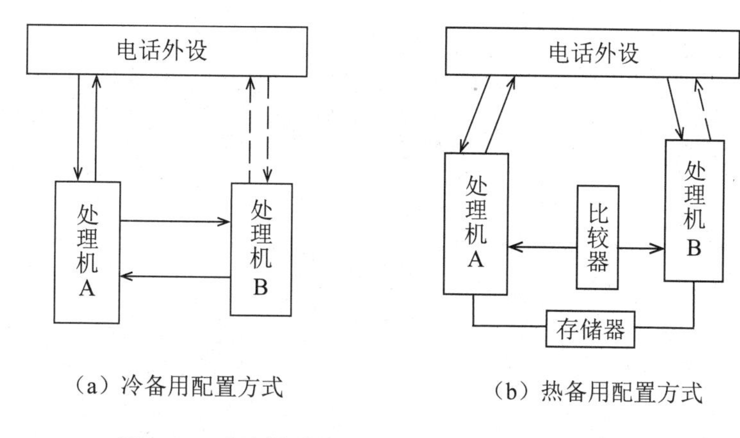

图 6-34　集中控制的主备用配置方式的原理结构图

(1) 冷备用配置方式。

在冷备用配置方式中，平时备用机不接收电话外设送来的输入数据，不做任何处理，当收到主机发来的倒换请求信号后，才开始接收数据，进行处理。冷备用配置方式的缺点是在主备倒换的过程中，新的主用机需要重新启动，重新初始化，这会使数据全部丢失，一切正在进行的通话全部中断。

(2) 热备用配置方式。

在热备用配置方式中，主用机和备用机共用一个存储器，它们平时都接收并保留电话外设送来的数据，但备用机不处理工作。当备用机收到主用机的倒换请求时，备用机进入处理状态。热备用配置方式的优点是呼叫处理的暂时数据基本不丢失，原来处于通话状态的用户不中断。即两台处理机同时接收输入信息，执行相同的程序，并比较其一致性，若一致则继续执行下一条指令，若不一致则说明系统出现了异常，应立即调用故障诊断程序。

2) 分级控制方式

随着微处理机的发展，在程控交换机中可以配备若干个微处理机以完成不同的工作，使程控交换机在处理机配置上构成多级结构。图 6-35 (a) 所示为三级处理机控制系统，外围处理机用于控制电话外设，完成诸如监视用户摘、挂机状态等简单而重复的工作，以减轻呼叫处理机的负担；呼叫处理机完成呼叫的建立；运行维护处理机完成系统维护测试工作。

分级控制方式的优点是处理机按功能分工，控制简单，有利于软件设计；缺点是系统在运行过程中，每一级的处理机都不能出现问题，否则同样会造成全局瘫痪，所以从某种意义上来说，分级控制方式有类似于集中控制方式的缺点。为了解决这个问题，可配备一台功能级的处理机，构成分级多机系统，如图 6-35 (b) 所示。

在分级多机系统中，每一级功能相同的处理机都采用负荷分担方式。负荷分担是指同级处理机都具有完全的呼叫处理能力，正常情况下，它们均匀分担话务量，共享存储器，并由同一个操作系统控制。当一台处理机发生故障后，仅会造成其余处理机负荷增加，总体处理速度下降，而不会导致整个系统停运。负荷分担方式的优点是过负荷能力强，并可以防止由软件的差错引起的系统阻断。但负荷分担有可能出现处理机同时争用一个呼叫的现象，为避免这种现象的发生，在处理机间的通信电路中一般要设置一个互斥电路。

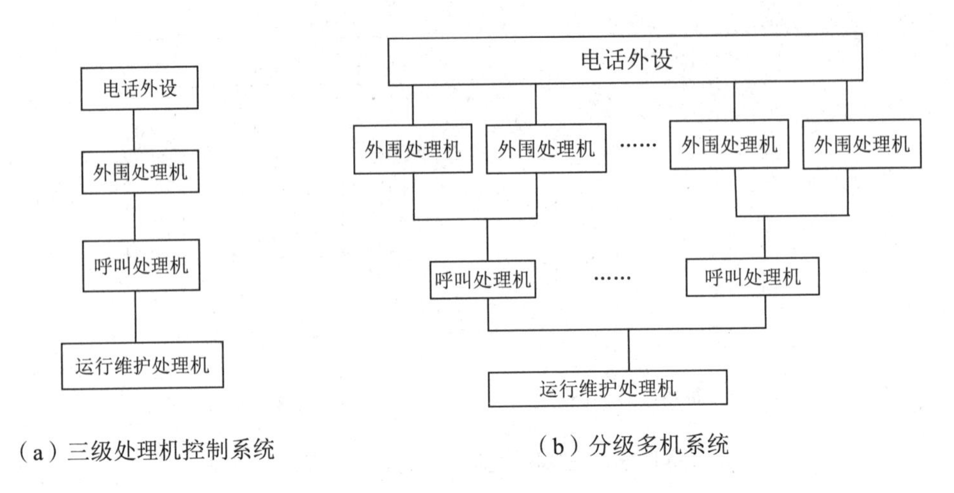

（a）三级处理机控制系统　　（b）分级多机系统

图 6-35　多级控制方式

分级多机系统是当前国内外大型数字程控交换机普遍使用的一种控制方式。

3）全分散控制方式

全分散控制系统也称单级多机系统。全分散控制方式如图 6-36 所示。

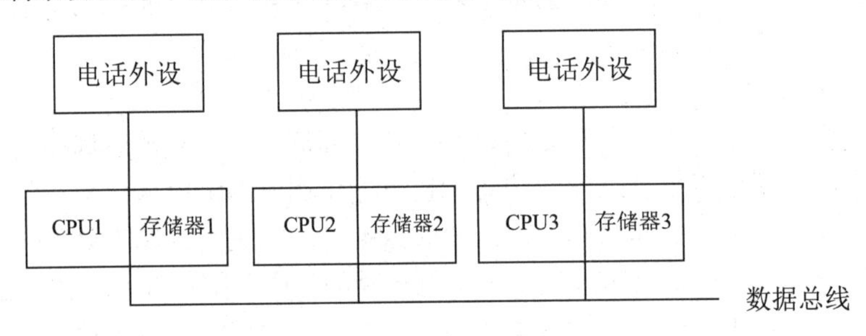

图 6-36　全分散控制方式

在图 6-36 所示的全分散控制系统中，每个 CPU 各自构成了独立的子系统。每个子系统完成一定负荷容量的话务接续，子系统之间的通信则通过总线完成。

全分散控制方式的优点之一是系统的可靠性高，不管是哪一台处理机出问题，都只影响局部用户的通信；优点之二是有助于整个系统硬件和软件的模块化，使系统便于扩充容量，能适应未来通信业务发展的需要。因此，全分散控制系统代表了交换系统的发展方向。

6.3.3　处理机间通信

数字程控交换系统属于多处理机结构，处理机之间要相互通信、相互配合，就形成了一个“通信网”。但数字程控交换系统又有其自身的特点，一是处理机间的通信方式与交换机控制系统的结构有着紧密的联系；二是要考虑远距离通信，比如用户模块或用户远端模块。在当前的数字程控交换系统中，多处理机之间主要采用以下两种通信方式。

1. 利用 PCM 信道进行信息通信

TS16 用来传输数字交换局间的随路信令（复帧同步，各话路状态——示闲、摘机占用、测试等），PCM 数字中继传输线上的信息到达交换局后，中继接口提取 TS16 的信令消息完成呼叫处理。在交换机内部，PCM 时分复用线上的 TS16 是空闲的，因而可以作为处理机间的消息信道。

利用 PCM 信道进行信息通信的方式不需要增加额外的硬件成本，软件编程开销较小，但通信信息量小，速度慢，多用于分级控制方式中预处理机与呼叫处理机之间的信息通信。

2. 处理机间采用计算机网常用的通信结构

多处理机系统采用总线连接，构成处理机间的通信通道。这个总线是一种多处理机之间共享资源和系统中各处理机之间通信的一种手段。处理机间共享资源和通信有两种基本方式：紧耦合、松耦合。

紧耦合：各处理机通过一个共享存储空间的传送信息方式实现互相通信。

松耦合：各处理机间通过 I/O 接口的传送信息方式实现互相通信。

1）共享存储器通信结构

共享存储器通信结构通过将所有处理机和一个公共的存储器相连，将各自加工完毕的通信信息存入共享存储器，并从中提取所需的待加工的信息。在这种方式中，处理机通过并行总线分时访问存储器，比较适合处理机数据处理模式，但是并行数据传输不适合大型交换机分布较远的处理机间通信应用，多数应用于备份系统之间的通信。

2）以太网通信总线结构

目前大多数微处理器均提供以太网接口，而嵌入式操作系统中也包括适配于以太网数据传输的协议栈，编程容易实现，因此在现代交换系统设计中，内部处理机间通信大量采用这种通信方式。需要注意的是，这种方式适合大块数据的可靠传输，而处理机间多为长度较短的消息，传输延迟较大，建议采用改进型 UDP 协议进行通信。

6.4　数字程控交换机的软件

6.4.1　数字程控交换机的软件结构

数字程控交换机的软件结构如图 6-37 所示。

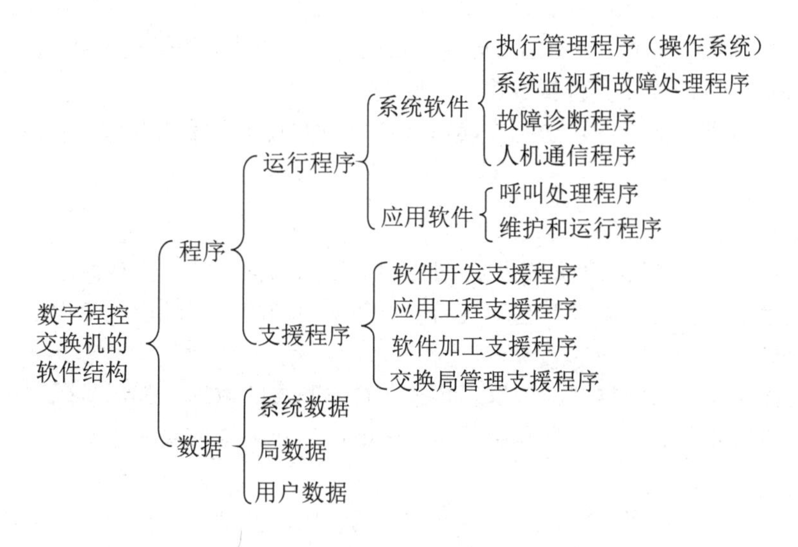

图 6-37　数字程控交换机的软件结构

1. 运行程序

运行程序是维持交换机系统正常运行所必需的程序，运行程序又称联机程序。

1）执行管理程序

执行管理程序是一个多任务、多处理机的实时操作系统，用以管理系统资源和控制程序的执行，具体有任务调度、I/O 设备管理和控制、处理机间通信控制和管理、系统进程管理、存储器管理、文件管理等功能。

2）系统监视和故障处理程序

系统监视和故障处理程序的任务是不间断地对交换机设备进行监视，当交换机中的某部件发生故障时，及时识别并切除故障部件（如主/备倒换），重新组织系统，恢复系统正常运行并启动诊断程序和通知维护人员。

3）故障诊断程序

故障诊断程序可以对发生故障的部件进行故障诊断，以确定故障部位（定位到插件板一级），并由维护人员处理，如更换插件板。

4）人机通信程序

人机通信程序可以控制人机通信，对系统维护员键入的控制命令进行编辑和执行。

5）呼叫处理程序

呼叫处理程序可以管理用户的各类呼叫接续，指导外设运行，主要有用户状态管理、交换路由管理、呼叫业务管理和话务负荷控制等。

6）维护和运行程序

维护和运行程序提供人机界面，由维护人员通过维护终端输入的命令完成修改局数据和用户数据、统计话务量、打印计费话单等维护任务；对用户线和中继线定期进行例行维护测试、业务质量监察、业务变更处理等。

2. 支援程序

支援程序是指交换机从设计、生产、安装到交换局开通后的一系列维护、分析等各项支援任务的程序。支援程序又称脱机程序 。

（1）软件开发支援程序：主要是指语言工具。

（2）应用工程支援程序：包括网络规划、安装测试、硬件资源管理等。

（3）软件加工支援程序：包括数据生成等程序。

（4）交换局管理支援程序：包括交换机运行资料的收集、编辑和输出程序等。

3. 数据

1）系统数据

系统数据是交换机系统共有的数据，如控制部件的结构方式、交换网络的控制方式、电源的供电方式等数据。它通用于所有交换局，不随交换局的安装环境改变而改变。

2）局数据

局数据是描述电话局的类型、容量、状态和具体配置的数据，如局号码、中继群号、中继电路数量、路由方向等数据。它专用于某一个电话局，随交换局而定。

3）用户数据

用户数据是反映用户属性的数据，如电话号码、用户类别、话机类型、接口安装位置或物理地址、服务功能等数据。它专用于某一个用户。

系统数据也称通用数据，局数据和用户数据称专用数据。为了系统的安全，对于一般级别的维护人员，只能有定义和修改局数据、用户数据的权利。系统数据是由研制交换机的厂家设计人员定义的。

6.4.2 软件工具语言

程控交换机的软件语言采用高级语言和汇编语言。ITU-T 建议了三种用于程控交换机的语言，它们是 SDL（Specification and Description Language，规格与描述语言）、CHILL（CCITT High-Level Language，CCITT 高级语言）和 MML（Man-Machine Language，人-机语言）。这三种语言是由高级语言经过改造后派生出的专用语言。

SDL 以一种框图和流程图的形式描述了用户要求、交换机性能指标和设计结果，适用于系统设计和程序设计初期，概括说明整个系统的功能要求和技术规范。

CHILL 用于运行软件和支援软件的设计、编程和调试。该语言具有目标代码生成效率高、检错能力强、软件可靠性高、程序易读等优点。一个 CHILL 程序包括三个基本部分：以“数据语句”描述的数据项；以操作语句描述的对数据项的操作；以程序结构语句描述的程序结构。

MML 用于程控交换机的维护终端操作。

SDL、CHILL 和 MML 三种语言在不同阶段的应用如图 6-38 所示。

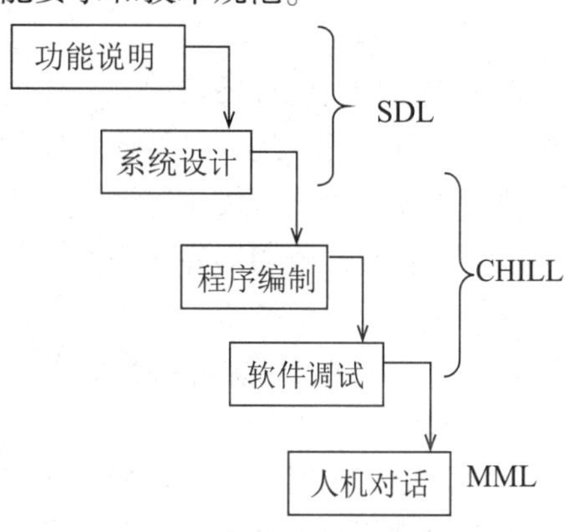

图 6-38　SDL、CHILL 和 MML 三种语言在不同阶段的应用

6.4.3 程序的执行管理

程序的执行管理实际上就是处理机资源管理，即当许多并发的处理要求等待同一台处理机处理时，决定应该将处理机分配给哪一项处理要求。

1. 程控交换机对操作系统的要求

程控交换机要求操作系统应具有实时处理、多重处理和高可靠性的特点。

（1）实时处理：指处理机对随时发生的事件做出及时响应，即要求处理机在处理工作的各个阶段都不能让用户等待太长时间，各种操作的处理必须在限定的时间内完成。

（2）多重处理：也称多道程序并发运行。处理机对同时出现的数十、数百甚至数千个呼叫都应尽量满足实时处理的要求，此外还需要处理维护接口输入的各种指令和数据，并执行相应的操作，因此要求处理机能同时执行多个任务。

（3）高可靠性：指处理机连续工作的稳定性。电话通信的性质决定了程控交换机一旦开通就不能中断。任何工作（如维护、管理、测试、故障处理或增加新业务）都不能影响呼叫处理的正常进行。

2. 程序分级

程序分级是按照任务的实时性要求的原则来划分的，实时性要求越严格，级别越高。系统软件将各种程序按其重要性和紧急执行程度分为不同的优先级，使得在多个任务出现竞争时，优先级高的先执行，优先级低的后执行。根据任务的性质，控制系统中的程序一般划分为故障级程序、周期级程序和基本级程序这三个级别。

1）故障级程序

故障级程序的实时性要求最高，优先级别也最高，要求立即执行。正常情况下，故障级程序不参与运行，当出现了异常情况时，它由产生故障后的故障中断启动。故障级程序可以中断其他任何程序。

视故障的严重程度，故障级程序又分为如下三级。

FH（故障高级）程序：处理影响全机的最大故障，如电源中断等。

FM（故障中级）程序：处理 CPU、交换网络等故障。

FL（故障低级）程序：处理接口等局部故障。

2）周期级程序

周期级程序的实时性要求次之，优先级别次之，它们有其固定的执行周期，每隔一定时间就由时钟中断启动。周期级程序可以中断基本级程序。

视执行周期的严格程度，周期级程序又分为如下两级。

H 级程序：对执行周期要求很严格，在规定的周期时间内必须及时启动的程序，如号码识别程序等。

L 级程序：对执行周期的实时要求不太严格的程序，如用户线的扫描监视程序等。

3）基本级程序

基本级程序的实时性要求最低，优先级别也最低，可以延迟等待和插空执行，如内部分析程序、系统常规自检试验程序等。控制系统 60% 的程序都属于基本级程序，基本级程序占用了每个周期级程序运行完毕后剩余的全部时间。

基本级程序按其重要性及影响面的大小，一般分为 BIQ1、BIQ2 和 BIQ3 三级。

基本级程序的启动由队列完成，即由访问任务队列来调用相应的程序。

故障级程序、周期级程序和基本级程序三种程序的执行顺序如图 6-39 所示。

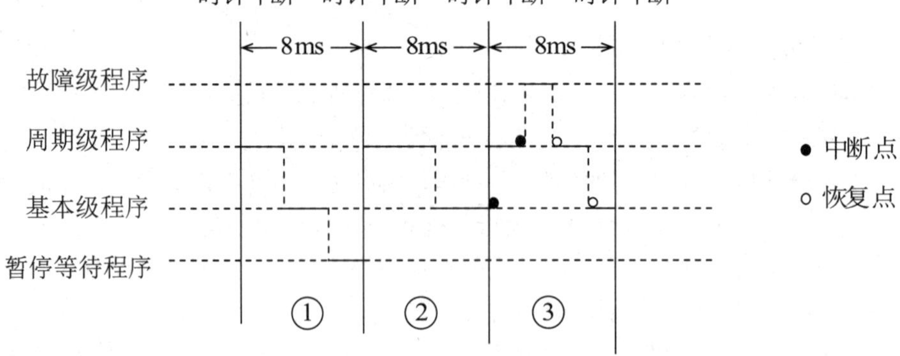

图 6-39　故障级程序、周期级程序和基本级程序三种程序的执行顺序

（1）在第一个 8ms 周期中，处理机按周期级、基本级顺序执行完两级程序，下一个时钟中断还未到来之前暂停等待。

（2）在第二个 8ms 周期中，基本级程序未执行完，8ms 中断已到，则基本级程序被迫中断执行。处理机转向执行周期级程序。

（3）在第三个 8ms 周期中，发生了故障，中断正在执行的周期级程序，先执行故障级程序，执行完故障级程序后，再恢复执行被中断的周期级程序和被中断的基本级程序。

3. 程序调度

前文已介绍，故障级程序由“故障中断”调度执行；周期级程序由“时钟中断”调度执行；基本级程序由“队列”调度执行。下面逐一进行详细介绍。

1）周期级程序调度原理

周期级程序的调度可用如图 6-40 所示的时间表完成。时间表由时间计数器、屏蔽表、调度表、功能程序入口地址表 4 部分组成。

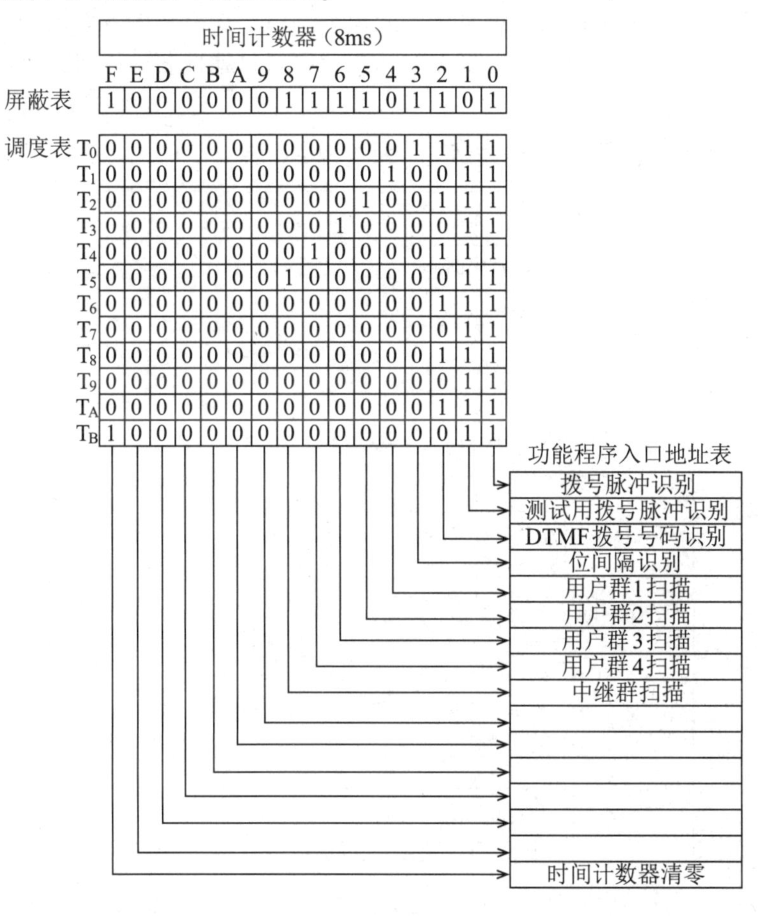

图 6-40 时间表结构

（1）时间计数器。

时间计数器的计数受时钟中断控制，两个时钟中断之间的时间间隔称作时钟周期。图 6-40 中时间表的时钟中断周期是 8ms，则时间计数器每 8ms 计 1 次数。如果调度表有 12 个单元，那么计数器就应该是 4 位二进制码，即由 0 开始累加到 11 后再回到 0。因此，时间计数器实际上是调度表单元地址的索引，以计数器的值控制执行调度表的各个单元的任务。

（2）屏蔽表。

屏蔽表又称有效位，其中每 1 位对应 1 条程序，而该条程序执行的条件是调度表内容

∧屏蔽表内容=1。屏蔽表不受时钟中断控制，它由 CPU 激活。例如，当系统有异常情况发生而需要中止周期级程序调度故障级程序时，CPU 将正在执行的周期级程序所对应的屏蔽位置“0”。

（3）调度表。

调度表的每一个单元（T）由若干比特组成（图 6-40 中的调度表为 16 位），每 1 位码对应功能程序入口地址表中的 1 条程序。比特为“1”时，对应的程序执行；比特为“0”时，对应的程序不执行。图 6-40 中调度表的每一个单元（T）最多可以调度的程序有 16 个。

（4）功能程序入口地址表。

功能程序入口地址表是存放周期级程序的地址索引。功能程序入口地址表的行数对应调度表的位数，即以调度表位数为指针，查找功能程序入口地址表，可得到要执行程序的首地址，从而去调度执行。

时间表的控制流程图如图 6-41 所示。

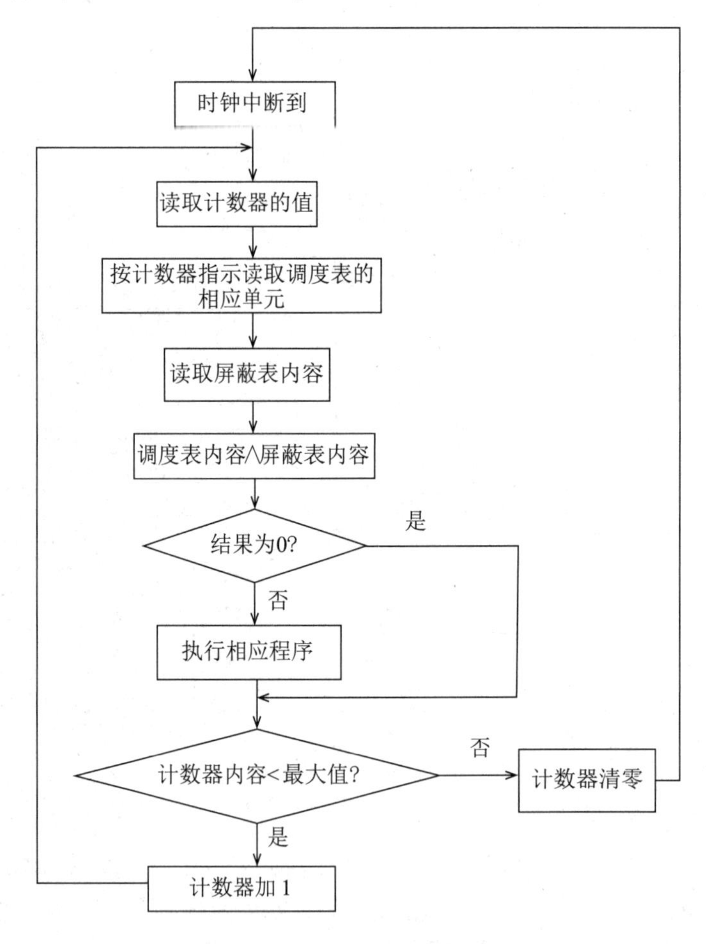

图 6-41 时间表的控制流程图

2）基本级程序的调度原理

基本级程序的调度采用计算机原理中的“队列”方法。“队列”是删除操作在一端进行，而插入操作在另一端进行的线性表。

（1）队列结构与特点。

队列结构由一张张任务表链接而成，队列中包含以下要素。

① 队首指针：用以指示队首的地址，便于调度程序取出任务，也称取出口。

② 任务表：主要用于存放与基本级任务有关的数据信息。

③ 队尾指针：用以指示队尾的地址，便于把任务编入队列，也称编入口。

基本级程序队列的操作采用先进先出（FIFO）原则，即程序入队时应加入队尾，程序出队时应从队首删除。

（2）链形队列类型。

链形队列类型有单链结构、单循环链结构、双循环链结构。

① 单链结构。

在单链结构中，每个任务表都包含一个后继指针。单链结构如图 6-42 所示。

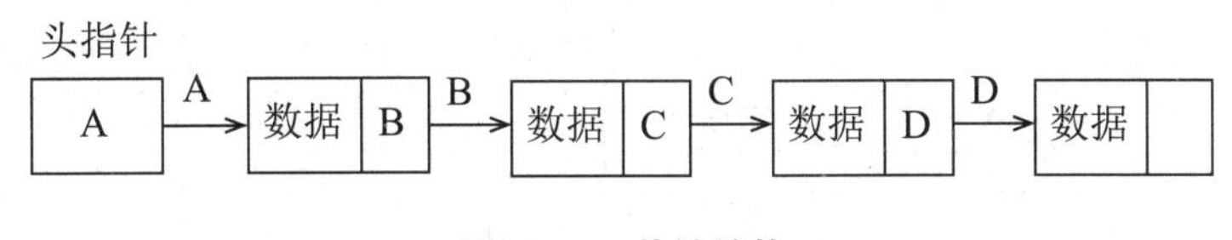

图 6-42　单链结构

② 单循环链结构。

单循环链结构如图 6-43 所示。

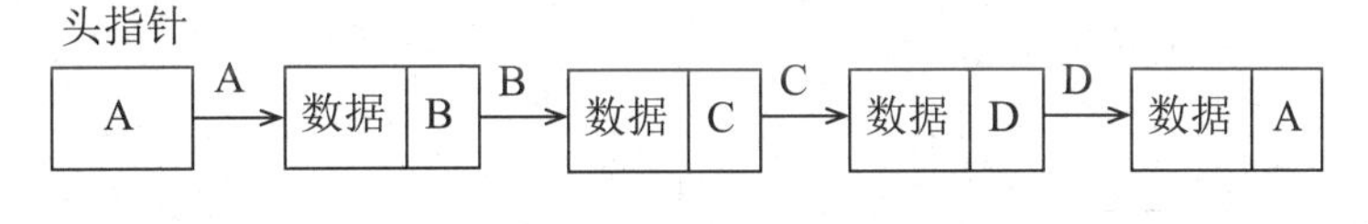

图 6-43　单循环链结构

③ 双循环链结构。

双循环链结构的每个任务表中既包含后继指针，又包含前驱指针，如图 6-44 所示。

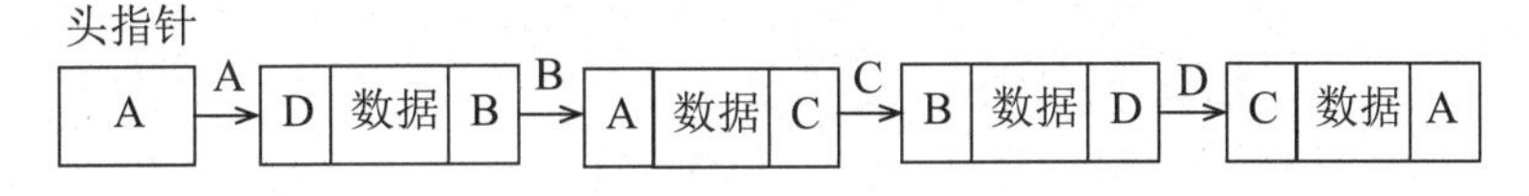

图 6-44　双循环链结构

（3）基本级程序的典型队列结构。

在控制系统中，每一个用户接口都对应一个数据块，每个数据块又分三个数据区：一个用来存储接口的静态数据，一个用来存储呼叫进程中的动态数据，还有一个用来存储维护管理过程的挥发性数据，一个区就相当于一个任务单元。所有数据块按线性队列排队，通过指针对相应的数据区进行数据块的操作。每当进程更迭时，只需要装入相应进程的数据区指针和程序指针即可，如图 6-45 所示。图 6-46 所示为执行号码分析的基本级程序。设被叫号码为 8420，通过基本级程序对号码 8420 进行分析，得出的结果是该用户为本局用户。

“队列”调度基本级任务流程如图 6-47 所示。

每次执行任务时从队列的队首取出一张任务表，按照任务表的要求先完成一项程序的执行，然后返回调度程序，判断是否还有任务，若还有任务，则重复上述过程；若没有任务，则开始执行下一队列。

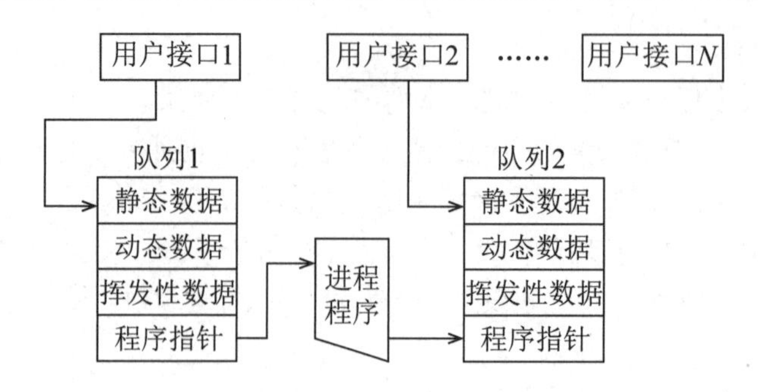

图 6-45　基本级程序的队列结构

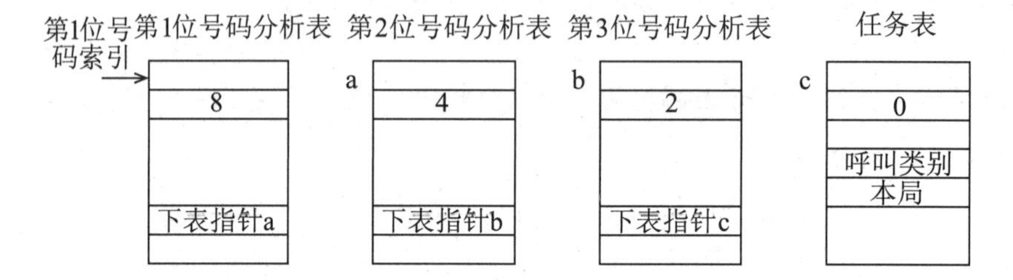

图 6-46　执行号码分析的基本级程序

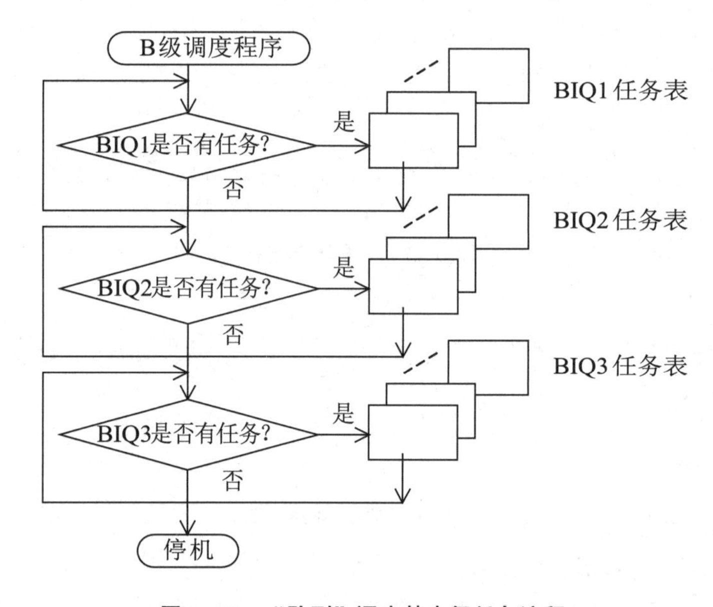

图 6-47　“队列”调度基本级任务流程

3）故障级程序调度原理

若交换设备出现了故障，则采用中断的方式中断正在执行的周期级程序或基本级程序，优先执行故障处理程序。

（1）故障级程序类型。

故障级程序有识别故障设备程序、主/备用设备切换程序和重新组织中断程序。

（2）中断方式的操作原理。

处理机周期性地向所控制的设备发出信息，当被控设备收到此信息后，在规定时间内向处理机回送一个证实信号则表示一切正常。如果处理机在这个规定时间内收不到证实信号，那么认为该设备有故障，即应调度“识别故障设备程序”，进行中断处理。

6.5 呼叫处理的基本原理

6.5.1 基本的呼叫处理过程

交换机通过不断地对用户线和中继线进行周期性的扫描，提取并分析用户和中继状态，随时准备对任何呼叫请求进行处理。处理一次局内呼叫的一般流程如图 6-48 所示。

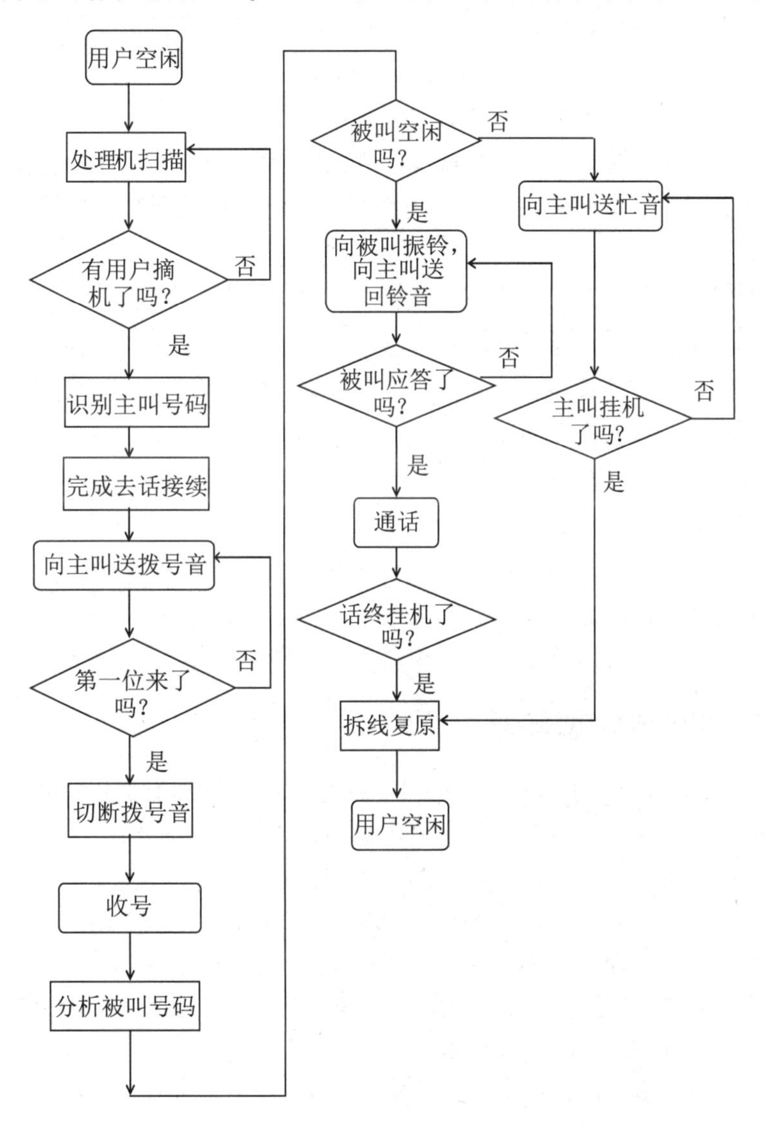

图 6-48　处理一次局内呼叫的一般流程

一般而言，局内呼叫过程包括以下 5 个阶段。

1. 第一阶段：从主叫用户摘机到听到拨号音

(1) 处理机按一定的周期执行用户线扫描程序，对用户线进行扫描检测，若检测到摘机用户，则确定呼出用户的设备号（主叫物理端口号）。

（2）处理机根据主叫用户设备号调用主叫的数据存储器，执行去话分析程序。

（3）将拨号音源与该接口间的接续链路接通，送出拨号音。

2. 第二阶段：收号和号码分析

（1）处理机执行号码识别程序，若主叫用户使用的是DTMF话机，则将一个空闲的DTMF收号器连接至主叫。

（2）收号器收到第一位号码后停送拨号音。

（3）处理机对首位号码进行分析，确定此次呼叫的类别（本局、出局、长途、特服）。

（4）处理机对完整号码进行分析，根据号码-路由翻译表查得被叫设备号（被叫物理端口号）。

3. 第三阶段：来话分析至向被叫振铃

（1）根据被叫设备号码调用被叫数据块，执行来话分析程序，并测试被叫忙闲状态。

（2）处理机查找一个空闲的交换网络内部时隙，建立交换网络的桥接链路，以便把主叫和被叫连接起来。

（3）若被叫空闲，则向被叫发送振铃消息，向主叫发送回铃音消息。

4. 第四阶段：被叫应答，双方通话

（1）由用户线扫描监视程序，检测被叫是否摘机，被叫摘机后停止振铃。

（2）建立主被叫用户的双向通路。

（3）启动计费设备，开始计费。

5. 第五阶段：话终释放

（1）由用户线扫描监视程序监视主、被叫用户是否话终挂机。任何一方挂机都表示向处理机发出终止通信命令，处理机拆除接续链路，停止计费。

（2）向未挂机的一方送催挂音，直至收到其挂机信号后返回空闲状态，结束一次呼叫。

6.5.2 稳定状态与状态转移

从图6-48中可以看出，用户状态的随机变化和用户在呼叫建立过程中所处的不同阶段出现了6个稳定状态，这6个稳定状态是用户空闲状态、向主叫送拨号音（等待收号）状态、收号状态、向主叫送忙音状态、振铃状态和通话状态。

任何一个输入信号（处理请求）的到来都可以引起稳定状态转移，即状态转移，这是一个“输入信号激励→处理机响应”的动态过程。呼叫过程就是在输入信号的不断触发下，用户呼叫状态不断转移的过程。而稳定状态时处理机并不做处理工作，当由一个稳定状态向另一个稳定状态转移时，处理机才做处理工作。

状态转移的结果与初始状态、输入信号及交换机设备的状态有关，不同情况下出现的输入请求及处理的方法各不相同，下面举几个例子来说明。

（1）输入信号相同，操作者不同，处理机会进行不同的处理，并转移至不同的稳定状态。例如，摘机信号：

① 主叫摘机→处理机连接拨号音源电路→转移至送拨号音状态。

② 被叫摘机→处理机切断铃流源电路→转移至通话状态。

（2）输入信号相同，交换机设备不同时，处理结果将会不同。例如，主叫拨号：

① 收号器空闲 →处理机连接收号器→转移至收号状态。

② 收号器不空闲→处理机连接忙音源电路→转移至送忙音状态。

(3) 同一稳定状态，输入信号不同，处理结果不同。例如，振铃状态：

① 主叫挂机→处理机按中途挂机处理。

② 被叫摘机→处理机切断铃流源电路→转移至通话状态。

(4) 不同稳定状态的输入信号相同，但处理结果不同，将转移至不同的稳定状态。例如：

① 空闲状态→摘机→处理机连接拨号音源电路→转移至送拨号音状态。

② 振铃状态→摘机→处理机切断铃流源电路→转移至通话状态。

6.5.3 任务处理的工作模式

在呼叫处理过程中，处理机要执行许多任务，而每一个任务的完成都遵循三个步骤，这三个步骤是输入处理、分析处理、任务执行和输出处理。

① 输入处理：这是数据采集部分。处理机在程序的引导下，从指定的输入存储器读出外设输入的处理请求数据。

② 分析处理：这是数据处理部分。处理机结合当前的过程状态、变量值等工作数据先对之进行分析处理，然后决定下一步任务。

③ 任务执行和输出处理：这是输出命令部分。处理机根据上述分析，将结果写入输出存储器或改变当前的工作数据，发布控制命令，驱动外设工作。

1. 输入处理

1）接收输入信号

处理机对输入信号的响应有两种方式：扫描方式和中断方式。图 6-49 所示为扫描方式和中断方式对输入信号响应的区别。

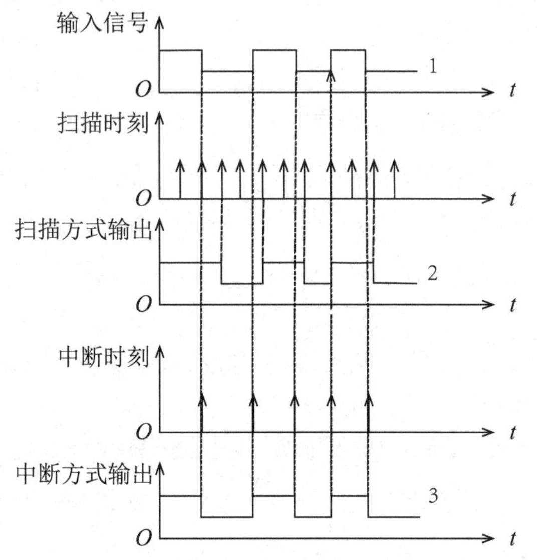

1—输入信号；2—扫描方式的输出；3—中断方式的输出。

图 6-49　扫描方式和中断方式对输入信号响应的区别

(1) 扫描方式。

扫描方式是指处理机对接口的检测程序由操作系统周期性地调用。扫描方式的优点是可以在操作系统的控制下运行，因而管理较简单；它的缺点是响应有一定延时，如图 6-49 所示。此外，无论输入信号是否发生变化，扫描驱动系统必须定期地运行检测程序，因而需要占用较多的 CPU 时间，效率较低。

(2) 中断方式。

中断方式是指处理机对接口的检测程序在接口的请求下强迫启动。中断方式的优点是实时性较强，且仅在输入信号到达时启动程序，因而效率较高；它的缺点是中断的随机性很强，被中断程序的环境必须得到妥善的保护，因此中断处理方式相对较复杂。

实际中采用哪种方式需要视输入信号的实时性要求及处理器的负荷决定。

2) 运行扫描程序

扫描程序的任务是对用户线、中继线等外界信号的变化进行监视、检测并进行识别，将所得到的数据存入相应的存储器，以供内部分析程序用。

输入处理的扫描程序包括以下内容。

① 摘/挂机监视扫描。

② 中继线占用监视扫描。

③ 号码信号监视扫描。

④ 公共信道信号监视扫描。

⑤ 操作台信号监视扫描。

(1) 摘/挂机监视扫描原理。

对用户线的监视扫描是指收集用户线回路状态的变化，以确定用户是摘机、挂机还是拍叉簧。设用户在挂机状态时扫描输出为“1”，在摘机状态时扫描输出为“0”。摘/挂机识别程序的任务就是识别出用户线环路状态从“1”到“0”或从“0”到“1”的变化。

由于用户线的状态变化是随机的，因此处理机要对用户线状态做周期性的监视。理论证明，摘/挂机识别的扫描周期在 100~200ms 之间较为合适，若周期过短，则会使处理机工作过频繁；若周期过长，则不能及时捕捉到摘/挂机信息。实际应用中常取 200ms 为摘/挂机识别的扫描周期，即处理机每隔 200ms 对所有用户线扫描 1 次。

识别主叫摘机的逻辑运算式为 $\overline{\mathrm{SCN}} \wedge \mathrm{LM}=1$，其中 SCN 为扫描存储器存储的本次（当前）扫描结果；LM 为用户存储器，用于存储前次扫描结果。

识别用户挂机的逻辑运算式为 $\mathrm{SCN} \wedge \overline{\mathrm{LM}}=1$。图 6-50 所示为用户线状态和摘/挂机识别结果。

从上面的讨论中我们发现，每个用户的摘/挂机状态只占一个二进制位（1bit）。若每次只对二进制的一位码进行检测、运算，则效率太低。在实际处理中，处理机采用一种叫作“群处理”的方式，即每次对一组用户的扫描结果进行运算（如 8 位处理机每次可同时对 8 个用户进行运算处理）。例如，若 $\overline{\mathrm{SCN}} \wedge \mathrm{LM}=00100001$，则代表 0 号用户和 5 号用户摘机；若 $\mathrm{SCN} \wedge \overline{\mathrm{LM}}=10000010$，则代表 1 号用户和 7 号用户挂机。进行群处理的目的是节省机时，提高扫描效率。

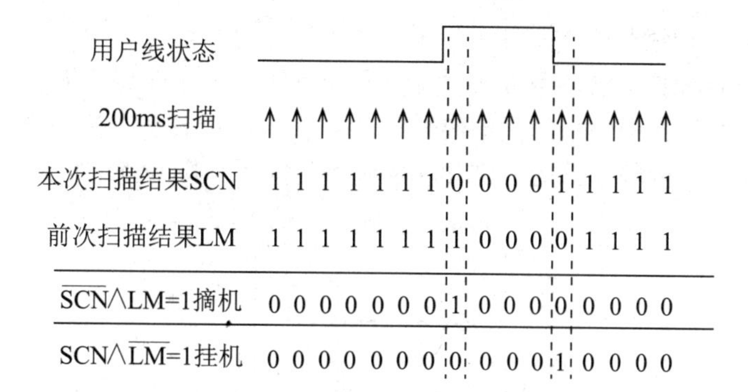

图 6-50　用户线状态和摘/挂机识别结果

摘/挂机识别程序流程图如图 6-51 所示。

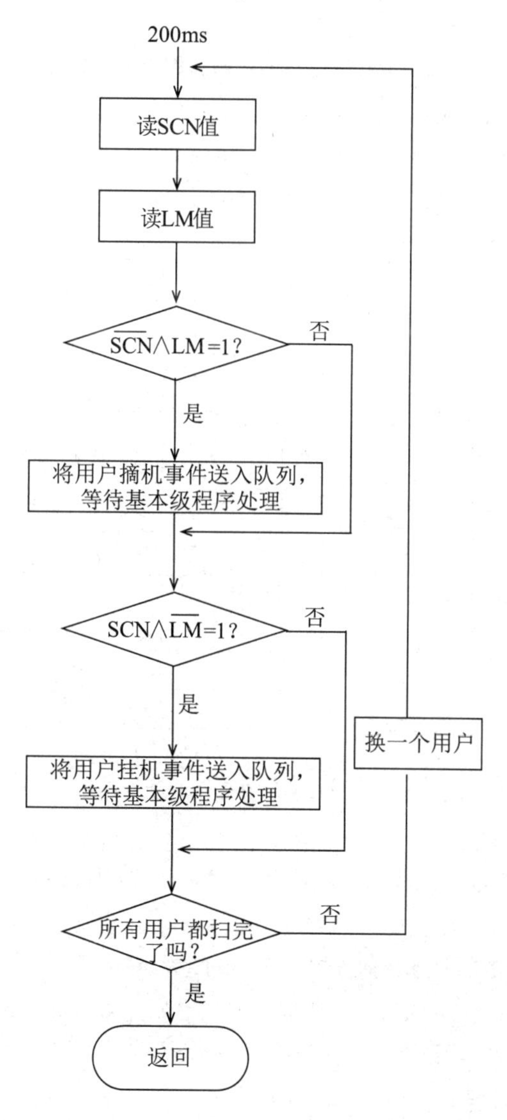

图 6-51　摘/挂机识别程序流程图

(2) 双音频号码扫描与识别。

现代话机多为 DTMF 号码发号方式，其具有速度快、可靠性高的优点。

双音频号码由两组四中取一的频率信号来代表，这两组音频分别属于高频组和低频组。每组各有 4 个频率。双音频话机的按键和相应频率的关系如图 6-52 所示。

	1209Hz	1336Hz	1477Hz	1633Hz
697Hz	1	2	3	A
770Hz	4	5	6	B
852Hz	7	8	9	C
941Hz	*	0	#	D

图 6-52 双音频话机的按键和相应频率的关系

① DTMF 收号器的硬件结构。

DTMF 收号器的硬件结构如图 6-53 所示。SP 为信息状态标志，SP = 0 表示有 DTMF 信息送来；SP = 1 表示没有 DTMF 信息送来。

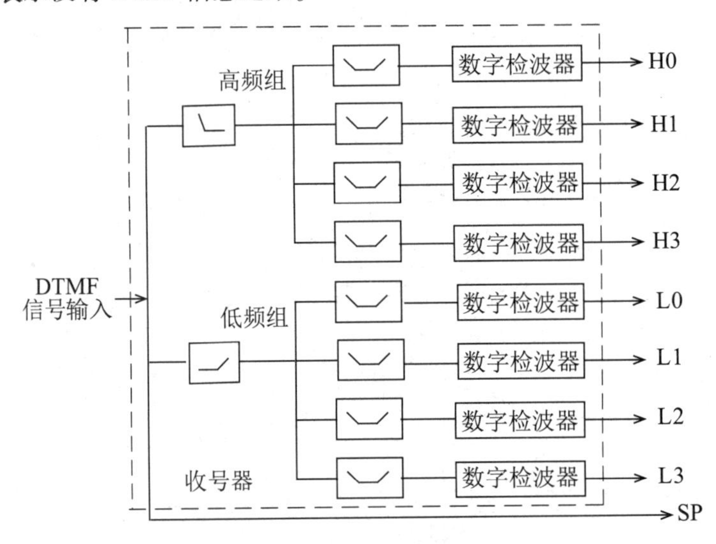

图 6-53 DTMF 收号器的硬件结构

② DTMF 号码识别方法。

DTMF 号码识别要经历 DTMF 信号接收、运算和译码过程。DTMF 信号接收和运算的过程如图 6-54 所示。首先，CPU 读信息状态标志（SP），扫描监视程序按 16ms 扫描周期读本次扫描结果和前次扫描结果，然后比较本次扫描结果和前次扫描结果是否有变化。根据变化值进行逻辑运算。逻辑运算式为 $(\mathrm{SCN} \oplus \mathrm{LM}) \wedge \overline{\mathrm{SCN}} = 1$，说明识别到了双音频信号。接下来需要译出该双音频信号所代表的是一位什么号码。译码可由 DTMF 收号器硬件电路实现。

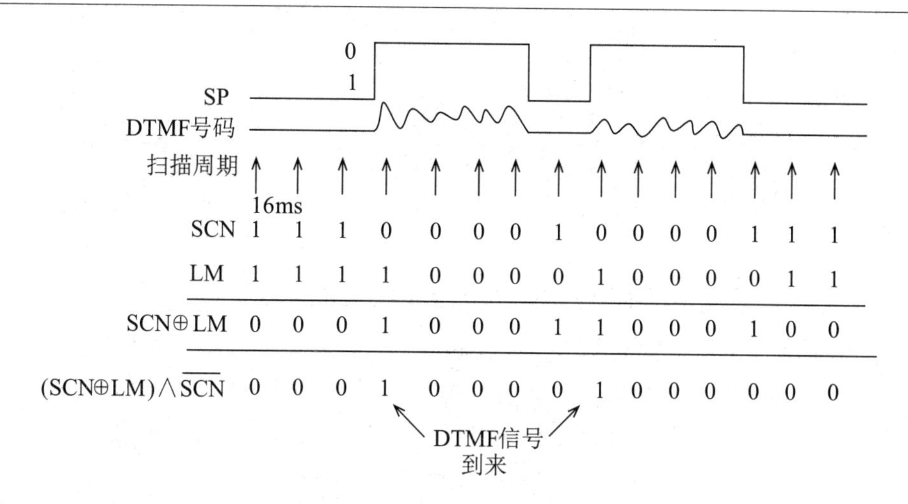

图 6-54 DTMF 信号接收和运算的过程

2. 分析处理

呼叫接续中涉及两个呼叫数据块：一个是主叫数据块，另一个是被叫数据块。这两个数据块分别记录了主叫和被叫的详细特征，如它们的号码、物理端口号、呼叫状态、在 PCM 复用线上的时隙号和其他描述其特征的属性。

呼叫数据块是呼叫开始时由呼叫进程创建的。如果同时存在多个呼叫，那么呼叫进程会创建多个这样的数据块分别对应于不同的呼叫。当一个呼叫结束时，呼叫进程则释放该呼叫的数据块，如图 6-55 所示。

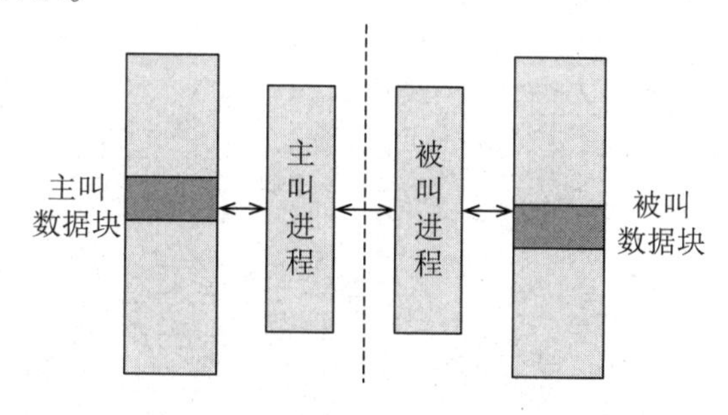

图 6-55 呼叫进程和数据块

分析处理也称内部处理，它是指处理机对采集到的各种输入信息进行分析，通过分析决定下一步对外设进行怎样的驱动控制。分析处理的主要信息依据就是呼叫进程中的主、被叫数据块。由于分析处理由分析程序负责执行，分析程序没有固定的执行周期，因此分析程序属于基本级程序。

按照分析处理阶段的不同和分析的信息不同，分析程序可分为去话分析、号码分析、来话分析和状态分析 4 个方面的内容。

1）去话分析

去话分析就是分析从主叫用户摘机到送出拨号音这个阶段的信息。分析的数据来源是由主叫设备号得到的主叫数据块（主叫设备号是之前进行输入处理得到的）。去话分析的数据及程序运行的流程如图 6-56 所示。

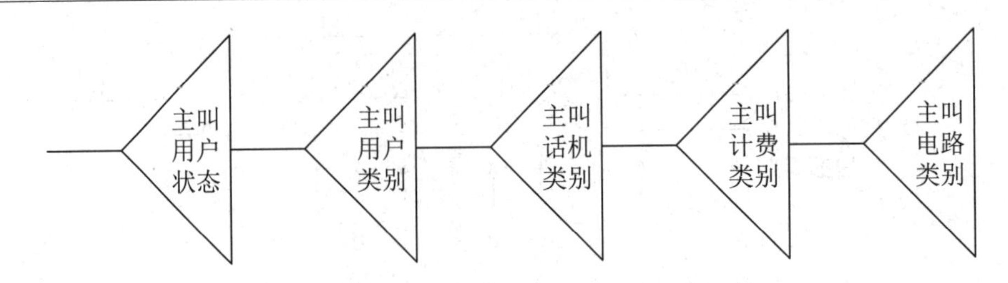

图 6-56　去话分析的数据及程序运行的流程

图 6-56 中的各类数据分别装在不同的数据单元中，各单元组成一个链形队列。去话分析程序采用逐次展开法，即根据前一个单元分析的结果进入下一个单元，从而逐一对有关数据进行分析。根据分析的结果确定要执行的任务，若允许主叫呼叫，则向其送拨号音，并接上相应的收号器；若不允许主叫呼叫，则向其送忙音。

需要说明的是，在内部处理中，往往将分析与任务执行分开，因此，对于空闲收号器的查找及空闲路由的查找，应由任务执行程序去处理，由输出处理程序驱动设备动作。

2）号码分析

号码分析是指分析从交换机收到的第一位号码到收全所有号码这个阶段的信息。分析的数据来源是主叫用户所拨的号码，分析的目的是确定接续路由和费率。号码分析处理分为两个部分：预译分析处理和全部号码分析处理。

（1）预译分析处理。

执行号码分析处理程序时，首先要判别号首，号首一般是 1～3 位。根据号首分析用户的呼叫要求。号码分析的预译处理流程如图 6-57 所示。

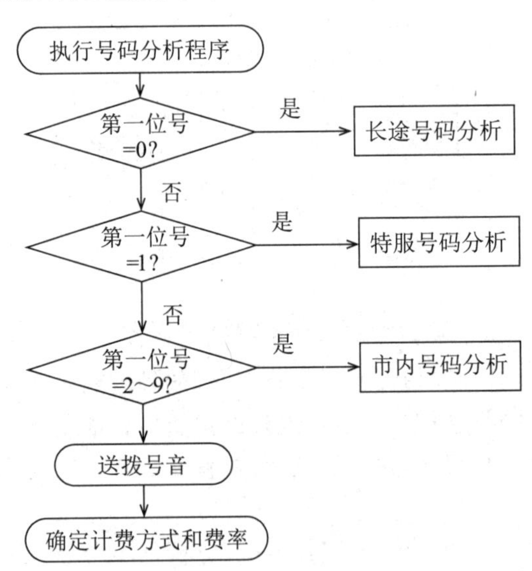

图 6-57　号码分析的预译处理流程

（2）全部号码分析处理。

处理机对经过预译处理且允许的呼叫，继续接收其他全部号码。全部号码接收完毕后，通过译码表完成全部号码分析。号码分析的数据同样形成多级表格，采用逐次展开法来实现。

译码表的内容如下。

① 号码类型：包括市内号码、特服号码、长途号码等。

② 剩余号长：代表除号首外还要收几位号。

③ 局号：代表电话局的号码，一般是 1~4 位。

④ 计费方式：包月制、单式计次制和复式计次制。

⑤ 重发号码：包括在选到出局线以后重发号码，或者在译码以后重发号码。

⑥ 特服号码索引：包括申告火警、匪警和呼叫系统维护员的各项特服业务。

号码分析的数据及程序运行的流程如图 6-58 所示。

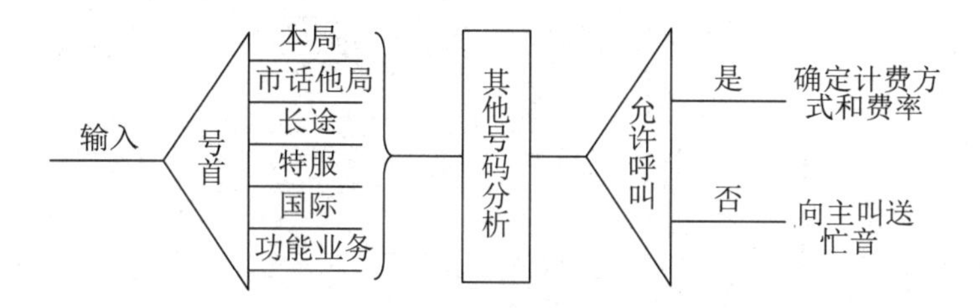

图 6-58　号码分析的数据及程序运行的流程

3）来话分析

来话分析是指分析从交换机收完最后一位号码至向被叫振铃这个阶段的信息。分析的数据来源是被叫的数据块（被叫的数据块是根据之前的号码分析结果得到的）。分析的目的是进一步确定被叫的线路类别、忙闲状态数据和允许的用户业务（新功能服务）等。

被叫数据块包含以下内容的数据。

（1）用户状态数据：等待呼叫，如去话拒绝、来话拒绝、去话和来话都拒绝等。

（2）用户设备号数据：包括模块号、机架号、板号和用户接口电路号。

（3）恶意呼叫跟踪数据：追查捣乱电话。

（4）用户忙闲状态数据：被叫用户空闲；被叫用户忙，正在做主叫通话；被叫用户忙，正在做被叫通话；被叫用户忙，正在做呼叫接续；被叫用户处于锁定状态。

来话分析的数据及程序运行的流程如图 6-59 所示。

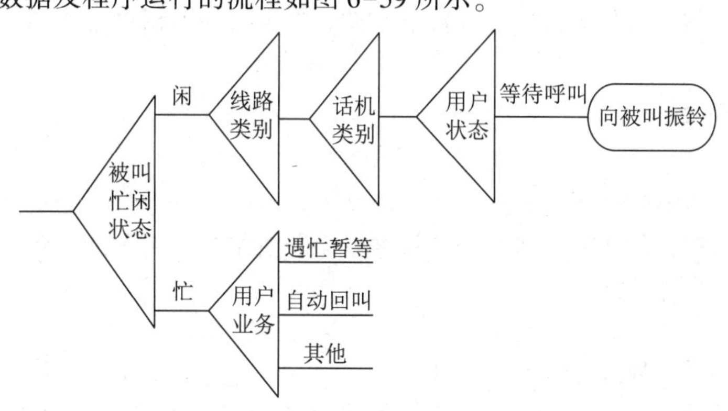

图 6-59　来话分析的数据及程序运行的流程

4）状态分析

对“去话分析”、“号码分析”和“来话分析”这三种情况之外的状态变化分析都叫作状态分析。例如，拨号过程中的主叫挂机；振铃过程中的被叫摘机；通话过程中的任一方挂机；拍叉簧等。

状态分析的数据来源是当前的稳定状态信息和外设的输入信息。状态分析的处理过程包括事件登记、查询队列和处理三个步骤。

（1）进行事件登记：用户的处理要求通过输入处理程序传递给处理机，处理机将有关的处理要求以任务的形式编入不同的事件处理队列中。

（2）查询队列：执行管理程序询访队列，查询到有关的处理请求。

（3）进行处理：处理机首先查询用户当前的状态，即用户处于哪种稳定状态，然后决定要处理的任务。状态分析流程图如图 6-60 所示。

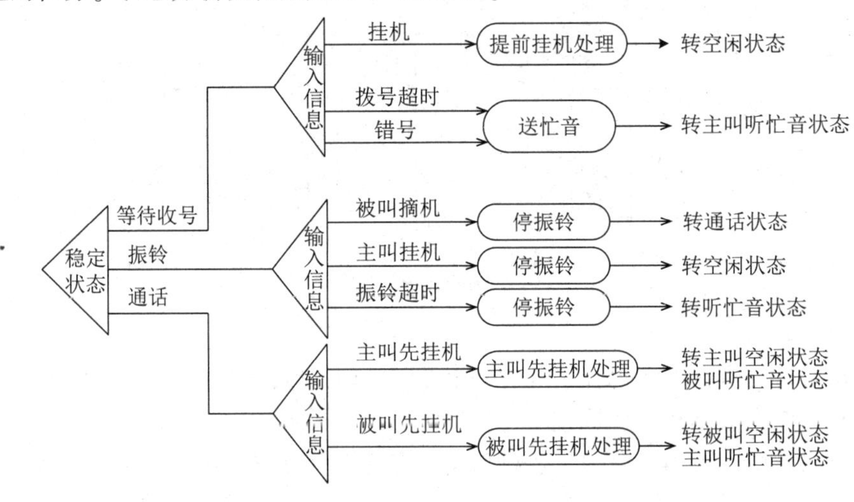

图 6-60　状态分析流程图

3. 任务执行和输出处理

1）任务执行

任务执行分三个步骤：动作准备、输出命令、后处理。

2）输出处理

输出处理包括处理机发送路由控制信息，驱动交换网络通话路由的建立或复原；发送分配信号，如振铃控制、公共信道信号、计费脉冲、处理机间通信信息等信号；转发号码；转发多频信号。

4. 接通话路及话终处理

1）接通话路

扫描监视程序检测到被叫摘机后停送铃流和回铃音。由于在来话分析之后已经为主被叫选好了一对通话时隙，因此处理机只需要根据状态分析结果把有关的控制信息写入交换网络中相应的 CM 即可接通话路。

2）话终处理

程控交换机的话终处理方式有以下 4 种。

（1）主叫控制复原方式：在主叫控制复原方式中，只要主叫不挂机，通信电路就不释放。

（2）被叫控制复原方式：在被叫控制复原方式中，只要被叫不挂机，通信电路就不释放。

（3）互相控制复原方式：在互相控制复原方式中，只要主、被叫任意一方不挂机，通信电路就不会释放。

（4）互不控制复原方式：在互不控制复原方式中，只要主、被叫任意一方挂机，通信电路就会释放。

小　结

电话交换是面向连接的一种交换技术，其特点是可靠性高、实时性强、组网规模大。用户在通信前，首先要通过呼叫请求交换机为其建立一条到达被叫方的物理链路，交换机根据用户的呼叫请求为用户分配恒定带宽电路。当话路接通后，通信双方独占已建立的通信电路资源，虽然实时性好，但网络资源利用率低。通信结束后，由交换机释放通信中占用的所有公共资源。

电路交换系统的体系结构必然包括终端接口、传输、信令、控制 4 个功能部分。本章着重讲述了典型的电路交换技术——数字程控交换技术，主要从数字程控交换技术的 3 个方面进行了详细阐述：一是数字程控交换机的硬件结构。从话路系统和控制系统两个方面进行阐述，重点讲述了数字交换原理、T 接线器的结构和工作原理、S 接线器的结构和工作原理、数字交换网络（TST）的工作原理及程控交换机的控制系统的工作方式等内容；二是数字程控交换机的软件结构系统；三是呼叫处理过程的基本原理。

思考题

1. 程控交换机由哪几部分构成？画出其结构图并说明各部分的作用。

2. 简述语音信号的数字化过程，试说明 30/32 路 PCM 帧结构的特点。

3. 某主叫用户摘机后占用第 17 个话路，为其传送语音信号的时隙是 TS17，问：该话路在每一帧中被接通几次？隔多长时间被接通一次？每次接通的时长是多少？为其传送控制信号（信令）的时隙是什么？此控制信号隔多长时间传送一次？每次传送的时长是多少？

4. 设计一个三级无阻塞网络，要求第一级为 3 个 5×7 的接线器，第三级为 5 个 7×3 的接线器，画出该网络的完全连线图和简化图。

5. 数字交换网络的基本功能是什么？T 接线器和 S 接线器有什么不同？

6. 某 HW 线上的主叫用户占用 TS10，被叫用户占用 TS20，请通过 T 接线器完成彼此的信号交换（分别按输出和输入控制方式）。

7. 一个 S 接线器有 4 条入线和 4 条出线，编号为 0~3，每条线上有 32 个时隙，（1）请画出 S 接线器框图。（2）如果要求在 TS10 时接通入线 0 和出线 3，在 TS22 时接通入线 2 和出线 1，请在 S 接线器框图中的正确位置上写出正确内容。

8. 有一个 TST 网络，输入和输出均有 3 条 HW 线，内部时隙数为 120。根据交换要求画图并完成下列信号的双向交换：HW1TS50（A）和 HW3TS100（B）。要求 TST 交换网络为“入、出、出”控制方式，CPU 选定的内部时隙为 ITS12。

9. 程控交换机的控制系统与一般计算机的控制系统相比具有什么特点？对程控交换机的控制系统有什么要求？

10. 数字程控交换机提供哪些基本接口？它们的基本功能是什么？

11. 简述模拟用户接口电路的七大功能，并比较其与模拟中继接口电路功能的异同点。

12. 数字中继接口电路完成哪些功能？简述在数字中继接口电路中如何实现信令的提取和插入？

13. 数字程控交换机的控制系统由哪几部分组成？具有怎样的工作模式？

14. 在多处理机程控交换机中，处理机间怎样完成通信？

15. ITU-T 建议哪三种语言为程控交换机的软件设计语言？这三种语言各有什么特点？

16. 控制系统为何要对程序划分等级？如何划分？不同级别的程序在启动方式上有何不同？

17. 某时间表的调度表共有 24 个单元，字长为 10，基本周期为 8ms，问：(1) 可实现多少任务的调度？(2) 可实现多少种调度周期？各为多少？(3) 按钮号码的识别程序周期为 16ms，在此表中如何安排？(4) 若在该时间表中加上一个执行周期为 192ms 的程序，不扩展时间表容量，如何做到？

18. 设计一个比特表进行进程调度，该表有 4 项进程的周期为 40ms，3 项进程的周期为 60ms，1 项进程的周期为 100ms。问：(1) 该比特表的最大执行周期（时隙间隔）是多少？(2) 各项进程在比特表中如何安排？(3) 该比特表最少应为多少行？(4) 该比特表最少应为多少列？(5) 请设计出这个比特表。

19. 设有任务表 T1 ~ T3，其入口地址（十进制）分别为 $a1 = 1000$，$a2 = 1018$，$a3 = 1006$。(1) 试绘出该任务的单循环链队列图。(2) 设有新任务 T4 需要编入，地址 $a4 = 1012$，试绘出编入后的队列图。(3) 如果 T1 任务已被提取处理，试绘出提取后的队列图。(4) 若 T1 任务提取后又要插入队列中间，试绘出插入后的队列图。(5) 试绘出该任务队列的双循环链结构图。

第 7 章　电话通信网规程与信令系统

电话通信网仅有终端设备、传输设备和交换设备还不能很好地达到互通、互控和互换的目的，还需要有一整套网络约定，如合理的路由规程、号码规程、传输规程、同步规程及可使硬件设备组成的静态网变成能良好运转的动态体系的软件规程等。在电信网上，除传送语音、数据等业务信息外，还必须传送电路建立过程中所需的各种控制命令，以指导终端、交换网络及传输系统协同运行。这些在通信设备之间相互交换的控制命令称为“信令”。信令方式是传送信令过程中要遵守的一定的协议和规约，它包括信令的功能、结构形式、应用场合、传送方式及控制方式。信令系统是指为了完成特定的信令方式，所使用的通信设备的全体。信令系统在电信网中有着极其重要的作用，我们常常把它看作通信网的神经系统。

本章主要研究电话通信网组建中应考虑的路由规程、号码规程、传承规程、同步规程及电信网信令系统中的中国 1 号信令和 7 号信令系统的分类、编码和工作原理。

7.1　电话通信网规程

7.1.1　电话通信网的概念

1. 通信网分类

通信网从宏观上分为基础网、业务网和支撑网。

基础网：业务网的承载者，由终端设备、传输设备和交换设备等组成。

业务网：承载各种业务，如语音、数据、图像、广播电视等其中的一种或几种的通信网络。

支撑网：为保证业务网正常运行，增强网络功能，提高全网服务质量而设计的传递控制监测信号及信令信号的网络。

通信网是一个复杂的体系，表征通信网的特点有很多，我们还可以根据以下几个方面的特征来区分通信网的种类。

1）按业务性质分

按业务性质分，通信网有电话网、电报网、数据通信网、传真通信网、可视图文通信网等。

2）按服务区域分

按服务区域分，通信网有国际通信网、国内长途通信网、本地通信网、农村通信网、局域网（LAN）、城域网（MAN）和广域网。

3）按服务对象分

按服务对象分，通信网有包括国际通信网、国内长途通信网、本地通信网在内的公用电话通信网和各行业内部通信用的专用通信网。

4）按传输介质分

按传输介质分，通信网有用电缆或光缆连接的固定电话网、有线电视网等；有用微波、卫星无线连接的寻呼网、蜂窝移动通信网、卫星通信网等。

5）按消息的交换方式分

按消息的交换方式分，通信网有以电话业务为主体的电路交换网；有以电报业务为主体的报文交换网；有以数据业务为主体的分组交换网；有以综合业务数字网为主体的宽带交换网等。

6）按网络拓扑结构分

按网络拓扑结构分，通信网有网状网、星型网、环型网、树型网、总线网等。

7）按信号形式分

按信号形式分，通信网有交换、传输、终端不全是数字信号的数模混合网和交换、传输、终端都是数字信号的数字通信网。

8）按信息传递方式分

按信息传递方式分，通信网有同步转移模式（STM）网和异步转移模式（ATM）网。

2. 组建电话通信网的基本原则与要求

电话通信网的基本任务是在全网内任意两个用户间都能建立通信。因此，组建电话通信网应满足下述基本原则与基本要求。

1）基本原则

（1）电话通信网是全程全网的，目前我国在组建电信网时执行的是“统一规范，分级建设，分级管理”的原则。

（2）要将近期发展和远期发展相结合，将技术的先进性和可行性相结合。

（3）网络的建设投资和维护费用应尽可能低，经济上合理。

2）基本要求

（1）网络应能为任意一对通话的主叫用户和被叫用户建立一条传输语音的信道。

（2）网络应能传递呼叫接续的建立、监视和释放等各种信令。

（3）网络应能提供与电话网的运行和管理有关的各种控制命令，如话务量测量、故障处理等。

（4）网络应可向用户开放各种新业务的服务，能不断适应通信技术和通信业务的发展。

（5）网络应保证一定的服务质量，如传输质量、接通率等。

（6）专用网入公用网时应就近和一个公用的本地通信网连接，且必须符合公用网统一的传输质量指标、信号方式、编号计划等相关的技术标准和规定。

（7）电话通信网各级交换系统必须按批准的同步网规划安排的同步路由实施同步连接，严禁在从低级局来的数字链路上获取时钟信号并将其作为本局时钟的同步定时信号。

3. 电话通信网的基本设备

电话通信网的基本设备包括用户环路、总配线架设备、交换机设备、局间中继设备等。

1）用户环路

用户环路将用户终端与交换局相连，其相应的线路设备有用户引入线（通常使用双绞线）、分线箱、用户电缆（通常使用地下电缆或架空电缆）。

2）总配线架设备

总配线架除完成配线功能外，还实施对交换设备的一级保护。

3）交换机设备

交换机设备实现语音信号的交换。

4）局间中继设备

局间中继设备是指交换局之间的中继连接设备，包括中继电缆、PDH 设备或 SDH 设备等。对市内距离较短的中继线，通常采用音频传输，每对中继线都是独立的线路；对局间较长的中继线通常采用 PCM 复用技术，使用同轴电缆或光缆进行传输。

随着通信技术的发展，中继设备已经不仅包括简单的传输线路和相应的传输设备了，它们形成了包括分插复用设备和数字交叉连接设备的“传送网”。连接终端的用户回路也将发展为以光纤为核心的“宽带接入网”了。

7.1.2　电话通信网路由规程

在对电话通信网进行路由规划时，要考虑用户（中继）话务量和呼叫损失等因素。关于话务量和呼叫损失的描述，请参阅参考文献的“话务理论基础”。

在电话通信网中，各交换机除同级间有直达路由外，还存在着与上下级交换机的连接。路由选择就是当两台交换机之间的通信存在多条路由时，确定如何选择路由。

1. 路由种类

常见的路由种类有直达路由、迂回路由和基干路由三种，如图 7-1 所示。

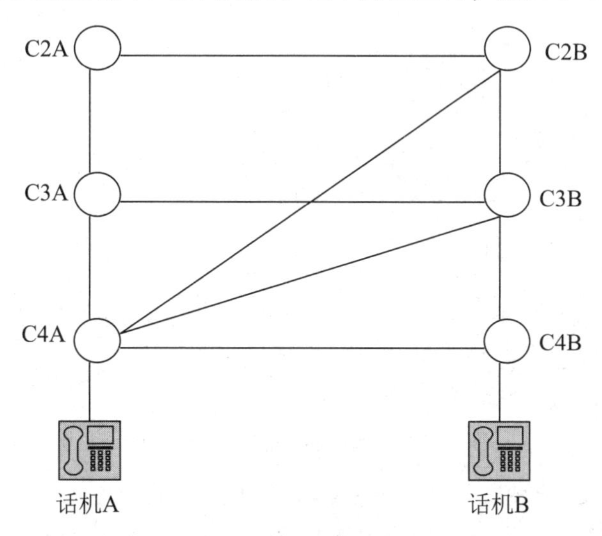

图 7-1　路由种类

设话机 A 呼叫话机 B，则有

直达路由：C4A→C4B。

迂回路由：C4A→C3B →C4B；C4A→C2B →C3B →C4B。

基干路由：C4A→C3A →C2A →C2B →C3B →C4B。

直达路由是主、被交换局之间的直接通路。直达路由上的话务量允许溢出至其他路由。

迂回路由是指通过其他局转接的路由，由部分基干路由组成。迂回路由应能负担所有直达路由溢出的话务量。迂回路由上的话务量允许溢出至基干路由。

基干路由应能负担所有直达路由和迂回路由所溢出的话务量，以保证系统达到所要求的服务等级。基干路由上的话务量不允许溢出至其他路由。

在迂回路由和基干路由中，所选择的路由需要通过其他交换机汇接，汇接采用如下两种方法。

（1）直接法：由主叫交换机直接选择汇接交换机的出局路由。主叫交换机只需要向汇接交换机发送路由号，而无须发送被叫号码。

（2）间接法：将用户所拨的号码完整地送至汇接交换机，由汇接交换机再次分析并确定出局路由。

2. 最佳路由选择顺序

为了尽量减少转接次数和尽量少占用长途线路，一种经济合理的路由选择顺序是“先选直达路由，次选迂回路由，最后选基干路由”。迂回路由的选择依据“由远而近”“自下而上”的原则，即先选靠近受话区的下级局，后选上级局；在发话区“自上而下”选择，即先选远离发端局的上级局，后选下级局。

3. 我国电话通信网的路由结构

我国现行的电话通信网的路由结构是按行政区建立的等级制树型网络，如图 7-2 所示。图 7-2 所示的路由结构为五级等级结构，即四级长途交换中心（C1～C4）和第五级本地通信网端局（C5）交换中心。

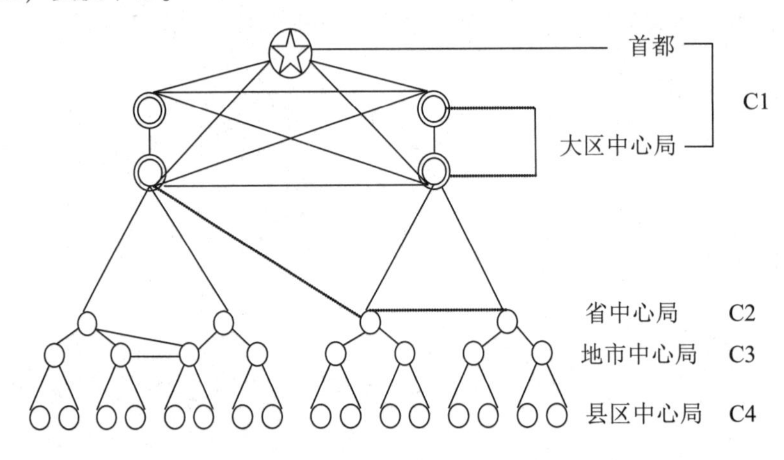

图 7-2 我国电话通信网的路由结构

大区中心局为一级交换中心（C1），我国共有 6 个大区中心局：华北、东北、华东、中南、西南、西北；省中心局为二级交换中心（C2），我国大约有 30 个二级交换中心；地市中心局为三级交换中心（C3），我国有 350 多个三级交换中心；县区中心局为四级交换中心（C4），我国有 2200 多个四级交换中心。C1 级采用网状结构，以下各级逐级汇接，并且辅以一定数量的直达路由。

长途网路由建设原则如下。

（1）北京至省中心局均应有直达中继电路。

（2）同一个大区内的各省中心局彼此要有直达中继电路。

（3）在任何两个交换中心之间，只要长途电话业务量大，地理环境合适，又有经济效益，就可以建立直达中继电路。

4. 我国长途电话网向无级动态网过渡

随着电话网络规模越来越大，数字化程度越来越高，新技术、新业务不断出现，多级交换结构存在的转接段数多，接续慢，时延大，传输损耗大等弊端已经不能满足通信大容量和新技术、新业务的发展等需求，因此我国电话网结构已经开始由长途四级交换网向二级交换网转变，即将原来的 C1、C2 合并，C3、C4 合并，将汇接全省转接长途话路的交换中心设为一级（用 DC1 表示），将主要汇接本地通信网终端话务的交换中心设为二级（用 DC2 表示）。DC1 交换中心之间以基干路由网状相连，省内 DC2 交换中心之间以网状或不完全网状相连，DC2 与本省所属的 DC1 之间均以基干路由相连，同时辅以一定数量的跨区高效路由与非本省的交换中心相连。长途电话二级网络结构图如图 7-3 所示。

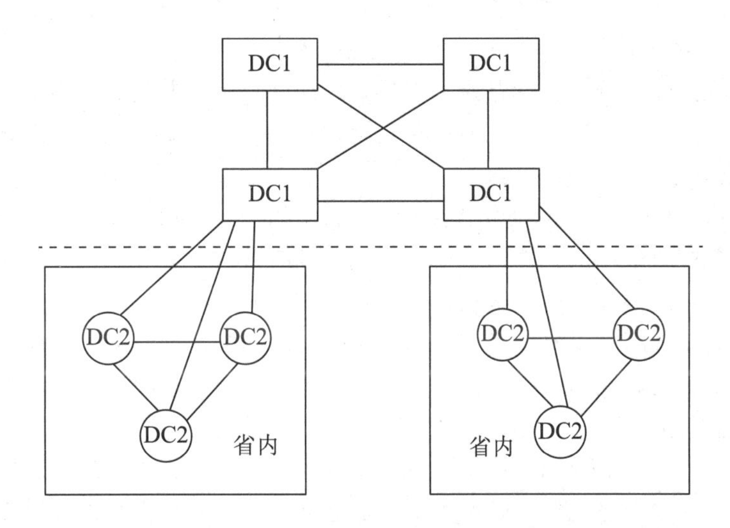

图 7-3　长途电话二级网络结构图

长途电话二级网分平面采用“固定无级”的选路原则，即分别在省级交换中心 DC1 之间及省内的 DC2 之间使用固定无级选路。“固定”是指在路由选择时按预先制定的路由及顺序进行选路，这样设置的路由在一段时间内保持不变；“无级”是指在同一平面的呼叫进行迂回路由选择时，各交换中心不分等级。

我国的长途电话网最终将演变为无级动态网。“无级”是指长途网中的各个交换局不分上下级，都处于同一等级，各长途交换机利用计算机控制智能可以在整个网络中灵活选择最经济、最空闲的通路。所谓“动态”是指路由的选择方式不是固定的，而是随网上业务量的变化状况或其他因素而变化。无级动态技术的优越性在于灵活性和自适应性，从而大大提高接通率和适应综合业务网；同时，简单的网络结构又使设计和管理简化，节省费用，减少投资。我国 7 号信令系统的建立及网络管理系统的智能化加快了长途电话网向无级动态网过渡的速度。

未来我国的电话通信网将由三个平面组成，即长途无级电话网平面、本地电话网平面和宽带用户接入网平面。

5. 无级动态网的路由选择方式

在无级动态网中，可以采用不同的动态选路方式，它们都在一定程度上提高了长途电话网的使用效率。

1）动态自适应选路方式

动态自适应选路技术的特点是根据业务量的变化实时地调配路由，不断改变路由表，平衡全网呼损，提高网络资源的使用效率。动态自适应选路技术由“路由处理机”进行集中控制。路由处理机与各个交换局通过数据链路相连，控制整个网的选路。自适应选路原理如下。

平时路由处理机不断向各个交换局送查询信号，采集各个交换点的状态信息，了解网络各部分的忙闲情况，从而掌握全网的路由数据。每个交换局向路由处理机回送如下应答信息。

（1）出中继群中目前空闲的电路数。

（2）自上一次查询后每个中继群的始发呼叫次数。

（3）自上一次查询后每个中继群的第一次溢呼次数。

路由处理机根据全网信息及选路原则寻找最佳迂回路由，并将更新后的路由表送到各交换节点。对于每个交换节点来说，首要任务是承担本局的话务量，只有在具备剩余的容量时才能向全网提供路由。

每段路由都可以用数学方式计算出供其他局选用的中继线数。在同一条路由的两段线路中的剩余中继线数中取最小值，算出它占总剩余中继线数的百分比，便得到该路由选择的概率。比较各条迂回路由的计算结果，选择概率最大的迂回路由。

上述自适应动态选路技术要求各交换局能及时检测网络话务状态，使路由处理机能实时计算剩余中继线数，更新路由表，提供路由选择概率，这对交换机有一定的额外开销要求。

2）动态时变选路方式

不同地区的“时差”使话务“忙时”的形成不集中，动态时变选路方式事先编出按时间段区分的路由选择表，自动选择路由来达到话务均衡，从而提高全网运行效率的目的。

由于“动态时变选路方式”的路由选择是按事先安排的顺序执行的，并不是随机的，因此还不能做到完全适应网络话务的动态变化。

3）实时选路方式

每个交换局都有一张表明各个交换局忙闲状态的表，还有一张表明该交换局允许使用的路由的“允许转接表”。实时选路是指通过对每个交换局的中继路由忙闲表使用一定的算法后决定选择哪一条路由的方式。

7.1.3 本地电话网

本地电话网是指在同一个长途编号区范围以内，由若干个端局或者由若干个端局和汇接局组成的电话网络。

1. 本地电话网类型

本地电话网可设置市话端局、县区端局及农话端局，并可根据需要设置市话汇接局、郊区汇接局、农话汇接局，建成多局汇接制网络。本地电话网类型一般有以下几种。

（1）县城及其农村范围组成的电话网。

（2）大、中、小城市市区及郊区范围组成的电话网。

（3）根据经济发展需要，在市区及郊区范围组成的本地电话网的基础上进一步扩大到相邻的县及其农村范围组成的电话网。

本地电话网范围仅限于市区时，称为市内电话网。市内电话网是本地电话网的一种特殊形式。

我国已经形成了以中心城市为核心的本地电话网，扩大了本地电话网的覆盖范围，简化了电话网结构。

2. 用户交换机接入本地电话网

用户交换机是由大型酒店、医院、院校等社会集团投资建设，主要供自己内部使用的专用交换机，将用户交换机接入本地电话网相应的端局下面方可实现用户交换机的分机用户与公用网上的用户的电话通信。用户交换机接入本地电话网的方式有三种：全自动直拨入网方式（DOD1+DID）、半自动直拨入网方式（DOD2+BID）、混合入网方式。

1）全自动直拨入网方式（DOD1+DID）

全自动直拨入网方式如图 7-4 所示。

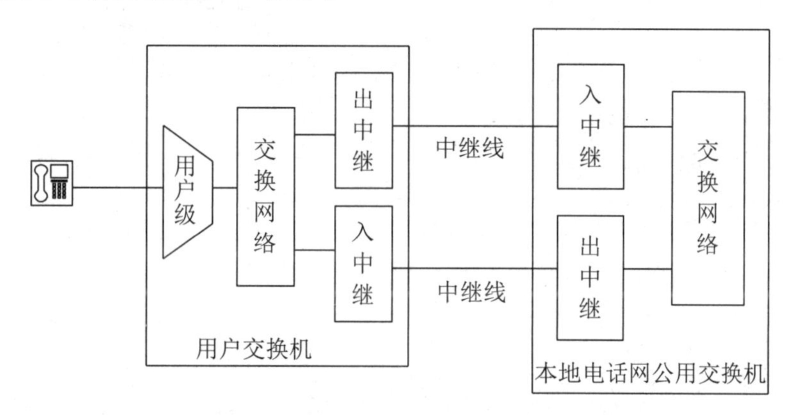

图 7-4　全自动直拨入网方式

全自动直拨入网方式的特点如下。

（1）用户交换机的出/入中继线接至本地电话网公用交换机的入/出中继线，即用户交换机的分机必须占用一条本地电话网公用交换机的入中继线。

（2）用户交换机分机用户出局呼叫时直接拨本地电话网用户号码，且只听用户交换机送的一次拨号音。公网交换机用户入局呼叫时直接拨分机号码，由交换机自动接续。

（3）在该方式中，用户交换机的分机号码占用本地电话网号码资源。

（4）本地电话网公用交换机对用户交换机分机用户直接计费，计费方式采用复式计费方式，即按通话时长和通话距离计费。

2）半自动直拨入网方式（DOD2+BID）

半自动直拨入网方式如图 7-5 所示。

半自动直拨入网方式的特点如下。

（1）用户交换机的出/入中继线接至本地电话网公用交换机的用户接口电路。

（2）用户交换机的每一条中继线对应本地电话网的一个号码（相当于本地电话网一条用户线）。

（3）用户交换机设置话务台。分机出局呼叫先拨出局引示号，再拨本地电话网号码，听两次拨号音。公网用户入局呼叫分机时，先由话务台应答，话务员问明所要分机后，再转接至分机。

(4) 在该方式中，用户交换机的分机不占用本地电话网号码资源。

(5) 由于用户交换机不向本地电话网公用交换机送主叫分机号码，故本地电话网公用交换机没有条件对用户交换机的分机用户计费，因此计费方式采用月租费或对中继线按复式计次方式。

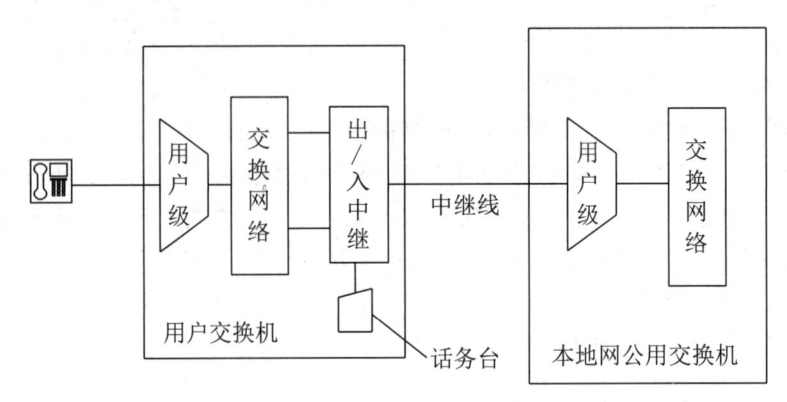

图 7-5 半自动直拨入网方式

3) 混合入网方式（DOD+DID+BID）

混合入网方式如图 7-6 所示。

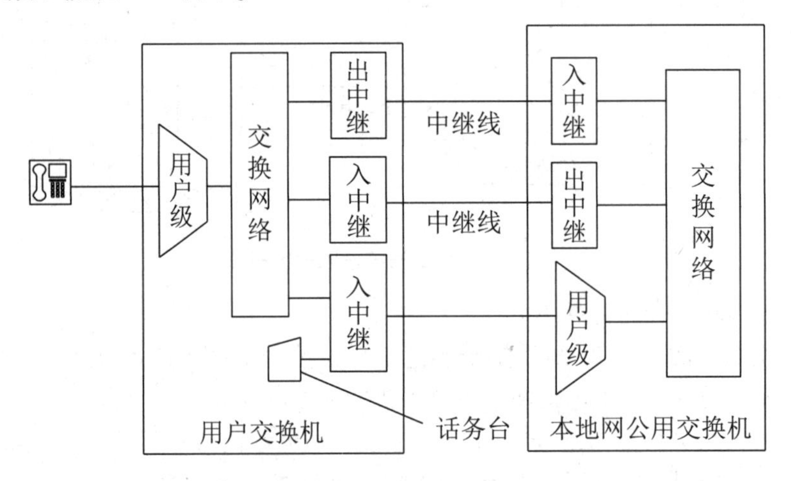

图 7-6 混合入网方式

用户交换机的一部分中继线按全自动方式接入本地电话网的中继电路，形成全自动直拨入网方式（DOD1+DID）；另一部分中继线接至本地电话网的用户接口电路，形成半自动直拨入网方式（DOD2+BID），这样不仅解决了用户交换机的重要用户直拨公网用户的要求，而且减轻了中继线及本地电话网号码资源的负担，弥补了上述两种方式的缺陷。

7.1.4 电话通信网号码规程

1. 电话号码编号原则

电话号码是电信网正确寻址的一个重要条件。编排电话号码应符合下列原则。

(1) 电信网中任何一个终端的号码都必须是唯一的。

(2) 号码的编号要有规律，这样便于交换机选择路由，也便于用户记忆。

（3）号码的位数应尽可能少，因为号码的位数越多，拨号出错的概率就会越大，建立通话电路的时间也越长。但考虑到系统的扩容和发展，号码的位数应有一定的预留。

2. 号码组成

ITU-T 建议每部电话的完整号码按以下序列组成：国家号码+ 国内长途区号+用户号码。号码总长不超过 12 位。

1）国家号码

国家号码采用不等长度编号，一般规定为 1~3 位。各国的国家号码位数随该国家的话机密度而定，比如中国的国家号码是 86。

2）国内长途区号

（1）国内长途区号采用不等长度编号。我国的长途区号位数是 2~3 位。

（2）北京的长途区号为 10。

（3）各大区中心局所在地及一些特别大城市的长途区号为 2 位，具有 2X 的形式，X 为 0~9。二位区号总计可有 10 个。

（4）各省会、地区和省辖市的长途区号位数是 3 位，第一位为 3~9，第二位为奇数，第三位为 0~9，因而共有 7×5×10=350 个。

（5）部分县区的长途区号为 3 位，第一位是 3~9，第二位为偶数，第三位为 0~9，因而共有 7×5×10=350 个。

3）用户号码

用户号码是用于区别同一本地电话网中各个话机的号码。被叫用户在本地电话网中统一采用等位编号。我国本地电话网的号码长度最多为 8 位。

因为编用户号码时应注意 0 和 1 不能作为用户号码中的第一位用，所以一个 4 位号码最多可区分 8000 门话机，5 位号码则可区分 80000 门话机，8 位号码则可区分 80000000 门话机。对于大城市，话机总数可能达到数百万门，因此必须将若干个市话交换机通过汇接交换机连接起来，组成汇接式市话交换网。在汇接式市话交换网中，市话交换机构成了各个分局。

在这种情况下，本地电话网号码由分局号和用户号码的方式组成。分局号为 1 位时，最多只能支持 8 个分局（2~9 分局），因此，增加分局个数时，分局号也应由 1 位增加到 2 位。2 位分局号最多能支持 80 个分局。

4）特种业务号码

特种业务号码主要用于紧急业务、需要全国统一的业务接入码、网间互通接入码和社会服务号码等。我国特种业务号码为 3 位，第一位为 1，第二位为 1 或 2。部分特种业务号码如下。

112：电话故障申告台。

114：查号台。

119：火警台。

110：匪警台。

120：医疗急救台。

5）新服务项目编号

我国规定，200、300、400、500、600、700、800 为新业务电话卡号码。

6）长途字冠

拨打长途电话号码时需要加长途字冠，ITU T建议的国际长途字冠为00；国内长途字冠为0。

7.1.5 电话通信网传输规程

电话通信网传输规程主要是针对用户线传输系统和中继线传输系统的规划。

1. 传输介质

常用的传输介质有双绞线、同轴电缆、光纤、微波和卫星等。

早期双绞线主要用于400km以内的短距离中继传输，大于400km时一般采用同轴电缆。双绞线和同轴电缆的一个重要优点是与交换机的接口简单。当采用模拟基带传输时，交换机输出的模拟信号可以不经任何变换直接与双绞线或同轴电缆相连接。目前，随着光纤技术的发展，中继传输主要采用光缆。

各种传输介质的典型工作带宽如表7-1所示。

表7-1 各种传输介质的典型工作带宽

传输介质种类	工作带宽（MHz）
双绞线	2
同轴电缆	10
微波（4GHz）	500
光纤（1.3μm）	2000

交换机输出的基带语音信号的模拟信号带宽为4kHz，数字信号带宽为64kbit/s，而表7-1所示的传输介质带宽都远大于基带语音信号的带宽，因而在交换机输出与传输介质之间需要加复用设备，应用复用技术对模拟中继传输进行频分复用，对数字中继传输进行时分复用。

2. 传输系统

1）用户线传输系统

电信网的用户线通常采用2线传输，即收、发两个方向的传输使用同一对导线，所以常把用户线称为用户环线。

用户环线的技术指标如表7-2所示，这些技术指标包括目前规定的用户环线传输中常用的线径及其音频损耗（1kHz）、环路电阻和最大传输距离。为了保证交换机接口中的摘机检测电路正常工作，规定环路电阻不得大于1300Ω。由于电话中送话器和扬声器在进行声电和电声转换过程中有增益作用，因此允许用户线传输系统存在一定的损耗，通常规定环线的损耗大于或等于6dB。

表7-2 用户环线的技术指标

线径（mm）	损耗（dB/km）	环路电阻（Ω/km）	最大传输距离（km）
0.4	1.62	270	4.8
0.5	1.30	173	7.5
0.6	1.08	120	10.8
0.7	0.92	88	14.8

2）中继线传输系统

（1）电缆中继系统。

电缆中继系统如图 7-7 所示。

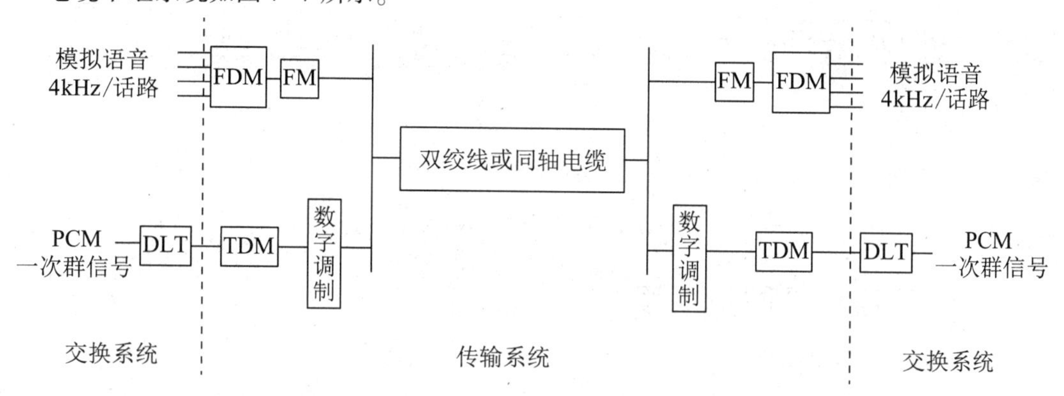

图 7-7　电缆中继系统

采用数字信号传输时，模拟语音信号首先应经 PCM 调制，然后进行时分多路复用，从而形成 TDM 信号，在经过数字线路终端（DLT）时还要进行码型变换（NRZ/ HDB3）。

（2）微波中继系统 。

微波中继系统如图 7-8 所示。

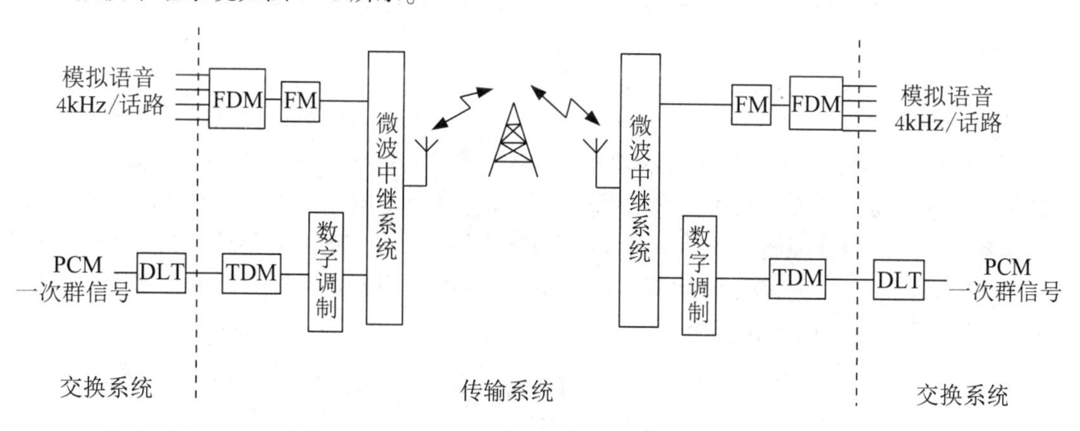

图 7-8　微波中继系统

交换机输出的模拟语音信号经频分多路调制形成 FDM 信号后，经过 FM 调制，形成 30MHz 带宽的 FDM-FM 信号，经过微波发射系统发射。由于地球表面的曲率，微波信号只能直线传播，因此远距离微波传输时需要使用中继塔。中继塔之间的距离一般为 50km。

当传输距离更远时，微波中继塔的数目将变得很多，这样既提高了成本，又增大了维护量。因此，在超远距离的通信中，常采用卫星中继。

卫星通信系统与微波通信系统的根本差别是以一个高空卫星取代了若干个较低的中继铁塔，与微波系统的另一个差别是卫星通信的两个传输方向使用了不同的载频。

（3）光纤中继系统 。

光纤中继系统如图 7-9 所示。

TDM 数字信号由交换机接口输出，进入光纤传输系统，经扰码和 5B6B 编码后，送入电光转换器，对激光源进行调制，调制后的光信号再经过光纤传输。

常用光纤的传导波长为1.3μm，工作带宽为2GHz。当交换机不具有高次群接口时，交换机与光纤通信系统之间应有一个实现高次群调制和解调的数字端机。

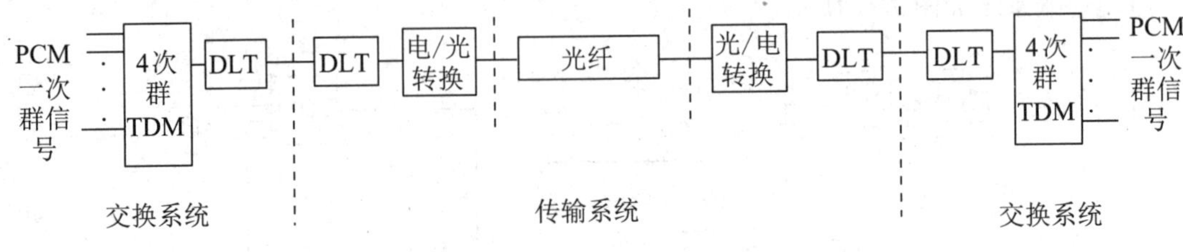

图7-9 光纤中继系统

7.1.6 电话通信网同步规程

1. 数字信号同步的概念

电信网的数字信号同步是为了保证网中数字信号传输和交换的完整性、一致性。实现数字信号同步的手段就是使各个数字设备的时钟工作在同一个频率和相位，从而达到整个系统中数字信号同步运行的目的。

对于时钟频率的同步，要求网内所有交换机都具有相同的发送时钟频率和接收时钟频率。对于相位同步，要求网内所有交换机的发送信号和接收信号之间的相应比特要对齐，在第一比特发送的信号不能在第二比特接收。否则，发送和接收的时钟频率即使一致了，也无法正确接收信号。

当发送时钟频率大于接收时钟频率时，会产生码元丢失；当发送时钟频率小于接收时钟频率时，会产生码元重复。上述两种现象都叫作“滑码”。对于语音信号，相当于少了或多了一个抽样，影响不太显著，但对于数据传输和图像传输，滑码可能会破坏整个数据或整个画面。

实际工作中，通信双方的时钟频率都不可避免地存在一定偏差，因此滑码的产生是不可避免的。滑码发生的频繁程度与收、发两端时钟的频差有关。因此，克服滑码的方法是将输入时钟和本地时钟的频率偏移强制为零，可以通过在交换机中设置缓冲存储器来实现这一强制。缓冲存储器结构如图7-10所示。

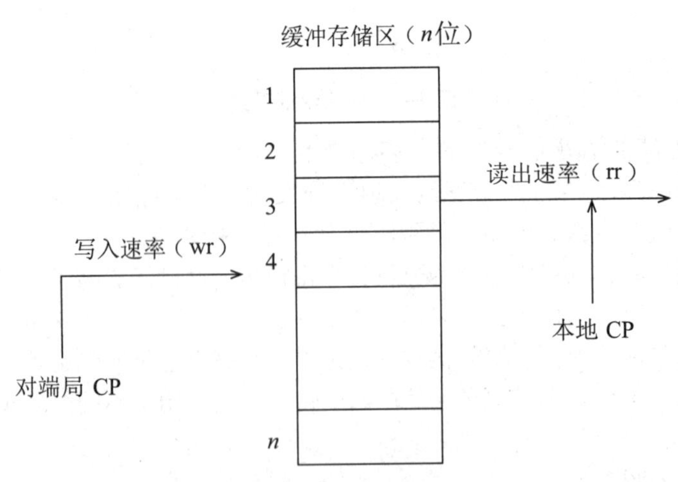

图7-10 缓冲存储器结构

缓冲存储器按照对端时钟写入数据，按照本地时钟读出数据。只要使写入至读出的时延是 125μs（1 帧）的整数倍，就可以解决收、发两端时钟的频差，从而使回路传输的总延时等于 125μs 的整数倍。

那么，如何使缓冲存储器写入至读出的时延为 125μs 的整数倍呢？可通过增加缓冲存储器的单元数（相当于增加回路传输的码元数，即控制比特）来实现，所以缓冲存储器容量可以是 1~256 位之间的任何值。

由于缓冲存储器具有收缩功能，因此也称弹性存储器。

当交换机设置了缓冲存储器后，滑码发生的频繁程度除与收、发两端时钟的频差有关，还与缓冲存储器的容量有关。当缓冲存储器为 n 位，标称频率（传输速率）为 r，相对频差为 $\triangle r$ 时，滑码发生的周期为：$Ts = n/(\triangle r \times r)$。

ITU-T 建议，数据传输系统应满足每 20h 滑码不超过 1 次，相当于要求时钟频差：

$\triangle r = n / (Ts \times r) = 256/(20 \times 3600 \times 2.048 \times 10^6) = 1.74 \times 10^{-9}$。

为了使滑码发生频度足够小，一般要求各交换机的时钟有很高的稳定度。

对于数据传输，时钟频率稳定度应优于 1×10^{-9} 数量级。对于这个值，一般的晶体振荡器已无法满足，因而常需要使用原子钟。原子钟中的铷钟和铯钟的主要参数如表 7-3 所示。

表 7-3　原子钟中的铷钟和铯钟的主要参数

项目	铷钟	铯钟
原子振荡频率	6834. 682613MHz	9192. 631770MHz
稳定度	3×10^{-11}/月	1×10^{-11}/寿命期
寿命	>10 年	约 3 年

2. 数字网的网同步方式

数字网的网同步方式分为准同步方式和同步方式。

1）准同步方式

在准同步方式中，各个交换局的时钟相互独立。由于各个交换局的时钟相互独立，因此不可避免地存在一定频差，造成滑码。为了使滑码发生频度足够小，要求各交换局采用相同标称速率且高稳定度的时钟。

2）同步方式

同步方式包括主从同步法、相互同步法和分级的主从同步法 。

（1）主从同步法。

网内中心局设有一个高稳定度的主时钟源，用以产生网内的标准频率，并送到各个交换局作为各局的时钟基准。各个交换局设置有从时钟，它们同步于主时钟。时钟的传送并不使用专门的传输网络，而是由各个交换机从接收到的数字信号中提取。主从同步法方法简单、经济。主从同步法的缺点是过分依赖于主时钟，可靠性不够高，一旦主时钟发生故障，受其控制的所有下级交换机都将失去时钟。

（2）相互同步法。

网内各交换局都有自己的时钟，且没有主从之分，彼此相互同步控制。各个交换局的时钟锁定在所有输入时钟频率的平均值上。

相互同步法的优点是网内任何一个交换局发生故障时，只停止本局的工作，不影响其他局的工作，从而提高了通信网工作的可靠性；其缺点是同步系统较为复杂。

（3）分级的主从同步法。

分级的主从同步法把网内各交换局分为不同等级，级别越高，所使用的振荡器的稳定度越高。每个交换局只与附近的交换局互送时钟信号。一个交换局收到附近各局送来的时钟信号以后，就选择一个等级最高、转接次数最少的信号去锁定本局振荡器。这样使全网最后以网中最高等级的时钟为标准。假如该时钟出现故障，就以次一级时钟为标准，不影响全网通信。

3. 我国数字电信网的同步方式

我国数字电信网的同步采用分级的主从同步法，共分为 4 级。同级之间采用互控同步方式。

第一级时钟为基准时钟，由铯钟组成全网最高质量的时钟，设置在一级交换中心（C1）所在地。

第二级时钟为有保持功能的高稳时钟（受控铷钟和高稳晶体时钟），分为 A 类时钟和 B 类时钟。A 类时钟设置在一级（C1）和二级（C2）长途交换中心，并与基准时钟同步；B 类时钟设置在三级（C3）和四级（C4）长途交换中心，并受 A 类时钟控制，间接地与基准时钟同步。

第三级时钟是有保持功能的高稳晶体时钟，其性能指标低于第二级时钟。它与第二级时钟或同级时钟同步，设置在本地电话网中的汇接局和端局中。

第四级时钟为一般的晶体时钟，与第三级时钟同步。它设置在本地电话网中的远端模块、数字终端设备和数字用户交换设备中。

数字电信网各级交换系统必须按上述同步路由规划建立同步。各个交换设备时钟应通过输入同步定时链路直接或间接跟踪全国数字同步网统一规划设置的一级基准时钟或区域基准时钟。严禁在从低级局来的数字链路上获取时钟信号并将其作为本局时钟的同步定时信号。

7.2 信令系统的概念

信令方式要遵守一定的协议和规约，它包括信令的功能、结构形式、应用场合、传送方式及控制方式。

7.2.1 电信网对信令系统的要求

电信网中的信令系统应满足以下要求。

（1）信令要有广泛的适应性，以满足不同交换设备应用。

（2）信令要既可以通过专门的信令信道传输，又要可以借用消息信道传输，但信令不能影响消息信息，也不受消息信息的影响。

（3）信令传输要稳定、可靠、高速。

（4）信令的设计要先进，便于今后通信网的发展。

7.2.2 信令的定义和分类

信令系统是指一组用于指导通信设备接续话路和维持整个网络正常运行所需的信令集合。信令集合中的每一条信令都与其应用的场合有关。电信网中的信令按以下几个方面定义和分类。

1. 按信令作用的区域分

信令按其作用的区域分有用户线信令和局间信令。

2. 按信令的功能分

信令按其功能分有监视信令、地址信令和维护管理信令。

3. 按信令的工作频带分

信令按其工作频带分有带内信令（占语音消息信道）和带外信令（不占语音消息信道）。

4. 按信令的结构形式分

信令按其结构形式分有单频信令（仅用一个频率发送的信号）和双频信令（用两个频率的组合发送的信号）。

5. 按信令传送的方向分

信令按其传送的方向分有前向信令（由主叫用户发送至交换机或主叫用户侧交换机发送至被叫用户侧交换机的信令）和后向信令（由被叫用户发送至交换机或被叫用户侧交换机返回至主叫用户侧交换机的信令）。

6. 按信令的信号形式分

信令按其信号形式分有模拟信号信令和数字信号信令。

7. 按信令通路与语音通路的关系分

信令按其传送的通路与语音通路的关系分有随路信令（CAS）和公共信道信令（CCS）。

7.2.3　用户线信令

用户线信令是指用户终端与交换机或与网络之间传输的信令，在现代通信中也称之为用户网络接口（UNI）信令。

用户线信令包括用户状态监测信号、被叫地址信号和信号音三类。

1. 用户状态监测信号

用户状态监测信号是指通过用户环路通/断表示的主叫用户摘机（呼出占用）、主叫用户挂机（前向拆线）、被叫用户摘机（应答）及被叫用户挂机（后向拆线）等信号。

用户状态监测信令简单，但对实时性要求高，通常每个终端都需要配备一套用户状态监测信令设备。

2. 被叫地址信号

被叫地址信号即被叫号码，是主叫用户通过终端发出的号盘脉冲号码或按键盘双音频号码，供交换机连接被叫时寻址用。由于被叫地址信号仅在呼叫建立阶段出现，因此可多个终端共享一套信令设备。

1）号盘话机信号

用户拨号时，由拨号盘的开关接点控制用户线直流回路通断而产生一串直流脉冲信号（DP），一串拨号脉冲对应一位号码，一串脉冲内脉冲的个数对应号码的数字。这种方式现在较少使用。

号盘话机信号如图7-11所示。

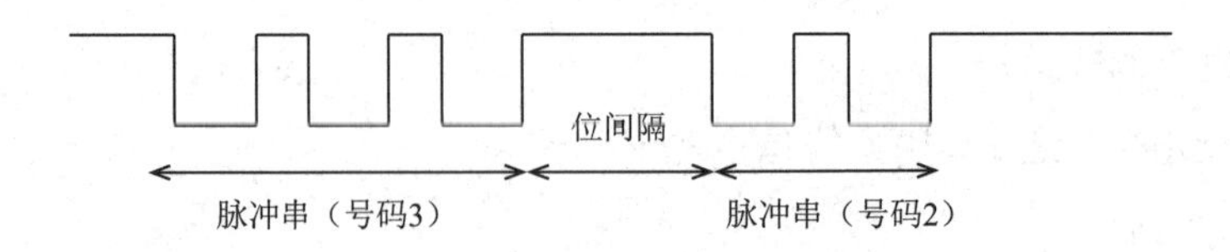

图 7-11 号盘话机信号

2）双音多频按键话机信号

对于双音多频按键话机，一个按键数字由两种频率的组合表示，频率均在音频 300～3400Hz 内。双音多频按键话机信号也称 DTMF 信号。各号码数字的频率组合如表 7-4 所示。

表 7-4 各号码数字的频率组合

项目		H1 1209Hz	H2 1336Hz	H3 1477Hz	H4 1633Hz
L1	697Hz	1	2	3	A
L2	770Hz	4	5	6	B
L3	852Hz	7	8	9	C
L4	941Hz	*	0	#	D

3. 信号音

信号音是指由交换机向用户终端发出的进程提示音。我国规定：铃流为 25Hz 的正弦波，信号音为 450Hz 或 950Hz 的正弦波。不同含义的信号音所对应的频率及信号结构如表 7-5 所示。

表 7-5 不同含义的信号音所对应的频率及信号结构

信号音频率	信号音名称	信号音含义	信号音结构
450Hz	拨号音	通知主叫用户可以开始拨号	连续发送
	忙音	表示被叫用户忙	0.35s 0.35s 0.35s
	拥塞音	表示交换机机键拥塞	0.7s 0.7s 0.7s
	回铃音	表示被叫用户处在被振铃状态	1s 4s 1s
	空号音	表示所拨被叫号码为空号	0.1s 0.1s 0.1s 0.1s 0.1s 0.4s
	长途通知音	用于有长途电话呼叫且正在进行市内通话的用户	0.2s 0.2s 0.2s 0.6s
25Hz	振铃音	向被叫振铃	1s 4s 1s
950Hz	催挂音	用于催请用户挂机	连续发送，采用五级响度逐级上升

用户线信令波形示例如图 7-12 所示，主叫用户摘机后，交换机发送拨号音。

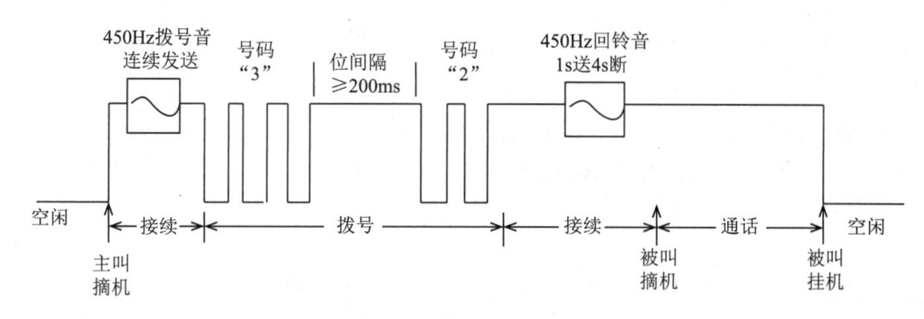

图 7-12　用户线信令波形示例

7.2.4　局间信令

局间信令是交换局与交换局之间在中继设备上传递的信令，用以控制中继电路的建立和拆除，在现代通信中也称之为网络节点接口信令。

基本的局间信令有中继线占用信令、路由选择信令（说明应选择的路由是直达路由、迂回路由还是基干路由）、被叫局应答信令、主（被）叫局拆线复原信令、拆线证实信令等。

局间信令除了应满足局间话路接续的需要，还应包括网络的管理和维护所需的信令，如业务类型信令、路由信令、管理信令、维护信令和计费信令。

1. 业务类型信令

业务类型信令用于说明呼叫业务的特点，是电话通信还是数据通信等。

2. 管理信令

网络管理人员可通过管理信令对网中设备的各种状态进行管理和操作。

3. 维护信令

维护信令包括正常状态和非正常状态下的试验信号、故障报警信号及故障诊断和维护命令等。

4. 计费信令

计费信令是计费系统所需要的各种信令。

电话接续的基本信令流程如图 7-13 所示。

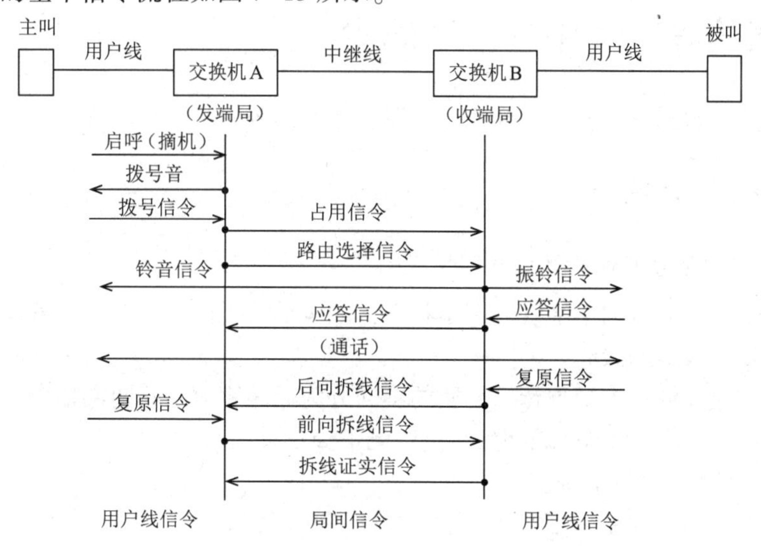

图 7-13　电话接续的基本信令流程

局间信令可用随路信令方式发送，也可用公共信道信令方式发送。

随路信令方式：将各种控制信令（如占用、发送号码、应答、拆线等）由该话路所占用的中继电路本身或与之有固定联系的信道来传送的方式。目前我国采用的局间随路信令叫作“中国 1 号”信令。随路信令方式如图 7-14 所示。

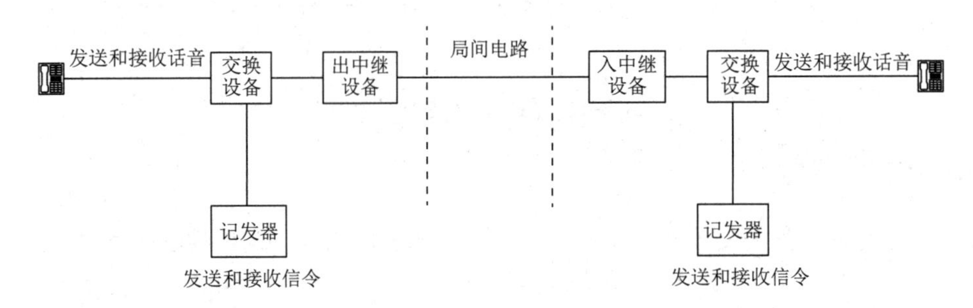

图 7-14 随路信令方式

公共信道信令方式：将所有局间信令用交换局间的一条集中的信令链路来传送的方式。公共信道信令方式如图 7-15 所示。

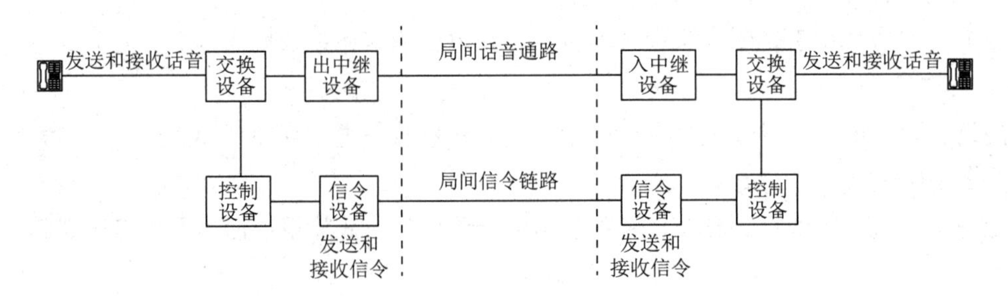

图 7-15 公共信道信令方式

7.3 随路信令——中国 1 号信令

中国 1 号信令包括线路监测信令和记发器信令两部分。

7.3.1 线路监测信令

1. 中国 1 号线路监测信令类型和定义

局间线路信号用以表明中继线的使用状态，如中继线示闲、占用、应答、拆线等。线路信号由中继器设备发送与接收。

中国 1 号线路监测信令根据传输介质的不同分为局间直流线路监测信令、带内单频脉冲（2600Hz）线路监测信令和局间数字型线路监测信令三种。

1）局间直流线路监测信令

局间直流线路监测信令采用实线传输，如图 7-16 所示。

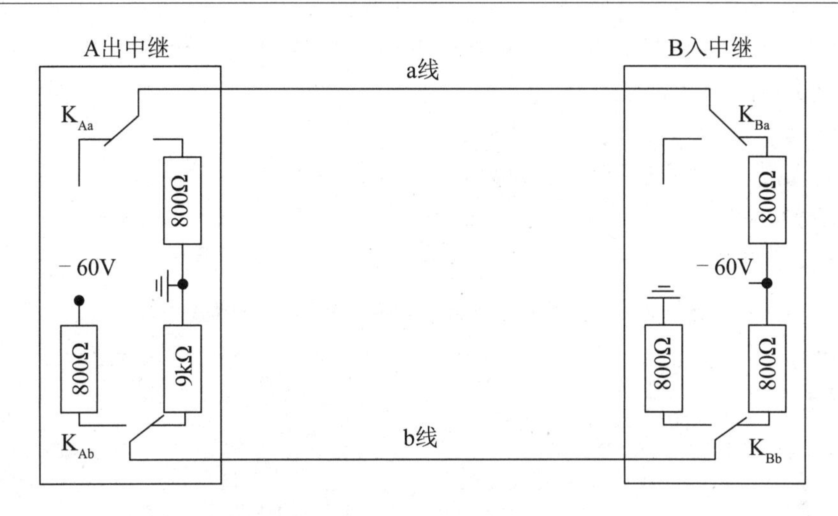

图 7-16　局间直流线路监测信令的传输方式

A 局的出中继器和 B 局的入中继器通过 a、b 两条实线相连。a、b 线既是语音通路，又是信令通路。根据要求，局间直流线路信令有如下 4 种形式。

（1）高阻+：经过 9kΩ 电阻接至地。

（2）-：经过 800Ω 电阻接电源（程控交换机的供电电源是-48V）。

（3）+：经过 800Ω 电阻接地。

（4）0：开路。

上述 4 种信令通过开关 K_{Aa}、K_{Ab}、K_{Ba} 和 K_{Bb} 倒换。局间直流线路监测信令的含义如表 7-6 所示。

表 7-6　局间直流线路监测信令的含义

<table>
<tr><th colspan="3" rowspan="2">持续状态</th><th colspan="2">出局</th><th colspan="2">入局</th></tr>
<tr><th>a</th><th>b</th><th>a</th><th>b</th></tr>
<tr><td colspan="3">示闲</td><td>0</td><td>高阻+</td><td>-</td><td>-</td></tr>
<tr><td colspan="3">占用</td><td>+</td><td>-</td><td>-</td><td>-</td></tr>
<tr><td colspan="3">被叫应答</td><td>+</td><td>-</td><td>-</td><td>+</td></tr>
<tr><td rowspan="4">复原</td><td rowspan="4">主叫控制</td><td>被叫先挂机</td><td>+</td><td>-</td><td>-</td><td>-</td></tr>
<tr><td>主叫后挂机</td><td>0</td><td>高阻+</td><td>-</td><td>-</td></tr>
<tr><td rowspan="2">主叫先挂机</td><td>0</td><td>-</td><td>-</td><td>+</td></tr>
<tr><td>0</td><td>高阻+</td><td>-</td><td>-</td></tr>
</table>

示闲时，A 局出中继 a 线为“0”，b 线为“高阻+”。B 局入中继 a 线与 b 线均为“-”。这相当于图 7-16 中的 K_{Aa}、K_{Ab}、K_{Ba} 和 K_{Bb} 这 4 个开关均处于原始状态。这时 a 线上没有电流，b 上线上有微小电流流过，其他各种信号也可通过开关的不同位置来获得。通过检测 a、b 线上的电流可以识别不同的局间线路信令。

2）带内单频脉冲（2600Hz）线路监测信令

当局间为载波电路时，在呼叫接续和通话过程中，局间中继电路上传送 2600Hz 信号，用于对中继线路的监测。为什么采用 2600Hz 信号为监测信号呢？是因为 2600Hz 信号在语音频带的高频段，彼此的相互干扰小。2600Hz 信号由短信号单元、长信号单元、长/短信号单元的组合及连续信号单元组成。

短信号单元为短信号脉冲，标称值为 150ms。

长信号单元为长信号脉冲，标称值为 600ms。

长/短信号单元的最小标称间隔为 300ms。

2600Hz 线路监测信令的种类、结构和传送方向如表 7-7 所示。

表 7-7 2600Hz 线路监测信令的种类、结构和传送方向

<table>
<tr><th rowspan="2">编号</th><th rowspan="2" colspan="2">信号种类</th><th colspan="2">传送方向</th><th rowspan="2">信号音结构/ms</th><th rowspan="2">说明</th></tr>
<tr><th>前向</th><th>后向</th></tr>
<tr><td>1</td><td colspan="2">占用信号</td><td>→</td><td></td><td>单脉冲 150</td><td rowspan="2"></td></tr>
<tr><td>2</td><td colspan="2">拆线信号</td><td>→</td><td></td><td>单脉冲 600</td></tr>
<tr><td rowspan="2">3</td><td rowspan="2" colspan="2">重复拆线信号</td><td rowspan="2">→</td><td rowspan="2"></td><td>150 300 600</td><td rowspan="2"></td></tr>
<tr><td>600 600 600</td></tr>
<tr><td>4</td><td colspan="2">应答信号</td><td></td><td>←</td><td>单脉冲 150</td><td></td></tr>
<tr><td>5</td><td colspan="2">挂机信号</td><td></td><td>←</td><td rowspan="2">单脉冲 600</td><td rowspan="2"></td></tr>
<tr><td>6</td><td colspan="2">释放监护信号</td><td></td><td>←</td></tr>
<tr><td>7</td><td colspan="2">闭塞信号</td><td></td><td>←</td><td>连续</td><td></td></tr>
<tr><td rowspan="2">8</td><td rowspan="2">话务员信号</td><td>再振铃信号或强拆信号</td><td>→</td><td></td><td rowspan="2">150 150 150 150 150</td><td>每次至少向被叫发送 3 个脉冲</td></tr>
<tr><td>回振铃信号</td><td></td><td>←</td><td>每次至少向主叫发送 3 个脉冲</td></tr>
<tr><td>9</td><td colspan="2">强迫释放信号</td><td>→</td><td>←</td><td>单脉冲 600</td><td>相当于拆线信号</td></tr>
<tr><td>10</td><td colspan="2">请发码信号</td><td rowspan="3"></td><td rowspan="3">←</td><td>单脉冲 600</td><td rowspan="3"></td></tr>
<tr><td>11</td><td colspan="2">首位号码证实信号</td><td>单脉冲 600</td></tr>
<tr><td>12</td><td colspan="2">到达被叫用户信号</td><td>单脉冲 600</td></tr>
</table>

表 7-7 中各种信号的定义和作用如下。

(1) 占用信号。

占用信号表示发端局占用终端局入中继器，请求终端局接收后续信令。

(2) 拆线信号。

拆线信号用于通话结束，释放该呼叫占用的所有交换机设备和中继传输设备。

(3) 重复拆线信号。

发端局出中继器发送拆线信号后 2~3s 内收不到释放监护信号时再发送此信号。

（4）应答信号。

应答信号是由入中继器发送的后向信号，表示被叫用户摘机应答，可以启动通话计时。

（5）挂机信号。

挂机信号是由入中继器发出的后向信号，表示被叫用户话终挂机，可以释放通信网络链路。

（6）释放监护信号。

释放监护信号是拆线信号的后向证实信号，表示发端局的交换设备已经拆线。

（7）闭塞信号。

闭塞信号是入中继器发出的后向信令，通知主叫端该条中继线已被闭塞，禁止主叫端出局呼叫占用该线路。

（8）再振铃信号。

长途局话务员与被叫用户建立接续和被叫应答后，若被叫用户挂机而话务员仍需要呼叫该用户时，发送振铃信号。

（9）强拆信号。

在规定允许强拆的用户中，话务员用强拆信号强行拆除正在通话的用户。

（10）回振铃信号。

话务员回叫主叫用户时使用回振铃信号。

（11）强迫释放信号。

在使用双向中继器时，强迫释放信号用于强迫释放双向电路。

（12）请发码信号。

请发码信号是后向证实信号，表示话务员可以进行发码操作。

（13）首位号码证实信号。

首位号码证实信号是收到第一位号码后的证实信号，表示可以接着发送号码。

（14）到达被叫用户信号。

对端长话局已经呼叫到被叫用户时发送到达被叫用户信号，表示可以向被叫振铃和向主叫送回铃音。

3）局间数字型线路监测信令

局间数字型线路监测信令采用 PCM30/32 帧结构中的 TS16 传输。前、后向信令各占用 TS16 中的两位二进制比特码位（a、b），如图 7-17 所示。

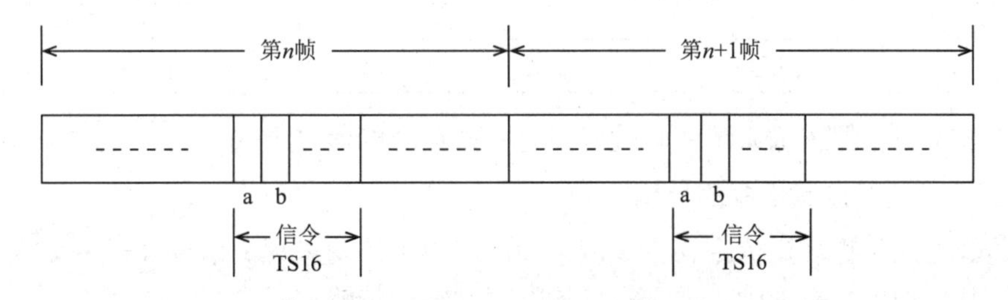

图 7-17　数字型线路监测信令信道

图 7-17 的前向信令用代号 af、bf 表示；后向信令用代号 ab、bb 表示，代号所对应的编码和作用如下。

af-1 表示主叫挂机状态；0 表示主叫摘机状态。

bf-1 表示主叫局故障；0 表示主叫局无故障。

ab-1 表示被叫挂机状态；0 表示被叫摘机状态。

bb-1 表示被叫局占用；0 表示被叫局有空闲。

局间数字型线路监测信令编码如表 7-8 所示。

表 7-8 局间数字型线路监测信令编码

<table>
<tr><td colspan="3" rowspan="3">持续状态</td><td colspan="4">编码</td></tr>
<tr><td colspan="2">前向</td><td colspan="2">后向</td></tr>
<tr><td>af</td><td>bf</td><td>ab</td><td>bb</td></tr>
<tr><td colspan="3">示闲</td><td>1</td><td>0</td><td>1</td><td>0</td></tr>
<tr><td colspan="3">占用</td><td>0</td><td>0</td><td>1</td><td>0</td></tr>
<tr><td colspan="3">占用确认</td><td>0</td><td>0</td><td>1</td><td>1</td></tr>
<tr><td colspan="3">被叫应答</td><td>0</td><td>0</td><td>0</td><td>1</td></tr>
<tr><td rowspan="16">复原</td><td rowspan="6">主叫控制</td><td>被叫先挂机</td><td>0</td><td>0</td><td>1</td><td>1</td></tr>
<tr><td rowspan="2">主叫后挂机</td><td rowspan="2">1</td><td rowspan="2">0</td><td>1</td><td>1</td></tr>
<tr><td>1</td><td>0</td></tr>
<tr><td rowspan="3">主叫先挂机</td><td rowspan="3">1</td><td rowspan="3">0</td><td>0</td><td>1</td></tr>
<tr><td>1</td><td>1</td></tr>
<tr><td>1</td><td>0</td></tr>
<tr><td rowspan="5">互不控制</td><td rowspan="2">被叫先挂机</td><td>0</td><td>0</td><td>1</td><td>1</td></tr>
<tr><td>1</td><td>0</td><td>1</td><td>0</td></tr>
<tr><td rowspan="3">主叫先挂机</td><td rowspan="3">1</td><td rowspan="3">0</td><td>0</td><td>1</td></tr>
<tr><td>1</td><td>1</td></tr>
<tr><td>1</td><td>0</td></tr>
<tr><td rowspan="5">被叫控制</td><td rowspan="2">被叫先挂机</td><td>0</td><td>0</td><td>1</td><td>1</td></tr>
<tr><td>1</td><td>0</td><td>1</td><td>0</td></tr>
<tr><td>主叫先挂机</td><td>1</td><td>0</td><td>0</td><td>1</td></tr>
<tr><td rowspan="2">被叫后挂机</td><td rowspan="2">1</td><td rowspan="2">0</td><td>1</td><td>1</td></tr>
<tr><td>1</td><td>0</td></tr>
<tr><td colspan="3">闭塞</td><td>1</td><td>0</td><td>1</td><td>1</td></tr>
</table>

信令编码可以根据传输系统的特性确定每一条信令的信号形式。

2. 中国 1 号线路监测信令的传输方式

信令传输方式是指规定信令在信令网络中的组织和传输过程。信令经过一个或几个中间局转接时，其传输方式有两种：端到端传输方式和逐段传输方式。

1）端到端传输方式

信令的端到端传输方式如图 7-18 所示。

在端到端传输方式中，发端局直接向收端局发送信令，转接局仅提供信令通路而并不处理信令。

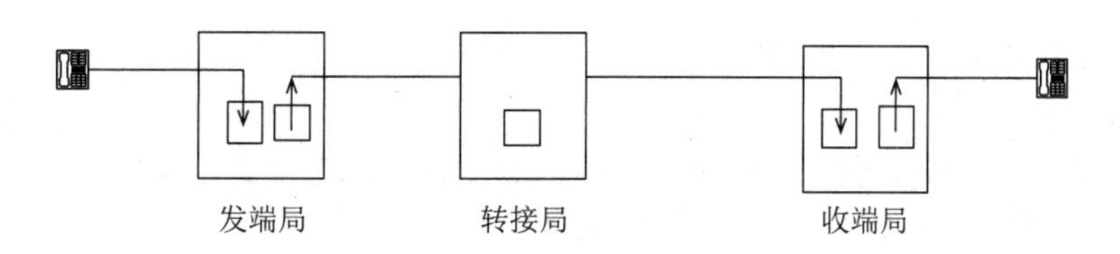

图 7-18 信令的端到端传输方式

2）逐段传输方式

信令的逐段传输方式如图 7-19 所示。

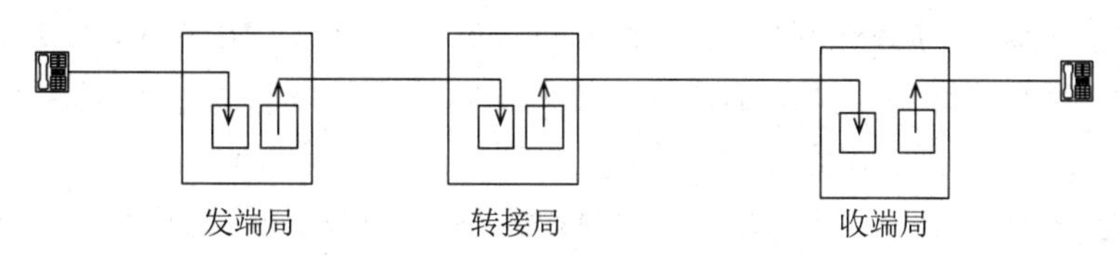

图 7-19 信令的逐段传输方式

在逐段传输方式中，信令每经过一个转接局，转接局都要对信令进行校验分析，并将其转发至下一局。

我国的线路监测信令采用逐段传输方式。

7.3.2 记发器信令

1. 中国 1 号记发器信令的类型和定义

中国 1 号记发器信令主要包括用户号码信令、用户类别信令和接续控制信令 3 种类型，这 3 种类型的信令又可细分为如下 11 种类型。

1）地址信令

地址信令是前向信令，表示被叫号码，其中国家号码标志信令仅在转接局使用。

2）地址结束信令

地址结束信令是前向信令，表示地址信息已传送完毕。

3）语言标志信令

语言标志信令是前向信令，用于在半自动接续中说明话务员应使用何种语言。

4）鉴别标志信令

鉴别标志信令用于鉴别通信方式是半自动通信方式还是全自动通信方式。

5）试验呼叫标志信令

试验呼叫标志信令是前向信令，表示呼叫是由试验装置发出的。

6）主叫类型信令

主叫类型信令是前向信令，说明呼叫来自普通用户还是话务员，是国际呼叫还是国内呼叫，是数据终端呼叫还是维护终端呼叫等。

7）请求地址信令

请求地址信令是后向信令，请求主叫端发送地址或语言标志信息等。

8）请求呼叫类型信令

请求呼叫类型信令是后向信令，请求主叫端发送呼叫类型信息。

9）阻塞信令

阻塞信令是后向信令，表示通信线路或交换设备阻塞。

10）地址齐全信令

地址齐全信令是后向信令，表示被叫端接收到的地址信息已可以确定路由，不需要更详细的地址信息。

11）被叫状态信令

被叫状态信令是后向信令，说明被叫用户是否空闲，是否已闭塞，是否应计费等。

2. 中国 1 号记发器信令结构

中国 1 号记发器信令同样分前向信令和后向信令，它们均采用多频组合方式。

前向信令频率有 1380Hz、1500Hz、1620Hz、1740Hz、1860Hz 和 1980Hz，采取“六中取二”的组合方式，最多可组成 15 种不同含义的信号。

后向信令频率有 1140Hz、1020Hz、900Hz 和 780Hz，采用“四中取二”的组合方式，最多可组成 6 种不同含义的信号。

由于记发器信令在通话建立之前传送，因此不存在通话语音和信令相互干扰的问题。

多频信号结构如表 7-9 所示。

表 7-9　多频信号结构

信号代码	信号	频率（Hz）					
		f0	f1	f2	f4	f7	f11
		1380	1500	1620	1740	1860	1980
		1140	1020	900	780		
1	f0+f1	√	√				
2	f0+f2	√		√			
3	f1+f2		√	√			
4	f0+f4	√			√		
5	f1+f4		√		√		
6	f2+f4			√	√		
7	f0+f7	√				√	
8	f1+f7		√			√	
9	f2+f7			√		√	
10	f4+f7				√	√	
11	f0+f11	√					√
12	f1+f11		√				√
13	f2+f11			√			√
14	f4+f11				√		√
15	f7+f11					√	√

中国 1 号记发器前向信令分为 I 组信令和 Ⅱ 组信令，后向信令分为 A 组信令和 B 组信令。后向 A 组信令是前向 I 组信令的互控和证实信令，二者具有“乒乓”关系；后向 B 组信令是前向 Ⅱ 组信令的互控和证实信令，二者也具有“乒乓”关系，如表 7-10 所示。

表 7-10　中国 1 号记发器前向信令和后向信令

前向信令			后向信令		
组别	名称	信令含义	组别	名称	信令含义
I	KA KC KE 号码信号	主叫用户类别 长途接续类别 市内接续类别 数字 0~9	A	A 信号	收码状态和接续状态的回控信号
Ⅱ	KD	业务类别	B	B 信号	被叫用户状态

1）前向 I 组信令

记发器前向 I 组信令是接续操作所需的地址等信号，由 KA、KC、KE 接续控制信号和 0~9 数字信号组成。

（1）KA 信令。

KA 信令是发端市话局向发端长话局或发端国际局发送的主叫用户类别信号。KA 信号提供本次接续的计费类别（定期、立即、免费等）、用户等级（普通、优先）。

（2）KC 信令。

KC 信令是长话局间发送的接续控制信号，具有保证优先用户通话、控制卫星电路段数、完成指定呼叫及测试呼叫等功能。

（3）KE 信令。

KE 信令是终端长话局向终端市话局发送的接续控制信号。

前向 I 组信令中的 0~9 数字信号用来表示主叫用户号码和被叫用户号码。

2）前向 Ⅱ 组信令

记发器前向 Ⅱ 组信令是 KD 信令，KD 信令用于说明发话方身份或呼叫类型。

3）后向 A 组信令

后向 A 组信令包含 A1、A2、A3、A4、A5 和 A6 信令。

（1）A1、A2、A6 信令。

A1、A2、A6 信令统称为发码位次控制信令，用以控制前向数字信号的发码位次。

A1 的含义是要求对端发下一位，即接着往下发号；A2 的含义是要求对端由第一位发起，即重发前面已发过的信号；A6 的含义是要求对端发送主叫用户类别 KA 信令和主叫用户号码。

（2）A3 信令。

A3 信令是转换控制信令，由发前向 I 组信令改发前向 Ⅱ 组信令，由发后向 A 组信令改发后向 B 组信令。

（3）A4 信令。

A4 信令是机键拥塞信令。在接续尚未到达被叫用户之前遇到设备忙（如记发器忙或中继线忙）时不能完成接续，致使呼叫失败时发出的信令。

（4）A5 信令。

当接续尚未到达被叫用户之前，发现所发局号或区号为空号时，记发器发送 A5 信令。

4）后向 B 组信令 KB

KB 是用于表示被叫用户状态的信令，起控制和证实前向Ⅱ组信令的作用。

3. 中国 1 号记发器信令编码

1）前向 I 组信令编码

前向 I 组信令是接续操作所需的地址等记发信令，其编码如表 7-11 所示。

表 7-11 记发器前向 I 组信令编码

信号代码	信令代码	信号含义	
		a	b
1	Ⅰ-1	语言标志：法语	数字：1
2	Ⅰ-2	语言标志：英语	数字：2
3	Ⅰ-3	语言标志：德语	数字：3
4	Ⅰ-4	语言标志：俄语	数字：4
5	Ⅰ-5	语言标志：西班牙语	数字：5
6	Ⅰ-6	语言标志：（保留）	数字：6
7	Ⅰ-7	语言标志：（保留）	数字：7
8	Ⅰ-8	语言标志：（保留）	数字：8
9	Ⅰ-9	语言标志：（保留）	数字：9
10	Ⅰ-10	鉴别标志	数字：0
11	Ⅰ-11	国家号标志	访问话务
12	Ⅰ-12	国家号标志	访问话务员组
13	Ⅰ-13	试验呼叫标志	访问试验设备
14	Ⅰ-14	国家号标志	要求转接局插入
15	Ⅰ-15	未用	地址结束

前向 I 组信令中每个信号对应 a、b 两条含义。当它们作为第一个前向传输信令时，对应 a 中的含义，除此之外，它们对应 b 中的含义。例如，当主叫局依次发出 I-1，I-1，I-2……时，第一个 I-1 表示法语话务员，其后的 I-1，I-2……表示地址号码 1，2……

2）前向Ⅱ组信令编码

前向Ⅱ组信令主要说明发话方身份或呼叫类型，其编码如表 7-12 所示。

表 7-12 记发器前向Ⅱ组信令编码

信号代码	信令代码	信号含义	说明
1	Ⅱ-1	普通用户	国内通信
2	Ⅱ-2	优先用户	
3	Ⅱ-3	维护设备	
4	Ⅱ-4	未用	
5	Ⅱ-5	话务员	
6	Ⅱ-6	数据传输	
7	Ⅱ-7	普通用户	国际通信
8	Ⅱ-8	数据传输	
9	Ⅱ-9	优先用户	
10	Ⅱ-10	具有转接能力的话务员	
11	Ⅱ-11		未用
12	Ⅱ-12		
13	Ⅱ-13		
14	Ⅱ-14		
15	Ⅱ-15		

Ⅱ-1、Ⅱ-2 和Ⅱ-5 说明呼叫者的身份和级别。

Ⅱ-3 表示呼叫来自维护设备。

Ⅱ-6 表示呼叫来自数据终端。

Ⅱ-7、Ⅱ-8 和Ⅱ-9 用于国际通信。

前向信令Ⅰ组和Ⅱ组中同一信号形式所对应的信令含义由传输规程及系统状态决定。

3）后向 A 组信令编码

后向 A 组信令编码如表 7-13 所示。

表 7-13 后向 A 组信令编码

信号代码	信令代码	信号含义
1	A-1	发送下一位号码
2	A-2	发送上一位号码
3	A-3	号码收全，收换至接收 B 组信令状态
4	A-4	国内网络阻塞
5	A-5	请发送呼叫类型信息（前向Ⅱ组信令）
6	A-6	接通路由，被叫应答后就可计费

4）后向 B 组信令编码

后向 B 组信令是表示被叫用户线状态的信令。后向 B 组信令编码如表 7-14 所示。

表 7-14　后向 B 组信令编码

信号代码	信令代码	信号含义
1	B-1	供国内通信网用
2	B-2	呼叫失败，发送特别信号音
3	B-3	用户线忙
4	B-4	由 A 组切换至 B 组后遇到网络或线路阻塞
5	B-5	被叫号码是空号
6	B-6	接续成功，开始计费

4. 记发器信令的传送方式

记发器信令由一个交换局的记发器送出，由另一个交换局的记发器接收。为了保证信令的可靠传输，记发器信令采用端到端的 MFC 方式传送，就是每传送一个记发器信号时，相应的前向信令和后向信令都要以连续互控的方式在发端局与终端局之间直接进行，具体过程如下。

主叫端发出的前向信号到达被叫端后，一经被叫端识别，被叫端立即送回后向信号。在该后向信号到达主叫端之前，主叫端将持续地发送原前向信号，直至接收到后向确认信号时才停止。被叫端同样持续地发送确认信号，直至检测到主叫端停止发送前向信号时为止。主叫端检测到后向信号消失后，才发送第二个信号，开始新的互控信号周期。

记发器信令采用端到端方式传送的原因是每一个记发器信号都具有后向证实信令，不需要转接局监测。

7.4　公共信道信令——No. 7 信令

7.4.1　公共信道信令的概念

公共信道信令系统可以将一组话路所需要的各种控制信号（局间信令）集中到一条与语音通路完全分开的公共数据链路上进行传送。公共信道信令系统的应用从根本上解决了随路信令系统的缺陷。

1. 随路信令系统的缺陷

随路信令系统的缺陷如下。

（1）TS16 信道利用率低。

（2）信令传送速度慢。

（3）在通话期间不能传送信令。

（4）按照话路配备信号设备，不够经济。

（5）信令编码容量有限，线路信号的最大容量为 $2^4=16$ 个，记发器信号的最大容量为 $2^8=256$（实际中六中取二多频信号的容量仅为 15）个，影响某些新业务的应用。

（6）由于信令系统只适用于基本的电话呼叫接续，很难扩展用于其他新业务，因此不能适应通信网的未来发展。

2. 公共信道信令系统的发展和应用

公共信道信令系统经历了从 No. 6 信令系统到 No. 7 信令系统的发展。

No. 6 信令系统——按照模拟电话网的特点设计，用于模拟通信网。

No. 7 信令系统——按照数字电话网的特点设计，用于数字通信网。

No. 7 信令系统克服了随路信令系统的所有缺陷，是目前最先进、应用前景最广泛的国际标准化公共信道信令系统之一。No. 7 信令系统目前应用的通信领域如下。

（1）电话网的局间信令。

（2）数据网的局间信令。

（3）ISDN 的局间信令。

（4）运行、管理和维护中心的信令。

（5）交换局和智能网的业务控制点之间传递的信令。

（6）PABX 的信令。

3. 公共信道信令系统的优点和特点

1）No. 7 信令系统有如下特点

（1）系统不再分线路信令和记发器信令。

（2）信令消息的形式用不同长度的单元来传送。

（3）信令单元分为若干段，每一段都具有自己的功能，如标志码、信息字段、校验位等。

（4）在不传送信令消息时发送填充单元，以保持在该信令信道上的信号单元同步。

（5）每一个信令单元需要有一个标记信息段，其长度取决于要识别的话路数。

（6）公共信道信令采用标记寻址，每一个话路没有专用的信令设备，它们采用排队方式占用信令设备。

（7）因为公共信道信令方式不能证实话路的好坏，所以需要进行话路导通试验。

（8）需要有专门的差错检测和差错纠正技术。

（9）对于长度较长的信令，可以将其分装成若干信令单元并连接起来，组成多单元消息。

（10）在多段路由接续中，信令消息按逐段转发方式传送。信令必须经过处理后才能转发至下一段。

2）No. 7 信令系统的优点

与随路信令系统相比，No. 7 信令系统有如下优点。

（1）因为 No. 7 信令系统是在软件控制下采用高速数据信息来传送信令的，所以建立呼叫接续的时间比随路信令方式大大缩短，并且增、减信令或改变信令消息都十分方便。

（2）由于信令通道与各话路通道没有固定的对应关系，因此更具灵活性。

（3）系统不但可以传送与呼叫有关的电路接续信令，而且可以传送与呼叫无关的管理、维护信令，而且任何时候（包括用户正在通信期间）都可以传送信令。

(4) 信令网与业务通信网分离，便于维护和管理。

7.4.2　No.7 信令系统的组成

No.7 信令系统由公共的消息传递部分（Message Transfer Part，MTP）和独立的用户部分（User Part，UP）组成，如图 7-20 所示。

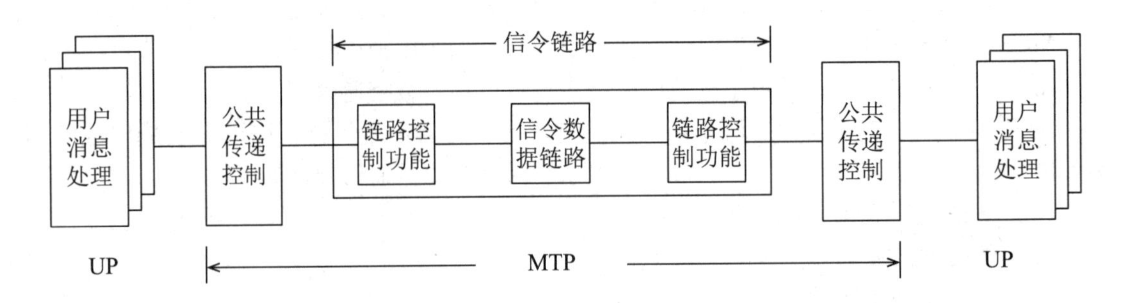

图 7-20　No.7 信令系统的结构

1. UP

No.7 信令系统的用户部分定义了通信网的各类用户（或业务）所需的信令及其编码形式，根据终端的不同，UP 可以是电话用户部分（TUP）、数据用户部分（DUP）、ISDN 用户部分（ISUP）等。

1）TUP

No.7 信令系统为 TUP 定义了电话呼叫时所需的如下 7 类信令消息。

(1) 前向地址：用于传输被叫地址的信令。

(2) 前向建立：用于传输建立与通话有关的信令。

(3) 后向建立请求：请求主叫端发送被叫端要求建立链路所需的信令。

(4) 后向建立成功信息：向主叫端发送接续成功的信令。

(5) 后向建立失败信息：向主叫端发送接续失败的信令。

(6) 呼叫监测：用于呼叫监测的信令。

(7) 话路监测：用于话路监测的信令。

TUP 信令消息的编码格式如图 7-21 所示。

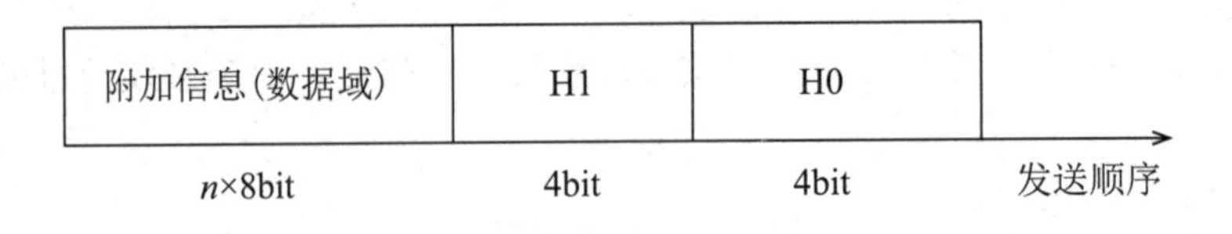

图 7-21　TUP 信令消息的编码格式

图 7-21 说明每一条信令都有一个由 H0 和 H1 两个域构成的标题（Heading），H0 用于区分 TUP 的 7 类信令，H1 则用于区分同类中的不同信令。TUP 信令的定义及编码如表 7-15 所示。

表 7-15　TUP 信令的定义及编码

信号类型		H0	H1	信令含义	信令代码	附加信息
1	前向地址	0001	0001	首次地址信令	IAM	有
			0010	首次地址及补充信息	IAI	有
			0011	后续地址信令	SAM	有
			0100	仅含有 1 个数字的后续地址信令	SAO	有
2	前向建立	0010	0001	主叫方标志	GSM	有
			0011	畅通性试验结束	COT	无
			0100	畅通性试验失败	CCF	无
3	后向建立请求	0011	0001	请求发主叫标志	GRQ	无
4	后向建立成功信息	0100	0001	地址齐全	ACM	有
			0010	计费	CHG	有
5	后向建立失败信息	0101	0001	交换设备阻塞	SEC	无
			0010	中继群阻塞	CGC	无
			0011	国内网阻塞	NNC	无
			0100	地址齐全	ADI	无
			0101	呼叫失败	CFL	无
			0110	被叫用户忙	SSB	无
			0111	空号	UNN	无
			1000	话路故障或已拆除	LDS	无
			1001	发送特殊信号音	SST	无
			1010	禁止接入（已闭塞）	ACB	无
			1011	未提供数字链路	DPN	无
6	呼叫监测	0110	0001	应答计费	ANC	无
			0010	应答免费	ANN	无
			0011	后向释放	CBK	无
			0100	前向释放	CLF	无
			0101	再应答	RAN	无
			0110	前向转接	FOT	无
			0111	发话用户挂机	CCL	无
7	话路监测	0111	0001	释放保护	RLG	无
			0010	闭塞	BLD	无
			0011	闭塞确认	BLA	无
			0100	解除闭塞	UBL	无
			0101	解除闭塞确认	UBA	无
			0110	请求畅通性试验	CCR	无
			0111	复位线路	RSC	无

“前向地址”类“首次地址”信令的格式和数据域的编码定义如图 7-22 所示。

n×8bit	4bit	12bit	2bit	6bit	4bit	4bit
地址数字	地址数字个数	信令标志	未用	主叫用户类别	H1	H0
		LKJIHGFEDCBA		FEDCBA	0001	0001

发送顺序→

地址数字：

0000 0
0001 1
0010 2
0011 3
0100 4
0101 5
0110 6
0111 7
1000 8
1001 9
1011 11码
1100 12码
1111 ST结束

信令标志：

BA 地址性质
00 市话号码
10 国内电话号码
11 国际电话号码
DC 线路性质
00 话路中不得有卫星线路
01 话路中有卫星线路
FE 畅通性实验要求
00 不要求畅通性实验
01 本段话路要求畅通性实验
10 前段话路已进行畅通性实验
G 回波抑制器说明
0 去话半回波抑制器未插入
1 去话半回波抑制器已插入

主叫用户类别：

FEDCBA
000001 话务员讲法语
000010 话务员讲英语
000011 话务员讲德语
000100 话务员讲俄语
001010 话务员讲西班牙语
（以上用于半自动时）
001010 普通用户
001011 优先级用户
001100 数据呼叫
001101 试验呼叫

图 7-22 “前向地址”类“首次地址”信令的格式和数据域的编码定义

“前向建立”类中仅有“主叫方标志”信令带有附加信息，其格式和编码如图 7-23 所示。

n×8bit	4bit	4bit	4bit	4bit
主叫地址数字	地址数字个数	主叫用户类别	H1	H0
		DCBA	0001	0010

发送顺序→

主叫用户类别：

BA
00 市话号码
10 国内电话号码
11 国际电话号码

图 7-23 “前向建立”类“主叫方标志”信令的格式和编码

“后向建立成功信息”类信令的“地址齐全”信令带有附加信息，其格式及附加信息的含义和编码如图 7-24 所示。

8bit	4bit	4bit
	H1	H0
HGFEDCBA	0001	0100

发送顺序→

BA
00 地址齐全
01 地址齐全，开始计费
10 地址齐全，免费
11 地址齐全，投币电话
C
0 被叫终端无指示
1 被叫终端空闲

图 7-24 “后向建立成功信息”类信令的“地址齐全”信令的格式及附加信息的含义和编码

UP 产生的信令需要通过 MTP 来传输，为了使信令传输不出错，上述 TUP 的每一条信令在进入 MTP 之前还必须加上收发信令点和用户类别的信息。TUP 传递给 MTP 的信令采用如图 7-25 所示的格式。

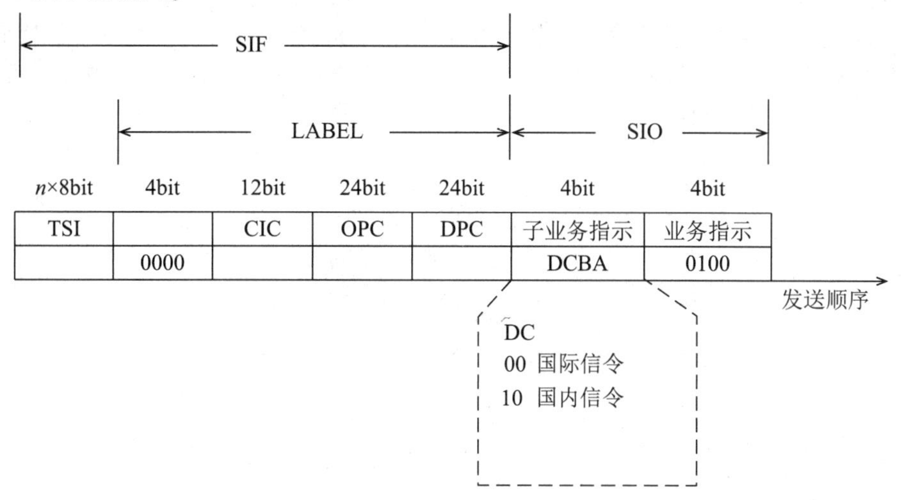

图 7-25　TUP 输出信令格式

图 7-25 中各字段的含义如下。

“业务指示”用以说明信令属于哪个 UP，对于 TUP 为 0100。

“子业务指示”仅用在信令发送点是国内网与国际网的交接局时，说明信令来自国内网还是国际网。

OPC：信令源点代码，说明信令的发送地点。

DPC：信令宿点代码，说明信令的接收地点。

每个信令点都有一个唯一的代码。OPC、DPC 的 24bit 代码说明允许整个信令网中最多设置 $2^{24}=16777216$ 个信令点。

CIC：话路标志代码。当中继传输为 2.048Mbit/s 的 PCM 数字信号时，CIC 的低 5 位说明话路所在的时隙，其余各位则说明话路所在的一次群的编号。

2）DUP

No. 7 信令系统的 DUP 仅适用于电路交换型数据通信。由于通信终端的不同，DUP 所定义的信令及其功能与 TUP 的差别主要体现在传输速率的不同，DUP 的传输速率较低，一般为 2.4kbit/s，而 TUP 的传输速率为 64kbit/s，因此，No. 7 信令系统允许将一条 64kbit/s 的信道划分成若干个时分复用的数据通信信道。通过标签（LABEL）来说明这些数据信道的信令。数据信令标签格式如图 7-26 所示。

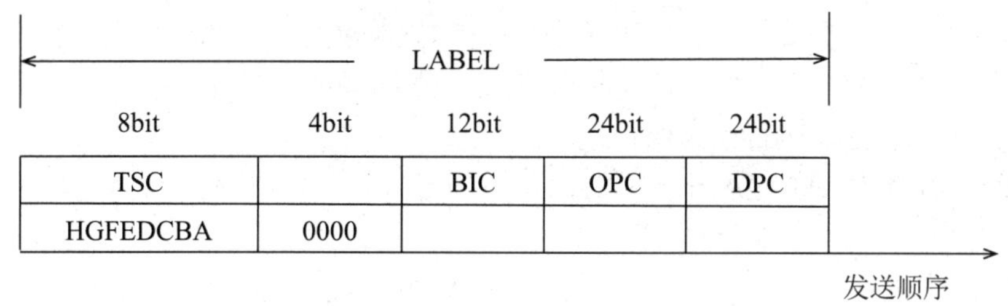

图 7-26　数据信令标签格式

BIC：基本信道标志代码，说明数据子信道所在的 64kbit/s 信道位于哪个一次群的第几时隙。

TSC：时隙代码，说明数据子信道在 64kbit/s 基本信道中的位置。

TSC 的编码用 ABCDEFGH 表示，其中 EFG 的二进制数值表示数据子信道在基本信道中的第几个 12kbit/s 信道，其取值范围为 0～4。ABCD 的二进制数值表示数据子信道位于 12kbit/s 信道中的第几个子信道数。EFG 与 ABCD 的编码及含义如图 7-27 所示。

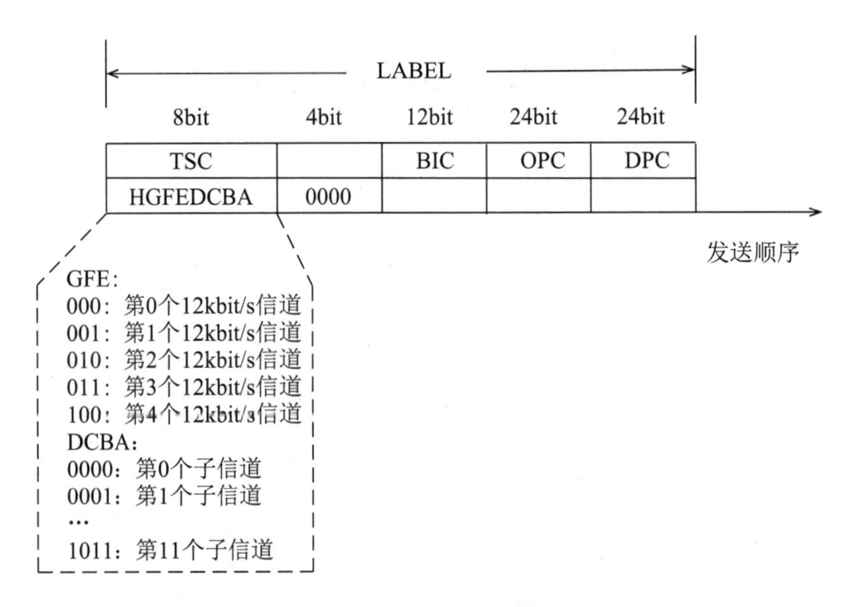

图 7-27　EFG 与 ABCD 的编码及含义

当子信道速率为 0.6kbit/s 时，ABCD 取 0000～1111；当子信道速率为 2.4kbit/s 时，ABCD 取 0000～0011；当子信道速率为 4.8kbit/s 时，ABCD 取 0000～0001；当子信道速率为 9.6kbit/s 时，ABCD 取 0000 。

例如，TSC=01001011 表示数据信道位于基本信道中第 4 个 12kbit/s 信道的第 11 个子信道。根据子信道速率规则，第 11 个子信道速率必定是 0.6kbit/s 。

当 64kbit/s 作为一个信道使用时，TSC 必须设置为 01110000（H 永远为 0 ）。

2. MTP

MTP 是整个信令网的交换与控制中心，被各类 UP 共享。各个 UP 所产生的信令均被送入 MTP，由 MTP 在每条信令之上添加适当的控制信息后，经过数字中继的第 16 时隙成包地送往指定的交换机。在相反方向，MTP 对接收到的数据包进行地址分析，并据此将数据包中的信令传送给指定的 UP。当本局并非数据包的终端局时，MTP 便选择适当的路由及链路，将它转发到信令的终端局或其他转接局。

MTP 的内部结构如图 7-28 所示。

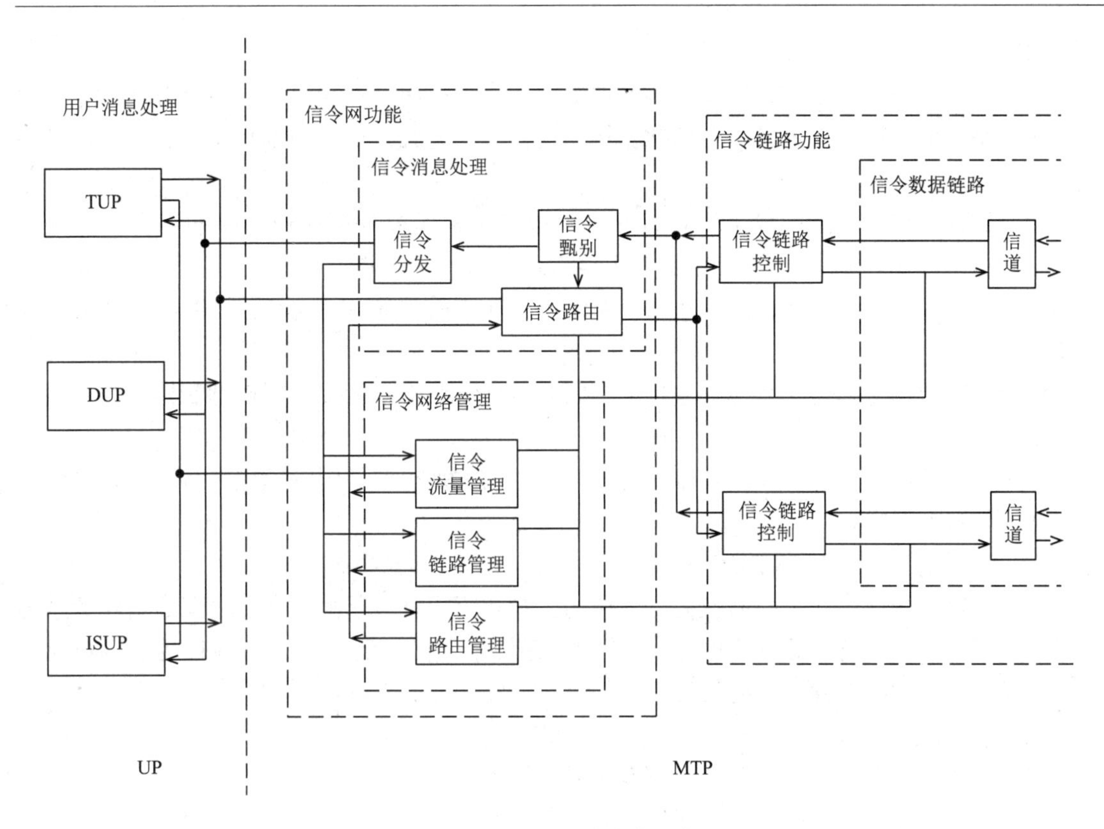

图 7-28 MTP 的内部结构

MTP 的内部由信令数据链路功能、信令链路功能和信令网功能组成，它们与用户消息处理构成 No. 7 信令系统的 4 层功能结构，如图 7-29 所示。

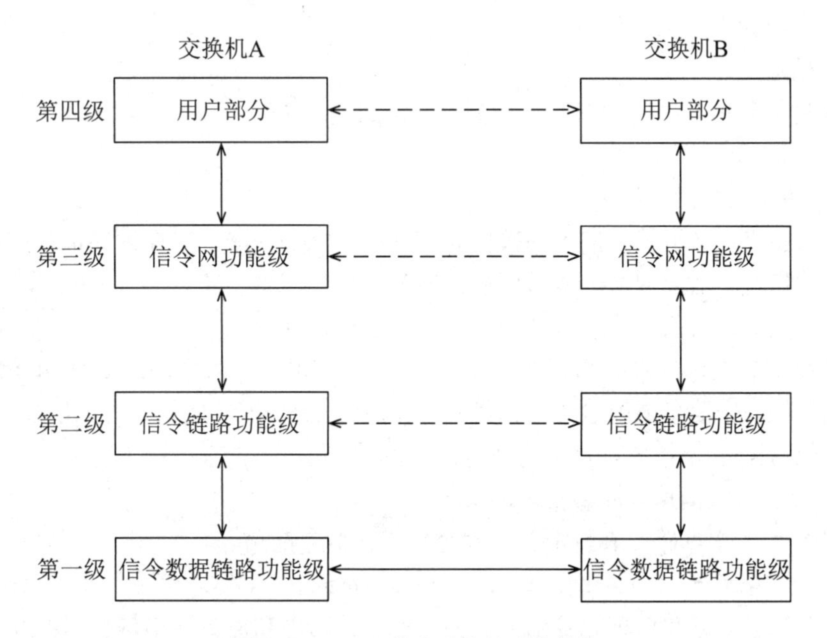

图 7-29 No. 7 信令系统的功能结构

1）第一级：信令数据链路功能级

信令数据链路是信令消息的双向传递通路。它由采用同一数据速率的相反方向工作的两个数据通路组成。第一级定义了信令数据链路的机械、电气、功能和规程特性，还包括链路的接入方法。

信令数据链路有模拟和数字两种链路。模拟链路由模拟音频传输通路和调制解调器组成，传送速率为4.8kbit/s。数字链路采用64kbit/s的PCM通路，原则上可以利用PCM系统中的任一时隙作为信令数据链路，在实际系统中，通常采用PCM一次群中的TS16作为信令数据链路。

由于信令数据链路透明地传送比特流，因此数据链路中不能接入回声抑制器、数字衰减器等设备。

第一级的功能规范并不涉及具体的传输介质，它只是规定了传输速率、接入方式等信令链路的一般特性要求。

2）第二级：信令链路功能级

信令链路功能级保证信令消息的可靠传输，它和第一级一起为信令点之间的信令消息的传送提供了一条可靠的数据链路。在No.7信令系统中，信令消息是以不等长的信号单元的形式传送的，有如下三种形式的信号单元。

（1）消息信号单元：用于传送用户所需的消息。

（2）链路状态信号单元：用于传送信号链路的状态。

（3）插入信号单元：用于在无消息时传送。

第二级的功能包括：

（1）信号单元的定界和定位。

（2）信号单元的差错检测。

（3）信号单元的差错纠正。

（4）初始定位。

（5）通过信号单元的差错率监视检测信令链路的故障。

（6）信令链路的流量控制。

3）第三级：信令网功能级

信令网功能级定义了关于信令网操作和管理的功能和程序，它保证在信令网的某些节点或链路出现故障时，信令网依然能够可靠传输各种信令消息。

信令网功能级分为信令消息处理和信令网络管理两部分。

（1）信令消息处理（Signaling Message Handing，SMH）：信令消息处理功能保证在消息分析的基础上将信令消息准确地传送到相应链路或者UP。该功能又分为如下三个子功能。

① 信令甄别：确定该节点是否为消息的目的端。

② 信令分发：将消息分配给指定的UP。

③ 信令路由：根据路由表将消息转发至相应的信令链路。

（2）信令网络管理（Signaling Network Management，SNM）：信令网管理是指在预先确定有关信令网状态数据和信息的基础上，控制消息、路由和信令网结构，以便在信令网出现故障时可以控制重新组成网络结构，完成保存或恢复正常的消息传递能力。该功能又分为如下三个子功能。

① 信令流量管理：将信令业务由一条链路或路由转到另一条或多条不同的链路或路由，或在信令点拥塞情况下，暂时减小信令业务流量。

② 信令链路管理：用于控制本地连接的信令链路、恢复有故障的信令链路的能力，以及接通空闲、但尚未定位的链路和断开已经定位的链路。

③ 信令路由管理：用于传送有关信令网状态的信息，保证信令点之间能可靠地交换信令路由的可利用信息，以使信令路由闭塞或解除闭塞。

4）第四级：用户部分（TUP、DUP 和 ISUP）

TUP 支持电话业务，控制电话的接续和运行。

DUP 采用 ITU-T X.61 建议。

ISUP 是 ISDN 用户部分，在 ISDN 环境中提供语音和非话交换所需的功能。此外，ISUP 还支持 ISDN 业务和智能网业务要求的附加功能。

5）SCCP

SCCP（Signaling Connection and Control Part，信令连接控制部分）用于加强 MTP 功能，MTP 只能提供无连接的消息传递功能，而 SCCP 则能提供面向连接和无连接的网络服务功能。SCCP 可以在任意信令点间传送与呼叫控制无关的各种信令消息和数据，可以满足 ISDN 的多种用户补充业务的信令要求，为传送信令网的维护运行和管理数据信息提供可能。

6）TCAP

TC（事务处理能力）是指网络中分散的一系列应用在互相通信时采用的一组协议和功能。TCAP（Transaction Capabilities Application Part，事务处理能力应用部分）是 TC 在应用层的功能，它可以支持智能网应用、移动网应用及网络的运行和管理应用。

No.7 信令系统实质上是一个逻辑上独立的分组交换式数据通信网，第二、三级构成了信令网的分组交换机，第一级是分组交换网的传输信道，第二级是分组交换机的接口，第三级包括了信令信号的交换和信令网的管理功能。信令按逐层增长的过程传输，即首先，UP 产生信令消息（第四级）；其次，加上网络信息（第三级）；再次，由链路终端加入差错控制信息（第二级）；最后送入数据链路（第一级）。

7.4.3　No.7 信令链路单元格式

来自 UP（第四级）的信令经信令路由选择（第三级）进入指定的信令链路（第二级）后，必须经过适当的传输差错控制处理，才能送入信令数据链路（第一级）。进入信令数据链路的信令称为一个信令单元。

No.7 信令是通过信令单元的形式在信令链路上传送的。信令单元由可变长度信号信息字段和固定长度的其他各种控制字段组成。No.7 信令系统有三种形式的信号单元，它们是消息信号单元（Message Signal Unit，MSU）、链路状态信号单元（Line Status Signal Unit，LSSU）和插入信号单元（Fill-In Signal Unit，FISU）。No.7 信令系统的三种信号单元如图 7-30 所示。

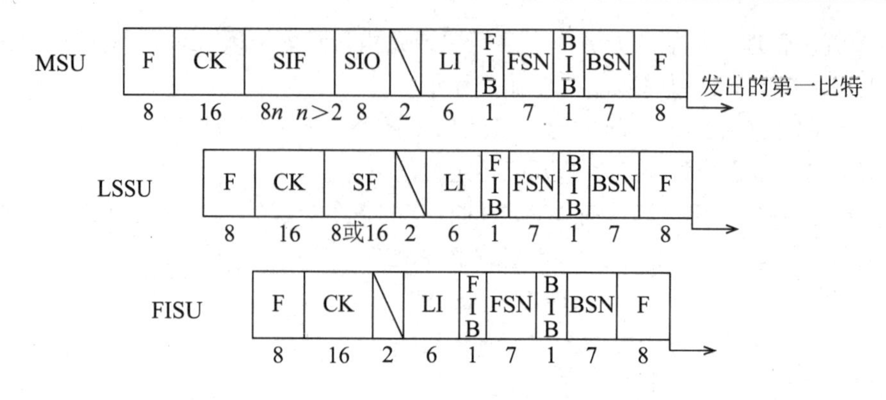

图 7-30 No. 7 信令系统的三种信号单元

1. MSU

MSU 传递来自用户级的信令消息和提供用户所需的信令消息。每个字段的含义如下。

1）帧标码

帧标码（F）来自第 2 层，标志一帧的开始或结束，起信号单元定界和定位的作用。F 的码型为 01111110。为避免信号单元中其他字段出现这个码型，在加帧标之前必须做插零处理，即遇到连续 5 个“1”时，就要在第 5 个“1”后插入一个“0”（无论第 6 个是 0 还是 1），于是，信令信道中传输的信号除帧标外，不可能出现连续的 6 个 1。在接收端则必须做删零处理。

2）业务信息字段

业务信息字段（SIO）来自第 3 层，它只出现在 MSU 中，用以指定不同的 UP，说明信令的来源。SIO 共占 8bit，分为 4bit 子业务字段和 4bit 业务表示语，如图 7-31 所示。

4bit	4bit
子业务字段	业务表示语
DCBA	DCBA

发送顺序

DC	网络表示语
00	国际网络
01	国际备用
10	国内网络
11	国内备用

DCBA	
0000	信令网管理消息
0001	信令网测试和维护消息
0010	备用
0011	信令接续控制部分（SCCP）
0100	电话用户部分（TUP）
0101	ISDN用户部分（ISUP）
0110	DUP与呼叫和电路有关的消息
01 ll	DUP性能登记和撤销消息

图 7-31 SIO 的格式和编码

（1）业务表示语。

业务表示语说明信令消息与某 UP 的关系。SCCP 用于加强 MTP 功能。MTP 只能提供无连接的消息传递功能，而 SCCP 能提供定向连接和无连接网络业务。

（2）子业务字段 。

子业务字段说明 UP 的类型。字段包括网络表示语比特（C 和 D）和备用比特（A 和 B）。

3）信令消息字段

信令消息字段（SIF）来自第 4 层，由 UP 规定，最长可有 272 个字节。根据用途不同，SIF 可以分为如下 4 种类型的消息。

（1）A 类：MTP 管理消息。

（2）B 类：TUP 管理消息。

（3）C 类：ISUP 管理消息。

（4）D 类：SCCP 消息。

4）长度表示语

长度表示语（LI）用来指示 SIF 或状态字段（SF）的字节数。由于 LI 为 6bit，因此可指示 0~63 的数。

在 MSU 中，LI>2；在 LSSU 中，LI=1 或 2；在 FISU 中，LI=0。

信令单元中的其余内容是差错控制信息。

5）序号（FSN 和 BSN）

FSN：前向序号，是指信令帧的发送次序，依次编号为 0，1，…，127。

BSN：后向序号，是指被证实信号单元的序号，依次编号为 0，1，…，127。

6）表示语比特（FIB 和 BIB）

FIB：前向指示位，由 1 个 bit 构成。当发送端重传一个信令帧时，将该位反转一次。

BIB：后向请求重传指示位，由 1 个 bit 构成。当接收端检测出信令帧差错，需要发送端重传时，便将该位反转一次。

7）校验位

校验位（CK）用于检验接收到的信号帧是否存在差错。校验对象为 BSN、BIB、FSN、FIB、LI、SIO、SIF（或 SF）的内容。

2. LSSU

LSSU 传递链路状态信息。No. 7 信令链路首次启用或故障恢复后，都需要有一个初始化的调整过程。在调整期间，链路两端不断地相互发送 LSSU，用以表示各自的调整情况。

SF 是 LSSU 单元中的链路状态字段，由 1~2 个字节组成。图 7-32 所示为 LSSU 单元中 SF 的格式和编码。

调整开始为启动阶段，链路终端连续地发送“O”单元，直至收到对方发来的“O”、“N”或“E”单元后，链路终端改发“N”或“E”单元，进入调整阶段。

3. FISU

FISU 传递插入信息，在 FISU 信号单元中仅含有差错控制信息。当第 2 层无信令信号单元传送时，链路终端便发送 FISU，其意义是填补链路空闲时的位置，保持信令链路的同步，因而 FISU 又称同步信号单元。

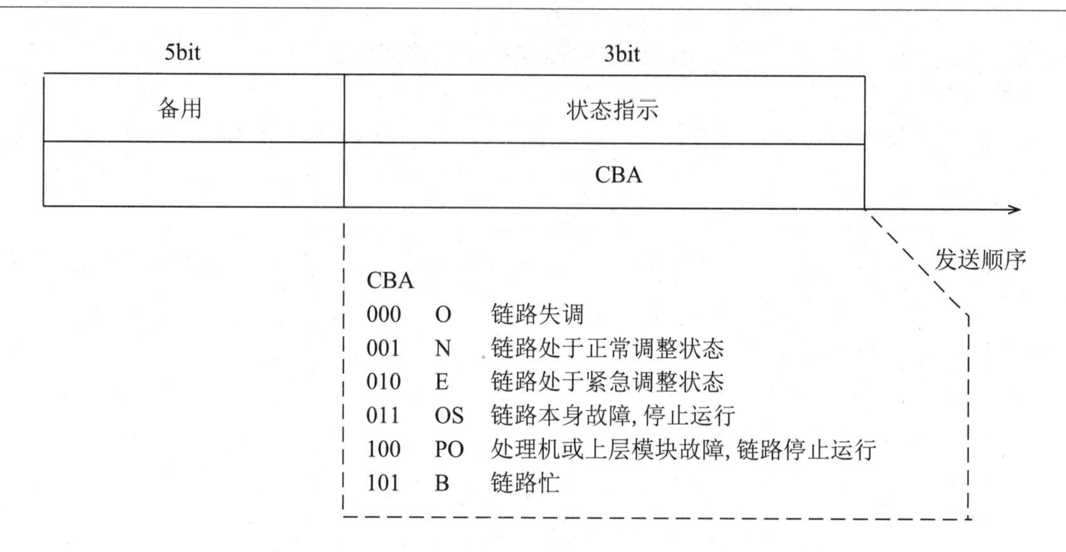

图 7-32 LSSU 单元中 SF 的格式和编码

7.4.4 No.7 信令网的结构

1. No.7 信令网的组成

No.7 信令网由信令点、信令转接点和连接它们的信令链路组成。

信令点（Signaling Point，SP）：装备有共路信令系统的通信网节点，它可以是信令消息的源节点，也可以是目的节点。信令点包含了全部4级功能。

信令转接点（Signaling Transfer Point，STP）：将信令消息从一条信令链路传递到另一条信令链路的信令转接点。信令转接点只提供下三级的功能。

信令链路（Signaling Link，SL）：连接各个信令点、信令转接点，是用来传送信令消息的物理链路。通常信令链路可以是数字通路，也可以是高质量的模拟通路，可以采用有线传输方式，也可以采用无线传输方式。

2. No.7 信令网的结构

和电信网络一样，No.7 信令网也有无级网和分级网两类。无级网就是没有引入 STP 的 No.7 信令网；而分级网则是引入 STP 的 No.7 信令网。

无级网的拓扑结构有线型网、环型网、格型网、蜂窝状网和网状网等，除网状网外的无级网的特点是需要很多 SP，信令传输时延大，技术性能和经济性能很差，而网状网虽然不存在上述缺点，但是它存在另一个缺点，当信令点数量增大时，信令链路数会急剧增加，很不经济。

分级网的特点：网络容量大，传输时延小，网络的设计和扩充简单，特别是在信令业务量较大的信令点之间可以设置直达链路，进一步提高性能和经济性，减少 STP 负荷。

分级网络分为二级网和三级网两种。二级网具有一级 STP 和一级 SP 两级结构，SP 与 STP 采用星型连接方式，STP 之间采用网状网连接；三级网具有两级 STP 和一级 SP，两级 STP 分为高级 STP（HSTP）和低级 STP（LSTP），SP 与 LSTP 采用星型连接方式，LSTP 与 HSTP 也采用星型连接方式，HSTP 之间采用网状网连接。由于二级网比三级网少经过 STP，传输时延小，因此在满足容量的条件下，尽可能地采用二级网结构。根据我国网络的发展规划，我国的长途 No. 7 信令网采用三级结构。

3. No. 7 信令网的可靠性措施

由于 No. 7 信令网需要传送大量话路的信令消息，因此必须具有极高的可靠性。对 No. 7 信令网的基本要求是，No. 7 信令网的不可利用度至少要比所服务的电信网低二到三个数量级，而且当任一信令链路或信令转接点发生故障时，不应该造成网络阻断或容量下降。为实现这样的目标，在 No. 7 信令网络结构上必须有冗余配置，使得任意两个信令节点之间有多个信令路由。

图 7-33 所示的双平面冗余结构是常用的网络冗余结构。在这个结构中，所有的 STP 均为两份配置，构成两个完全相同的网络平面。所有信令业务按照负荷分担方式在两个网络平面上平均传递，当一个平面发生故障时，另一个平面承担全部的信令负荷。在双平面冗余结构中，每个 SP 至少连接两个 STP，每个 LSTP 通过信令链路至少要分别连接至 A、B 平面成对的 HSTP。

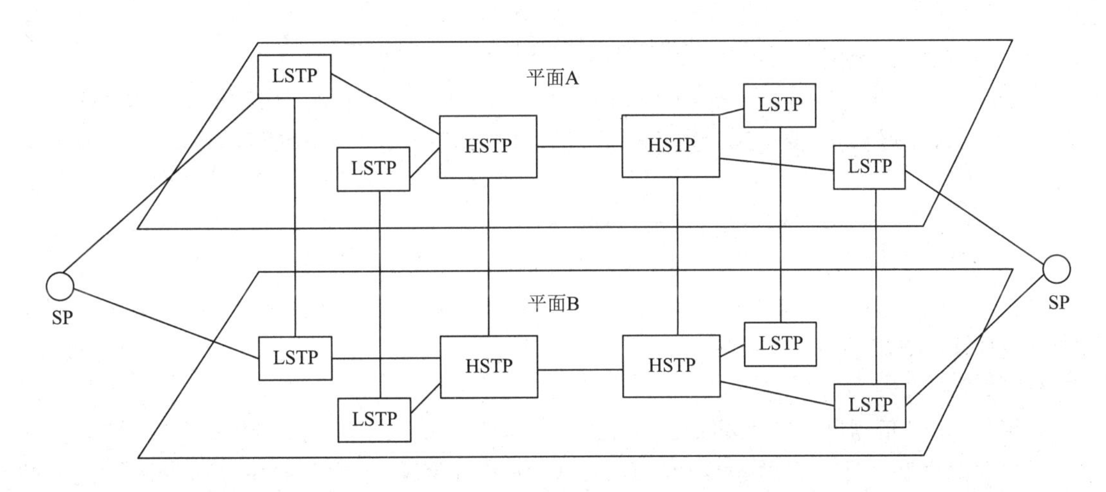

图 7-33　双平面冗余结构

为了确保 No. 7 信令网的可靠性，除了上述冗余结构，还必须有完善的信令网管理功能，其作用是当网络出现故障时，及时隔离发生故障的网络部分，将故障部分的信令消息由替代部分负责传递。

4. 我国的 No. 7 信令网

1）我国的 No. 7 信令网的结构

根据我国电话网的容量并考虑到以后的发展，我国的 No. 7 信令网采用三级双平面冗余结构：HSTP、LSTP 和 SP，如图 7-34 所示。

HSTP 负责转接它所汇接的第二级 LSTP 和第三级 SP 的信令消息，HSTP 信令负荷大，采用独立 STP 工作方式，设置点一般为省会城市。HSTP 采用两个 A、B 平面，每个平面内的 HSTP 为网状相连，A、B 平面成对地与 HSTP 相连。

LSTP 负责转接第三级 SP 的信令消息，可以采用独立 STP 工作方式，也可以采用综合 STP 方式，设置点一般在地级市。每个 LSTP 通过信令链路至少要分别连接至 A、B 平面成对的 HSTP，LSTP 至 A、B 平面的两条 HSTP 信令链路间采用负荷分担方式，采用分区固定连接方式。

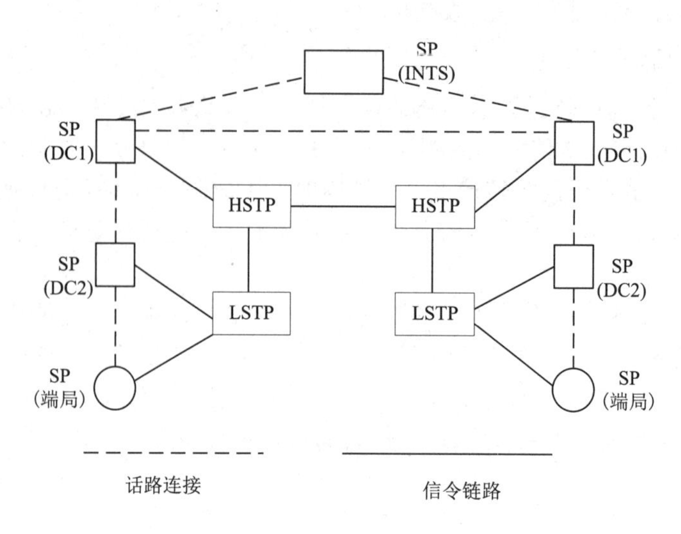

图 7-34 我国的 No. 7 信令网与电话网的对应关系

SP 是 No. 7 信令网中各种信令消息的源点或目的点。每个 SP 至少连接至两个 LSTP，其间链路采用负荷分担，一般采用固定连接方式，SP 间的正常路由所经过的中转 STP 数据不超过 4 个。

2）我国的 No. 7 信令网与电话网的对应关系

我国电话网为两级长途（DC1、DC2）加本地电话网构成，HSTP 设置在 DC1 省级交换中心所在地，汇接 DC1 间的信令。LSTP 设置在 DC2 市级交换中心所在地，汇接 DC2 和端局信令。DC1、DC2 和端局均分配一个信令点编码。

3）信令点编码

我国的 No. 7 信令网信令区的划分与我国的 No. 7 信令网的三层结构对应，分别为主信令区、分信令区和信令点三级，因此，HSTP 设在主信令区，LSTP 设在分信令区，我国的 No. 7 信令网分为 33 个主信令区，每个信令区又划分为若干个分信令区，主信令区在直辖市、省和自治区设置，一个主信令区中一般设置一对 HSTP，分信令区划分原则以一个地区或地级市来进行，一个分信令区设置一对 LSTP，分信令区内含有若干个分信令点。我国的信令点编码格式如图 7-35 所示。

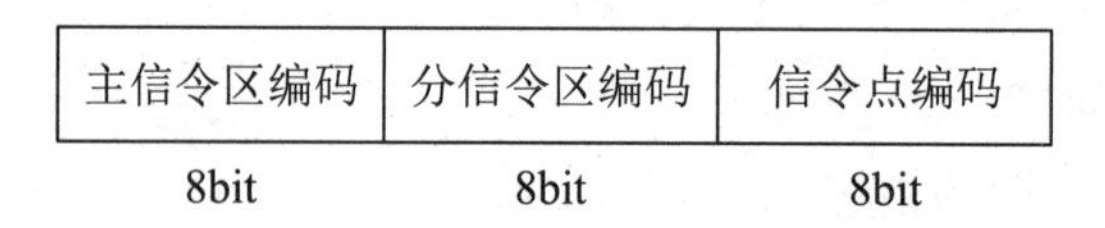

图 7-35 我国的信令点编码格式

小 结

合理的路由规程、号码规程、传输规程、同步规程及软件规程对保证电话通信网的高效可靠运行非常重要。信令系统在面向连接的通信中起到非常重要的作用，通过信令之间的相互交换，网络设备完成用户之间通路的建立、保持和释放，按信令通路与语音通路的关系分类，信令分为随路信令和公共信道信令。中国 1 号信令系统主要面向于电话通信，是目前广泛使用的随路信令系统。中国 1 号信令包括线路监测信令和记发器信令两部分，局间线路信号用以表明中继线的使用状态，如中继线示闲、占用、应答、拆线等。线路监测信令根据不同的传输介质分为局间直流线路监测信令、带内单频脉冲线路监测信令和局间数字型线路监测信令三种。中国 1 号记发器信令主要包括用户号码信号、用户类别信号和接续控制信号。随着网络业务的不断增加，传统的随路信令系统具有所传信息有限、占用话路资源、灵活性差等缺点，公共信道信令较好地解决了这个问题，成为现代网络中占主要地位的信令系统，广泛应用于各种通信网络。No. 7 信令系统从功能上分为公共的消息传递部分和适用于不同用户的独立的用户部分，根据所实现的功能不同可划分为 4 个功能级，包括信令数据链路功能级、信号链路功能级、No. 7 信令网功能级和用户部分。No. 7 信令系统有三种形式的信号单元，它们是消息信号单元、链路状态信号单元和插入信号单元。No. 7 信令网由信令点、信令转接点和连接它们的信令链路组成。

思考题

1. 试比较电话通信网各种网络拓扑结构的优缺点。

2. 电话通信网的路由选择顺序是怎样的？

3. 国内长途直拨号码的结构是什么？其中本地用户号码又是怎样划分的？

4. 用户交换机入公网方式有哪几种？请说明其特点。

5. 某单位程控用户交换机采用半自动方式接入本地电话网公用交换机，话务台号码为 84236971，84236972，…，84236975。请结合 DOD2+BID 的原理，尽可能详细地介绍一下该单位某分机用户 5264 与市话网用户 84268957 的通话过程（分呼入、呼出两个方向阐述）。

6. 数字网的网同步有什么意义？网同步方式有哪几种？我国上级局与下级局之间采用哪一种方式？

7. 什么叫作信令？信令有什么作用？

8. 什么叫作用户线信令？用户线信令包含哪些方面的信号？

9. 指出在下列信令中哪些是前向信令，哪些是后向信令。

主叫摘机　主叫挂机　拨号音　忙音　被叫摘机　被叫挂机　振铃　请发码

首位号码证实　中继线占用　中继线占用确认　中继线闭塞　中继线示闲

10. 什么叫作局间信令？按信令通路与语音通路的关系分，有哪两种局间信令？我国目前主要使用的是哪一种？正在发展普及的是哪一种？

11. 中国 1 号信令规定了哪两方面的信令？并举例说明。

12. 为什么说公共信道信令取代随路信令是通信发展的必然？

13. 试说明 No. 7 信令系统的应用范围及特点。

14. No. 7 信令系统由哪两部分组成？各部分的功能是什么？

15. No. 7 信令的链路单元格式有哪几种？请画图说明它们的格式。

16. 已知一个完整的 No. 7 信令帧发送序列为 000101111100100111000011011111 10，求它经过除去帧标及插零处理后的输出。

17. 在 No. 7 信令系统中，设某国际长途电话采用半自动方式，话务员讲英语，该电话局是一个国际转接局，被叫电话号码是 66201882286，线路中有回波抑制，没有卫星线路，在通话链路建立后不要求进行畅通性试验。试求“首次地址”信令和“国内网阻塞”信令的编码。

参 考 文 献

[1] 王岩，张猛，孙海欣，等．光传输与光接入技术［M］．北京：清华大学出版社，2018.

[2] 李玮．光传输网技术综合实训［M］．北京：北京邮电大学出版社，2020.

[3] 潘丽，张兵，鲁军，等．光缆线路维护实用教程［M］．北京：人民邮电出版社，2019.

[4] 马丽华，李云霞，蒙文，等．光纤通信系统［M］．2 版．北京：北京邮电大学出版社，2015.

[5] 杨彬，张兵，潘丽，等．传输网工程维护手册［M］．北京：人民邮电出版社，2016.

[6] 王健，魏贤虎，易准，等．光传送网（OTN）技术、设备及工程应用［M］．北京：人民邮电出版社，2016.

[7] 刘业辉，方水平，傅海明，等．光传输系统（华为）组建、维护与管理［M］．北京：人民邮电出版社，2011.

[8] 李云霞，蒙文，康巧燕，等．光纤通信［M］．北京：北京航空航天大学出版社，2016.

[9] 钱渊，单勇，张晓燕，等．现代交换技术［M］．2 版．北京：北京邮电大学出版社，2014.

[10] 刘振霞，马志强，李瑞欣，等．程控数字交换技术［M］．3 版．西安：西安电子科技大学出版社，2019.